电子与信息作战丛书

面向智能感知的海面目标宽带雷达信号与图像仿真

张 民 李金星 江旺强 聂 丁 沈志奔 著

科 学 出 版 社
北 京

内 容 简 介

全书详细阐述真实扩展海场景下雷达电磁成像仿真及目标智能感知领域所涉及的核心理论及关键技术，主要包括基于毛细波相位修正的海面高分辨电磁散射模型、三维时空相关海杂波的统计建模与模拟器实现、海面目标复合场景优化面元电磁散射模型、海场景高分辨雷达图像的频域宽带仿真技术、海上目标微多普勒特征仿真技术、箔条和角反射器无源干扰背景下海场景雷达图像仿真及目标智能识别技术等。

本书可作为从事雷达设计、高性能探测成像与识别的相关科研工作人员的参考书，也可作为高等学校相关专业研究生的教学参考书。

图书在版编目(CIP)数据

面向智能感知的海面目标宽带雷达信号与图像仿真 / 张民等著. — 北京 : 科学出版社, 2024. 10. —(电子与信息作战丛书). — ISBN 978-7-03-079577-9

Ⅰ. TN957.5

中国国家版本馆CIP数据核字第2024BY6679号

责任编辑：孙伯元　郭　媛 / 责任校对：崔向琳
责任印制：师艳茹 / 封面设计：无极书装

科学出版社 出版
北京东黄城根北街 16 号
邮政编码：100717
http://www.sciencep.com
北京中石油彩色印刷有限责任公司印刷
科学出版社发行　各地新华书店经销
*
2024年10月第　一　版　开本：720 × 1000　1/16
2024年10月第一次印刷　印张：19 1/4
字数：384 000

定价：168.00 元

(如有印装质量问题，我社负责调换)

“电子与信息作战丛书”编委会

“电子与信息作战丛书”序

21世纪是信息科学技术发生深刻变革的时代，电子与信息技术的迅猛发展和广泛应用，推动了武器装备的发展和作战方式的演变，促进了军事理论的创新和编制体制的变革，引发了新的军事革命。电子与信息化作战最终将取代机械化作战，成为未来战争的基本形态。

火力、机动、信息是构成现代军队作战能力的核心要素，而信息能力已成为衡量作战能力高低的首要标志。信息能力，表现在信息的获取、处理、传输、利用和对抗等方面，通过信息优势的争夺和控制加以体现。信息优势，其实质是在获取敌方信息的同时阻止或迟滞敌方获取己方的情报，处于一种动态对抗的过程中，已成为争夺制空权、制海权、陆地控制权的前提，直接影响整个战争的进程和结局。信息优势的建立需要大量地运用具有电子与信息技术、新能源技术、新材料技术、航天航空技术、海洋技术等当代高新技术的新一代武器装备。

如何进一步推动我国电子与信息化作战的研究与发展？如何将电子与信息技术发展的新理论、新方法与新成果转化为新一代武器装备发展的新动力？如何抓住军事变革深刻发展变化的机遇，提升我国自主创新和可持续发展的能力？这些问题的解答都离不开我国国防科技工作者和工程技术人员的上下求索和艰辛付出。

“电子与信息作战丛书”是由设立于沈阳飞机设计研究所的隐身技术航空科技重点实验室与科学出版社在广泛征求专家意见的基础上，经过长期考察、反复论证之后组织出版的。这套丛书旨在传播和推广未来电子与信息作战技术重点发展领域，介绍国内外优秀的科研成果、学术著作，涉及信息感知与处理、先进探测技术、电子战与频谱战、目标特征减缩、雷达散射截面积测试与评估等多个方面。丛书力争起点高、内容新、导向性强，具有一定的原创性。

希望这套丛书的出版，能为我国国防科学技术的发展、创新和突破带来一些启迪和帮助。同时，欢迎广大读者提出好的建议，以促进和完善丛书的出版工作。

孙聪

中国工程院院士

前 言

高性能探测雷达成像与识别是现代信息科学领域发展最为迅速的前沿学科之一，而真实海场景宽带雷达成像和目标识别研究作为一个重点领域，直接指向探测雷达系统性能优化以及目标特征信息提取与智能识别能力提升的关键技术方向，可以为海洋探测预警、情报侦察、态势感知、精确制导等工程应用领域的发展提供重要的理论和技术支撑。

高分辨雷达对海探测因受海洋环境、雷达系统轨道参数、舰船种类等各方面因素的限制，实测数据的获取面临成本高、可扩展性弱及数据灵活性差等问题。尤其是对于非合作目标，其雷达图像数据，甚至雷达特性数据均面临训练数据不足或完全空白的严重问题，这些问题直接制约着复杂海洋环境中舰船目标探测和智能识别技术的更新及发展。同时，国内外同类论著对海场景电磁散射建模、高分辨雷达电磁成像、干扰源电磁散射特性及目标智能识别算法等方面的研究均有相关报道，但其均各聚一点，侧重不一，未能建立起自扩展海场景的几何建模、电磁计算、成像仿真，直至目标智能识别的全路径式的仿真流程，无法使相关科研及技术人员对本领域的全貌形成系统性的知识架构。

鉴于此，本书以高分辨对海探测、目标智能感知和雷达系统设计应用为背景，创新性地探索出一套以复合场景耦合电磁散射模型为基础，综合考虑动态海面和其上舰船目标、角反射器、箔条等干扰源的真实扩展海场景，同时结合高分辨雷达成像算法与计算机硬件加速技术的真实海场景高分辨雷达图像一体化仿真技术，形成物理机理和工程应用混合驱动的雷达目标散射成像与特征智能感知方法。

首先，详细介绍构建包括舰船目标、角反射器及箔条云团无源干扰的时变复杂海场景态势的几何建模方法，以及用于计算特定海场景电磁散射特性数据的优化面元复合电磁散射模型；其次，结合成像雷达的动态条件，介绍成像雷达在给定轨道条件下扩展海场景的雷达回波计算和雷达图像仿真方法，构建丰富的雷达图像样本库；最后，阐述复杂海场景中舰船目标合成孔径雷达(synthetic aperture radar, SAR)图像的智能识别算法，并给出动态海面舰船目标探测、分类识别的相关数据和结论。希望通过对本书的阅读，读者能对真实扩展海场景下雷达成像及目标智能感知领域所涉及的核心理论和关键技术形成系统且深入的理解。

本书的撰写也是对西安电子科技大学复杂地海环境目标雷达散射成像与特征

控制团队教师以及各届博士研究生和硕士研究生近年来在科研工作中的辛勤付出和点滴收获的回顾与记录。特别感谢罗伟博士、赵言伟博士、陈珲博士、赵晔博士、范文娜博士、张树豪博士、石方圆博士、邓宇鑫博士，本书同时得到了国家自然科学基金(62171351、62001343、61771355、61372004、41306188、60871070)、航空科学基金(20200001081006、2022Z017081007)、中央高校基本科研业务费专项资金、目标与环境电磁散射辐射重点实验室基金的资助。此外，中国航天科工集团北京环境特性研究所、北京控制与电子技术研究所、北京机电工程研究所对本书的相关研究也给予了大力支持，在此深表感谢。

本书是作者及其所在团队近年来在海面目标雷达图像仿真与应用研究工作的系统总结。由于作者水平有限，书中难免有不妥或疏漏之处，诚请各位专家和读者批评指正。

目　录

第1章　基于毛细波相位修正的海面高分辨电磁散射模型

海面的电磁散射特性分析对海洋环境监测、海上目标探测识别等诸多方面都有着重要的应用价值。海面的电磁散射特性与其几何特性紧密相关，海面环境几何模型的建立是分析其电磁散射特性的基础。在真实的海洋环境中，海浪是时刻变化的，而风场是制约海浪生成与成长的重要因素，波与波之间的非线性能量传输使得准确地描述一个具体的海面是十分困难的。此外，重力和海底地形也对海浪本身有着重要的影响。因此，海浪形态及其变化特征的精确建模是一个极其复杂的问题。

在海面的电磁散射特性分析方面，鉴于实际海洋场景在微波频段的电大特性，高频近似方法由于具有高的计算效率和可靠的计算精度而备受青睐，如基尔霍夫近似方法(Kirchhoff approximation method, KAM)[1,2]、微扰法(small perturbation method, SPM)[3,4]、双尺度模型(two scale model, TSM)方法[5]和小斜率近似(small slope approximation, SSA)方法[6,7]等。其中，SSA方法由于具有较大的适用范围和较高的计算精度，近年来在粗糙面电磁散射领域得到了广泛应用。众多学者在海洋环境电磁散射模型研究与特征分析方面开展了深入的理论建模与数值分析研究工作。然而，随着雷达技术的不断发展，相关方法还存在当频率过高或者粗糙面尺寸过大时内存消耗大和计算效率低的问题，因此面向工程应用的微波频段大海面尺寸问题，亟待提出更为高效的电磁散射分析方法。此外，经典方法也难以解决实际环境中的高海况问题，因此需要建立一种更为真实可靠的高海况海面电磁散射模型。

1.1　海面几何建模方法

在实际的海浪几何模拟中，多采用基于海谱的线性理论、非线性理论研究方法。现存的线性理论研究方法常用的有线性叠加法[8,9]和线性滤波法[10,11]。在此基础上通过引入非线性修正项得到非线性模型，常见的有Creamer模型[12,13]和尖浪[14]模型。关于海浪几何模拟，本节重点介绍基于海谱的线性海面建模。

对于随机粗糙面，某个具体的粗糙面可视为满足其统计规律的所有可能粗糙面中的一个样本。因此，粗糙面建模可以利用统计方法进行，即从其功率谱密度出发进行建模[15]。对于海面，其功率谱也称为海谱，与海面高度起伏的相关函数是一对傅里叶变换与傅里叶逆变换的关系。二维海面功率谱包含不同空间频率和方向的谐波分量的组成信息，而真实海面由于风的影响往往呈现各向异性，在功率谱之外还需要考虑与风向相关的函数，即方向谱函数。二者共同构成海面的二维功率谱。然而二维海谱的直接测量是比较困难的，因此常用的二维海谱大多采用一维能量谱与方向函数相结合的形式，即二维海谱可描述为[16]

$$\varpi\left(\boldsymbol{k}_{\mathrm{w}}\right)=\frac{1}{\left|\boldsymbol{k}_{\mathrm{w}}\right|}S\left(\left|\boldsymbol{k}_{\mathrm{w}}\right|\right)\phi\left(\boldsymbol{k}_{\mathrm{w}}\right)=\frac{1}{\left|\boldsymbol{k}_{\mathrm{w}}\right|}S\left(\left|\boldsymbol{k}_{\mathrm{w}}\right|\right)\phi\left(\left|\boldsymbol{k}_{\mathrm{w}}\right|,\varphi_{\mathrm{w}}-\varphi_{\mathrm{wind}}\right) \tag{1-1}$$

其中，$\boldsymbol{k}_{\mathrm{w}}=\left(k_x,k_y\right)$为海浪的空间波矢量，$k_x$、$k_y$分别为$\boldsymbol{k}_{\mathrm{w}}$在$x$、$y$方向上的分量；$\left|\boldsymbol{k}_{\mathrm{w}}\right|$为海浪空间波数；$\varphi_{\mathrm{w}}$为空间波矢量的方向角；$S\left(\left|\boldsymbol{k}_{\mathrm{w}}\right|\right)$为功率谱；$\phi\left(\left|\boldsymbol{k}_{\mathrm{w}}\right|,\varphi_{\mathrm{w}}-\varphi_{\mathrm{wind}}\right)$为方向函数；$\varphi_{\mathrm{wind}}$为风向角。

事实上，不同波长的波浪有不一样的传播速度，在传播时发生分离，这种现象称为色散现象。不同波长波浪的传播速度由色散关系决定，在忽略非线性作用条件时，波数$k_{\mathrm{w}}=\left|\boldsymbol{k}_{\mathrm{w}}\right|$与角频率$\omega$之间满足如下关系[17]，即

$$\omega^2=gk_{\mathrm{w}}\left(1+\frac{k_{\mathrm{w}}^2}{k_{\mathrm{m}}^2}\right)\tanh\left(k_{\mathrm{w}}h\right) \tag{1-2}$$

其中，g为重力加速度；$k_{\mathrm{m}}=364\mathrm{rad/m}$，是由表面张力、海水密度共同决定的；$h$为水深。

一般地，对于深水环境，$\tanh\left(k_{\mathrm{w}}h\right)\gg1$，因此色散关系在深水环境下可以表示为

$$\omega^2=gk_{\mathrm{w}}\left(1+\frac{k_{\mathrm{w}}^2}{k_{\mathrm{m}}^2}\right) \tag{1-3}$$

由于波数与角频率之间的关系，海谱有时也表示为$\varpi(\omega,\varphi)$的形式，其与$\varpi\left(\boldsymbol{k}_{\mathrm{w}}\right)$之间可以根据色散关系进行变换。

1.1.1 功率谱

从20世纪50年代起，国内外专家学者开展了大量的海面功率谱测量工作，在工程应用中常见的有PM(Pierson-Moscowitz)谱[18]、JONSWAP(joint North Sea wave project)谱[19]、E(Elfouhaily)谱[16]、文氏谱[15]等。E谱并非直接通过海上测量得到，而是基于水池实验测量数据通过对JONSWAP谱、PM谱等进行修正得到的。E谱是全波数谱，相对于PM谱和JONSWAP谱，可以更好地同时刻画海浪的重力波成分和张力波成分，因此具有更高的实用价值。本书中的一维功率谱采用E谱开展海面建模工作。E谱可以表示为低频重力波(长波)谱B_{gra}和高频毛

细波(短波)谱 B_{cap} 的叠加，重力波谱的波长从厘米量级到千米量级不等，而毛细波谱受到表面张力的影响，其波长在厘米量级甚至更小。E 谱的表达式为

$$S_{\mathrm{E}}\left(k_{\mathrm{w}}\right)=\frac{1}{k_{\mathrm{w}}^{3}}\left(B_{\mathrm{gra}}+B_{\mathrm{cap}}\right) \tag{1-4}$$

其中，大尺度重力波谱的具体形式为

$$B_{\mathrm{gra}}=\frac{1}{2}\alpha_{\mathrm{p}}\frac{c\left(k_{\mathrm{p}}\right)}{c\left(k_{\mathrm{w}}\right)}F_{\mathrm{p}} \tag{1-5}$$

其中，$\alpha_{\mathrm{p}}=0.006\sqrt{\varOmega}$，$\varOmega=0.84\times\tanh\left[\left(X/2.2\times10^{4}\right)^{0.4}\right]^{-0.75}$ 为逆波龄，X 为风区；$k_{\mathrm{p}}=g\varOmega^{2}/u_{10}^{2}$ 为谱峰值对应的波数；$c\left(k_{\mathrm{w}}\right)=\sqrt{\frac{g}{k_{\mathrm{w}}}\left(1+\frac{k_{\mathrm{w}}^{2}}{k_{\mathrm{m}}^{2}}\right)}$ 为相速度，对应于谱峰值波数的相速度 $c\left(k_{\mathrm{p}}\right)=\sqrt{\frac{g}{k_{\mathrm{p}}}\left(1+\frac{k_{\mathrm{p}}^{2}}{k_{\mathrm{m}}^{2}}\right)}\approx\frac{u_{10}}{\varOmega}$；$F_{\mathrm{p}}$ 包含了 JONSWAP 谱中的指数项，其表达式为

$$F_{\mathrm{p}}=\exp\left[-1.25\left(\frac{k_{\mathrm{w}}}{k_{\mathrm{p}}}\right)^{-2}\right]\gamma^{\exp\left[\frac{-\left(\sqrt{k_{\mathrm{w}}}-\sqrt{k_{\mathrm{p}}}\right)^{2}}{2\sigma^{2}k_{\mathrm{p}}}\right]}\exp\left[-\frac{\varOmega}{\sqrt{10}}\left(\sqrt{\frac{k_{\mathrm{w}}}{k_{\mathrm{p}}}}-1\right)\right] \tag{1-6}$$

然而，此处 γ 和 σ 的取值与 JONSWAP 谱有所不同，根据逆波龄的大小，γ 和 σ 的取值分别为

$$\gamma=\begin{cases}1.7, & 0.84<\varOmega\leqslant1\\ 1.7+6\lg\varOmega, & 1<\varOmega\leqslant5\end{cases} \tag{1-7}$$

$$\sigma=0.08\left(1+4/\varOmega^{3}\right) \tag{1-8}$$

对于充分发展的海谱，即当风区为无穷大时，$\varOmega=0.84$、$\gamma=1.7$、$\sigma=0.62$。进一步地，式(1-4)中的毛细波谱形式与重力波谱类似，表示为

$$B_{\mathrm{cap}}=\frac{1}{2}\alpha_{\mathrm{m}}\frac{c\left(k_{\mathrm{m}}\right)}{c\left(k_{\mathrm{w}}\right)}F_{\mathrm{m}}\gamma=\begin{cases}1.7, & 0.84<\varOmega\leqslant1\\ 1.7+6\lg\varOmega, & 1<\varOmega\leqslant5\end{cases} \tag{1-9}$$

其中，α_{m} 的取值与摩擦风速有关，即

$$\alpha_{\mathrm{m}} = 0.01 \times \begin{cases} 1 + \ln\left(u_{\mathrm{f}} / 0.23\right), & u_{\mathrm{f}} \leqslant 0.23 \\ 1 + 3\ln\left(u_{\mathrm{f}} / 0.23\right), & u_{\mathrm{f}} > 0.23 \end{cases} \tag{1-10}$$

其中，u_{f} 为摩擦风速，其与 z 高度处的风速 u_z 之间的关系可以表示为[20]

$$u_z = \frac{u_{\mathrm{f}}}{0.4} \ln\left(\frac{z}{0.684 / u_{\mathrm{f}} + 4.28 \times 10^{-5} u_{\mathrm{f}}^2 - 0.0443}\right) \tag{1-11}$$

需要注意的是，式(1-11)中 z 的单位为 cm，u_{f}、u_z 的单位为 cm/s。图 1.1 给出了常用的 10m 与 19.5m 高度处风速与摩擦风速的对应关系。F_{m} 与重力波谱中的 F_{p} 具有类似的形式，具体为

$$F_{\mathrm{m}} = \exp\left[-1.25\left(\frac{k_{\mathrm{w}}}{k_{\mathrm{p}}}\right)^{-2}\right] \gamma^{\exp\left[\frac{-\left(\sqrt{k_{\mathrm{w}}} - \sqrt{k_{\mathrm{p}}}\right)^2}{2\sigma^2 k_{\mathrm{p}}}\right]} \exp\left[-0.25\left(\frac{k_{\mathrm{w}}}{k_{\mathrm{m}}} - 1\right)^2\right] \tag{1-12}$$

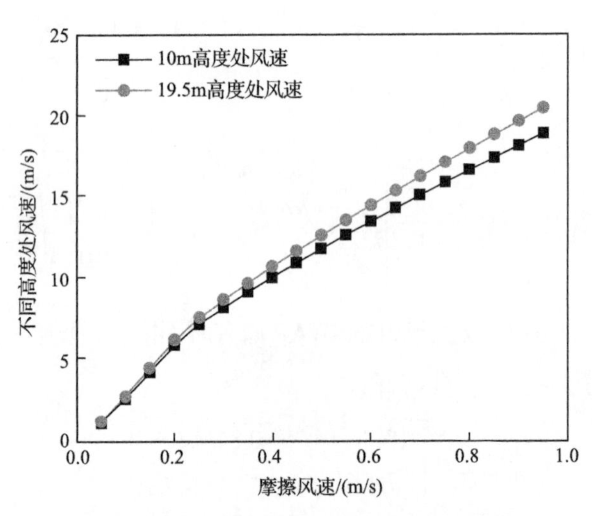

图 1.1　不同高度处风速与摩擦风速的对应关系

对于 E 谱，随着风速增加，谱能量范围分别向低频和高频方向扩展。另外，尽管重力波谱和毛细波谱能量均随风速的增大而增加，然而风速对重力波谱的影响更为明显。风区的变化对重力波谱能量有明显的影响，然而对毛细波谱能量影响不大。

1.1.2　角度分布函数

风在海浪的发展形成过程中扮演着重要的角色。一维海谱仅考虑到风速的影

响，因此为体现风向引起的海谱的各向异性，需要在能量谱的基础上引入方向分布，即方向函数，从而得到二维海谱。类似于一维能量谱是关于波数和风速的函数，方向函数一般为波数和风向的函数，即方向函数体现的是风向对不同方向、频率的波的影响。

对应于 JONSWAP 谱，Brüning 等[21]提出了双边角度分布函数；对应于 E 谱，Elfouhaily 等[16]也给出了一种双边分布函数；此外，Longuet-Higgins 等[22]也曾提出广泛使用的单边分布函数。相比于双边分布函数，单边分布函数可以滤除与主波能量传播方向相反的大部分贡献，因此可以在一定程度上体现顺风、逆风的差异，从而更加适合用来模拟具有确定海浪方向的海面。

Longuet-Higgins 方向函数的表达式为[22]

$$\phi_{\mathrm{LH}}\left(k_{\mathrm{w}},\varphi_{\mathrm{w}}\right)=\frac{\cos\left[\left(\varphi_{\mathrm{w}}-\varphi_{\mathrm{wind}}\right)/2\right]^{2s}}{\int_{-\pi}^{\pi}\cos^{2s}(\alpha/2)\mathrm{d}\alpha} \tag{1-13}$$

其中，

$$s=1-\frac{1}{\ln 2}\ln\left(\frac{1-\varDelta\left(k_{\mathrm{w}}\right)}{1+\varDelta\left(k_{\mathrm{w}}\right)}\right) \tag{1-14}$$

其中，$\varDelta\left(k_{\mathrm{w}}\right)$为逆侧风比例因子，表示为

$$\varDelta\left(k_{\mathrm{w}}\right)=\tanh\left[\frac{\ln 2}{4}+4\left(\frac{c\left(k_{\mathrm{w}}\right)}{c\left(k_{\mathrm{p}}\right)}\right)^{2.5}+0.13\frac{u_{\mathrm{f}}}{c\left(k_{\mathrm{m}}\right)}\left(\frac{c\left(k_{\mathrm{m}}\right)}{c\left(k_{\mathrm{w}}\right)}\right)^{2.5}\right] \tag{1-15}$$

对于单边谱的Longuet-Higgins方向函数，滤除了与传播方向相反的能量贡献。从上述分析可以看出，对于一维能量谱，E 谱具有显著的优势。此外，单边谱方向函数的主要贡献存在于风向附近的方向，从而更适用于模拟具有确定海浪方向的海面。因此，本书所用的二维海谱是由 E 谱和 Longuet-Higgins 方向函数得到的，简称二维 ELH（two dimensional Elfouhaily and Longuet-Higgins, 2D-ELH）谱。

1.1.3　线性海面几何建模

二维海浪的数值模拟方法有很多种，其中常用的方法主要基于海谱的线性波浪理论。在选择了合适的海谱之后，就需要选择合适的反演方法由海谱得到海浪的高度起伏。将海浪视为一个平稳随机过程，可以由多个（理论上为无穷多个）不同周期和不同随机初始相位的余弦波叠加而成，这就是线性叠加法[8,9]。另外，线性过滤法[10,11]也是一种快速有效的反演海谱的方法，其基本思想是：借助傅里叶

变换将白噪声变换到频域，再利用海谱对其进行滤波，最后进行傅里叶逆变换得到海面的高度起伏。本节将分别采用这两种方法来模拟二维线性海浪。

根据线性叠加法，假设某时刻t海上一个固定点的水面波动可以用多个随机余弦波叠加来描述，则海面上某一点的波高$\eta_{\mathrm{L}}(x,y,t)$可表示为[8,9]

$$\eta_{\mathrm{L}}(x,y,t)=\sum_{l=1}^{N_k}\sum_{j=1}^{N_\varphi}\sqrt{2S\left(k_l,\varphi_j-\varphi_{\mathrm{wind}}\right)\Delta k\Delta\varphi}\cos\left[\omega_l t-k_l\left(x\cos\varphi_j+y\sin\varphi_j\right)+\varepsilon_{lj}\right] \tag{1-16}$$

其中，$S(\cdot)$选用 2D-ELH 谱，无特殊说明，后续均采用此谱；k_l、ω_l、φ_j和ε_{lj}分别为组成波的波数、圆频率、方向角和初始相位，初始相位ε_{lj}在$0\sim2\pi$满足均匀分布；N_k、N_φ分别为频率和方向角的采样点数。

假设要产生的二维海面在x方向和y方向的长度分别为L_x和L_y，x方向和y方向上等间隔离散点数分别为M和N，相邻两点间的距离分别为Δx和Δy，模拟出的不同风速与风向条件下的海面轮廓如图 1.2 所示。相关计算参数描述如下：

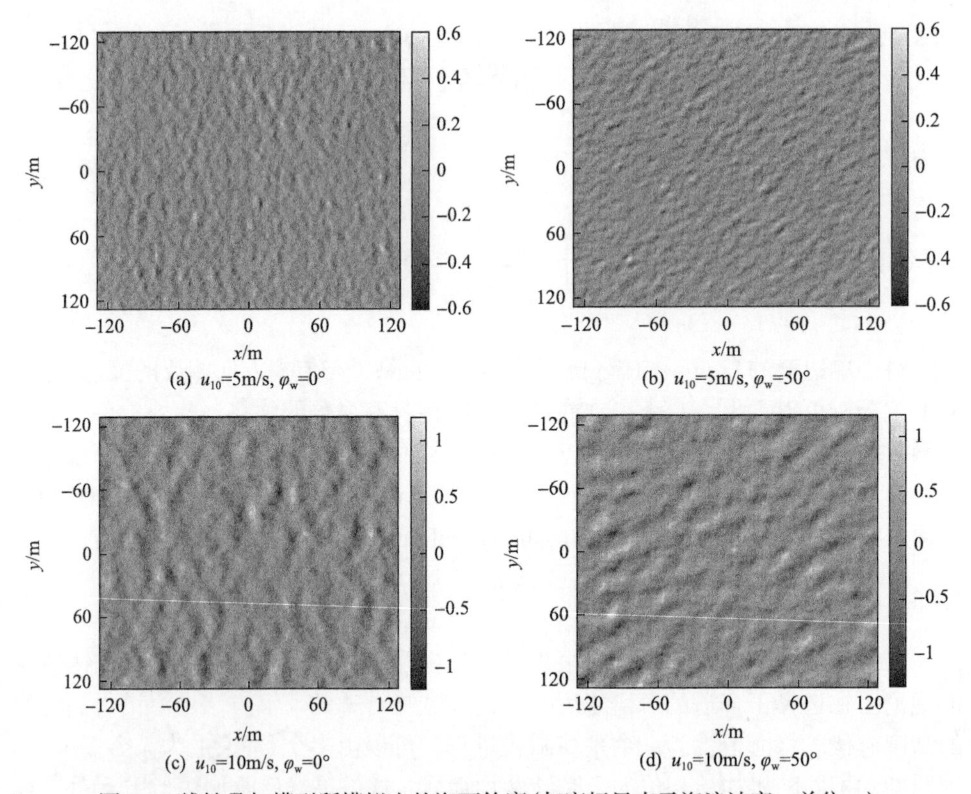

图 1.2 线性叠加模型所模拟出的海面轮廓(灰度标尺表示海浪波高，单位 m)

$M=N=512$，$\Delta x=\Delta y=0.5\text{m}$，$N_k=72$。模拟如图 1.2 所示的海面轮廓耗时 532.0s。当涉及更大范围的海面模拟或剖分网格要求较细时，离散点数会很高，使得这种简单的叠加方法生成海面的效率很低，不能满足实时模拟的需求。

线性过滤法的思想是将海面看作各种谐波成分的叠加，这些谐波的幅度是与海谱成一定比例的独立的高斯随机变量，那么线性海面可以采用线性过滤法来模拟。海面起伏 $\eta_{\text{L}}(\boldsymbol{\rho},t)$ 可以表示为[10,11]

$$\eta_{\text{L}}(\boldsymbol{\rho},t)=\sum_{\boldsymbol{k}}\tilde{\eta}_{\text{L}}(\boldsymbol{k}_{\text{w}},t)\exp(\text{j}\boldsymbol{k}_{\text{w}}\cdot\boldsymbol{\rho}) \tag{1-17}$$

其中，$\boldsymbol{\rho}=(x_{\text{g}},y_{\text{g}})$ 为位置矢量；频域复幅度 $\tilde{\eta}_{\text{L}}(\boldsymbol{k}_{\text{w}},t)$ 为

$$\tilde{\eta}_{\text{L}}(\boldsymbol{k}_{\text{w}},t)=\chi(\boldsymbol{k}_{\text{w}})2\pi\sqrt{S(\boldsymbol{k}_{\text{w}})/A}\exp(\text{j}\omega t)+\chi^*(-\boldsymbol{k}_{\text{w}})2\pi\sqrt{S(-\boldsymbol{k}_{\text{w}})/A}\exp(-\text{j}\omega t) \tag{1-18}$$

χ 为一个均值为 0、标准差为 1 的复高斯随机变量，A 为所模拟海面的面积，t 为时间因子，“*”表示取共轭。

线性过滤法的最大优点是可以结合快速傅里叶逆变换(inverse fast Fourier transform, IFFT)来实现，克服了线性叠加模型的效率问题，十分适合大范围实时海面的模拟。需要特别指出的是，式(1-18)表示任意特定时刻的海浪由两个朝向相反的谐波成分叠加，这就要求式(1-18)中所采用的二维谱 $S(\boldsymbol{k}_{\text{w}})$ 必须为单边谱形式。类似图 1.2 的模拟参数：$M=N=512$、$\Delta x=\Delta y=0.5\text{ m}$。基于此参数按照采样定理的要求对式(1-18)进行离散，即

$$\tilde{\eta}_{\text{L}}(\boldsymbol{k}_{\text{w}},t)=\tilde{\eta}_{\text{L}}(k_{m_k},k_{n_k},t),\quad m_k=1,2,\cdots,M;\quad n_k=1,2,\cdots,N \tag{1-19}$$

其中，$k_{m_k}=\left(m_k-\dfrac{M}{2}-1\right)\dfrac{2\pi}{L_x}$；$k_{n_k}=\left(n_k-\dfrac{N}{2}-1\right)\dfrac{2\pi}{L_y}$。

频域复幅度按照式(1-19)填充好后，即可直接借助 IFFT 实现式(1-17)的运算，从而得到海面的高度起伏分布，如图 1.3 所示。谱域采样范围没有被截断，图中模拟的海面同时包含中尺度和小尺度等微浪结构，因此相对于线性叠加法得到的海面轮廓，这里显得更加精细。值得一提的是，IFFT 显著提高了模拟效率，采用线性过滤法生成离散点数为 512×512 的二维海面仅耗时 3.469s。

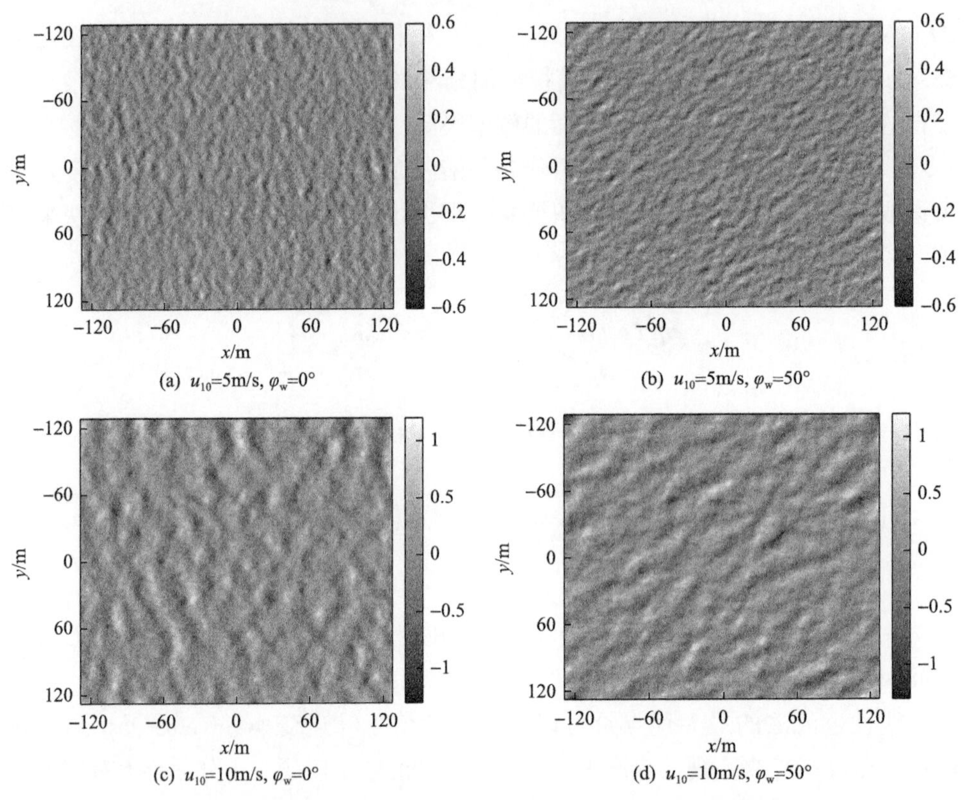

图 1.3　线性过滤模型所模拟出的海面轮廓(灰度标尺表示海浪波高，单位 m)

1.2　海面电磁散射经典模型

1.2.1　基尔霍夫近似方法

KAM 假设粗糙面的曲率半径远大于入射电磁波波长，因此可以将粗糙面局部看作切平面。粗糙面上任一点的散射场可以用该点切平面上的场近似表示，即入射波波长相对于粗糙面的粗糙度来说非常小，以至于粗糙面相对于入射波波长来说是光滑的。设一组平面波 $\boldsymbol{E}_{\mathrm{i}}=\hat{\boldsymbol{a}}E_0\exp\left(-\mathrm{j}k\hat{\boldsymbol{k}}_{\mathrm{i}}\cdot\boldsymbol{r}\right)$ 投射到二维海面上，$z(x,y)$ 表示海面上任意一点 (x,y) 对应的海面起伏高度，则介质粗糙面的散射场可以由 Stratton-Chu 公式表示为[1]

$$\boldsymbol{E}_{\mathrm{s}}=\frac{-\mathrm{j}k\exp\left(-\mathrm{j}kR_0\right)}{4\pi R_0}\hat{\boldsymbol{k}}_{\mathrm{s}}\cdot\int_S\left[\hat{\boldsymbol{n}}\cdot\boldsymbol{E}-\eta\hat{\boldsymbol{k}}_{\mathrm{s}}\cdot(\hat{\boldsymbol{n}}\cdot\boldsymbol{H})\right]\exp\left[\mathrm{j}k\left(\hat{\boldsymbol{k}}_{\mathrm{s}}-\hat{\boldsymbol{k}}_{\mathrm{i}}\right)\cdot\boldsymbol{r}\right]\mathrm{d}S \tag{1-20}$$

其中，$\hat{\boldsymbol{k}}_{\mathrm{i}}$、$\hat{\boldsymbol{k}}_{\mathrm{s}}$ 分别为入射波和散射波传播方向的单位矢量；$\hat{\boldsymbol{n}}$ 为海面上 (x,y) 点

处的法向单位矢量；k 为入射电磁波的波数；η 为海水的本征阻抗；R_0 为照射面中心至观测点之间的距离；$\boldsymbol{E}$ 和 $\boldsymbol{H}$ 分别为边界面上的总电场和磁场强度。

采用简化假设之后，要得到解析解还需要有附加的近似假设，这里可以采用驻留相位近似法。驻留相位近似法的原理是：假设电磁波只能沿着表面上存在镜像点的方向发生散射，不考虑绕射效应，则 Stratton-Chu 公式中的相位项可以写为

$$Q = \mathrm{j}k\left(\hat{\boldsymbol{k}}_{\mathrm{s}} - \hat{\boldsymbol{k}}_{\mathrm{i}}\right)\cdot \boldsymbol{r} = q_x x + q_y y + q_z z(x,y) \tag{1-21}$$

如果某点的变化率为零，那么该点的相位 Q 被认为是稳态的。为了确定驻留相位点，将式(1-21)分别对 x 和 y 求导，并令其导数等于 0，可得

$$\frac{\partial Q}{\partial x} = 0 = q_x + q_z\frac{\partial z}{\partial x} = q_x + q_z z_x \tag{1-22}$$

$$\frac{\partial Q}{\partial y} = 0 = q_y + q_z\frac{\partial z}{\partial y} = q_y + q_z z_y \tag{1-23}$$

则驻留相位点对应于具有如下性质的点：

$$z_x = -\frac{q_x}{q_z},\quad z_y = -\frac{q_y}{q_z} \tag{1-24}$$

由于 $\hat{\boldsymbol{n}}\times\boldsymbol{E}$ 和 $\hat{\boldsymbol{n}}\times\boldsymbol{H}$ 都是面导数的函数，所以采用了式(1-24)之后，表面斜率偏导数可以用相位分量代替，消除了对积分变量的依赖关系。因此，式(1-20)可以重新表示为

$$\boldsymbol{E}_{\mathrm{s}} = \frac{-\mathrm{j}k\exp\left(-\mathrm{j}kR_0\right)}{4\pi R_0}\hat{\boldsymbol{k}}_{\mathrm{s}}\cdot\left[\hat{\boldsymbol{n}}\cdot\boldsymbol{E} - \eta\hat{\boldsymbol{k}}_{\mathrm{s}}\cdot(\hat{\boldsymbol{n}}\cdot\boldsymbol{H})\right]\int_S \exp\left[\mathrm{j}k\left(\hat{\boldsymbol{k}}_{\mathrm{s}} - \hat{\boldsymbol{k}}_{\mathrm{i}}\right)\cdot\boldsymbol{r}\right]\mathrm{d}S \tag{1-25}$$

经过推导，可以得到基尔霍夫近似下的驻留相位法，给出大尺度粗糙度所支配的镜向散射分量双站散射系数的计算公式为

$$\sigma_{\mathrm{PQ,KA}} = \frac{\pi k^2 q^2}{q_z^4}\left|U_{\mathrm{PQ}}\right|^2 P\left(z_x, z_y\right) \tag{1-26}$$

其中，PQ 表示极化情形；U_{PQ} 为极化系数，由入射角 θ_{i}、入射方位角 ϕ_{i}、散射角 θ_{s}、散射方位角 ϕ_{s} 和菲涅尔反射系数共同决定；$P(z_x, z_y)$ 为斜率概率密度函数。

$$U_{\mathrm{HH}} = \frac{q\left|q_z\right|\left[R_{\mathrm{VV}}\left(\hat{\boldsymbol{h}}_{\mathrm{s}}\cdot\hat{\boldsymbol{k}}_{\mathrm{i}}\right)\left(\hat{\boldsymbol{h}}_{\mathrm{i}}\cdot\hat{\boldsymbol{k}}_{\mathrm{s}}\right) + R_{\mathrm{HH}}\left(\hat{\boldsymbol{v}}_{\mathrm{s}}\cdot\hat{\boldsymbol{k}}_{\mathrm{i}}\right)\left(\hat{\boldsymbol{v}}_{\mathrm{i}}\cdot\hat{\boldsymbol{k}}_{\mathrm{s}}\right)\right]}{\left[\left(\hat{\boldsymbol{h}}_{\mathrm{s}}\cdot\hat{\boldsymbol{k}}_{\mathrm{i}}\right)^2 + \left(\hat{\boldsymbol{v}}_{\mathrm{s}}\cdot\hat{\boldsymbol{k}}_{\mathrm{i}}\right)^2\right]kq_z} \tag{1-27}$$

$$U_{\mathrm{VV}}=\frac{q\left|q_z\right|\left[R_{\mathrm{VV}}\left(\hat{\boldsymbol{v}}_{\mathrm{s}}\cdot\hat{\boldsymbol{k}}_{\mathrm{i}}\right)\left(\hat{\boldsymbol{v}}_{\mathrm{i}}\cdot\hat{\boldsymbol{k}}_{\mathrm{s}}\right)+R_{\mathrm{HH}}\left(\hat{\boldsymbol{h}}_{\mathrm{s}}\cdot\hat{\boldsymbol{k}}_{\mathrm{i}}\right)\left(\hat{\boldsymbol{h}}_{\mathrm{i}}\cdot\hat{\boldsymbol{k}}_{\mathrm{s}}\right)\right]}{\left[\left(\hat{\boldsymbol{h}}_{\mathrm{s}}\cdot\hat{\boldsymbol{k}}_{\mathrm{i}}\right)^2+\left(\hat{\boldsymbol{v}}_{\mathrm{s}}\cdot\hat{\boldsymbol{k}}_{\mathrm{i}}\right)^2\right]kq_z} \tag{1-28}$$

其中，R_{HH} 和 R_{VV} 分别为水平极化和垂直极化下的菲涅尔反射系数。

$$q_x=k\left(\sin\theta_{\mathrm{s}}\cos\phi_{\mathrm{s}}-\sin\theta_{\mathrm{i}}\cos\phi_{\mathrm{i}}\right) \tag{1-29}$$

$$q_y=k\left(\sin\theta_{\mathrm{s}}\sin\phi_{\mathrm{s}}-\sin\theta_{\mathrm{i}}\sin\phi_{\mathrm{i}}\right) \tag{1-30}$$

$$q_z=k\left(\cos\theta_{\mathrm{s}}+\cos\theta_{\mathrm{i}}\right) \tag{1-31}$$

$$q=\sqrt{q_x^2+q_y^2+q_z^2} \tag{1-32}$$

该方法一般需要满足以下成立条件：

$$k\sigma_1>\frac{\sqrt{10}}{\left|\cos\theta_{\mathrm{s}}+\cos\theta_{\mathrm{i}}\right|}，\ \left\langle R_{\mathrm{c}}\right\rangle>\lambda \tag{1-33}$$

其中，σ_1 为大尺度粗糙度部分的均方根高度；$\left\langle R_{\mathrm{c}}\right\rangle$ 为大尺度粗糙度部分的平均曲率半径的标准差，分别由以下公式求得

$$\sigma_1^2=\int_0^{k_{\mathrm{c}}}S(k)\mathrm{d}k \tag{1-34}$$

$$\left\langle R_{\mathrm{c}}\right\rangle^2=\left(\int_0^{k_{\mathrm{c}}}k^4S(k)\mathrm{d}k\right)^{-1} \tag{1-35}$$

其中，k_{c} 为复合海面中区分大尺度波和小尺度波的截断波数。

1.2.2 微扰法

微粗糙面的散射示意图如图 1.4 所示，假设所研究边界是均值为 0 的微粗糙表面 $\zeta(\boldsymbol{r})$，且其分布具有空间齐性。另外，不失一般性地，假设上半空间 $z>\zeta(\boldsymbol{r})$ 为真空介质，即相对介电常数为 1；下半空间 $z\leqslant\zeta(\boldsymbol{r})$ 的相对介电常数为 ε。根据 Fuks 等[23,24]所给出的一阶微扰解公式，考虑单位平面波 $\boldsymbol{E}_{\mathrm{i}}$ 沿 xoz 平面入射，则容易写出对应的散射振幅为

$$\boldsymbol{S}_{\mathrm{PQ}}\left(\hat{\boldsymbol{k}}_{\mathrm{i}},\hat{\boldsymbol{k}}_{\mathrm{s}}\right)=\frac{k^2(1-\varepsilon)}{8\pi^2}\boldsymbol{F}_{\mathrm{PQ}}\iint\zeta(\boldsymbol{r})\exp(\mathrm{j}\boldsymbol{q}\cdot\boldsymbol{r})\mathrm{d}\boldsymbol{r} \tag{1-36}$$

其中，$\hat{\boldsymbol{k}}_{\mathrm{i}}$ 和 $\hat{\boldsymbol{k}}_{\mathrm{s}}$ 分别为入射波和散射波传播方向的单位矢量；$\boldsymbol{q}=k\left(\hat{\boldsymbol{k}}_{\mathrm{s}}-\hat{\boldsymbol{k}}_{\mathrm{i}}\right)$；$k$ 为

入射电磁波的波数；$\boldsymbol{F}_{\mathrm{PQ}}$ 为极化因子，下标 P=H,V 表示散射波矢量的极化方式，Q=H,V 表示入射波矢量的极化方式，H, V 分别表示水平极化和垂直极化。

极化因子可以表示为

$$\begin{aligned}\boldsymbol{F}_{\mathrm{VV}} = &\frac{1}{\varepsilon}\left(1+R_{\mathrm{VV}}(\theta_{\mathrm{i}})\right)\left(1+R_{\mathrm{VV}}\left(\theta_{\mathrm{s}}\right)\right)\sin\theta_{\mathrm{i}}\ \sin\theta_{\mathrm{s}} \\ &-\left(1-R_{\mathrm{VV}}\left(\theta_{\mathrm{i}}\right)\right)\left(1-R_{\mathrm{VV}}(\theta_{\mathrm{s}})\right)\cos\theta_{\mathrm{i}}\ \cos\theta_{\mathrm{s}}\ \cos\phi_{\mathrm{s}}\end{aligned} \tag{1-37}$$

$$\boldsymbol{F}_{\mathrm{VH}} = \left(1-R_{\mathrm{VV}}\left(\theta_{\mathrm{i}}\right)\right)\left(1+R_{\mathrm{HH}}\left(\theta_{\mathrm{s}}\right)\right)\cos\theta_{\mathrm{i}}\ \sin\phi_{\mathrm{s}} \tag{1-38}$$

$$\boldsymbol{F}_{\mathrm{HV}} = \left(1+R_{\mathrm{HH}}\left(\theta_{\mathrm{i}}\right)\right)\left(1-R_{\mathrm{VV}}\left(\theta_{\mathrm{s}}\right)\right)\cos\theta_{\mathrm{s}}\ \sin\phi_{\mathrm{s}} \tag{1-39}$$

$$\boldsymbol{F}_{\mathrm{HH}} = \left(1+R_{\mathrm{HH}}\left(\theta_{\mathrm{i}}\right)\right)\left(1+R_{\mathrm{HH}}\left(\theta_{\mathrm{s}}\right)\right)\cos\phi_{\mathrm{s}} \tag{1-40}$$

其中，θ_{i}、θ_{s}、ϕ_{s} 分别为入射角、散射角和散射方位角；R_{VV} 和 R_{HH} 分别为两种极化下的菲涅尔反射系数。

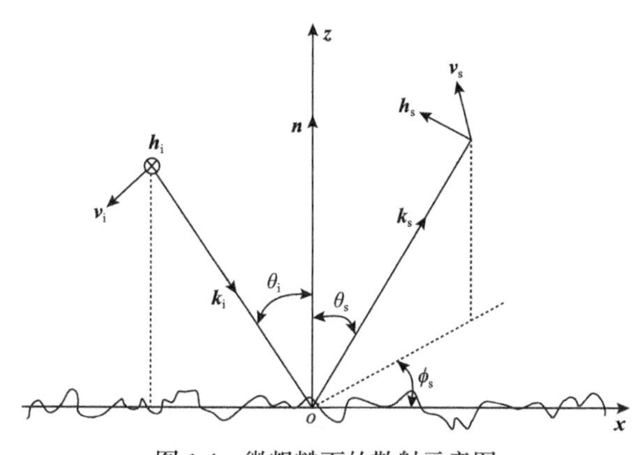

图 1.4　微粗糙面的散射示意图

假设接收点到坐标中心的距离为 R_0，则单位面积的散射场可以表示为[25]

$$\boldsymbol{E}_{\mathrm{PQ}}^{\mathrm{scatt}}\left(\hat{\boldsymbol{k}}_{\mathrm{i}},\hat{\boldsymbol{k}}_{\mathrm{s}}\right) = 2\pi\frac{\exp\left(-\mathrm{j}kR_0\right)}{\mathrm{j}R_0}\boldsymbol{S}_{\mathrm{PQ}}(\hat{\boldsymbol{k}}_{\mathrm{i}},\hat{\boldsymbol{k}}_{\mathrm{s}}) \tag{1-41}$$

根据雷达散射系数的定义，可得

$$\sigma_{\mathrm{PQ}}^{0}\left(\hat{\boldsymbol{k}}_{\mathrm{i}},\hat{\boldsymbol{k}}_{\mathrm{s}}\right) = \pi k^4\left|\varepsilon-1\right|^2\left|\boldsymbol{F}_{\mathrm{PQ}}\right|^2 S_{\zeta}\left(\boldsymbol{q}_{1}\right) \tag{1-42}$$

其中，$S_{\zeta}\left(\boldsymbol{q}_{1}\right)$ 为微粗糙面的空间功率谱；$\boldsymbol{q}_{1}$ 为 $\boldsymbol{q}$ 在均值面 $z=0$ 上的投影矢量。

1.2.3　复合表面模型

传统的复合表面模型(composite surface model, CSM)是将实际的海浪视为由大尺度的重力波和小尺度的张力波组成的复合结构，因此可以把海面看作由一个局部小范围内光滑的大尺度粗糙面和叠加在该局部光滑表面上的一个微粗糙的小尺度表面组合而成。用SPM的一阶近似结果计算小尺度粗糙度的散射系数，然后通过对大尺度的斜率分布求集平均的方法考虑海面的倾斜效应[26]，从而得到CSM计算的HH极化和VV极化后向散射系数σ_{HH}和σ_{VV}，即

$$\sigma_{\mathrm{HH}}(\theta_{\mathrm{i}})=\int_{-\infty}^{\infty}\int_{-\cot\theta_{\mathrm{i}}}^{\infty}\left(\hat{\boldsymbol{h}}_{\mathrm{i}}\cdot\hat{\boldsymbol{h}}_{\mathrm{i}}'\right)^{4}\sigma_{\mathrm{HH}}^{\mathrm{SPM}}(\theta_{\mathrm{i}}')(1+z_x\tan\theta_{\mathrm{i}})P\left(z_x',z_y'\right)\mathrm{d}z_x\mathrm{d}z_y \tag{1-43}$$

$$\sigma_{\mathrm{VV}}(\theta_{\mathrm{i}})=\int_{-\infty}^{\infty}\int_{-\cot\theta_{\mathrm{i}}}^{\infty}\left(\hat{\boldsymbol{v}}_{\mathrm{i}}\cdot\hat{\boldsymbol{v}}_{\mathrm{i}}'\right)^{4}\sigma_{\mathrm{VV}}^{\mathrm{SPM}}(\theta_{\mathrm{i}}')(1+z_x\tan\theta_{\mathrm{i}})P\left(z_x',z_y'\right)\mathrm{d}z_x\mathrm{d}z_y \tag{1-44}$$

其中，θ_{i}和θ_{i}'分别为全局坐标系和局部坐标系中的入射角；$\hat{\boldsymbol{h}}_{\mathrm{i}}$、$\hat{\boldsymbol{v}}_{\mathrm{i}}$、$\hat{\boldsymbol{h}}_{\mathrm{i}}'$、$\hat{\boldsymbol{v}}_{\mathrm{i}}'$分别为全局坐标系和局部坐标系中的单位水平和垂直极化矢量；z_x和z_y分别为粗糙面在x方向和y方向的斜率。

考虑到风向与观察方向的夹角$\Delta\varphi$，需要对它们进行相应的修正，即

$$z_x'=z_x\cos\Delta\varphi+z_y\sin\Delta\varphi \tag{1-45}$$

$$z_y'=z_y\cos\Delta\varphi-z_x\sin\Delta\varphi \tag{1-46}$$

$P\left(z_x',z_y'\right)$是大尺度粗糙度在x方向和y方向的斜率服从的联合概率密度函数，它乘以$(1+z_x\tan\theta_{\mathrm{i}})$项表示从入射方向看斜率$z_x$和$z_y$服从的联合概率密度函数。其中，对$x$方向的斜率$z_x$的积分是从$-\cot\theta_{\mathrm{i}}$至$\infty$，这考虑了粗糙面的自遮挡效应。$\sigma_{\mathrm{HH}}^{\mathrm{SPM}}$、$\sigma_{\mathrm{VV}}^{\mathrm{SPM}}$是利用SPM求解的表面小尺度粗糙度的散射系数，其表达式分别为

$$\sigma_{\mathrm{HH}}^{\mathrm{SPM}}(\theta_{\mathrm{i}}')=8k_{\mathrm{i}}^{4}\left|\alpha_{\mathrm{HH}}\right|^{2}S(K,\Delta\varphi)/K \tag{1-47}$$

$$\sigma_{\mathrm{VV}}^{\mathrm{SPM}}(\theta_{\mathrm{i}}')=8k_{\mathrm{i}}^{4}\left|\alpha_{\mathrm{VV}}\right|^{2}S(K,\Delta\varphi)/K \tag{1-48}$$

其中，k_{i}为入射电磁波波数；α_{HH}、α_{VV}为极化幅度，可分别表示为

$$\alpha_{\mathrm{HH}}=\cos^{2}\theta_{\mathrm{i}}'R_{\mathrm{HH}} \tag{1-49}$$

$$\alpha_{\mathrm{VV}} = \cos^2\theta_{\mathrm{i}}' R_{\mathrm{VV}} + \left(k_{\mathrm{i}}'^2 - k_{\mathrm{i}}^2\right) T_{\mathrm{VV}}^2 \sin^2\theta_{\mathrm{i}}' / \left(2k_{\mathrm{i}}'^2\right) \tag{1-50}$$

其中，T_{VV}为VV极化透射系数；k_{i}'为入射电磁波在水中对应的波数。对于Bragg散射，在后向散射情况下，$K = 2k_{\mathrm{i}}\sin\theta_{\mathrm{i}}'$。

1.2.4　小斜率近似方法

SSA方法由Voronovich[6,7]于20世纪90年代提出，作为一个统一的粗糙面电磁散射模型，SSA方法很好地统一了SPM和基尔霍夫近似，很适合计算具有大-中-小复合尺度粗糙度的粗糙面散射问题。国外许多学者利用SSA方法对粗糙面/海面电磁散射进行了相关研究，得到的数值计算结果和实测结果比较吻合。SSA方法具有较高的计算精度，尤其是在较大入射角情况下，比KAM和SPM精确许多，也得到了许多数值方法的验证，并且相对于矩量法(method of moments, MoM)和积分方程等，SSA方法的计算公式相对简单，计算效率高。因此，近年来SSA方法在粗糙面/海面电磁散射领域得到了越来越多的关注。

SSA方法是将散射振幅或雷达散射截面(radar cross section, RCS)对粗糙面的斜率进行幂级数展开，方法的精确度可以通过保留级数的项数来确定，实际上保留前几项就已经足够精确。该方法只需满足：入射波或散射波的擦地角的正切值远大于粗糙面的均方根斜率。一般常用的有最低阶的近似解，即一阶SSA(SSA-1)方法和针对一阶解的修正解，即二阶SSA(SSA-2)方法。对于粗糙面电磁散射计算，SSA-1方法已经被证明有较高的精确度。相关研究结果表明，SSA-1方法的计算结果已经与MoM等精确数值方法以及基于实测数据的经验模型吻合较好。SSA-2方法相对于SSA-1方法，其表达式相对复杂，计算效率有所下降，但其计算结果更加精确，且在SSA-1方法的基础上考虑了更高阶项的影响，因此能够更好地对海面微尺度结构的散射特性进行考虑，在深入研究动态海面散射特性(如海面后向回波信号多普勒谱特性)时，相对SSA-1方法而言更有优势。

假定单位平面电磁波入射到面积为$L_x \times L_y$的二维粗糙面$z = h(x, y)$上，二维粗糙面电磁散射示意图如图1.5所示。$(\theta_{\mathrm{i}}, \phi_{\mathrm{i}}, \theta_{\mathrm{s}}, \phi_{\mathrm{s}})$分别为入射角、入射方位角、散射角和散射方位角。根据图1.5中的空间几何关系，入射波矢量$\boldsymbol{k}_{\mathrm{i}}$和散射波矢量$\boldsymbol{k}_{\mathrm{s}}$可以分解为投影到$x$-$y$面的水平分量和垂直于$x$-$y$面的垂直分量，可表示为

$$\boldsymbol{k}_{\mathrm{i}} = \boldsymbol{k}_0 - q_0\hat{\boldsymbol{z}}, \quad \boldsymbol{k}_{\mathrm{s}} = \boldsymbol{k}_1 + q_1\hat{\boldsymbol{z}} \tag{1-51}$$

其中，

$$\boldsymbol{k}_0 = k\left(\hat{\boldsymbol{x}}\sin\theta_{\mathrm{i}}\cos\phi_{\mathrm{i}} + \hat{\boldsymbol{y}}\sin\theta_{\mathrm{i}}\sin\phi_{\mathrm{i}}\right) \tag{1-52}$$

$$\boldsymbol{k}_1 = k\left(\hat{\boldsymbol{x}}\sin\theta_{\mathrm{s}}\cos\phi_{\mathrm{s}} + \hat{\boldsymbol{y}}\sin\theta_{\mathrm{s}}\sin\phi_{\mathrm{s}}\right) \tag{1-53}$$

$$q_0 = k\cos\theta_{\mathrm{i}} \tag{1-54}$$

$$q_1 = k\cos\theta_{\mathrm{s}} \tag{1-55}$$

其中，$|\boldsymbol{k}_0| = k_0$；$|\boldsymbol{k}_1| = k_1$；k 为入射电磁波的波数；q_0 和 q_1 都是非负值。

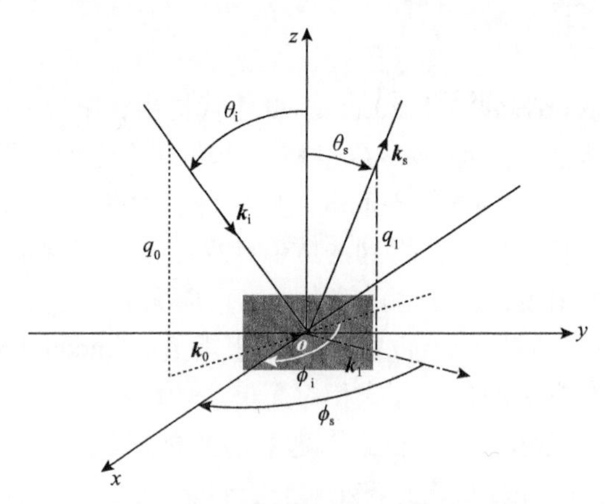

图 1.5 二维粗糙面电磁散射示意图

SSA 方法的主要工作是求解散射振幅，可以表示为

$$\mathbf{S}(\boldsymbol{k}_1,\boldsymbol{k}_0) = \int \frac{\mathrm{d}\boldsymbol{r}}{(2\pi)^2}\exp\left[-\mathrm{j}(\boldsymbol{k}_1-\boldsymbol{k}_0)\cdot\boldsymbol{r} + \mathrm{j}(q_1+q_0)h(\boldsymbol{r})\right]\varphi(\boldsymbol{k}_1,\boldsymbol{k}_0;\boldsymbol{r};h(\boldsymbol{r})) \tag{1-56}$$

其中，被积函数中的指数项 $\exp\left[-\mathrm{j}(\boldsymbol{k}_1-\boldsymbol{k}_0)\cdot\boldsymbol{r} + \mathrm{j}(q_1+q_0)h(\boldsymbol{r})\right]$ 类似于基尔霍夫近似积分项。所不同的是，SSA 方法的积分项是对上述指数项进行权重为 $\varphi(\boldsymbol{k}_1,\boldsymbol{k}_0;\boldsymbol{r};h(\boldsymbol{r}))$ 的加权处理。对于式(1-56)中的 φ，可以用其相对于 $\boldsymbol{r}$ 的傅里叶变换表示为

$$\varphi(\boldsymbol{k}_1,\boldsymbol{k}_0;\boldsymbol{r};h(\boldsymbol{r})) = \int \Phi(\boldsymbol{k}_1,\boldsymbol{k}_0;\boldsymbol{r};h(\boldsymbol{r}))h(\boldsymbol{\xi})\exp(\mathrm{j}\boldsymbol{\xi}\cdot\boldsymbol{r})\mathrm{d}\boldsymbol{\xi} \tag{1-57}$$

其中，Φ 为海面高度起伏 $h(\boldsymbol{r})$ 的函数，Voronovich[6,7]将该函数表示成积分的幂级数序列，即

$$\begin{aligned}\Phi(\boldsymbol{k}_1,\boldsymbol{k}_0;\boldsymbol{r};h(\boldsymbol{r})) = {} & \Phi_0(\boldsymbol{k}_1,\boldsymbol{k}_0) + \int \Phi_1(\boldsymbol{k}_1,\boldsymbol{k}_0;\boldsymbol{\xi})h(\boldsymbol{\xi})\exp(\mathrm{j}\boldsymbol{\xi}\cdot\boldsymbol{r})\mathrm{d}\boldsymbol{\xi} \\ & + \iint \Phi_2(\boldsymbol{k}_1,\boldsymbol{k}_0;\boldsymbol{\xi}_1,\boldsymbol{\xi}_2)h(\boldsymbol{\xi}_1)h(\boldsymbol{\xi}_2)\exp\left[\mathrm{j}(\boldsymbol{\xi}_1+\boldsymbol{\xi}_2)\cdot\boldsymbol{r}\right]\mathrm{d}\boldsymbol{\xi}_1\mathrm{d}\boldsymbol{\xi}_2 + \cdots\end{aligned} \tag{1-58}$$

其中，函数 $\Phi_2, \Phi_3, \cdots$ 关于变量 $\boldsymbol{\xi}_1, \boldsymbol{\xi}_2, \cdots$ 是对称的；$h(\boldsymbol{\xi})$ 为海面高度起伏 $h(\boldsymbol{r})$ 的傅里叶变换，即

$$h(\boldsymbol{\xi})=\frac{1}{(2\pi)^2}\int h(\boldsymbol{r})\exp(-\mathrm{j}\boldsymbol{\xi}\cdot\boldsymbol{r})\mathrm{d}\boldsymbol{r} \tag{1-59}$$

对于 $\varPhi_n$ 的求解，可以用类似于 SPM 推导过程中的方法，将散射振幅表示为

$$\begin{aligned}\boldsymbol{S}(\boldsymbol{k}_1,\boldsymbol{k}_0)&=V_0(K)\delta(\boldsymbol{k}_1-\boldsymbol{k}_0)+2\mathrm{j}\sqrt{q_0q_1}B(\boldsymbol{k}_1,\boldsymbol{k}_0)h(\boldsymbol{k}_1-\boldsymbol{k}_0)\\&\quad+\sqrt{q_0q_1}\sum_{n=2}^{\infty}\int B_n(\boldsymbol{k}_1,\boldsymbol{k}_0;\boldsymbol{\xi}_1,\cdots,\boldsymbol{\xi}_{n-1})h(\boldsymbol{k}_1-\boldsymbol{\xi}_1)\cdots h(\boldsymbol{\xi}_{n-1}-\boldsymbol{k}_0)\mathrm{d}\boldsymbol{\xi}_1\cdots\mathrm{d}\boldsymbol{\xi}_{n-1}\end{aligned} \tag{1-60}$$

其中，B 、B_n 为散射矩阵幂级数展开的系数，这些系数与海面高度起伏无关，依相应的边界条件而定，是波矢量的水平分量和介电常数的函数；$\delta(\cdot)$ 为狄拉克-δ 函数。

经过相应推导，可以将散射振幅 $\boldsymbol{S}(\boldsymbol{k}_1,\boldsymbol{k}_0)$ 用 $\varPhi$ 来表示，即

$$\boldsymbol{S}(\boldsymbol{k}_1,\boldsymbol{k}_0)=\varPhi_0\cdot\delta(\boldsymbol{k}_1-\boldsymbol{k}_0)+\mathrm{j}(q_0+q_1)\varPhi_0\cdot h(\boldsymbol{k}_1-\boldsymbol{k}_0)+O(h^2) \tag{1-61}$$

对比式(1-60)和式(1-61)，可以得到

$$\varPhi_0(\boldsymbol{k}_1,\boldsymbol{k}_0)=\frac{2\sqrt{q_0q_1}}{q_0+q_1}B(\boldsymbol{k}_1,\boldsymbol{k}_0) \tag{1-62}$$

$$V_0(K)=B(\boldsymbol{k}_1,\boldsymbol{k}_0)=\varPhi_0(\boldsymbol{k}_1,\boldsymbol{k}_0) \tag{1-63}$$

针对不同的极化组合方式，$B(\boldsymbol{k}_1,\boldsymbol{k}_0)$ 可参考相关文献[7]。

整合以上公式可得 SSA-1 方法的散射振幅表达式为

$$\boldsymbol{S}(\boldsymbol{k}_1,\boldsymbol{k}_0)=\frac{2\sqrt{q_0q_1}}{q_0+q_1}B(\boldsymbol{k}_1,\boldsymbol{k}_0)\int\frac{\mathrm{d}\boldsymbol{r}}{(2\pi)^2}\exp\left[-\mathrm{j}(\boldsymbol{k}_1-\boldsymbol{k}_0)\cdot\boldsymbol{r}+\mathrm{j}(q_1+q_0)h(\boldsymbol{r})\right] \tag{1-64}$$

考虑锥形波入射时相应的散射振幅表达式为

$$\boldsymbol{S}(\boldsymbol{k}_1,\boldsymbol{k}_0)=\frac{2\sqrt{q_0q_1}}{(q_0+q_1)\sqrt{P_{\mathrm{inc}}}}B(\boldsymbol{k}_1,\boldsymbol{k}_0)\int\frac{\mathrm{d}\boldsymbol{r}}{(2\pi)^2}G(\boldsymbol{r},h)\exp\left[-\mathrm{j}(\boldsymbol{k}_1-\boldsymbol{k}_0)\cdot\boldsymbol{r}+\mathrm{j}(q_1+q_0)h(\boldsymbol{r})\right] \tag{1-65}$$

其中，P_{inc} 为二维海面截获的入射波能量；$G(\boldsymbol{r},h)$ 为锥形波函数。

对应的一阶项 $\varPhi_1$ 和二阶项 $\varPhi_2$ 的关系可表示为

$$\begin{aligned}\Phi_1\left(\boldsymbol{k}_1,\boldsymbol{k}_0;\boldsymbol{\xi}\right)&=\frac{\mathrm{j}\Phi_2\left(\boldsymbol{k}_1,\boldsymbol{k}_0;\boldsymbol{\xi},\boldsymbol{k}_1-\boldsymbol{k}_0-\boldsymbol{\xi}\right)}{q_0+q_1}\\&=-\frac{\mathrm{j}}{2}\frac{\sqrt{q_0q_1}}{q_0+q_1}\Big[B_2\left(\boldsymbol{k}_1,\boldsymbol{k}_0;\boldsymbol{k}_1-\boldsymbol{\xi}\right)+B_2\left(\boldsymbol{k}_1,\boldsymbol{k}_0;\boldsymbol{k}_1+\boldsymbol{\xi}\right)\\&\quad+2\left(q_0+q_1\right)B_2\left(\boldsymbol{k}_1,\boldsymbol{k}_0\right)\Big]\end{aligned}\tag{1-66}$$

将锥形波函数代入积分项，可得 SSA-2 方法散射振幅的表达式为

$$\begin{aligned}\boldsymbol{S}\left(\boldsymbol{k}_1,\boldsymbol{k}_0\right)=&\frac{2\sqrt{q_0q_1}}{\left(q_0+q_1\right)\sqrt{P_{\mathrm{inc}}}}\int\frac{\mathrm{d}\boldsymbol{r}}{(2\pi)^2}G(\boldsymbol{r},h)\exp\left[-\mathrm{j}\left(\boldsymbol{k}_1-\boldsymbol{k}_0\right)\cdot\boldsymbol{r}+\mathrm{j}\left(q_1+q_0\right)h(\boldsymbol{r})\right]\\&\cdot\left[B\left(\boldsymbol{k}_1,\boldsymbol{k}_0\right)-\frac{\mathrm{j}}{4}\int M\left(\boldsymbol{k}_1,\boldsymbol{k}_0;\boldsymbol{\xi}\right)h(\boldsymbol{\xi})\exp(\mathrm{j}\boldsymbol{\xi}\cdot\boldsymbol{r})\mathrm{d}\boldsymbol{\xi}\right]\end{aligned}\tag{1-67}$$

其中，

$$M\left(\boldsymbol{k}_1,\boldsymbol{k}_0;\boldsymbol{\xi}\right)=B_2\left(\boldsymbol{k}_1,\boldsymbol{k}_0;\boldsymbol{k}_0-\boldsymbol{\xi}\right)+B_2\left(\boldsymbol{k}_1,\boldsymbol{k}_0;\boldsymbol{k}_0-\boldsymbol{\xi}\right)+2\left(q_0+q_1\right)B_2\left(\boldsymbol{k}_1,\boldsymbol{k}_0\right)\tag{1-68}$$

散射矩阵幂级数展开的二阶系数 B_2 的表达式可参考相应文献[7]。

若将 SSA-2 方法散射振幅中的 M 取为零，则可退化得到相应 SSA-1 方法的散射振幅。假定二维海面总的离散面元数为 N，则 SSA-2 方法的计算量为 $O\left(N^2\right)$，但 M 项的计算可以通过快速傅里叶变换（fast Fourier transform, FFT）来完成，能有效地缩短计算时间。

1.3　毛细波相位修正面元散射模型

1.3.1　漫散射区域的 Bragg 谐振机制

对于动态海面，在中等入射角度时，漫散射回波贡献起主要作用[27-29]。事实上，线性海浪可以看作不同波数的波叠加，而在漫散射区域某些特定波数的波成分与电磁波发生谐振，从而对雷达回波贡献起主要作用，这一现象称为 Bragg 谐振现象。该现象在 1955 年 Crombie[27]的实验中首次被发现并在 *Nature* 上进行了报道。此后，大量的实验进一步为这一机理提供了支撑。海面 Bragg 散射机制示意图如图 1.6 所示，海面面元可看作无数组不同幅度、波数和方向的组成波的叠加，当入射电磁波以入射角度 θ_{i} 照射到海面时，波长为 λ_{Bragg} 的海浪与入射电磁波产生谐振，即从各波峰（波谷）反射回的信号产生同相叠加，故而 λ_{Bragg} 与入射电磁波波长 λ 之间需要满足如下关系：

$$\lambda_{\text{Bragg}} = \frac{\lambda}{2\sin\theta_{\text{i}}} \tag{1-69}$$

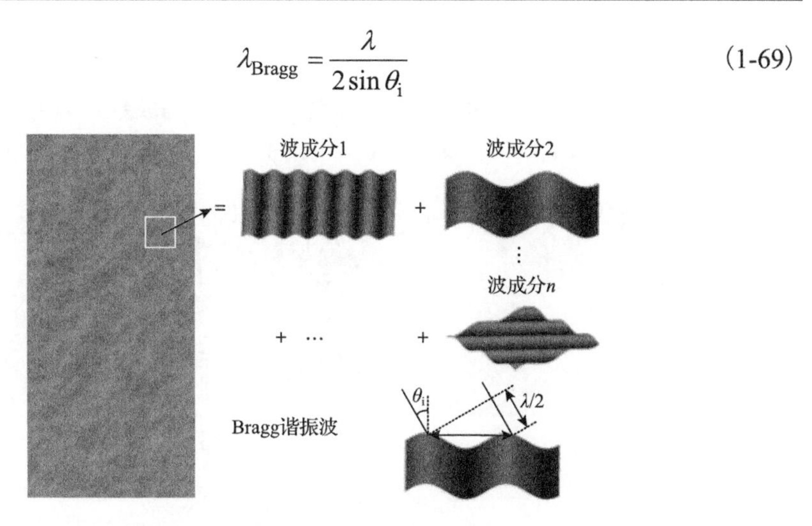

图 1.6　海面 Bragg 散射机制示意图

Bragg 谐振散射使得海面在大尺度重力波上叠加的小尺度毛细波可以在一定雷达角度下简化为单一余弦波的形式，这一散射机理为中等入射角度下电大尺寸海面电磁散射特性的高效分析奠定了基础。

1.3.2　毛细波相位修正面元散射模型推导

按照经典的复合表面假说，海浪可以看作由大尺度的重力波和小尺度的毛细波两部分组成。其中，毛细波是风力与表面张力共同作用的结果，一般是指波长小于几厘米的海浪波成分，主要包括弱张力波和短重力波。在微波高频段，电磁波与这些毛细波所产生的 Bragg 谐振波发生作用，将对雷达回波产生主要贡献。Bragg 谐振假说认为：

(1) 虽然海表面由无数波成分组成，但探测雷达只对特定的波成分“感兴趣”，即空间波长满足谐振条件的毛细波成分；

(2) 被探测到的毛细波成分将沿着雷达视向，而且传播方向要么接近雷达，要么远离雷达。

总之，沿着雷达探测方向并满足谐振条件的小尺度波成分对雷达接收器产生的贡献将占支配地位。这种散射机理被广泛接受，并用来预估平静海况下的雷达回波。

基于散射贡献面元化思想，仍然将海表面划分为多个小面元，不同于相对路径延迟的相位假设方法，在考虑相位项表示时，本节引入了小面元微结构的影响，提出了简化毛细波表示的思想[30]。毛细波的简化表示方法如图 1.7 所示，当雷达发射波照射到真实海洋表面时，电磁波将与海表面上的微尺度结构发生 Bragg 谐振。如前所述，既然雷达主要探测到沿其观测方向并满足 Bragg 谐振条件的毛细波成分，那么可以将这组成分简化成一组具有 Bragg 谐振波长的单色余弦波，即

$$\zeta(\boldsymbol{\rho}_c, t) = B(\boldsymbol{k}_c)\cos(\boldsymbol{k}_c \cdot \boldsymbol{\rho}_c - \omega_c t) \tag{1-70}$$

其中，$\boldsymbol{k}_c$ 为 Bragg 谐振毛细波成分的波数矢量；ω_c 为波数 k_c 对应的圆频率；t 为时间因子；$B(\boldsymbol{k}_c)$ 为毛细波的幅度；$\boldsymbol{\rho}_c = (x_c, y_c)$ 为面元内微结构的位置坐标矢量。

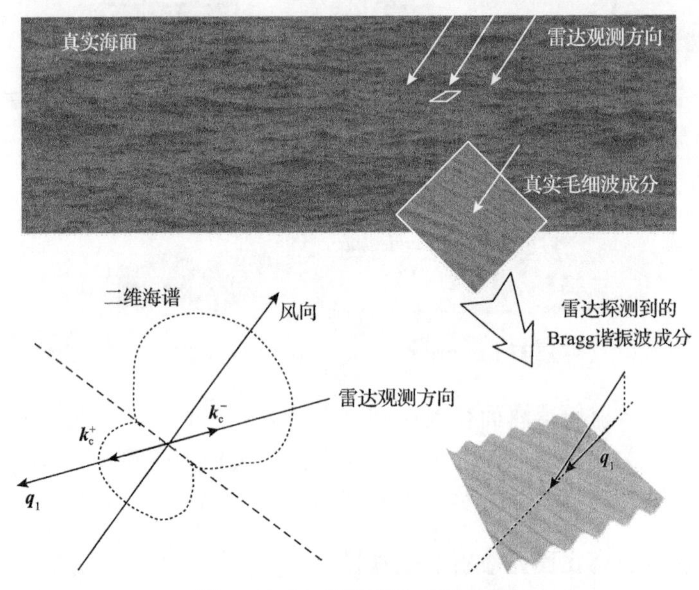

图 1.7　毛细波的简化表示方法

这样，叠加在斜率为 z_x、z_y 小面元上的微起伏高度在全局坐标系下可表示为

$$z_{\text{capi}} = \eta(\boldsymbol{\rho}_0, t) + \zeta(\boldsymbol{\rho}_c, t) + z_x x_c + z_y y_c \tag{1-71}$$

其中，$\eta(\boldsymbol{\rho}_0, t)$ 为大尺度面元中心的高度，$\boldsymbol{\rho}_0 = (x_g, y_g)$ 为面元中心的位置矢量。

考虑到简化毛细波假设的应用，本节需要进一步对雷达所探测到的简化毛细波的方向和幅度进行明确定义。首先，由于雷达只对沿其视向传播的波成分“感兴趣”，这里可定义 Bragg 谐振毛细波成分的波数矢量 $\boldsymbol{k}_c$ 沿散射矢量 $\boldsymbol{q}_l$ 方向。$\boldsymbol{q}_l = (q_{lx}, q_{ly}, q_{lz})$ 为散射矢量 $\boldsymbol{q} = k(\hat{\boldsymbol{k}}_s - \hat{\boldsymbol{k}}_i)$ 在倾斜小面元均值平面上的投影。考虑到远离和靠近雷达的毛细波成分均会产生贡献，波数矢量 $\boldsymbol{k}_c$ 将包含相对于投影 $\boldsymbol{q}_l$ 正负两个方向的波数成分，即 $\boldsymbol{k}_c^+$ 和 $\boldsymbol{k}_c^-$，如图 1.7 所示。若将 $\boldsymbol{q}$ 与面元法向矢量 $\hat{\boldsymbol{n}}$ 的夹角标记为 θ_q，则 Bragg 谐振波波长可以表示为 $\lambda_c = \dfrac{2\pi}{|\boldsymbol{q}|\sin\theta_q}$。在全局坐标系下，Bragg 波数矢量 $\boldsymbol{k}_c^\pm = (k_{cx}^\pm, k_{cy}^\pm)$ 可以表示为

$$k_{cx}^\pm = \pm 2\pi \Big/ \left[\lambda_c\left(q_{lx}^2 + q_{ly}^2\right)\Big/\left(q_l q_{ly}\right)\right] \tag{1-72}$$

$$k_{cy}^{\pm} = \pm 2\pi \Big/ \left[\lambda_c \left(q_{lx}^2 + q_{ly}^2 \right) \Big/ \left(q_l q_{lx} \right) \right] \tag{1-73}$$

其次，关于 Bragg 谐振波成分幅度的定义，借助海浪能量谱的概念，将简化毛细波的幅度定义为其谐振波数矢量 $\boldsymbol{k}_c$ 在二维海谱中所对应的能量幅值，即 $B(\boldsymbol{k}_c) = 2\pi\sqrt{S_{capi}(\boldsymbol{k}_c)/\Delta S}$，其中，$\Delta S$ 为大尺度面元的面积，S_{capi} 为毛细波谱。这里仍然需要引入截断波数 k_{cut} 来划分大小尺度的波谱，即将单边二维 ELH 谱按截断波数划分为大尺度重力波谱 S_{grav} 和小尺度毛细波谱 S_{capi} 两部分，分别表示为

$$S_{grav}(\boldsymbol{k}) = \begin{cases} 0, & |\boldsymbol{k}| \geqslant k_{cut} \\ S_E(\boldsymbol{k}), & |\boldsymbol{k}| < k_{cut} \end{cases} \tag{1-74}$$

$$S_{capi}(\boldsymbol{k}) = \begin{cases} S_E(\boldsymbol{k}), & |\boldsymbol{k}| \geqslant k_{cut} \\ 0, & |\boldsymbol{k}| < k_{cut} \end{cases} \tag{1-75}$$

其中，$S_E(\boldsymbol{k})$ 为二维 ELH 谱。

这里截断的大尺度海谱将结合线性过滤模型来模拟二维海面的大尺度轮廓。

至此，已将简化毛细波的表示方法进行了详细的定义和描述。下面将进一步基于简化毛细波假设，并结合 Fuks 等[23,24]所提出的微扰场表达式推导出任意倾斜的微粗糙面元的复反射函数的解析表达式。

根据一阶微扰解公式，任意倾斜小面元的散射振幅可以表示为[23,24]

$$\boldsymbol{S}_{PQ}\left(\hat{\boldsymbol{k}}_i, \hat{\boldsymbol{k}}_s\right) = \frac{k^2(1-\varepsilon)}{8\pi^2} \tilde{\boldsymbol{F}}_{PQ} \iint \zeta(\boldsymbol{r}) \exp(\mathrm{j}\boldsymbol{q}\cdot\boldsymbol{r}) \mathrm{d}\boldsymbol{r} \tag{1-76}$$

其中，$\tilde{\boldsymbol{F}}_{PQ}$ 表示全局坐标系下的极化因子：

$$\begin{bmatrix} \tilde{\boldsymbol{F}}_{VV} & \tilde{\boldsymbol{F}}_{VH} \\ \tilde{\boldsymbol{F}}_{HV} & \tilde{\boldsymbol{F}}_{HH} \end{bmatrix} = \begin{bmatrix} \hat{\boldsymbol{V}}_s\cdot\hat{\boldsymbol{v}}_s & \hat{\boldsymbol{H}}_s\cdot\hat{\boldsymbol{v}}_s \\ \hat{\boldsymbol{V}}_s\cdot\hat{\boldsymbol{h}}_s & \hat{\boldsymbol{H}}_s\cdot\hat{\boldsymbol{h}}_s \end{bmatrix} \begin{bmatrix} \boldsymbol{F}_{VV} & \boldsymbol{F}_{VH} \\ \boldsymbol{F}_{HV} & \boldsymbol{F}_{HH} \end{bmatrix} \begin{bmatrix} \hat{\boldsymbol{V}}_i\cdot\hat{\boldsymbol{v}}_i & \hat{\boldsymbol{V}}_i\cdot\hat{\boldsymbol{h}}_i \\ \hat{\boldsymbol{H}}_i\cdot\hat{\boldsymbol{v}}_i & \hat{\boldsymbol{H}}_i\cdot\hat{\boldsymbol{h}}_i \end{bmatrix} \tag{1-77}$$

在全局坐标系下，可将式(1-76)中的积分项表示为

$$\begin{aligned} \boldsymbol{I}(\cdot) &= \int_{\Delta S} \zeta(\boldsymbol{r}, t) \exp(\mathrm{j}\boldsymbol{q}\cdot\boldsymbol{r}) \mathrm{d}\boldsymbol{r} \\ &= \int_{-\Delta x_g/2}^{\Delta x_g/2} \int_{-\Delta y_g/2}^{\Delta y_g/2} \zeta(\boldsymbol{\rho}_c, t) \exp(\mathrm{j}\boldsymbol{q}\cdot\boldsymbol{r}) \frac{1}{n_z} \mathrm{d}x\mathrm{d}y \end{aligned} \tag{1-78}$$

其中，n_z 为面元法向单位矢量 $\hat{\boldsymbol{n}}$ 的竖直分量；$\boldsymbol{\rho}_c$ 为微起伏表面相对于其中心点 O' 的位置矢量的水平方向分量，$\boldsymbol{r} = (\boldsymbol{\rho}, z)$，$\boldsymbol{\rho} = (x, y)$ 为微起伏表面相对于全局坐标系原点 O 的位置矢量。

小面元位置矢量示意图如图 1.8 所示，图中，$\boldsymbol{r}_0$ 为微粗糙面中心点 O' 相对于原点 O 的位置矢量，即 $\boldsymbol{r}_0=\left(\boldsymbol{\rho}_0,\eta\left(\boldsymbol{\rho}_0,t\right)\right)$，$\boldsymbol{\rho}_0=\left(x_{\mathrm{g}},y_{\mathrm{g}}\right)$。容易写出 $\boldsymbol{\rho}_{\mathrm{c}}=\left(x_{\mathrm{c}},y_{\mathrm{c}}\right)=\left(x-x_{\mathrm{g}},y-y_{\mathrm{g}}\right)$，基于简化毛细波表示方法，小面元的微起伏高度可表示为 $z=z^{\mathrm{capi}}=\eta\left(\boldsymbol{\rho}_0,t\right)+\zeta\left(\boldsymbol{\rho}_{\mathrm{c}},t\right)+z_x x_{\mathrm{c}}+z_y y_{\mathrm{c}}$。于是，式(1-78)可以写为

$$\boldsymbol{I}(\cdot)=\frac{1}{n_z}\exp\left(\mathrm{j}\boldsymbol{q}\cdot\boldsymbol{r}_0\right)\int_{-\Delta x_{\mathrm{g}}/2}^{\Delta x_{\mathrm{g}}/2}\int_{-\Delta y_{\mathrm{g}}/2}^{\Delta y_{\mathrm{g}}/2}\zeta\left(\boldsymbol{\rho}_{\mathrm{c}},t\right)\exp\left\{\mathrm{j}\left[\left(q_x+q_z z_x\right)x_{\mathrm{c}}+\left(q_y+q_z z_y\right)y_{\mathrm{c}}\right]\right\}\cdot\exp\left[\mathrm{j}q_z\zeta\left(\boldsymbol{\rho}_{\mathrm{c}},t\right)\right]\mathrm{d}x_{\mathrm{c}}\mathrm{d}y_{\mathrm{c}} \tag{1-79}$$

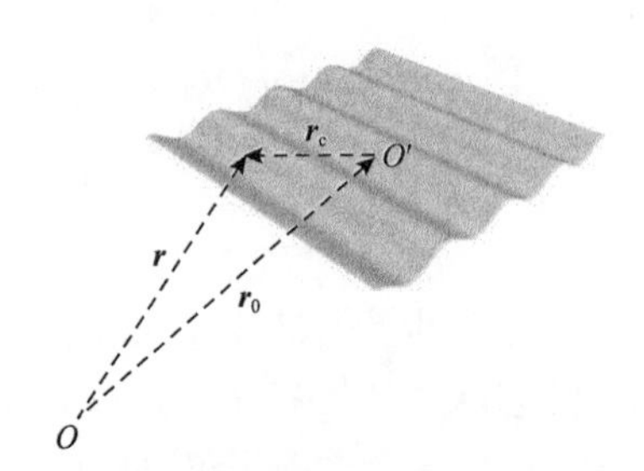

图 1.8　小面元位置矢量示意图

从形式上看，式(1-79)属于积分核内同时包含余弦函数和指数函数的二重高振荡积分。关于一般形式的二重高振荡积分的求解同样是应用数学领域研究的热点和难点之一，式(1-79)中包含余弦函数这一特殊形式，从而降低了该积分的难度，下面将详细介绍针对该积分的求解过程。

首先，借助欧拉公式，$\zeta\left(\boldsymbol{\rho}_{\mathrm{c}},t\right)=B\left(\boldsymbol{k}_{\mathrm{c}}\right)\cos\left(\boldsymbol{k}_{\mathrm{c}}\cdot\boldsymbol{\rho}_{\mathrm{c}}-\omega_{\mathrm{c}}t\right)$ 可写成指数形式：

$$\zeta\left(\boldsymbol{\rho}_{\mathrm{c}},t\right)=\frac{B\left(\boldsymbol{k}_{\mathrm{c}}\right)}{2}\left\{\exp\left[-\mathrm{j}\left(\boldsymbol{k}_{\mathrm{c}}\cdot\boldsymbol{\rho}_{\mathrm{c}}-\omega_{\mathrm{c}}t\right)\right]+\exp\left[\mathrm{j}\left(\boldsymbol{k}_{\mathrm{c}}\cdot\boldsymbol{\rho}_{\mathrm{c}}-\omega_{\mathrm{c}}t\right)\right]\right\} \tag{1-80}$$

若替换式(1-79)中的非指数项，则可得到

$$\begin{aligned}\boldsymbol{I}(\cdot)=&\frac{B\left(\boldsymbol{k}_{\mathrm{c}}\right)}{2n_z}\exp\left(\mathrm{j}\boldsymbol{q}\cdot\boldsymbol{r}_0\right)\\&\cdot\int_{-\Delta x_{\mathrm{g}}/2}^{\Delta x_{\mathrm{g}}/2}\int_{-\Delta y_{\mathrm{g}}/2}^{\Delta y_{\mathrm{g}}/2}\left(\exp\left\{-\mathrm{j}\left[\left(k_{\mathrm{c}x}-q_x-q_z z_x\right)x_{\mathrm{c}}+\left(k_{\mathrm{c}y}-q_y-q_z z_y\right)y_{\mathrm{c}}\right]\right\}\exp\left(\mathrm{j}\omega_{\mathrm{c}}t\right)\right.\\&\left.+\exp\left\{\mathrm{j}\left[\left(k_{\mathrm{c}x}+q_x+q_z z_x\right)x_{\mathrm{c}}+\left(k_{\mathrm{c}y}+q_y+q_z z_y\right)y_{\mathrm{c}}\right]\right\}\exp\left(-\mathrm{j}\omega_{\mathrm{c}}t\right)\right)\exp\left[\mathrm{j}q_z\zeta\left(\boldsymbol{\rho}_{\mathrm{c}},t\right)\right]\mathrm{d}x_{\mathrm{c}}\mathrm{d}y_{\mathrm{c}}\end{aligned} \tag{1-81}$$

注意到：式(1-81)中用余弦表示的指数项 $\exp\left[\mathrm{j}q_z\zeta\left(\boldsymbol{\rho}_{\mathrm{c}},t\right)\right]$ 正好可以用特殊函

数展开，即

$$\begin{aligned}\exp\left[\mathrm{j}q_z\zeta\left(\boldsymbol{\rho}_\mathrm{c},t\right)\right]&=\exp\left[\mathrm{j}q_zB\left(\boldsymbol{k}_\mathrm{c}\right)\cos\left(\boldsymbol{k}_\mathrm{c}\cdot\boldsymbol{\rho}_\mathrm{c}-\omega_\mathrm{c}t\right)\right]\\&=\sum_{n=-\infty}^{\infty}\mathrm{j}^n\mathrm{J}_n\left[q_zB\left(\boldsymbol{k}_\mathrm{c}\right)\right]\exp\left[-\mathrm{j}n\left(k_{\mathrm{c}x}x_\mathrm{c}+k_{\mathrm{c}y}y_\mathrm{c}\right)\right]\exp\left(\mathrm{j}n\omega_\mathrm{c}t\right)\end{aligned}\tag{1-82}$$

其中，$\mathrm{J}_n(\cdot)$ 为 n 阶第一类贝塞尔函数。

将式(1-82)代入式(1-81)中，就可将积分项转化成仅保留指数积分的形式，即

$$\begin{aligned}\boldsymbol{I}(\cdot)=&\frac{B\left(\boldsymbol{k}_\mathrm{c}\right)}{2n_z}\exp\left(\mathrm{j}\boldsymbol{q}\cdot\boldsymbol{r}_0\right)\sum_{n=-\infty}^{\infty}\mathrm{j}^n\mathrm{J}_n\left[q_zB\left(\boldsymbol{k}_\mathrm{c}\right)\right]\\&\cdot\int_{-\Delta x_\mathrm{g}/2}^{\Delta x_\mathrm{g}/2}\int_{-\Delta y_\mathrm{g}/2}^{\Delta y_\mathrm{g}/2}\Big(\exp\left\{-\mathrm{j}\left[\left(nk_{\mathrm{c}x}+k_{\mathrm{c}x}-q_x-q_zz_x\right)x_\mathrm{c}+\left(nk_{\mathrm{c}y}+k_{\mathrm{c}y}-q_y-q_zz_y\right)y_\mathrm{c}\right]\right\}\exp\left[\mathrm{j}(1+n)\omega_\mathrm{c}t\right]\\&+\exp\left\{\mathrm{j}\left[\left(-nk_{\mathrm{c}x}+k_{\mathrm{c}x}+q_x+q_zz_x\right)x_\mathrm{c}+\left(-nk_{\mathrm{c}y}+k_{\mathrm{c}y}+q_y+q_zz_y\right)y_\mathrm{c}\right]\right\}\exp\left[-\mathrm{j}(1-n)\omega_\mathrm{c}t\right]\Big)\mathrm{d}x_\mathrm{c}\mathrm{d}y_\mathrm{c}\end{aligned}\tag{1-83}$$

经过整理，可以得到如下解析形式：

$$\boldsymbol{I}(\cdot)=\frac{B\left(\boldsymbol{k}_\mathrm{c}\right)\Delta S}{2n_z}\exp\left(\mathrm{j}\boldsymbol{q}\cdot\boldsymbol{r}_0\right)\sum_{n=-\infty}^{\infty}\mathrm{j}^n\mathrm{J}_n\left[q_zB\left(\boldsymbol{k}_\mathrm{c}\right)\right]\boldsymbol{I}_0\left(\boldsymbol{k}_\mathrm{c}\right)\tag{1-84}$$

其中，

$$\begin{aligned}\boldsymbol{I}_0\left(\boldsymbol{k}_\mathrm{c}\right)=&\exp\left[\mathrm{j}(1+n)\omega_\mathrm{c}t\right]\mathrm{sinc}\left\{\frac{\Delta x_\mathrm{g}}{2}\left[(1+n)k_{\mathrm{c}x}-q_x-q_zz_x\right]\right\}\cdot\mathrm{sinc}\left\{\frac{\Delta y_\mathrm{g}}{2}\left[(1+n)k_{\mathrm{c}y}-q_y-q_zz_y\right]\right\}\\&+\exp\left[-\mathrm{j}(1-n)\omega_\mathrm{c}t\right]\mathrm{sinc}\left\{\frac{\Delta x_\mathrm{g}}{2}\left[(1-n)k_{\mathrm{c}x}+q_x+q_zz_x\right]\right\}\cdot\mathrm{sinc}\left\{\frac{\Delta y_\mathrm{g}}{2}\left[(1-n)k_{\mathrm{c}y}+q_y+q_zz_y\right]\right\}\end{aligned}\tag{1-85}$$

至此，若分别考虑正负方向的 Bragg 谐振波成分的贡献，则小面元的散射振幅可表示为

$$\begin{aligned}\boldsymbol{S}_\mathrm{PQ}\left(\hat{\boldsymbol{k}}_\mathrm{i},\hat{\boldsymbol{k}}_\mathrm{s}\right)=&\frac{k^2(1-\varepsilon)\Delta S}{8\pi n_z}\exp\left(\mathrm{j}\boldsymbol{q}\cdot\boldsymbol{r}_0\right)\tilde{\boldsymbol{F}}_\mathrm{PQ}\left\{B\left(\boldsymbol{k}_\mathrm{c}^+\right)\sum_{n=-\infty}^{\infty}\mathrm{j}^n\mathrm{J}_n\left[q_zB\left(\boldsymbol{k}_\mathrm{c}^+\right)\right]\boldsymbol{I}_0\left(\boldsymbol{k}_\mathrm{c}^+\right)\right.\\&\left.+B\left(\boldsymbol{k}_\mathrm{c}^-\right)\sum_{n=-\infty}^{\infty}\mathrm{j}^n\mathrm{J}_n\left[q_zB\left(\boldsymbol{k}_\mathrm{c}^-\right)\right]\boldsymbol{I}_0\left(\boldsymbol{k}_\mathrm{c}^-\right)\right\}\end{aligned}\tag{1-86}$$

由于对雷达回波产生主要贡献的 Bragg 谐振波包含沿雷达视向远离和靠近雷达传播的成分，根据式(1-86)所给出的解析形式，不难得到海面上单个简化双尺

度小面元的复反射函数为

$$\boldsymbol{E}_{\mathrm{PQ}}\left(\hat{\boldsymbol{k}}_{\mathrm{i}},\hat{\boldsymbol{k}}_{\mathrm{s}}\right)=2\pi\frac{\exp(-\mathrm{j}kR)}{\mathrm{j}R}\boldsymbol{S}_{\mathrm{PQ}}\left(\hat{\boldsymbol{k}}_{\mathrm{i}},\hat{\boldsymbol{k}}_{\mathrm{s}}\right) \tag{1-87}$$

假设二维海面模拟样本在 x_{g} 和 y_{g} 方向的长度分别为 L_x 和 L_y，面积为 $A=L_xL_y$，等间隔离散点数分别为 M 和 N，相邻两点间的距离分别为 Δx_{g} 和 Δy_{g}，忽略各小面元之间的多次散射作用，可以写出海面总散射场为

$$\boldsymbol{E}_{\mathrm{PQ}}\left(\hat{\boldsymbol{k}}_{\mathrm{i}},\hat{\boldsymbol{k}}_{\mathrm{s}},t\right)=\sum_{m=1}^{M\cdot N}\boldsymbol{E}_{\mathrm{PQ}}^{m}\left(\hat{\boldsymbol{k}}_{\mathrm{i}},\hat{\boldsymbol{k}}_{\mathrm{s}}\right) \tag{1-88}$$

其中，$\boldsymbol{E}_{\mathrm{PQ}}^{m}\left(\hat{\boldsymbol{k}}_{\mathrm{i}},\hat{\boldsymbol{k}}_{\mathrm{s}}\right)$ 为 t 时刻海面样本第 m 个小面元的复反射函数。

令 $t=t_0$，则 t_0 时刻静态海面单个样本的散射系数可以表示为

$$\sigma_{\mathrm{PQ}}\left(\hat{\boldsymbol{k}}_{\mathrm{i}},\hat{\boldsymbol{k}}_{\mathrm{s}},t_0\right)=\lim_{R\to\infty}\frac{4\pi R^2}{A}\left[\boldsymbol{E}_{\mathrm{PQ}}\left(\hat{\boldsymbol{k}}_{\mathrm{i}},\hat{\boldsymbol{k}}_{\mathrm{s}},t_0\right)\boldsymbol{E}_{\mathrm{PQ}}\left(\hat{\boldsymbol{k}}_{\mathrm{i}},\hat{\boldsymbol{k}}_{\mathrm{s}},t_0\right)^*\right] \tag{1-89}$$

统计平均 N_{s} 个静态样本的平均散射系数为

$$\sigma_{\mathrm{PQ}}\left(\hat{\boldsymbol{k}}_{\mathrm{i}},\hat{\boldsymbol{k}}_{\mathrm{s}},t_0\right)=\frac{1}{N_{\mathrm{s}}}\sum_{i_{\mathrm{s}}=1}^{N_{\mathrm{s}}}\lim_{R\to\infty}\frac{4\pi R^2}{A}\left[\boldsymbol{E}_{\mathrm{PQ}}^{i_{\mathrm{s}}}\left(\hat{\boldsymbol{k}}_{\mathrm{i}},\hat{\boldsymbol{k}}_{\mathrm{s}},t_0\right)\boldsymbol{E}_{\mathrm{PQ}}^{i_{\mathrm{s}}}\left(\hat{\boldsymbol{k}}_{\mathrm{i}},\hat{\boldsymbol{k}}_{\mathrm{s}},t_0\right)^*\right] \tag{1-90}$$

至此，给出了毛细波相位修正面元散射模型(capillary wave modified facet scattering model, CWMFSM)的详细建立过程。

1.3.3 数值计算结果与分析

图 1.9 给出了采用毛细波相位修正面元散射模型所计算的二维海面及其面元复反射函数的模值和幅角分布，图 1.9(a)为二维海面大尺度高度分布（$M=N=256$，$\Delta x=\Delta y=0.346\mathrm{m}$，$u_{10}=5\mathrm{m/s}$，$\varphi_{\mathrm{w}}=180°$），图 1.9(b)和图 1.9(c)

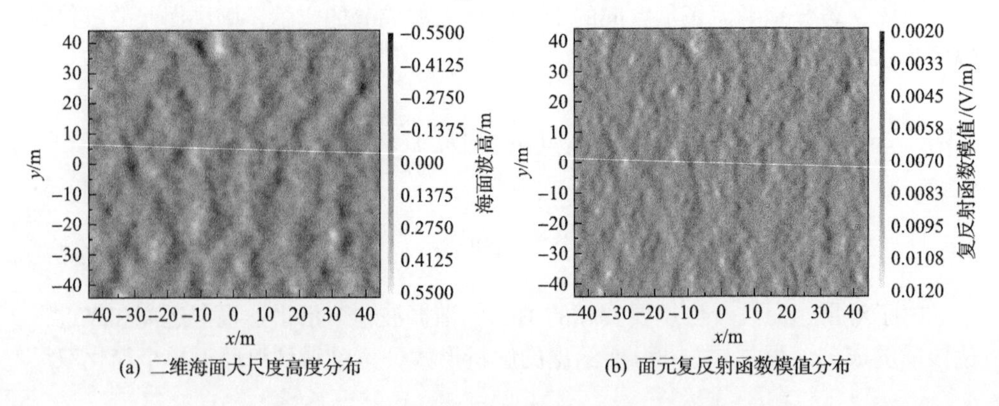

(a) 二维海面大尺度高度分布　　(b) 面元复反射函数模值分布

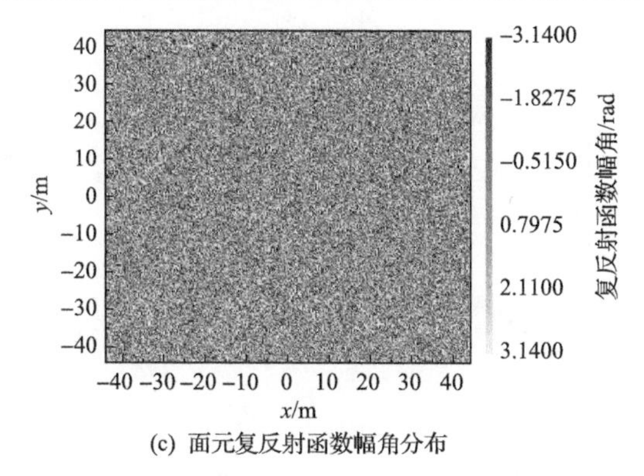

(c) 面元复反射函数幅角分布

图 1.9　二维海面及其面元复反射函数的模值和幅角分布

分别为面元复反射函数的模值分布和幅角分布(入射频率 10GHz，VV 极化，$\theta_i=60°$，$\phi_i=0°$，后向散射)。其中，图 1.9(b)清楚地显示了模值灰度分布与海面大尺度高度分布的纹理一致性，而图 1.9(c)的幅角分布特征则更加具有随机性。

本节采用CWMFSM分布计算不同极化条件下的双站散射系数，并采用SSA-1方法的计算结果进行了对比验证，入射波频率为 14GHz。图 1.10 给出的平均散射系数均通过 50 个海面样本统计得到。图中，NRCS 为归一化雷达散射截面(normalized radar cross section)，二维海面样本均按照 $M=N=256$ 离散，风速为 5m/s，逆风条件。注意到：在不同入射条件下，选取的面元大小不尽相同，事实上在一定范围内面元尺寸的选取对平均散射系数的影响不大，一般只要保证面元大小为 Bragg 谐振波波长的 5～10 倍即可。图 1.10(a)和图 1.10(b)给出了 θ_i=50°、ϕ_i=ϕ_s=0° 下前后向散射平面内的散射系数随散射角的变化规律。可以看出，同极化值将在镜像点 θ_s=50° 左右产生峰值，且本节模型的预估曲线与 SSA 方法基本吻合。

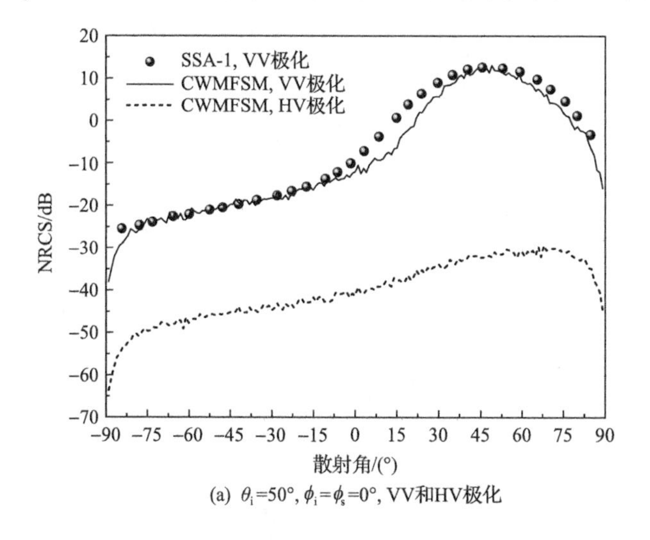

(a) θ_i=50°, ϕ_i=ϕ_s=0°, VV和HV极化

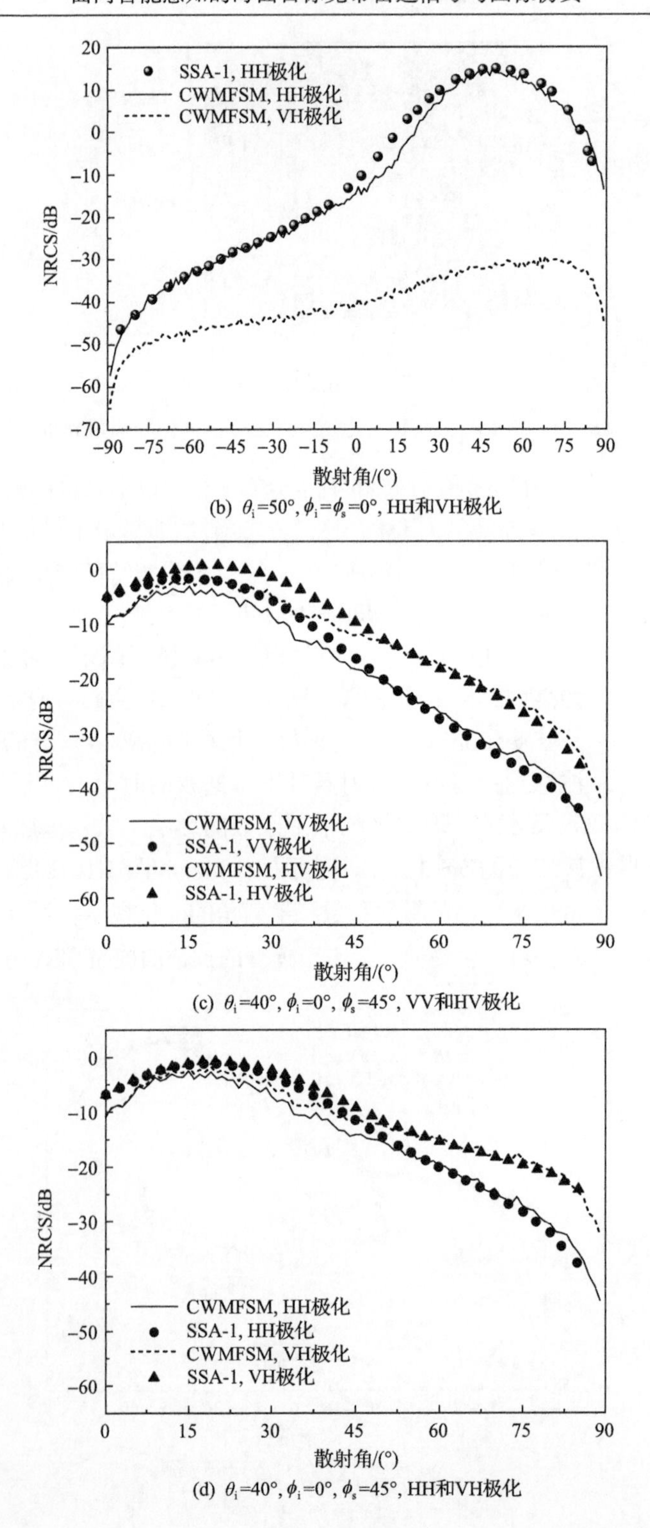

(b) $\theta_i=50°, \phi_i=\phi_s=0°$, HH和VH极化

(c) $\theta_i=40°, \phi_i=0°, \phi_s=45°$, VV和HV极化

(d) $\theta_i=40°, \phi_i=0°, \phi_s=45°$, HH和VH极化

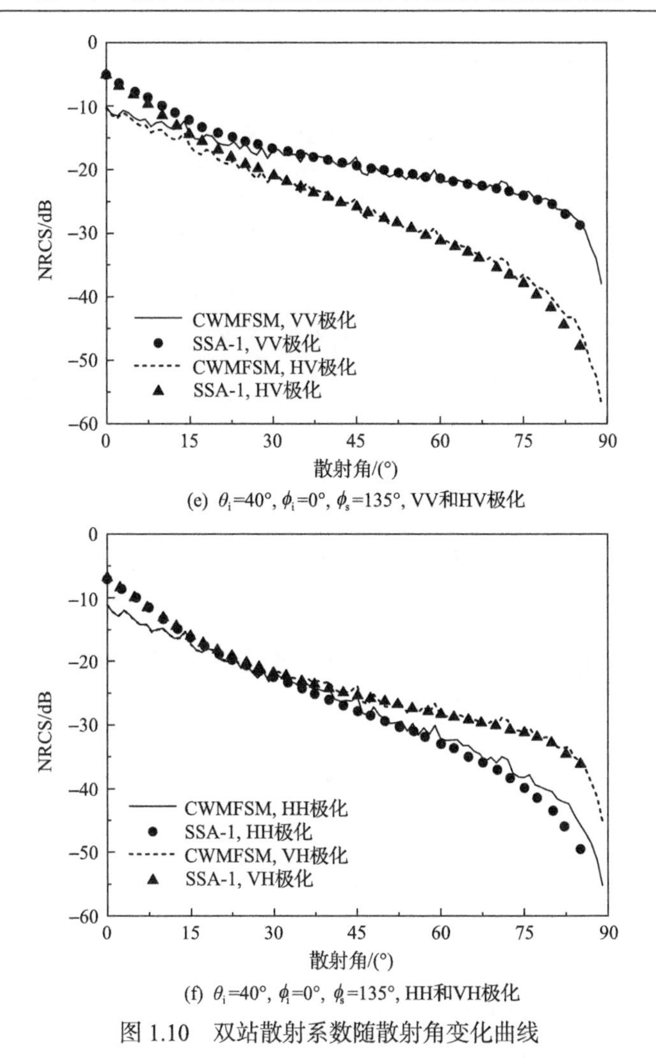

(e) θ_i=40°, ϕ_i=0°, ϕ_s=135°, VV和HV极化

(f) θ_i=40°, ϕ_i=0°, ϕ_s=135°, HH和VH极化

图 1.10　双站散射系数随散射角变化曲线

图 1.10(c)、图 1.10(d)和图 1.10(e)、图 1.10(f)则分别给出了 ϕ_s=45° 和 ϕ_s=135° 散射平面内的散射系数随散射角的变化规律，计算结果同样与 SSA 方法预估结果基本一致，表明本节所提 CWMFSM 在预估海面散射系数方面表现良好。

1.4　基于面元的简化 SSA 方法

1.4.1　基于面元的简化 SSA 方法的理论推导

考虑 SSA-1 方法中的积分项，基于 Bragg 谐振理论，只有波数满足谐振条件且沿着雷达视向传播的波分量对散射回波起主要作用，本节将据此提出基于面元的简化 SSA(facet-based simplified SSA, FBS-SSA)方法。为方便起见，首先定义两种面元：一种是小面元，即离散尺寸满足原始 SSA 方法的要求；另一种是包含多个小面元的大面元。

一个大面元包含的所有小面元散射振幅的和可视为大面元的散射振幅。根据 Bragg 散射机制，大面元内每个位置处精确的面元起伏高度可近似为大尺度倾斜面元调制的余弦波形式，即

$$\tilde{h}(x,y)=h(\boldsymbol{r}_0)+z_x\cdot(x-x_0)+z_y\cdot(y-y_0)+z_\mathrm{s} \tag{1-91}$$

其中，(x,y) 为全局坐标系下某一位置处的水平坐标；$\boldsymbol{r}_0=(x_0,y_0)$ 为大面元中心坐标；z_x、z_y 分别为大尺度倾斜平面沿 $\hat{\boldsymbol{x}}$、$\hat{\boldsymbol{y}}$ 方向的斜率；z_s 为叠加在倾斜平面上的毛细波分量，可表示为[28]

$$z_\mathrm{s}(x,y)=B(\kappa_x,\kappa_y)\sin(\kappa_x x+\kappa_y y+\Theta) \tag{1-92}$$

其中，$B(\cdot)$ 和 Θ 分别为毛细波分量的幅度和相位；κ_x、κ_y 分别为沿 $\hat{\boldsymbol{x}}$、$\hat{\boldsymbol{y}}$ 方向上的波数。

散射振幅在大面元上的积分可通过将指数项展开为贝塞尔函数的方式得到大面元散射振幅的解析形式，即

$$\begin{aligned}\boldsymbol{S}_\mathrm{Bragg}=&\frac{2\sqrt{q_0q_1}}{(q_0+q_1)\sqrt{P_\mathrm{inc}}}\boldsymbol{B}(\boldsymbol{k}_1,\boldsymbol{k}_0)\cdot\Lambda(\boldsymbol{r}_0)\cdot\frac{T(\boldsymbol{r}_0,h)}{(2\pi)^2}\\&\cdot\exp[-\mathrm{j}(\boldsymbol{k}_1-\boldsymbol{k}_0)\cdot\boldsymbol{r}_0+\mathrm{j}(q_1+q_0)h]\end{aligned} \tag{1-93}$$

其中，$\Lambda(\boldsymbol{r}_0)$ 为

$$\begin{aligned}\Lambda(\boldsymbol{r}_0)=\sum_{l=-\infty}^{\infty}\Bigg\{&\mathrm{j}^l\exp(\mathrm{j}l\Theta)\mathrm{J}_l\left[q_zB(\kappa_x,\kappa_y)\right]\Delta x\Delta y\\&\cdot\mathrm{sinc}\left[(q_x+q_zz_x)\frac{\pi}{\kappa_x}+l\pi\right]\cdot\mathrm{sinc}\left[(q_y+q_zz_y)\frac{\pi}{\kappa_y}+l\pi\right]\\&+\mathrm{j}^l\exp(-\mathrm{j}l\Theta)\mathrm{J}_l\left[q_zB(\kappa_x,\kappa_y)\right]\Delta x\Delta y\\&\cdot\mathrm{sinc}\left[(q_x+q_zz_x)\frac{\pi}{\kappa_x}-l\pi\right]\cdot\mathrm{sinc}\left[(q_y+q_zz_y)\frac{\pi}{\kappa_y}-l\pi\right]\Bigg\}\end{aligned} \tag{1-94}$$

其中，$\mathrm{J}_l(\cdot)$ 为 l 阶贝塞尔函数；q_x、q_y、q_z 分别为 $\boldsymbol{q}=\boldsymbol{k}_\mathrm{s}-\boldsymbol{k}_\mathrm{i}$ 沿 $\hat{\boldsymbol{x}}$、$\hat{\boldsymbol{y}}$、$\hat{\boldsymbol{z}}$ 方向的分量；Δx、Δy 分别为面元沿 $\hat{\boldsymbol{x}}$、$\hat{\boldsymbol{y}}$ 方向的离散间隔；$B(\kappa_x,\kappa_y)=2\pi\sqrt{S_\mathrm{capi}(K)/(\Delta x\Delta y)}$，$K=\sqrt{\kappa_x^2+\kappa_y^2}$ 为微尺度毛细波的波数，$S_\mathrm{capi}(K)$ 为二维毛

细波谱，即海谱的高频成分，其与波数和风向有关，$S_{\text{capi}}(K)$ 可根据毛细波的波数与截断波的波数 k_{cut} 的关系表示为

$$S_{\text{capi}}(K)=\begin{cases}0, & K<k_{\text{cut}}\\ \varpi\left(K,\phi-\phi_{\text{w}}\right), & K\geqslant k_{\text{cut}}\end{cases} \tag{1-95}$$

其中，$\varpi\left(K,\phi-\phi_{\text{w}}\right)$ 为前面提到的二维海谱。

在镜向方向，粗糙面可近似为平面，此时大面元的起伏高度可近似为倾斜平面，即

$$\tilde{h}(x,y)=h\left(\boldsymbol{r}_0\right)+z_x\cdot\left(x-x_0\right)+z_y\cdot\left(y-y_0\right) \tag{1-96}$$

此时，经过计算，大面元上的散射振幅为

$$\begin{aligned}\boldsymbol{S}_{\text{specular}}=&\frac{2\sqrt{q_0q_1}}{\left(q_1+q_0\right)\sqrt{P_{\text{inc}}}}B_{pq}\left(\boldsymbol{k}_1,\boldsymbol{k}_0\right)\cdot\Delta x\Delta y\cdot\operatorname{sinc}\left(\frac{q_x+q_zz_x}{2}\cdot\Delta x\right)\\&\cdot\operatorname{sinc}\left(\frac{q_y+q_zz_y}{2}\cdot\Delta y\right)\cdot\frac{T\left(\boldsymbol{r}_0,h\right)}{(2\pi)^2}\cdot\exp\left[-\mathrm{j}\left(\boldsymbol{k}_1-\boldsymbol{k}_0\right)\cdot\boldsymbol{r}_0+\mathrm{j}\left(q_1+q_0\right)h\right]\end{aligned} \tag{1-97}$$

从式(1-97)可以看出，当 $q_x+q_zz_x=0$，$q_y+q_zz_y=0$ 时，散射振幅取得最大值。此时，面元的法向矢量与 $\boldsymbol{q}=\boldsymbol{k}_{\text{s}}-\boldsymbol{k}_{\text{i}}$ 平行，即镜向，这从另一方面佐证了 SSA 方法的正确性。

至此，在 Bragg 谐振机制和镜向反射机制下的大面元散射振幅均已得到。此时，为得到整个海面的散射振幅，需要区分每个面元的散射机制。本章采用截断波数判断面元的散射机制，即

$$\boldsymbol{S}_{\text{FBS-SSA}}=\begin{cases}\boldsymbol{S}_{\text{specular}}, & K<k_{\text{cut}}\\ \boldsymbol{S}_{\text{Bragg}}, & \text{其他}\end{cases} \tag{1-98}$$

此时，将粗糙面上的全部面元散射振幅进行叠加，便可得到整个海面的散射振幅，即

$$\boldsymbol{S}_{\text{total}}=\sum_{m=-M/2}^{M/2-1}\sum_{-N/2}^{N/2-1}\boldsymbol{S}_{\text{FBS-SSA}}^{m,n} \tag{1-99}$$

其中，$\boldsymbol{S}_{\text{FBS-SSA}}^{m,n}$ 的上标 m,n 表示序列为 (m,n) 的面元的散射振幅；M、N 分别为 $\hat{\boldsymbol{x}}$、$\hat{\boldsymbol{y}}$ 方向上的海面离散单元数。

由此便可归一化雷达散射截面为

$$\sigma_{\text{FBS-SSA}} = 4\pi q_0 q_1 \left\langle \left| \boldsymbol{S}_{\text{total}} \right|^2 \right\rangle \tag{1-100}$$

其中，$\langle\cdot\rangle$表示对多个样本的海面求平均。

1.4.2　FBS-SSA 方法的验证与性能分析

为验证 FBS-SSA 方法在分析电大尺寸海面散射回波问题上的有效性，本节计算并对比不同雷达频段、不同极化下由 FBS-SSA 方法、原始 SSA-1 方法和 TSM 预估的海面 NRCS 随入射角的变化情况。

图 1.11 给出了利用 10 个海面样本得到的平均 NRCS 值在不同雷达波段情况下的对比结果，图 1.11（a）～图 1.11（c）的雷达频段分别为 UHF（ultra-high frequency，超高频）波段（300MHz）、X 波段（8.91GHz）和 Ka 波段（30GHz）。其他仿真参数如

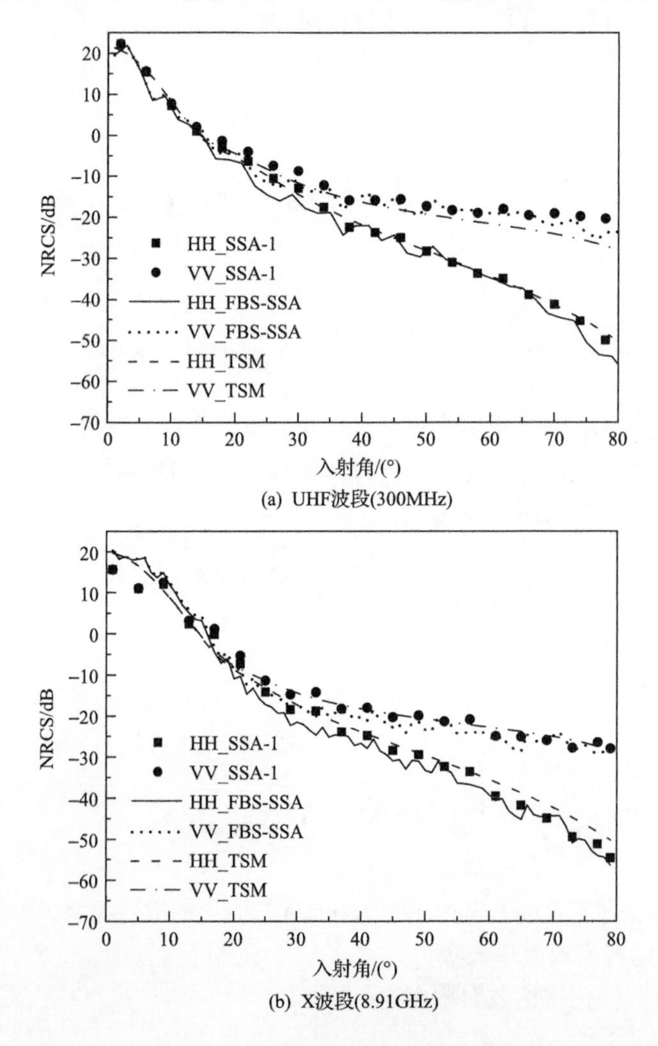

(a) UHF波段(300MHz)

(b) X波段(8.91GHz)

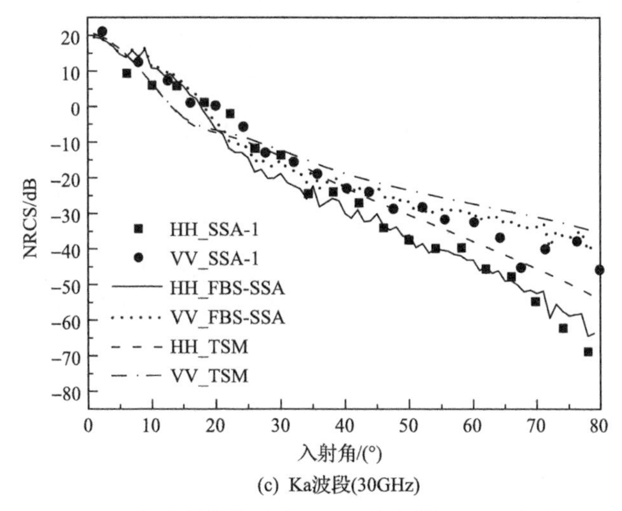

(c) Ka波段(30GHz)

图 1.11　FBS-SSA 方法预估的后向 NRCS 与原始 SSA-1 方法和 TSM 对比

下：海面为顺风方向，海上 10m 高度处风速为 5m/s。对于 FBS-SSA 方法中的海面，在 UHF 波段、X 波段和 Ka 波段下的面元剖分尺寸分别为 $2.0\text{m}\times2.0\text{m}$、$0.3\text{m}\times0.3\text{m}$ 和 $0.1\text{m}\times0.1\text{m}$，面元数分别为 $M=N=64$、$M=N=256$、$M=N=512$。然而对于原始 SSA-1 方法，由于计算机内存的限制，海面尺寸取为 $25\text{m}\times25\text{m}$，离散间隔为 $\Delta x=\Delta y=\lambda/8$，其中 λ 为入射波波长。海水的介电常数由德拜公式进行计算，雷达角度配置为：$\theta_\text{i}=1°\sim80°$、$\phi_\text{i}=0°$、$\theta_\text{s}=\theta_\text{i}$、$\phi_\text{s}=180°$。从图中对比可以看出，对于 UHF 波段到 Ka 波段，FBS-SSA 方法预估的海面 NRCS 与原始 SSA-1 方法和 TSM 的结果在 $1°\sim80°$ 入射角范围内吻合均较好。

另外，FBS-SSA 方法与原始 SSA-1 方法在单站散射情形下计算效率对比如表 1.1 所示。从表中可以看出，FBS-SSA 方法的计算效率相比于原始 SSA-1 方法有着明显的提升。此外，需要提出的是，FBS-SSA 方法在生成海面中的面元离散尺寸远大于$\lambda/8$，因此在很大程度上节约了计算机的内存消耗，从而使得更高微波频段超电大尺寸海面的电磁散射特性的高效率分析成为可能，为后续复杂海洋场景的电磁散射相关问题的分析研究奠定了基础。

表 1.1　FBS-SSA 方法与原始 SSA-1 方法在单站散射情形下计算效率对比

参数	UHF 波段(300MHz)		X 波段(8.91GHz)		Ka 波段(30GHz)	
	FBS-SSA	SSA-1	FBS-SSA	SSA-1	FBS-SSA	SSA-1
尺寸/m	128	25	76.8	25	51.2	25
耗时/s	16.83	23.25	284.34	2256.18	1084.85	24737.69

除了后向散射，FBS-SSA 方法在双站情况下也有很高的计算精度。图 1.12 对比了双站散射中的一种特殊情况，即入射平面与散射平面在同一个平面内。入射角为 50°，入射方位角和散射方位角均为 0°。图 1.12(a)～图 1.12(c)分别为 UHF 波段、X 波段和 Ka 波段的对比结果，其他参数与图 1.11 一致。由图可以看出，NRCS 值在镜向 $\theta_s = 50°$ 时达到最大值，这一结果符合已有结论。此外，在不同频段下，FBS-SSA 方法与原始 SSA-1 方法及 TSM 计算的 NRCS 结果的一致性表明 FBS-SSA 方法的可靠性。同样，表 1.2 对比了 FBS-SSA 方法计算图中散射角范围为 −80°～80° 时由 10 个样本计算平均 NRCS 的耗时，进一步表明 FBS-SSA 方法的高效率。

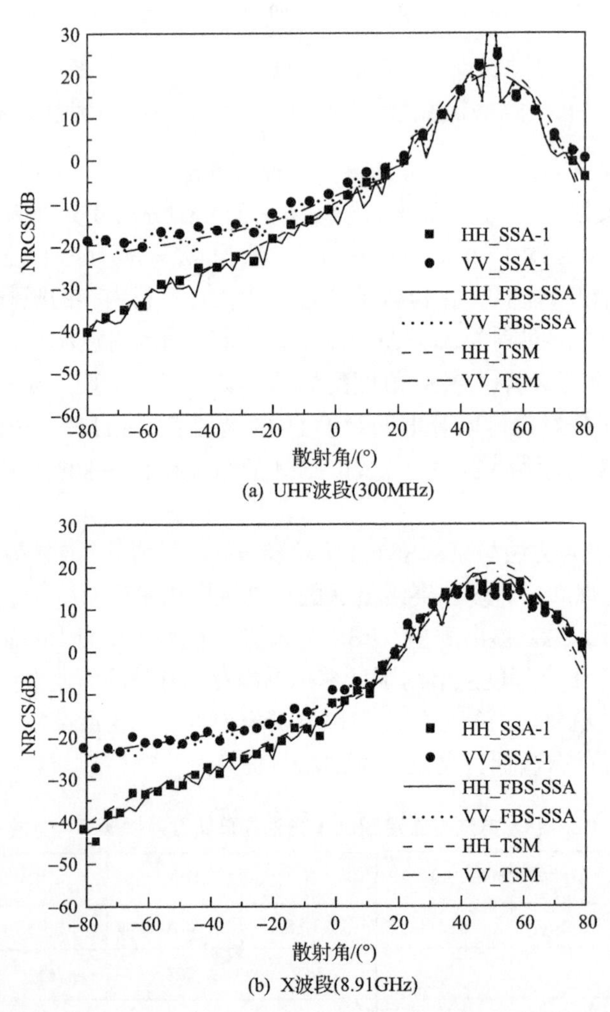

(a) UHF波段(300MHz)

(b) X波段(8.91GHz)

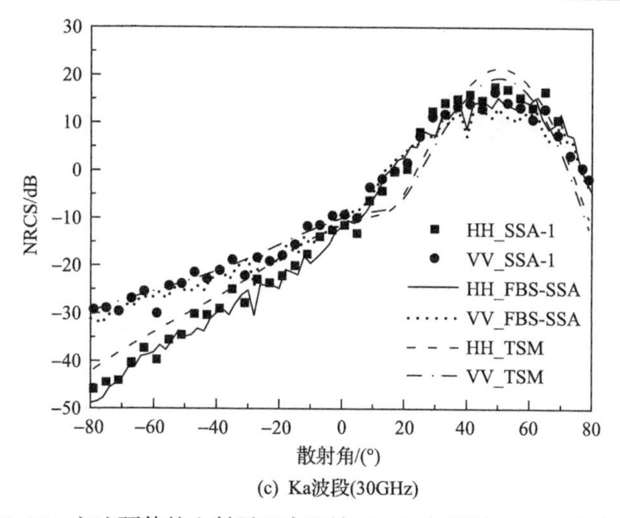

(c) Ka波段(30GHz)

图 1.12　FBS-SSA 方法预估的入射平面内双站 NRCS 与原始 SSA-1 方法和 TSM 对比

表 1.2　FBS-SSA 方法与原始 SSA-1 方法在双站散射情形下计算效率对比

参数	UHF 波段(300MHz)		X 波段(8.91GHz)		Ka 波段(30GHz)	
	FBS-SSA	SSA-1	FBS-SSA	SSA-1	FBS-SSA	SSA-1
尺寸/m	128	25	76.8	25	51.2	25
耗时/s	26.45	44.86	456.89	4477.56	1740.26	49211.74

为了进一步验证 FBS-SSA 方法的有效性，图 1.13 给出了一般双站配置下更高风速、不同风向下三种方法计算的 NRCS 随散射角或散射方位角变化情况的对比。在仿真中，雷达入射波频率为 5GHz，海平面上方 10m 高度处的风速为 10m/s。图 1.13(a)和图 1.13(b)分别给出了顺风情形和侧风情形下 NRCS 随散射角的变化

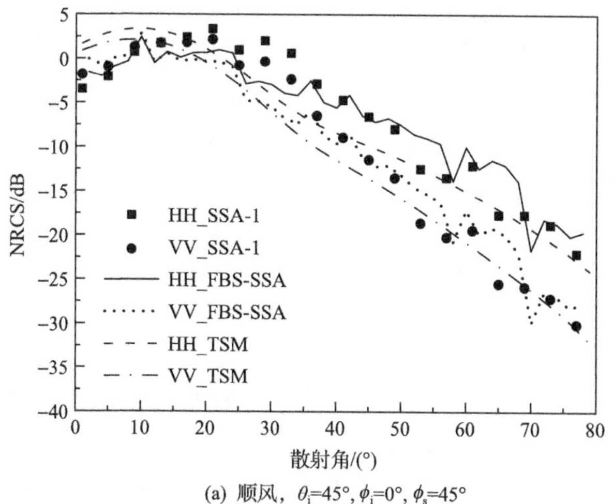

(a) 顺风，θ_i=45°, ϕ_i=0°, ϕ_s=45°

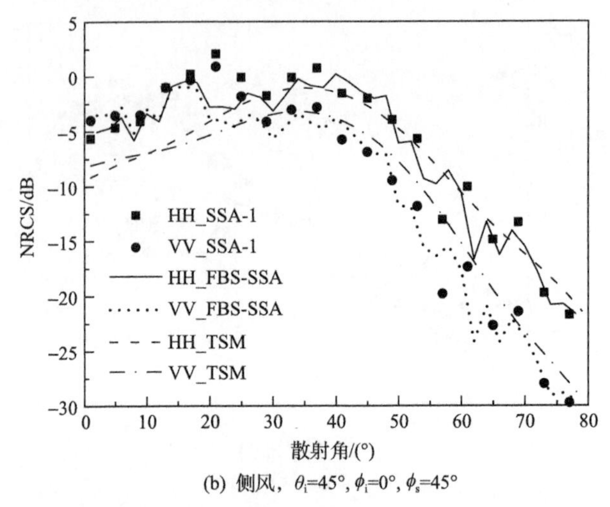

(b) 侧风，$\theta_i=45°$, $\phi_i=0°$, $\phi_s=45°$

图 1.13　入射平面内 FBS-SSA 预估的双站 NRCS 与原始 SSA-1 和 TSM 对比

情况对比，入射角为 45°，入射方位角和散射方位角分别为 0° 和 45°，散射角变化范围为 0° ～ 80°。由对比结果可以看出，FBS-SSA 方法与原始 SSA-1 方法之间结果的差异非常小，表明 FBS-SSA 方法可以应用在不同风速、风向、雷达几何配置下的海面电磁散射特性分析预估中。

1.5　高海况海面电磁散射模型

在很长一段时间内，在中等入射角度下 Bragg 谐振机制被视为电磁波照射到粗糙海面上的主要散射机制，然而在实际实验中发现一些无法用 Bragg 谐振机制解释的情形，如海尖峰、高 HH/VV 极化比、大的多普勒频移和展宽等现象[31-33]。基于以往的研究，破碎波对电磁波的散射被视为这些反常现象的主要原因[34-36]，因此建立一个考虑破碎波影响的实用和准确的高海况海面电磁散射模型有着必然的应用价值。

本节主要建立高海况下考虑破碎波的统一的海面电磁散射模型。其主要思想如下：首先生成一定风速下的海面，进而结合斜率判据和破碎波的经验覆盖率得到破碎波存在的位置，并利用文献[37]中的三维破碎波模型代替此面元。在几何结构的基础上，利用本书介绍的毛细波修正面元散射模型计算非破碎区域面元的散射场。此方法是在微扰解的基础上利用 Bragg 谐振的思想修正相位因子得到的，可以得到面元散射场的幅度信息和相位信息。对于破碎波，文献[37]中的破碎波结构相比于传统的平面劈结构更加真实合理，且此结构保留了破碎波对散射回波起主要作用的结构，如尖锐的波冠结构和陡峭的正面，而这些结构将会导致镜向散射效应和多次散射效应，从而产生上述异常现象。Voronovich 等[38]的工作也证实了的这一点。之后便可利用边缘波绕射理论[39]结合物理光学(physical optics, PO)方法分析破碎波的散射场，这样就建立了基于面元思想的高海况海面的电磁散射模型。值得指出的是，该模型考虑了不同风速下的破碎波覆盖率，因此该模型不仅适用于高海况情形，也适用于低海况情形。

1.5.1　破碎波几何模型

波浪破碎是一个非常复杂的过程，许多学者从不同角度对其进行了研究，如微尺度破碎波相关的测量结果及其统计信息、能量耗散、风应力等许多关于破碎波的基本问题。毫无疑问，这些工作十分重要，然而本书的侧重点不在于此。此外，精确地描述每一个破碎波的形状和位置也是不现实的。本书开展的工作主要是基于破碎波统计信息建立适用于分析高海况海面电磁散射特性的模型，此模型采用一种简化的三维破碎波结构近似代替海面上的真实破碎波，其几何信息和位置信息根据统计结果进行描述，因此该模型可称为考虑破碎波贡献的半统计模型。

如前所述，合理地得到破碎波在海面上的位置分布，即如何选取一种合理的判据判断其位置分布，是建立高海况海面电磁散射模型的基础。关于这个问题，诸多学者提出了不同的判据来判断波浪是否发生破碎，包括运动学判据、动力学判据和几何判据，几种判据经过推导可互相转化，即三类判据具有一致性。其中，几何判据是直接以海面的几何形状为依据的，包括波浪内夹角、表面斜率等，这些参数易于获取，因此本节采用几何判据作为获取确定海面上破碎波位置的依据。Longuet-Higgins 等[40,41]则采用表面斜率作为判据，当海表面斜率超过 0.586 时，将会发生破碎。

本书的工作将采用上述 Longuet-Higgins 等[40,41]提出的判据来判断波浪是否为破碎波，即当海面某位置处的斜率大于 0.586 时，将其视为破碎波。需要指出的是，在仿真中海面是以一定的尺寸离散得到的面元化数据，而离散尺寸的大小将会对仿真得到的海面的斜率分布有一定的影响，因此需要选择合适的离散间隔来仿真海面，以保证某一风速下破碎波覆盖率的合理性。因此，需要以实测破碎波覆盖率为参考来验证仿真得到的破碎波覆盖率是否合理。本书将 Monahan[42]根据实测数据得到的经验模型作为参考，海上破碎波的覆盖率与海面上方 10m 高度处风速 u_{10}(m/s) 之间的关系可以表示为

$$W_{\mathrm{b}} = 3.16\times10^{-7} u_{10}^{3.2} \tag{1-101}$$

为建立面元化的高海况海面电磁散射模型，首先结合海谱建立海面几何模型，然后计算各面元处的斜率。在此基础上利用斜率判据判断破碎波存在的位置，在这些位置处，海面面元被替换为破碎波，而破碎波的几何结构(包括形状和尺寸)及散射场的计算则在 1.5.2 节进行讨论。图 1.14 对比了基于上述流程得到的仿真海面的破碎

波覆盖率随风速变化与经验模型的对比，由图可以看出仿真结果的合理性和有效性。此外，图 1.15 给出了不同风速下海面几何及其上破碎波空间分布，其中破碎波位置分布用圆圈进行标记，可以看出破碎波的覆盖率随着风速的增加明显增大。

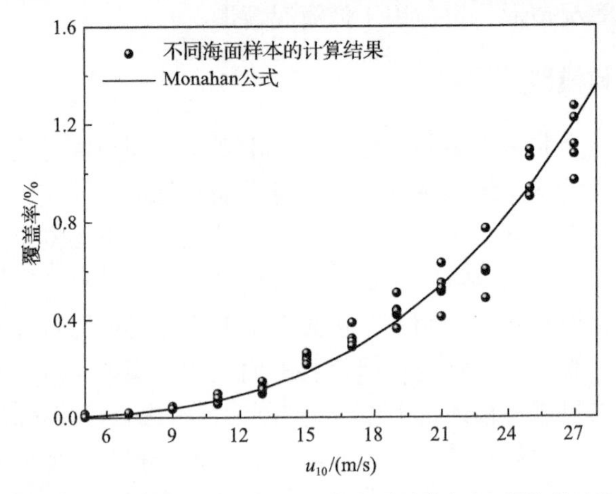

图 1.14 不同风速下仿真的破碎波覆盖率与经验模型对比

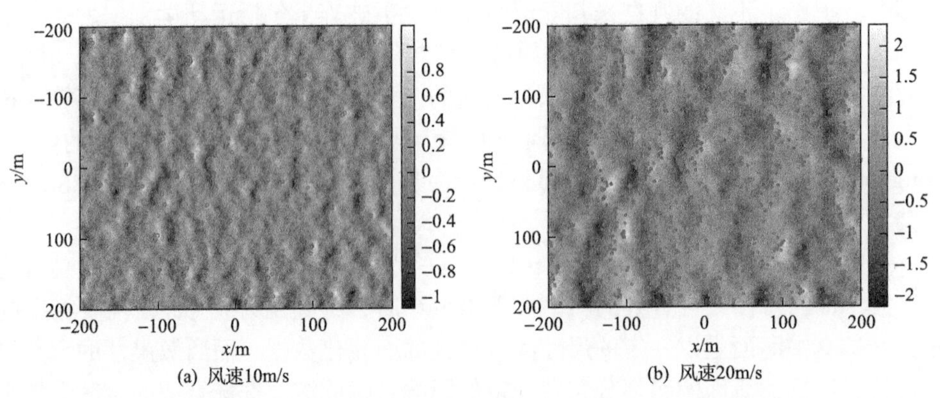

图 1.15 不同风速下海面几何及其上破碎波空间分布(灰度标尺表示海面波高，单位 m)

1.5.2 破碎波散射场计算

真实海面上的破碎波结构各异，为了解决问题的方便，本节采用文献[37]中的破碎波结构，此结构在实际结构的基础上通过保留破碎波的主要散射机制进行一定程度的简化，从而使得其电磁散射特性的分析成为可能。图 1.16 给出了一个简化的破碎波几何模型，不同位置处的波冠构成的轨迹用 L 表示，其曲率半径为 a_c。破碎波波前也为曲面，其曲率半径为 a_f。对于其散射场，则采用 Ufimetsev 边缘波绕射理论进行求解。破碎波散射路径如图 1.17 所示，来自破碎波的总的散射场可分为四个路径的贡献。首先，入射波直接照射到破碎波波冠 C 并反射回接

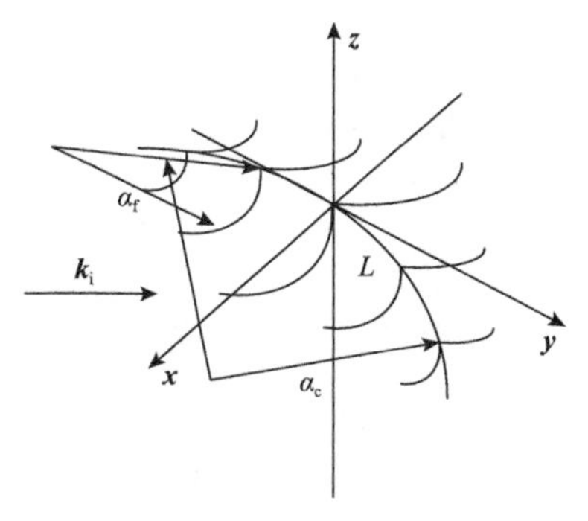

图1.16　简化的破碎波几何模型

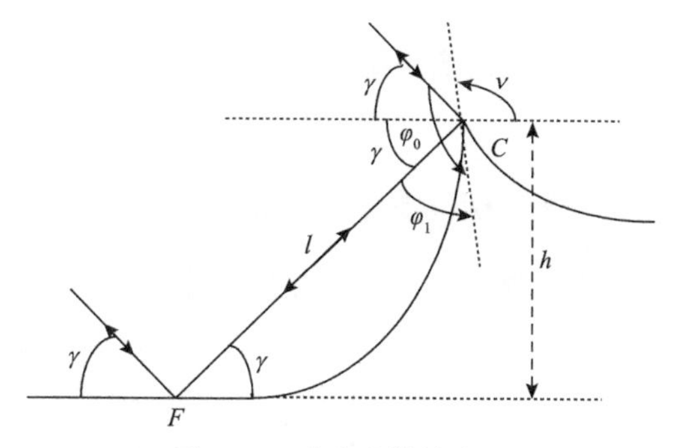

图1.17　破碎波散射路径

收机，记为 C 路径。其次，入射波照射到波冠 C 处，进而反射到破碎波底部附近的非破碎波 F 上，并在此反射回接收机，记为 CF 路径。第三条路径则为 CF 路径的反向，即入射波照射在破碎波底部附近的海面上，进而反射到破碎波波冠并反射回接收机，记为 FC 路径。最后一条路径更为复杂，首先入射波照射到波浪底部附近海面并反射至破碎波波冠，之后再次反射到底部海面上，称为 FCF 路径。在这四条路径中包含了单次散射、二次散射和三次散射。由于考虑了这四部分的散射场，本节获得的结果比仅考虑单次散射的结果更加合理。为了获得破碎波散射场的表达式，将波冠和波前形状均近似为抛物线形，在此近似下，单个破碎波的远区散射场可表示为[37]

$$\boldsymbol{E}_{\mathrm{s}}^{\mathrm{break}} = D_{\mathrm{H,V}} \frac{\mathrm{e}^{-\mathrm{j}kR}}{R} \sqrt{\frac{2\pi h a_{\mathrm{c}}}{1-2\mathrm{j}kh\sin\gamma}} \cdot \exp\left(-\frac{2ha_{\mathrm{c}}k^2\cos^2\gamma\sin^2\vartheta}{1-2\mathrm{j}kh\sin\gamma}\right)\boldsymbol{E}_i \tag{1-102}$$

其中，ϑ 为破碎波传播方向与波矢量在海面投影方向之间的夹角；h 为破碎波高度；γ 为入射波在海面上的擦地角，如图1.17所示；$D_{\mathrm{H,V}}$ 为不同极化下的绕射系数，包含四部分，即

$$\begin{aligned} D_{\mathrm{H,V}} = & D^{\mathrm{cw}}(\varphi_0,\varphi_0) + D^{\mathrm{cw}}(\varphi_0,\varphi_1)\exp[\mathrm{j}kl(1-\cos(2\gamma))]R(\gamma) \\ & + R(\gamma)D^{\mathrm{cw}}(\varphi_1,\varphi_0)\exp[\mathrm{j}kl(1-\cos(2\gamma))] \\ & + R(\gamma)^2\exp[2\mathrm{j}kl(1-\cos(2\gamma))]D^{\mathrm{cw}}(\varphi_1,\varphi_1) \end{aligned} \tag{1-103}$$

其中，$R(\gamma)$ 为菲涅尔反射系数；l 为波冠与破碎波底部反射点之间的距离；$D^{\mathrm{cw}}(\varphi_0,\varphi_1)$ 为曲面劈结构在波冠处的绕射系数；φ_0、φ_1 分别为入射波、散射波与波冠切线的夹角；$D^{\mathrm{cw}}(\varphi_0,\varphi_1)$ 的表达式可参考文献[37]。

破碎波的散射系数可以表示为

$$\sigma_{\mathrm{H,V}}^{\mathrm{break}}=\frac{2\pi L^2}{\sqrt{1+4k^2h^2\sin^2\gamma}}\left|D_{\mathrm{H,V}}\right|^2\exp\left(-\frac{4L^2k^2\cos^2\gamma\sin^2\vartheta}{1+4k^2h^2\sin^2\gamma}\right) \tag{1-104}$$

1.5.3 考虑破碎波的高海况海面电磁散射模型

为计算非破碎海面波的电磁散射，本节采用毛细波修正面元散射模型进行求解。基于 CWMFSM，海面上任意面元的散射场可表示为

$$\boldsymbol{E}_{\mathrm{PQ}}^{\mathrm{facet\_sea}}\left(\boldsymbol{k}_{\mathrm{i}},\boldsymbol{k}_{\mathrm{s}}\right)=2\pi\frac{\exp(-\mathrm{j}kR)}{\mathrm{j}R}\boldsymbol{S}_{\mathrm{PQ}}\left(\hat{\boldsymbol{k}}_{\mathrm{i}},\hat{\boldsymbol{k}}_{\mathrm{s}}\right) \tag{1-105}$$

其中，$\boldsymbol{k}_{\mathrm{i}}$、$\boldsymbol{k}_{\mathrm{s}}$ 分别为入射波方向矢量和散射波方向矢量；k 为入射波的波数；$\boldsymbol{S}_{\mathrm{PQ}}\left(\hat{\boldsymbol{k}}_{\mathrm{i}},\hat{\boldsymbol{k}}_{\mathrm{s}}\right)$ 详见 1.3 节。

至此，结合海面非破碎波电磁散射模型、破碎波电磁散射模型便可得到海面上任意面元的散射场 $\boldsymbol{E}_{\mathrm{PQ}}^{\mathrm{facet\_sea+bw}}$，并由此得到含破碎波海面的总散射场 $\boldsymbol{E}_{\mathrm{PQ}}^{\mathrm{sea+bw}}\left(\boldsymbol{k}_{\mathrm{i}},\boldsymbol{k}_{\mathrm{s}}\right)$，其分别为

$$\begin{aligned}\boldsymbol{E}_{\mathrm{PQ}}^{\mathrm{facet\_sea+bw}}\left(\boldsymbol{k}_{\mathrm{i}},\boldsymbol{k}_{\mathrm{s}}\right)&=(1-f)\boldsymbol{E}_{\mathrm{PQ}}^{\mathrm{facet\_sea}}\left(\boldsymbol{k}_{\mathrm{i}},\boldsymbol{k}_{\mathrm{s}}\right)\\&\quad+f\boldsymbol{E}_{\mathrm{PQ}}^{\mathrm{facet\_bw}}\left(\boldsymbol{k}_{\mathrm{i}},\boldsymbol{k}_{\mathrm{s}}\right)\\\boldsymbol{E}_{\mathrm{PQ}}^{\mathrm{sea+bw}}\left(\boldsymbol{k}_{\mathrm{i}},\boldsymbol{k}_{\mathrm{s}}\right)&=\sum_{M}\sum_{N}\boldsymbol{E}_{\mathrm{PQ}}^{\mathrm{facet\_sea+bw}}\left(\boldsymbol{k}_{\mathrm{i}},\boldsymbol{k}_{\mathrm{s}}\right)\end{aligned} \tag{1-106}$$

其中，f=0 表示此面元为非破碎波，f=1 表示此面元为破碎波，其值可根据前面的几何判据获取；$\boldsymbol{E}_{\mathrm{PQ}}^{\mathrm{facet\_sea}}$ 为由式(1-105)获得的任意非破碎倾斜面元的散射场；$\boldsymbol{E}_{\mathrm{PQ}}^{\mathrm{facet\_bw}}$ 为破碎波面元的散射场。

基于散射系数与散射场的关系，可得

$$\boldsymbol{E}_{\mathrm{PQ}}^{\mathrm{facet\_bw}}\left(\boldsymbol{k}_{\mathrm{i}},\boldsymbol{k}_{\mathrm{s}}\right)=\frac{\sqrt{\Delta S}}{2\sqrt{\pi}}D_{\mathrm{H,V}}\frac{\mathrm{e}^{-\mathrm{j}kR}}{R}\sqrt{\frac{2\pi ha_{\mathrm{c}}}{1-2\mathrm{j}kh\sin\gamma}}\cdot\exp\left(-\frac{2ha_{\mathrm{c}}k^2\cos^2\gamma\sin^2\vartheta}{1-2\mathrm{j}kh\sin\gamma}\right) \tag{1-107}$$

至此，便可得到含破碎波的海面归一化雷达散射截面为

$$\sigma_{\mathrm{PQ}}^{\mathrm{sea+bw}}\left(\boldsymbol{k}_{\mathrm{i}},\boldsymbol{k}_{\mathrm{s}}\right)=\lim_{R\to\infty}\frac{4\pi R^2}{A_{\mathrm{s}}}\left(\boldsymbol{E}_{\mathrm{PQ}}^{\mathrm{sea+bw}}\left(\boldsymbol{k}_{\mathrm{i}},\boldsymbol{k}_{\mathrm{s}}\right)\cdot\boldsymbol{E}_{\mathrm{PQ}}^{\mathrm{sea+bw}}\left(\boldsymbol{k}_{\mathrm{i}},\boldsymbol{k}_{\mathrm{s}}\right)^*\right) \tag{1-108}$$

1.5.4 高海况海面散射特性分析

为验证上述模型的有效性，本节利用此模型计算了 X 波段和 Ku 波段海面

NRCS 随入射角、方位角、风速的变化情况，并与由 CMOD（C-band model）和 SASS（SeaSat-A satellite scatterometer）模型的计算结果及实测数据进行了对比。

图 1.18 给出了本章模型计算的不同风速下考虑破碎波和不考虑破碎波的海面后向 NRCS 结果与实测数据对比。其中，入射波频率为 13.9GHz，海面风速分别为 8m/s 和 13m/s，NRCS 结果由 100 个不同的海面样本求均值得到。海水的介电常数则由德拜公式[43]进行计算，其值为 ε=(46.34,39.10)，计算中选取海水温度和海水盐度分别为 25℃和 35‰。通过与文献[44]中的数据进行对比可以看出，在大入射角度下，破碎波对 HH 极化情形下的后向散射系数影响较大，考虑破碎波的计算结果与实测数据吻合较好。而对于 VV 极化情形，当不考虑破碎波时，基于

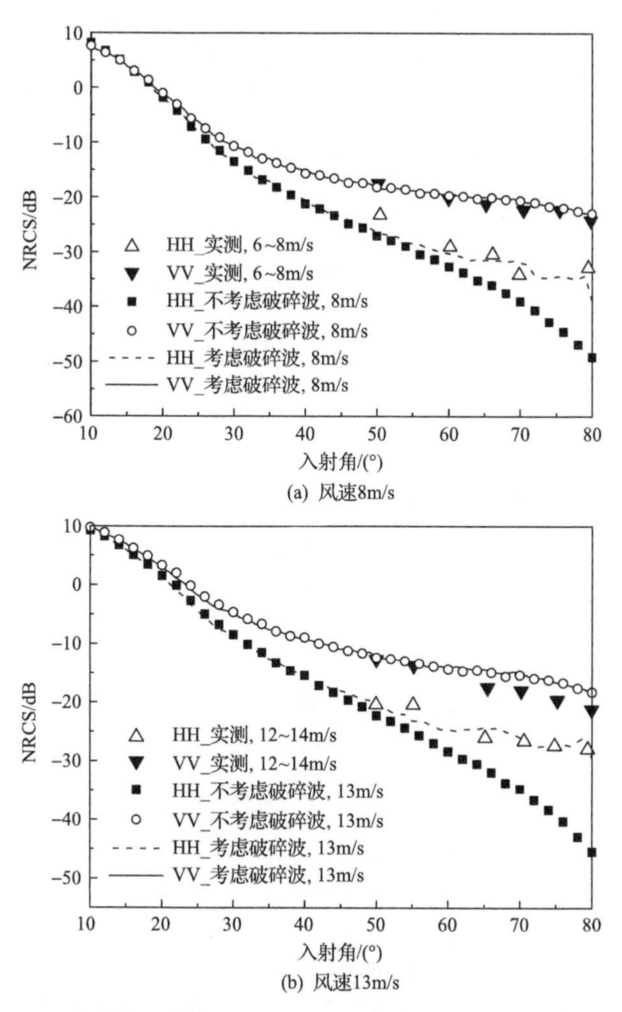

图 1.18　本章模型计算的不同风速下考虑破碎波和不考虑破碎波的海面后向 NRCS 结果与实测数据对比

Bragg 散射机制计算的后向散射系数与实测数据比较接近，即破碎波对 VV 极化后向散射系数的影响较小。

除了大入射角度外，本章模型在小入射角度和中等入射角度下也具有很好的计算精度。图 1.19 基于本章模型计算了 C 波段(6GHz)和 Ku 波段(14.6GHz)小入射角度和中等入射角度下的海面 NRCS 结果，并分别与 CMOD 模型[45,46]和 SASS 模型[47]进行了对比。从图 1.19(a)和图 1.19(c)可以看出，无论是否考虑破碎波，当风速为 6m/s 时，电磁模型计算结果和实测数据结果在小入射角度和中等入射角度下与实测数据相符，即在低海况小入射角度和中等入射角度情形下，破碎波的影响非常小，此现象可通过两方面进行解释。一方面，在低海况下破碎波的覆盖率很小，即海上破碎波较少；另一方面，在小入射角度和中等入射角度下，破碎波散射系数与非破碎波散射系数相当。然而对于高海况(风速为 15m/s)，可以看

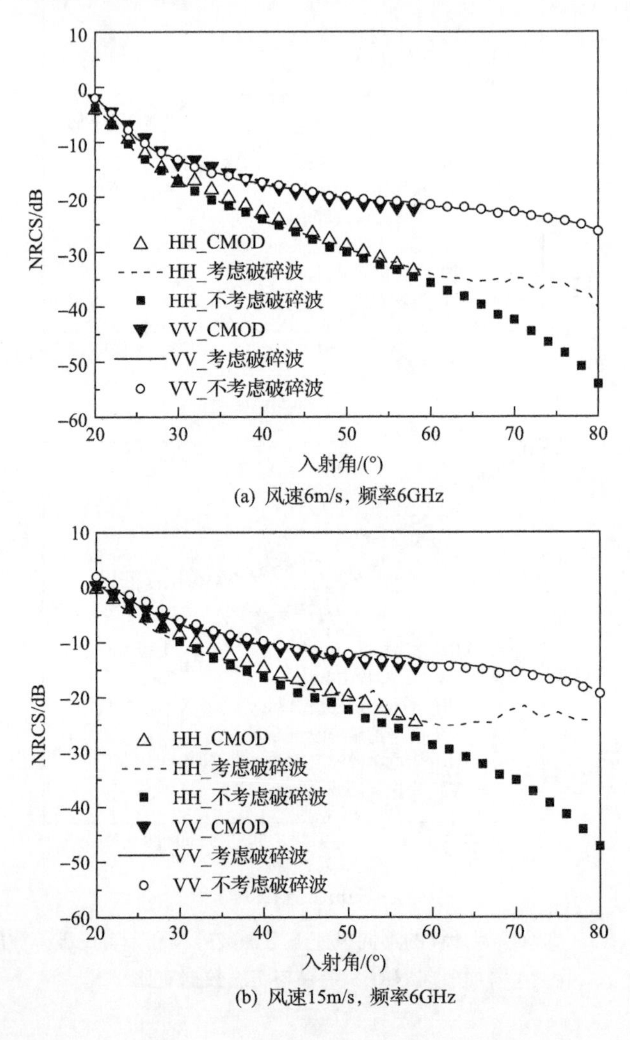

(a) 风速6m/s，频率6GHz

(b) 风速15m/s，频率6GHz

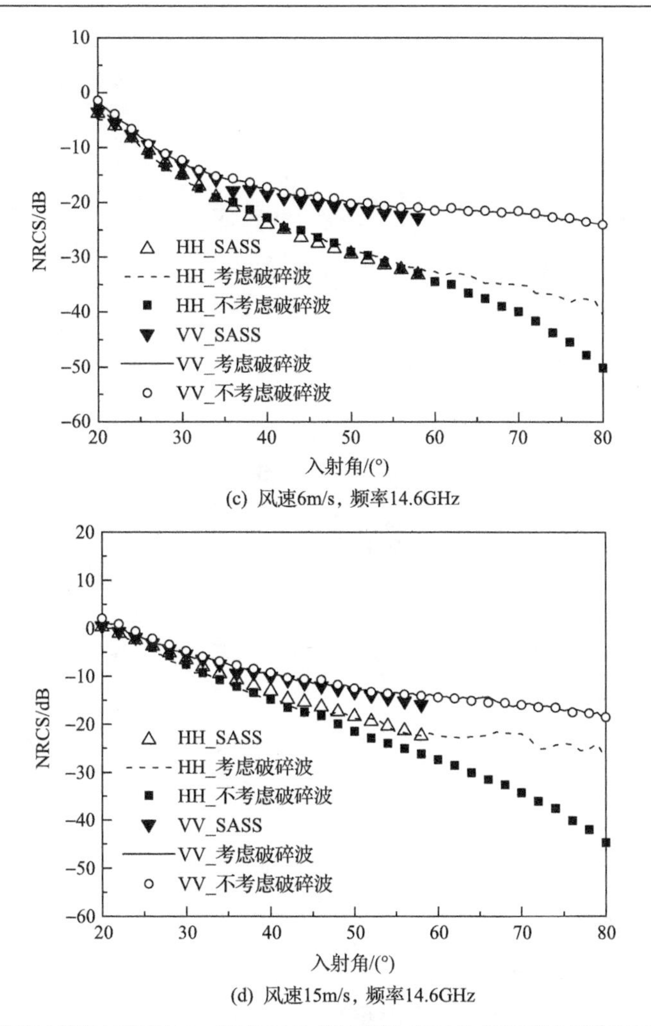

(c) 风速6m/s，频率14.6GHz

(d) 风速15m/s，频率14.6GHz

图 1.19　本章模型计算的不同风速、频率下考虑破碎波和不考虑破碎波的海面后向 NRCS 结果与 CMOD 模型和 SASS 模型计算结果对比

出，尽管在中等入射角度下，本章提出的考虑破碎波的模型计算出的 HH 极化结果比不考虑破碎波的结果大 2dB 左右，与实测数据更加吻合。

为进一步验证本章模型的有效性，图 1.20 和图 1.21 给出了不同极化、不同频段和入射角度情形下的海面 NRCS 随风速变化情况。其中，图 1.20 给出了在入射角为 40° 和 60° 时，本章模型计算结果与考虑破碎波、不考虑破碎波、CMOD 模型和 SASS 模型计算结果的对比。而在入射角为 75° 时，由于 CMOD 模型和 SASS 模型不再适用，图 1.20 仅给出了大入射角度下考虑破碎波结果和不考虑破碎波结果的对比。从图 1.20 可以看出，本章模型在不同风速下均有较好的表现。此外，当风速小于 15m/s 时，中等入射角度下破碎波的影响较小，可以忽略。然

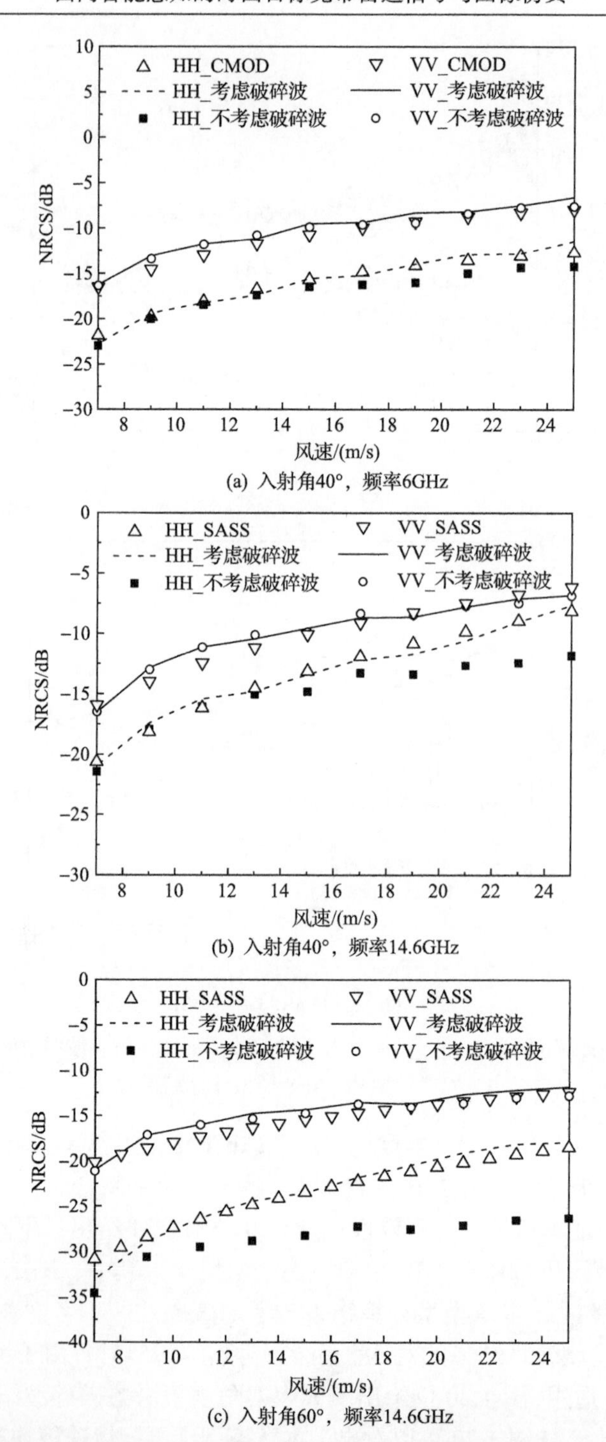

图 1.20　考虑破碎波和不考虑破碎波的海面后向 NRCS 结果随风速变化情况与 CMOD 模型、SASS 模型计算结果对比

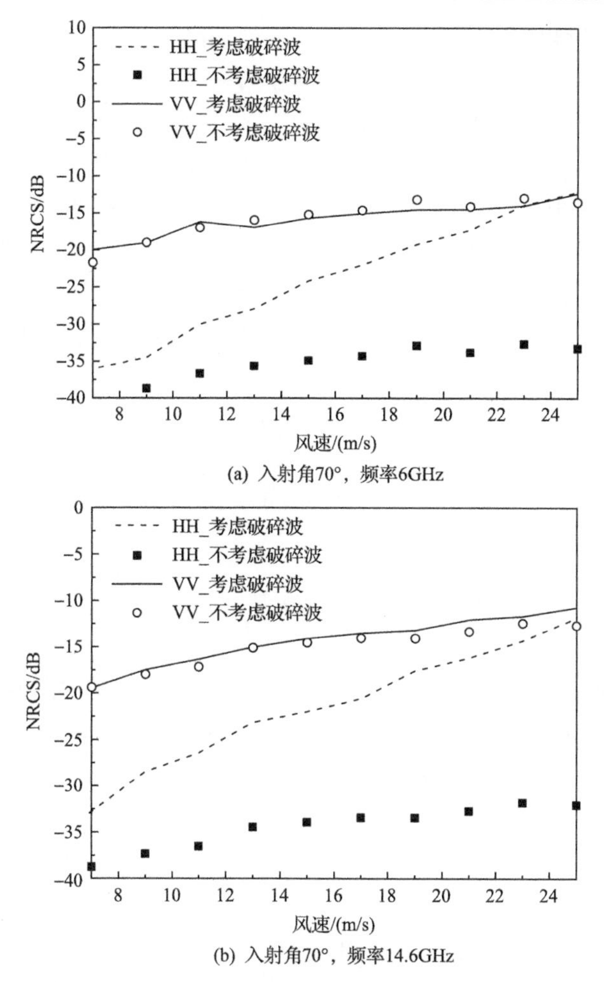

(a) 入射角70°，频率6GHz

(b) 入射角70°，频率14.6GHz

图 1.21　大入射角下考虑破碎波和不考虑破碎波的海面后向 NRCS 结果随风速变化结果对比

而对于较大风速，即便在中等入射角度下，不考虑破碎波也将会导致 2～3dB 的差异。进而分析图 1.21 可知，随着入射角度的增加，破碎波对 HH 极化散射系数的影响即便在风速为 8～10m/s 情形下也不可忽略。当风速持续增大时，将会出现 HH 极化散射系数接近甚至大于 VV 极化散射系数的现象。数值结果表明，本章模型可以解释实测数据中观测到的大 HH/VV 极化比现象，也进一步证明了本章模型的可靠性。值得一提的是，由于考虑了风速对破碎波覆盖率的影响，所以本章模型不仅可用于高海况海面电磁散射特性的分析，在低海况下也依然适用。

1.5.5　高海况海面 SAR 图像仿真分析

在上述模型的基础上，本节将从海面环境的 SAR 图像中分析破碎波导致的大 HH/VV 极化比现象。对于时变海面的 SAR 回波，其与海面单元的散射系数有关，并且在雷达工作过程中随时间变化，因此海面的随机特性和时变特性使得仿真其SAR图像具有一定的复杂性。为此，许多学者做了大量的研究工作，并提出了一些近似的理论，其中常用的为Alpers等[48,49]提出的速度聚束(velocity bunching, VB)模型，本节采用VB模型仿真含破碎波的海面SAR图像。

合成孔径雷达(synthetic aperture radar, SAR)与海面之间的几何关系如图1.22所示，雷达平台沿y轴方向飞行，距离地面高度为H，雷达平台和场景中心的距离为R。由于雷达平台与海面的距离远大于海面尺寸，所以不同位置处的入射角均设定为θ_{i}，在此近似下根据VB模型，SAR图像各个位置的强度为

$$\begin{aligned} I(x,y) = B\int_{-L_x/2}^{L_x/2}\int_{-L_y/2}^{L_y/2} & \mathrm{d}x'\mathrm{d}y'\sigma_{\mathrm{sea}}(x',y') \\ & \cdot\frac{\rho_{\mathrm{a}N}}{\rho'_{\mathrm{a}N}(x',y')}\cdot f_{\mathrm{r}}(x-x') \\ & \cdot\exp\left\{-\frac{\pi^2}{\rho'_{\mathrm{a}N}(x',y')^2}\left[y-y'-R\cdot u_{\mathrm{r}}(x',y')/V\right]^2\right\} \end{aligned} \tag{1-109}$$

其中，$\sigma_{\mathrm{sea}}(x',y')=\sigma_{\mathrm{H,V}}^{\mathrm{sea}}\left(1+T_{\mathrm{vb}}(x',y')\right)$为考虑倾斜调制和VB调制后的RCS，$T_{\mathrm{vb}}$为VB调制函数；$f_{\mathrm{r}}(\cdot)$为距离分辨函数；$V$为雷达平台的速度；$B$为雷达天线增益，其值并不影响SAR图像的相对强度，因此本节忽略B的影响；u_{r}为各个海面面元沿观察方向的轨道速度；$\rho'_{\mathrm{a}N}(x',y')=\rho_{\mathrm{a}N}\left\{1+\frac{1}{N_1^2}\left[\left(\frac{\pi T^2}{\lambda}a_{\mathrm{r}}(x',y')\right)^2+\left(\frac{T}{\tau_{\mathrm{s}}}\right)^2\right]\right\}^{1/2}$为考虑目标加速度和有限相干时间后的实际分辨率，$\rho_{\mathrm{a}N}=N_1\cdot\lambda R/(2VT)$为静止目标的理论方位向分辨率，$N_1$为雷达视数，$\lambda$为雷达波长，$T$为积分时间，$\tau_{\mathrm{s}}$为场景相干时间，$a_{\mathrm{r}}$为各个海面面元沿着观察方向的轨道加速度。

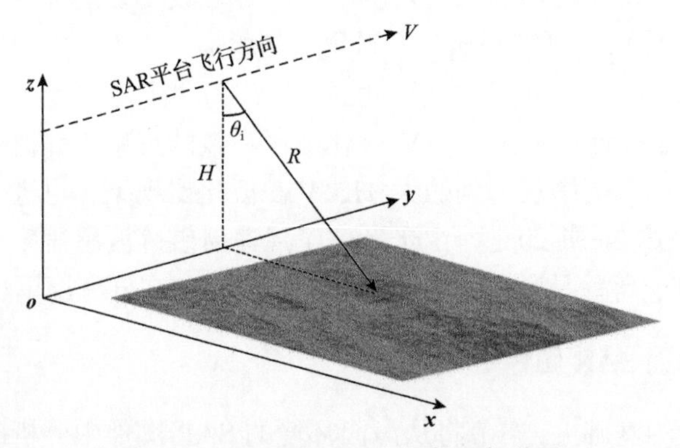

图1.22　SAR与海面之间的几何关系

图 1.23 给出了风速 10m/s 的海面几何及其上破碎波分布示意图，破碎波位置根据斜率判据计算得到并在图中进行了标记。在这些位置处，将原始面元由不同参数的破碎波进行替代，得到考虑破碎波情形下的 SAR 图像，而不进行破碎波替代的则为不考虑破碎波情形。仿真中的海面面元数为 800×800，离散间隔为 $0.33\text{m}\times0.33\text{m}$，风向为顺风情形。

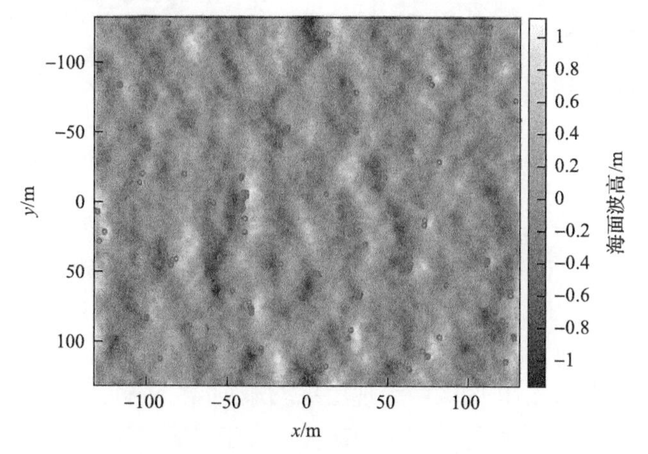

图 1.23　风速 10m/s 的海面几何及其上破碎波分布示意图

图 1.24 仿真了考虑破碎波和不考虑破碎波情形下的海面 SAR 图像，雷达入射角度为$80°$，即掠入射情形，工作频率为 10GHz，总的积累时间为 0.2s，R/V=50，雷达视数为 2。从仿真结果可以看出，在不考虑破碎波的情形下，HH 极化 SAR 图像表现出更清晰的波峰波谷对比，这是由于 HH 极化情形下的散射场对波浪斜率变化更为敏感。其次，对于 HH 极化情形，破碎波的存在使得 SAR 图像强度最大值得到很大程度的增加，并且破碎波在 SAR 图像中的强度要明显大于非破碎波。但是在 VV 极化中此现象不明显，即破碎波对 HH 极化散射的影响要远大于 VV 极化。

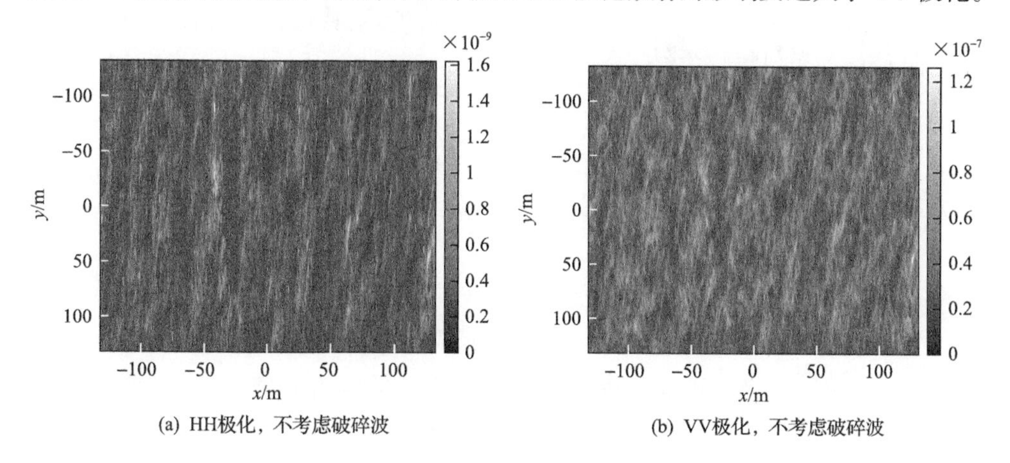

(a) HH极化，不考虑破碎波　(b) VV极化，不考虑破碎波

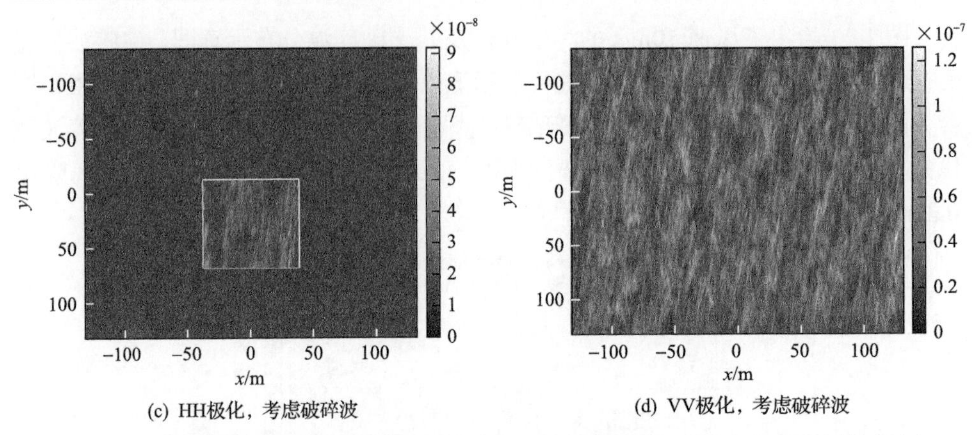

图 1.24 考虑破碎波和不考虑破碎波情形下的海面 SAR 图像(灰度标尺表示图像强度)

最后，为更好地观察非破碎区域，图 1.24(c)中矩形区域内的强度范围调至与图 1.24(a)一致。可以看出，在非破碎区域，图 1.24(a)与图 1.24(c)呈现一致的特征。此外可以观察到，HH 极化破碎波的强度值甚至会大于 VV 极化，这些类似的现象也在许多实测 SAR 图像中表现出来。例如，在 New Jersey 海岸实测得到的机载 SAR 图像在内波波峰处呈现出 HH 极化大于 VV 极化的现象[50]，并且 HH 极化情形下的 NRCS 在大入射角度下有时会达到甚至超过 VV 极化强度[51]。这些现象同样出现在 JUSREX'92 实验中，究其原因是波浪的非布拉格散射机制[52]。因此，本章提出的面元化模型也有望用于分析海面上变化的洋流的散射特性。

1.6 大幅宽海场景电磁散射计算方法

如前所述，海面的直接散射场是复合海面目标场景总散射场中的一部分，因此海面直接散射场的求解效率和精度直接影响到复合场景散射场的计算。本章前面提出了 FBS-SSA 方法用于分析电大尺寸海面的散射特性，基于此方法，海面上任意面元 m 的散射振幅为[53]

$$
\begin{aligned}
\boldsymbol{S}_{\mathrm{PQ}} = {} & \frac{\sqrt{q q_0}}{2\pi^2\left(q+q_0\right)} \boldsymbol{B}_{\mathrm{PQ}}\left(\boldsymbol{k},\boldsymbol{k}_0\right)\cdot \Lambda(\boldsymbol{r}) \\
& \cdot \exp\left[-\mathrm{j}\left(\boldsymbol{k}-\boldsymbol{k}_0\right)\cdot \boldsymbol{r}_0 - \mathrm{j}\left(q+q_0\right)h\right]
\end{aligned} \tag{1-110}
$$

其中，j为虚部单位；$\boldsymbol{k}_0$ 和 $-q_0$ 分别为入射波矢量 $\boldsymbol{k}_{\mathrm{i}}$ 的水平分量和垂直分量；$\boldsymbol{k}$ 和 q 分别为散射波矢量 $\boldsymbol{k}_{\mathrm{s}}$ 的水平分量和垂直分量；$\boldsymbol{B}_{\mathrm{PQ}}\left(\boldsymbol{k},\boldsymbol{k}_0\right)$ 为原始 SSA-1 方法中不同极化情形下的散射矩阵；$\mathrm{PQ}=\mathrm{HH},\mathrm{VV}$ 为不同的极化模式；$\boldsymbol{r}_0$ 为面元中心位置矢量的水平分量；h 为面元的高度；$\Lambda(\boldsymbol{r})$ 为与小面元斜率、尺寸、风速、风向、

雷达视角相关的参数，在不考虑高海况破碎波的情况下，每个面元的散射贡献可能来自镜向反射，也可能来自 Bragg 散射。

尽管 FBS-SSA 方法相对于原始 SSA-1 方法显著提高了计算效率，然而对于面积达到上千平方公里的海面，其计算效率仍难以满足工程需求。事实上，$\boldsymbol{\Lambda}(\boldsymbol{r})$ 是与风速、风向、面元斜率、雷达视角相关的参数，对于固定的雷达视角和风速、风向，$\boldsymbol{\Lambda}(\boldsymbol{r})$ 仅与面元的斜率有关，因此本节给出一种更高效的实现方法，其具体步骤如下：

(1)海面几何生成；

(2)计算固定海况、雷达频率和雷达视角情况下不同斜率面元的散射振幅；

(3)根据步骤(2)的结果获取海面上各个面元的散射振幅。

至此，获得海面的总散射场。通过本节提出的流程，原始 FBS-SSA 方法将会得到显著提升。

为验证本节方法在分析海面散射特性时的有效性，图 1.25 基于本节方法和原始 FBS-SSA 方法分别计算了 1 个样本和 50 个样本得到的 NRCS，雷达频率为 5GHz，风速为 5m/s。结果表明，两种方法的结果完全吻合。接下来，将本节方法计算的二维海面上 x=0m 处海面上各面元 HH 极化散射的幅度和相位与原始

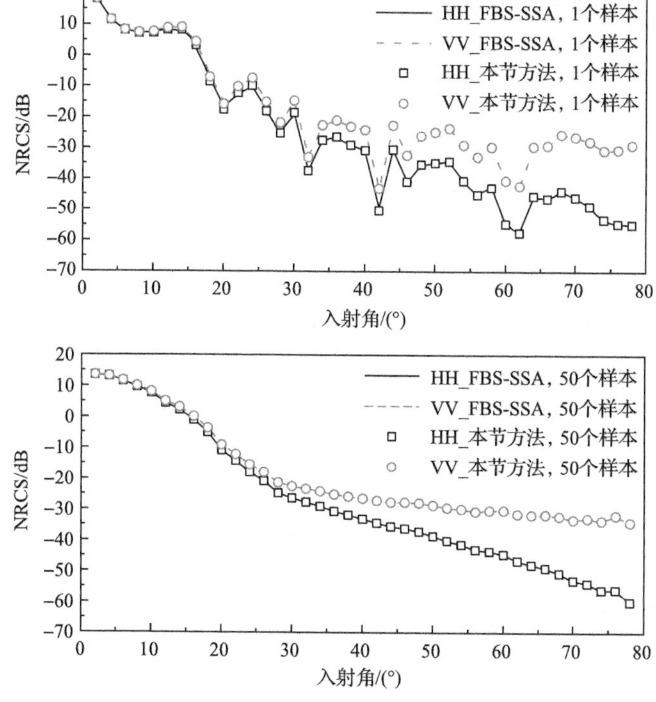

图 1.25　本节方法计算的海面 NRCS 与原始 FBS-SSA 方法对比

FBS-SSA 方法进行了对比，结果如图 1.26 所示，入射角为 40°。两种方法计算结果的一致性进一步表明，本节方法具有很好的计算精度。

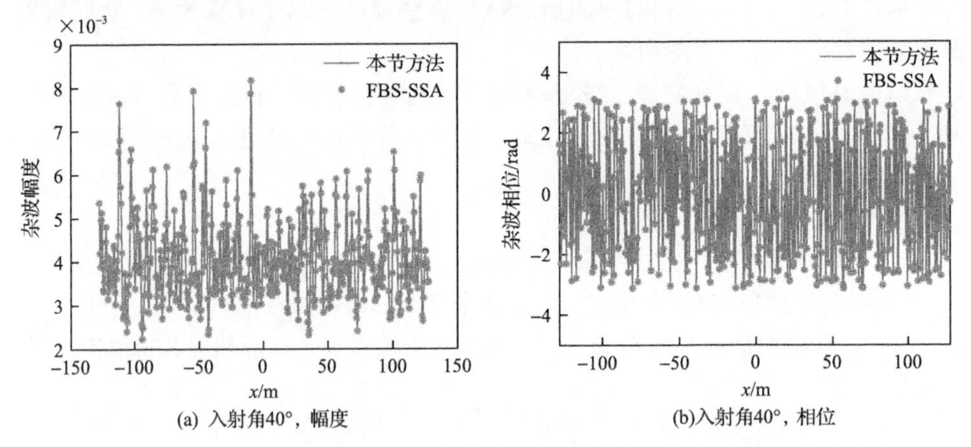

(a) 入射角40°，幅度　　(b)入射角40°，相位

图 1.26　本节方法计算的海面面元散射的幅度和相位与原始 FBS-SSA 方法对比

1.7　本章小结

本章面向实际工程应用中的海面电磁散射问题，首先介绍了常用的海面几何模型构建方法，即线性过滤法，该方法在建模过程中使用 FFT 运算，具有较高的计算效率，更适用于实际工程问题。进而介绍 KAM、SPM、CSM、SSA 方法等经典的海面电磁散射特性计算方法。在此基础上，针对电大尺寸海面、高海况海面和大幅宽海场景的电磁散射问题，分别提出了优化的毛细波修正面元散射模型、基于面元的简化小斜率近似模型和高海况海面电磁散射模型，并分析了模型的可靠性。此外，针对工程应用中大幅宽海场景电磁散射特性分析和雷达回波仿真应用，在基于面元的简化小斜率近似模型的基础上提出了新的实现方案，可以用于分析百公里量级海场景的电磁散射特性和雷达回波特征。本章介绍的方法针对的问题各异，因此在实际应用过程中要根据所解决的问题选取合适的建模方法。

参考文献

[1] Beckmann P, Spizzichino A. The Scattering of Electromagnetic Waves From Rough Surfaces[M]. New York: Macmillan, 1963.

[2] Ogilvy J A. Theory of Wave Scattering From Random Rough Surfaces[M]. Bristol: Institute of Physics Publishing, 1991.

[3] Thorsos E I, Jackson D R. The validity of the perturbation approximation for rough surface scattering using a Gaussian roughness spectrum[J]. The Journal of the Acoustical Society of America, 1989, 86(1): 261-277.

[4] Soto-Crespo J M, Nieto-Vesperinas M, Friberg A T. Scattering from slightly rough random surfaces: A detailed study

on the validity of the small perturbation method[J]. Journal of the Optical Society of America A, 1990, 7(7): 1185-1201.

[5] Bass F G, Fuks I M. Wave Scattering From Statistically Rough Surfaces[M]. Oxford: Pergamon, 1979.

[6] Voronovich A G. Wave Scattering From Rough Surfaces[M]. Berlin: Springer-Verlag, 1994.

[7] Voronovich A G. Small-slope approximation for electromagnetic wave scattering at a rough interface of two dielectric half-spaces[J]. Waves in Random Media, 1994, 4(3): 337-367.

[8] Williams A N, Crull W W. Simulation of directional waves in a numerical basin by a desingularized integral equation approach[J]. Ocean Engineering, 2000, 27(6): 603-624.

[9] 马杰, 田金文, 柳健, 等. 三维海浪场的数值模拟及其动态仿真[J]. 系统仿真学报, 2001, 13(S2): 39-41, 44.

[10] Schachter B. Long crested wave models for Gaussian fields[J]. Computer Graphics and Image Processing, 1980, 12(2): 187-201.

[11] Mastin G A, Watterberg P A, Mareda J F. Fourier synthesis of ocean scenes[J]. IEEE Computer Graphics and Applications, 1987, 7(3): 16-23.

[12] Creamer D B, Frank H, Roy S, et al. Improved linear representation of ocean surface waves[J]. Journal of Fluid Mechanics, 1989, 205(1): 135.

[13] Soriano G, Joelson M, Saillard M. Doppler spectra from a two-dimensional ocean surface at L-band[J]. IEEE Transactions on Geoscience and Remote Sensing, 2006, 44(9): 2430-2437.

[14] Fournier A, Reeves W T. A simple model of ocean waves[J]. ACM SIGGRAPH Computer Graphics, 1986, 20(4): 75-84.

[15] 文圣常, 余宙文. 海浪理论与计算原理[M]. 北京: 科学出版社, 1984.

[16] Elfouhaily T, Chapron B, Katsaros K, et al. A unified directional spectrum for long and short wind-driven waves[J]. Journal of Geophysical Research: Oceans, 1997, 102(C7): 15781-15796.

[17] Fung A, Lee K. A semi-empirical sea-spectrum model for scattering coefficient estimation[J]. IEEE Journal of Oceanic Engineering, 1982, 7(4): 166-176.

[18] Pierson W J, Moskowitz L. A proposed spectral form for fully developed wind seas based on the similarity theory of S.A.Kitaigorodskii[J]. Journal of Geophysical Research, 1964, 69(24): 5181-5190.

[19] Hasselmann K, Barnett T P, Bouws E, et al. Measurements of wind-wave growth and swell decay during the Joint North Sea Wave Project (JONSWAP) [R]. Hamburg: Deutches Hydrographisches Institute, 1973.

[20] Lee P H Y, Barter J D, Caponi E, et al. Wind-speed dependence of small-grazing-angle microwave backscatter from sea surfaces[J]. IEEE Transactions on Antennas and Propagation, 1996, 44(3): 333-340.

[21] Brüning C, Alpers W, Hasselmann K. Monte-Carlo simulation studies of the nonlinear imaging of a two dimensional surface wave field by a synthetic aperture radar[J]. International Journal of Remote Sensing, 1990, 11(10): 1695-1727.

[22] Longuet-Higgins M S, Cartwright D E, Smith N D. Observations of the directional spectrum of sea waves using the motions of a floating buoy[J]. Deep Sea Research and Ocean-ographic Abstracts, 1965, 12(1): 53.

[23] Fuks I M, Voronovich A G. Wave diffraction by rough interfaces in an arbitrary plane-layered medium[J]. Waves in Random Media, 2000, 10(2): 253-272.

[24] Fuks I M. Wave diffraction by a rough boundary of an arbitrary plane-layered medium[J]. IEEE Transactions on Antennas and Propagation, 2001, 49(4): 630-639.

[25] Elfouhaily T M, Guérin C A. A critical survey of approximate scattering wave theories from random rough surfaces[J]. Waves in Random Media, 2004, 14(4): R1-R40.

[26] Ulaby F T, Moore R K, Fung A K. Microwave Remote Sensing: Active and Passive (Volume II) [M]. Norwood: Artech House, 1986.

[27] Crombie D D. Doppler spectrum of sea echo at 13.56 Mc./S[J]. Nature, 1955, 175: 681-682.

[28] Franceschetti G, Migliaccio M, Riccio D. On ocean SAR raw signal simulation[J]. IEEE Transactions on Geoscience and Remote Sensing, 1998, 36 (1): 84-100.

[29] Plant W J. Microwave sea return at moderate to high incidence angles[J]. Waves in Random Media, 2003, 13 (4): 339-354.

[30] Zhang M, Chen H, Yin H C. Facet-based investigation on EM scattering from electrically large sea surface with two-scale profiles: Theoretical model[J]. IEEE Transactions on Geoscience and Remote Sensing, 2011, 49 (6): 1967-1975.

[31] Jessup A T, Melville W K, Keller W C. Breaking waves affecting microwave backscatter: 1. Detection and verification[J]. Journal of Geophysical Research: Oceans, 1991, 96 (C11): 20547-20559.

[32] Lewis B L, Olin I D. Experimental study and theoretical model of high-resolution radar backscatter from the sea[J]. Radio Science, 1980, 15 (4): 815-828.

[33] Fuchs J, Regas D, Waseda T, et al. Correlation of hydrodynamic features with LGA radar backscatter from breaking waves[J]. IEEE Transactions on Geoscience and Remote Sensing, 1999, 37 (5): 2442-2460.

[34] Liu Y, Frasier S J, McIntosh R E. Measurement and classification of low-grazing-angle radar sea spikes[J]. IEEE Transactions on Antennas and Propagation, 1998, 46 (1): 27-40.

[35] Hwang P A, Sletten M A, Toporkov J V. Analysis of radar sea return for breaking wave investigation[J]. Journal of Geophysical Research: Oceans, 2008, 113 (C2): C02003.

[36] Kwoh D, Lake B. A deterministic, coherent, and dual-polarized laboratory study of microwave backscattering from water waves, Part I: Short gravity waves without wind[J]. IEEE Journal of Oceanic Engineering, 1984, 9 (5): 291-308.

[37] Churyumov A N, Kravtsov Y A. Microwave backscatter from mesoscale breaking waves on the sea surface[J]. Waves in Random Media, 2000, 10 (1): 1-15.

[38] Voronovich A G, Zavorotny V U. Theoretical model for scattering of radar signals in Ku- and C-bands from a rough sea surface with breaking waves[J]. Waves in Random Media, 2001, 11 (3): 247-269.

[39] Ufimtsev P Y. Method of edge waves in the physical theory of diffraction[R]. Wright-Patterson AFB: Air Foreign Technology Division, 1971.

[40] Longuet-Higgins M S, Fox M J H. Theory of the almost-highest wave: The inner solution[J]. Journal of Fluid Mechanics, 2006, 80 (4): 721-741.

[41] Longuet-Higgins M S, Smith N D. Measurement of breaking waves by a surface jump meter[J]. Journal of Geophysical Research: Oceans, 1983, 88 (C14): 9823-9831.

[42] Monahan E C. Whitecaps and foam[J]. Encyclopedia of Ocean Sciences, 2001, 6: 3213-3219.

[43] Meissner T, Wentz F J. The complex dielectric constant of pure and sea water from microwave satellite observations[J]. Transactions on Geoscience and Remote Sensing, 2004, 42 (9): 1836-1849.

[44] Li Y Z, West J C. Low-grazing-angle scattering from 3-D breaking water wave crests[J]. IEEE Transactions on Geoscience and Remote Sensing, 2006, 44 (8): 2093-2101.

[45] Mouche A A, Hauser D, Daloze J F, et al. Dual-polarization measurements at C-Band over the ocean: Results from airborne radar observations and comparison with ENVISAT ASAR data[J]. IEEE Transactions on Geoscience and Remote Sensing, 2005, 43 (4): 753-769.

[46] Hersbach H, Stoffelen A, de Haan S. An improved C-band scatterometer ocean geophysical model function: CMOD5[J]. Journal of Geophysical Research: Oceans, 2007, 112 (C3) : C03006.

[47] Wentz F J, Peteherych S, Thomas L A. A model function for ocean radar cross sections at 14.6 GHz[J]. Journal of Geophysical Research: Oceans, 1984, 89 (C3) : 3689-3704.

[48] Alpers W R, Ross D B, Rufenach C L. On the detectability of ocean surface waves by real and synthetic aperture radar[J]. Journal of Geophysical Research: Oceans, 1981, 86 (C7) : 6481-6498.

[49] Alpers W R, Bruening C. On the relative importance of motion-related contributions to the SAR imaging mechanism of ocean surface waves[J]. IEEE Transactions on Geoscience and Remote Sensing, 1986, 24 (6) : 873-885.

[50] Plant W J, Keller W C, Hayes K, et al. Normalized radar cross section of the sea for backscatter: 1. Mean levels[J]. Journal of Geophysical Research: Oceans, 2010, 115 (C9) : C09032.

[51] Plant W J, Keller W C, Hayes K, et al. Normalized radar cross section of the sea for backscatter: 2. Modulation by internal waves[J]. Journal of Geophysical Research: Oceans, 2010, 115 (C9) : C09033.

[52] Gasparovic R F, Etkin V S. An overview of the joint US/Russia internal wave remote sensing experiment[C]. Proceedings of IGARSS '94-1994 IEEE International Geoscience and Remote Sensing Symposium, Pasadena, 1994: 741-743.

[53] Li J X, Zhang M, Wei P B, et al. An improvement on SSA method for EM scattering from electrically large rough sea surface[J]. IEEE Geoscience and Remote Sensing Letters, 2016, 13 (8) : 1144-1148.

第2章　三维时空相关海杂波的统计建模与FPGA实现

来自海表面的雷达回波通常称为海杂波，由于海面受风力、环境湿度、浪涌等多种自然因素的影响，海杂波信号变化复杂，强度高。在检测海面目标时，雷达将会受到海面环境散射对发射信号产生的后向散射干扰。时变海面的波浪运动与环境因素有着相当复杂的相互关系，具有各种各样的特征，如浪谷、波浪、漩涡、浪花以及海浪下落时形成的水花等，所有的这些面貌特征都会影响海面的散射特性。通常在模拟雷达检测海上目标之前，需要对海杂波进行模拟，掌握各种条件下海杂波的分布特征，以便消除或降低海杂波的影响，因而对海杂波特性的研究对于雷达系统设计、海面目标检测等具有十分重要的意义。

为了加深对海杂波的认识和理解，很多学者从基于雷达实测数据的特性分析和基于仿真海杂波序列的特性分析等方面对其进行了研究，通过对测量数据进行拟合，建立了许多关于海杂波幅度均值的半经验模型[1-3]，这些半经验模型虽然不能从物理本质上反映雷达波与海面的相互作用，但是形式简单，计算速度快，具有较高的工程应用价值。目前，海杂波建模、海杂波抑制和海杂波背景下的目标检测是当今世界上研究的热点之一。研究海杂波的主要目的：一方面，是对海杂波的自然机理进行解释，进而提出合理实用的模型；另一方面，是要降低海杂波对目标的干扰，找出将淹没于强海杂波背景中的目标信号提取出来的方法。精确的海杂波模型的建立以及稳健的目标检测算法是实现上述目标的关键。开展粗糙海面散射特性方面的研究包括理论建模和实验测量两个部分，二者彼此互补、彼此验证。一方面，理论建模可通过数值计算获得测量难以得到的特性数据，也可避免实验测量中无法清除的环境因素；另一方面，实验测量又为理论建模提供了校模和验模的依据。

研究海杂波不仅是海杂波的建模，还需要掌握海杂波的统计特性，通常来说，海杂波的统计特性可以从幅度分布特性和相关性两个方面进行描述，这些特性会随着雷达工作参数和环境条件的改变表现出显著差异。对于海杂波幅度分布特性的研究相对比较成熟，主要包括海杂波幅度概率密度函数(probability density function, PDF)特性[4]、海杂波混沌特性[5]和海杂波分形特性[6]等，而针对时空相关海杂波的统计特性研究较少。因此，本章首先介绍海杂波统计分布模型，并通过理论仿真分析海杂波的幅度统计特性、时空相关性。在此基础上，提出基于统计特性的三维时空相关海杂波建模方法，为高分辨大幅宽时空相关海杂波的快速仿真奠定了基础。最后给出基于现场可编程门阵列(field programmable gate array, FPGA)实现海杂波仿真的方法。

2.1　海杂波统计分布模型及参数估计方法

2.1.1　常见的统计分布模型

雷达杂波是指来自雷达分辨单元内的非目标散射体回波的贡献。由于海面高度起伏的随机性和时变性以及海水介电常数等因素，同时海水或雷达的运动也将引起回波振幅和相位的变化，这些原因导致海面的电磁散射特性具有随机性，这种随机性可以用幅度 PDF 来描述。通常用来描述海杂波幅度分布的典型杂波模型有瑞利(Rayleigh)分布[7]、对数-正态(log-normal)分布[8]、韦布尔(Weibull)分布[9]、K 分布[10]等。

1. Rayleigh 分布模型

在早期雷达分辨率比较低的情况下，海杂波模型被认为是符合高斯分布的，但事实证明，Rayleigh 分布模型更适用于低分辨率雷达。

Rayleigh 分布的 PDF 为[7]

$$P_{\mathrm{R}}(x)=\frac{2x}{\sigma^2}\exp\left(-\frac{x^2}{\sigma^2}\right),\quad x>0 \tag{2-1}$$

其中，x 为海杂波幅度的瞬时值；σ 为分布的形状参数。

累积分布函数(cumulative distribution function, CDF)为

$$F_{\mathrm{R}}(x)=1-\exp\left(-\frac{x^2}{\sigma^2}\right) \tag{2-2}$$

各阶原点矩的表达式为

$$M_n=\sigma^n\Gamma\left(1+\frac{n}{2}\right) \tag{2-3}$$

图 2.1 给出了不同形状参数下 Rayleigh 分布的 PDF 和 CDF,从图中可以看到，随着参数 σ 的增大，PDF 峰值减小，杂波分布幅度逐渐分散，拖尾效果显著。

2. log-normal 分布模型

log-normal 分布适用于描述低入射角、复杂地形情况下的地面杂波数据或平坦区高分辨率的海杂波数据。大量的实测数据表明，在一定条件下，log-normal 分布能很好地模拟海杂波的分布。

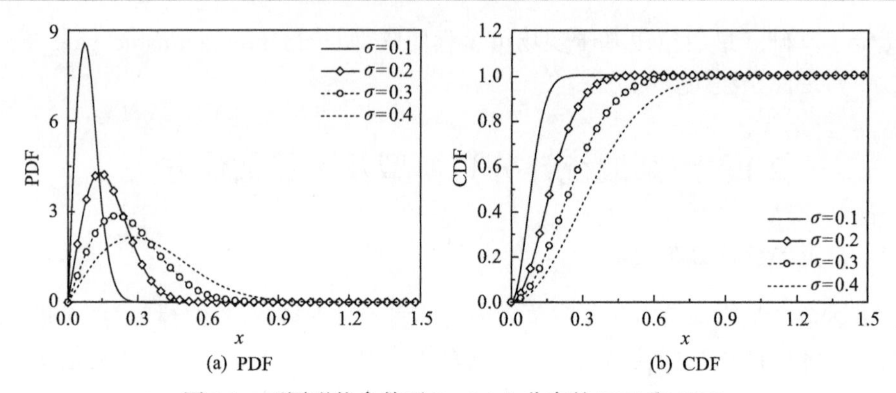

图 2.1　不同形状参数下 Rayleigh 分布的 PDF 和 CDF

log-normal 分布的 PDF 为[8]

$$P_{\mathrm{LN}}(x)=\frac{1}{x\sqrt{2\pi\sigma^2}}\exp\left[-\frac{(\ln x-\mu)^2}{2\sigma^2}\right],\quad x>0 \tag{2-4}$$

CDF 为

$$F_{\mathrm{LN}}(x)=\frac{1}{2}+\frac{1}{2}\mathrm{erf}\left(\frac{\ln x-\mu}{\sqrt{2}\sigma}\right) \tag{2-5}$$

各阶原点矩的表达式为

$$M_n=\exp\left(n\mu+\frac{1}{2}n^2\sigma^2\right) \tag{2-6}$$

其中，σ 为分布的形状参数，表示杂波分布的偏斜程度；μ 为分布的尺度参数，表示杂波分布中位数。

图 2.2 给出了不同参数下 log-normal 分布的 PDF 和 CDF。从图中可以看出，当形状参数 σ 相同时，PDF 曲线的形状相似，μ 越小，杂波分布幅度越大。

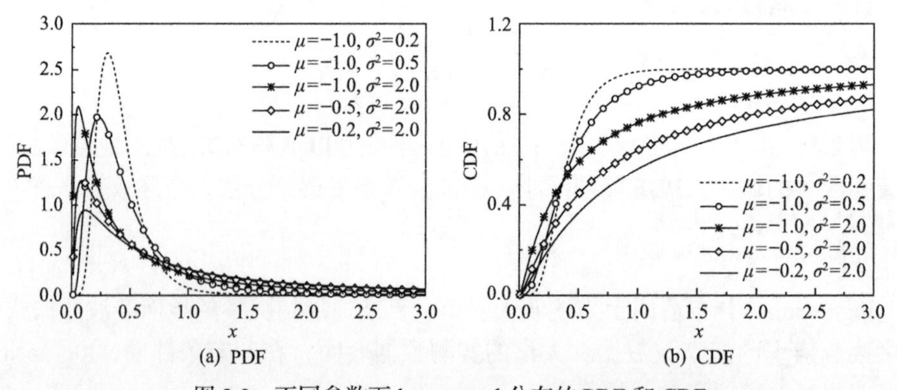

图 2.2　不同参数下 log-normal 分布的 PDF 和 CDF

3. Weibull 分布模型

Weibull 分布可描述多种杂波，包括地物杂波、海杂波和云雨杂波等，在很宽的条件范围内能很好地与实验数据相匹配。在高分辨率、低入射角的情况下，一般海况的海杂波通常可以用 Weibull 分布进行描述。

Weibull 分布的 PDF 为[9]

$$P_{\mathrm{W}}(x)=\frac{p}{q}\left(\frac{x}{q}\right)^{p-1}\cdot\exp\left[-\left(\frac{x}{q}\right)^{p}\right],\quad x>0 \tag{2-7}$$

CDF 为

$$F_{\mathrm{W}}(x)=1-\exp\left[-\left(\frac{x}{q}\right)^{p}\right] \tag{2-8}$$

各阶原点矩的表达式为

$$M_n=q^n\Gamma\left(1+\frac{n}{p}\right) \tag{2-9}$$

其中，$p>0$ 为分布的形状参数，表示分布的偏斜程度；$q>0$ 为分布的尺度参数，表示中位数；$\Gamma(\cdot)$ 为 Gamma 函数。

图 2.3 给出了不同参数下 Weibull 分布的 PDF 和 CDF，可以看出，形状参数决定了分布曲线的形状，形状参数越小，分布的峰态越陡峭，反之越平缓。

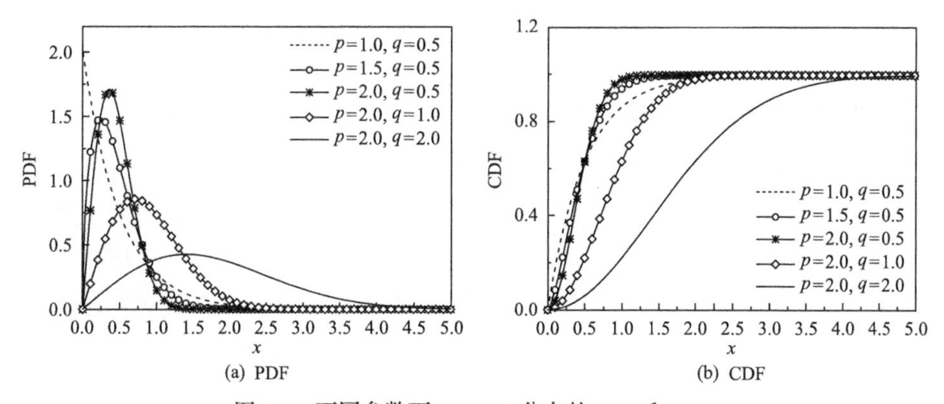

图 2.3　不同参数下 Weibull 分布的 PDF 和 CDF

4. K 分布模型

K 分布从海杂波构成的物理机制出发，不仅在幅度分布上较好地描述了海杂波的拖尾特性，还能揭示海杂波运动的物理意义。

K 分布的 PDF 为[11]

$$P_{\mathrm{K}}(x)=\frac{4}{\sqrt{\lambda}\Gamma(\alpha)}\left(\frac{x}{\sqrt{\lambda}}\right)^{\alpha}\mathrm{K}_{\alpha-1}\left(\frac{2x}{\sqrt{\lambda}}\right),\quad x>0 \tag{2-10}$$

CDF 为

$$F_{\mathrm{K}}(x)=1-\frac{2}{\Gamma(\alpha)}\left(\frac{x}{\sqrt{\lambda}}\right)^{\alpha}\mathrm{K}_{\alpha}\left(\frac{2x}{\sqrt{\lambda}}\right) \tag{2-11}$$

其中，$\mathrm{K}_{\alpha-1}(\cdot)$为$\alpha-1$阶修正贝塞尔函数；$\alpha$ 为形状参数；λ为尺度参数。

图 2.4 给出了不同参数下 K 分布的 PDF 和 CDF，可以看出，当尺度参数固定时，随着形状参数的增大，海杂波幅度值增大，导致海杂波出现了长的拖尾。

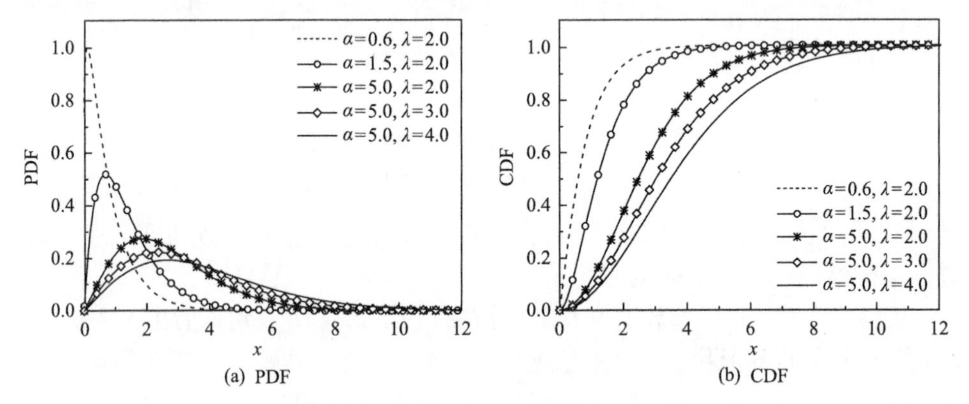

图 2.4　不同参数下 K 分布的 PDF 和 CDF

2.1.2　统计分布模型的参数估计方法

参数估计是确定海杂波分布模型的前提，常见的参数估计方法有矩估计方法、最大似然估计方法和混合估计方法等。矩估计方法[12]的原理是：首先令统计分布模型计算的各阶矩的理论值与实验数据计算的各阶矩的实验值相等，然后通过列方程组求解出模型参数。最大似然估计方法[13]也是一种常用的获得模型参数的方法，适用于被估计量的先验分布未知或非随机未知参量的情况。

1. 矩估计方法

设 X 的概率密度为 $f(x;\theta_1,\theta_2,\cdots,\theta_k)$，其中 $\theta_1,\theta_2,\cdots,\theta_k$ 是待估参数，$X_1,X_2,\cdots,X_n$ 为 X 的样本。如果总体矩存在，则有

$$\mu_l=E(X_l)=\mu_l(x;\theta_1,\theta_2,\cdots,\theta_k),\quad l=1,2,\cdots,k \tag{2-12}$$

其中，μ_l 为参数 $\theta_1,\theta_2,\cdots,\theta_k$ 的函数。

一般用样本矩 $A_l=\frac{1}{n}\sum_{i=1}^{n}X_i^l(l=1,2,\cdots,k)$ 来代替总体矩 μ_l，可以得到包含 k 个待估参数 $\theta_1,\theta_2,\cdots,\theta_k$ 联立的方程组：

$$\begin{cases}A_1=\mu_1\left(\theta_1,\theta_2,\cdots,\theta_k\right)\\A_2=\mu_2\left(\theta_1,\theta_2,\cdots,\theta_k\right)\\\qquad\vdots\\A_k=\mu_k\left(\theta_1,\theta_2,\cdots,\theta_k\right)\end{cases}\tag{2-13}$$

对式(2-13)进行求解得到 $\theta_1,\theta_2,\cdots,\theta_k$ 的矩估计值 $\hat{\theta}_1,\hat{\theta}_2,\cdots,\hat{\theta}_k$，即

$$\begin{cases}\hat{\theta}_1=\theta_1\left(A_1,A_2,\cdots,A_k\right)\\\hat{\theta}_2=\theta_2\left(A_1,A_2,\cdots,A_k\right)\\\qquad\vdots\\\hat{\theta}_k=\theta_k\left(A_1,A_2,\cdots,A_k\right)\end{cases}\tag{2-14}$$

2. 最大似然估计方法

设 X 的 PDF 为 $f(x;\theta)$，其中，θ 为待估参数，$x_1,x_2,\cdots,x_n$ 为对应于样本 $X_1,X_2,\cdots,X_n$ 的一个样本值，则 $X_1,X_2,\cdots,X_n$ 的联合概率密度为 $\prod_{i=1}^{n}f\left(x_i,\theta\right)$，随机点 $\left(X_1,X_2,\cdots,X_n\right)$ 位于 $\left(x_1,x_2,\cdots,x_n\right)$ 区域内的概率近似为 $\prod_{i=1}^{n}f\left(x_i,\theta\right)\mathrm{d}x_i$，其值随 θ 取值的变化而变化。选择合适的 $\hat{\theta}$ 值，使得表达式 $\prod_{i=1}^{n}f\left(x_i,\theta\right)$ 的值最大，但 $\prod_{i=1}^{n}\mathrm{d}x_i$ 与 θ 没有关系，故可对式(2-15)直接求解：

$$L(\theta)=L\left(x_1,x_2,\cdots,x_n;\theta\right)=\prod_{i=1}^{n}f\left(x_i;\theta\right)\tag{2-15}$$

并得到其最大值，这里 $L(\theta)$ 是 $X_1,X_2,\cdots,X_n$ 的似然函数。

若

$$L\left(x_1,x_2,\cdots,x_n;\hat{\theta}\right)=\max_{\theta\in\Theta}L\left(x_1,x_2,\cdots,x_n;\theta\right)\tag{2-16}$$

则称计算得到的 $\hat{\theta}(x_1,x_2,\cdots,x_n)$ 为 θ 的似然估计值。

在很多情形下，若 $f(x;\theta)$ 关于 θ 可微，则 $\hat{\theta}$ 可从式(2-17)求得，即

$$\frac{\mathrm{d}}{\mathrm{d}\theta}L(\theta)=0\text{或}\frac{\mathrm{d}}{\mathrm{d}\theta}\ln L(\theta)=0 \tag{2-17}$$

最大似然估计方法的优点是能够准确地得到分布的参数估计值，但前提条件是样本数要足够多，缺点是进行似然方程组的求解非常困难，而且用得到的表达式进行参数估计的运算量很大，因此在实际处理中可以灵活地选取合适的估计方法进行参数估计。下面给出常见的杂波模型的参数估计方法。

1) Rayleigh 分布参数估计

Rayleigh 分布的各阶矩为

$$M_n=\sigma^n\Gamma\left(1+\frac{n}{2}\right) \tag{2-18}$$

由于该分布只有一个参数 σ，所以由式(2-18)可以得到其二阶矩为

$$M_2=\sigma^2 \tag{2-19}$$

由式(2-19)可以很容易地求得该分布的估计值为

$$\hat{\sigma}^2=\frac{1}{n}\sum_{i=1}^{n}x_i^2 \tag{2-20}$$

2) log-normal 分布参数估计

log-normal 分布的似然函数为

$$L\left(\mu_{\mathrm{c}},\sigma_{\mathrm{c}}^2\right)=\prod_{i=1}^{n}\frac{1}{\sqrt{2\pi\sigma_{\mathrm{c}}^2}}\exp\left[-\frac{\left(\ln x_i-\mu_{\mathrm{c}}\right)^2}{2\sigma_{\mathrm{c}}^2}\right] \tag{2-21}$$

两边取对数可得

$$\ln L\left(\mu_{\mathrm{c}},\sigma_{\mathrm{c}}^2\right)=-\frac{n}{2}\ln\left(2\pi\sigma_{\mathrm{c}}^2\right)-\ln\prod_{i=1}^{n}x_i-\frac{1}{2\sigma_{\mathrm{c}}^2}\sum_{i=1}^{n}\left(\ln x_i-\mu_{\mathrm{c}}\right)^2 \tag{2-22}$$

似然方程组为

$$\begin{cases} \dfrac{\partial \ln L\left(\mu_{\mathrm{c}},\sigma_{\mathrm{c}}^{2}\right)}{\partial \mu_{\mathrm{c}}}=\dfrac{1}{\sigma_{\mathrm{c}}^{2}}\sum_{i=1}^{n}\left(\ln x_{i}-\mu_{\mathrm{c}}\right)=0 \\ \dfrac{\partial \ln L\left(\mu_{\mathrm{c}},\sigma_{\mathrm{c}}^{2}\right)}{\partial \sigma_{\mathrm{c}}^{2}}=-\dfrac{n}{2\sigma_{\mathrm{c}}^{2}}+\dfrac{1}{2\sigma_{\mathrm{c}}^{4}}\sum_{i=1}^{n}\left(\ln x_{i}-\mu_{\mathrm{c}}\right)^{2}=0 \end{cases} \tag{2-23}$$

求解方程可得 μ_{c}、σ_{c}^{2} 的估计值分别为

$$\begin{cases} \hat{\mu}_{\mathrm{c}}=\dfrac{1}{n}\sum_{i=1}^{n}\ln x_{i} \\ \hat{\sigma}_{\mathrm{c}}^{2}=\dfrac{1}{n}\sum_{i=1}^{n}\left(\ln x_{i}-\hat{\mu}_{\mathrm{c}}\right)^{2} \end{cases} \tag{2-24}$$

3) Weibull 分布参数估计

Weibull 分布的似然函数为

$$L(p,q)=\prod_{i=1}^{n}\frac{p}{q}\left(\frac{x_{i}}{q}\right)^{p-1}\exp\left[-\left(\frac{x_{i}}{q}\right)^{p}\right] \tag{2-25}$$

两边取对数可得

$$\ln L(p,q)=n\ln p-np\ln q+\sum_{i=1}^{n}\ln x_{i}-\frac{1}{q^{p}}\sum_{i=1}^{n}x_{i}^{p} \tag{2-26}$$

分别对 p 和 q 求导数可得

$$\begin{cases} \dfrac{\partial \ln L(p,q)}{\partial p}=\dfrac{n}{p}-n\ln q+\sum_{i=1}^{n}\ln x_{i}-\sum_{i=1}^{n}\left(\dfrac{x_{i}}{q}\right)^{p}\ln\left(\dfrac{x_{i}}{q}\right)=0 \\ \dfrac{\partial \ln L(p,q)}{\partial q}=-\dfrac{np}{q}+\dfrac{p}{q}\sum_{i=1}^{n}\left(\dfrac{x_{i}}{q}\right)^{p}=0 \end{cases} \tag{2-27}$$

求解式(2-27)可以得到 p 和 q 的似然估计值为

$$\hat{q}=\left(\frac{1}{n}\sum_{i=1}^{n}x_{i}^{p}\right)^{\frac{1}{p}},\quad \frac{1}{\hat{p}}=\frac{\sum_{i=1}^{n}x_{i}^{p}\ln x_{i}}{\sum_{i=1}^{n}x_{i}^{p}}-\frac{1}{n}\sum_{i=1}^{n}\ln x_{i} \tag{2-28}$$

由于上述方法要求样本数要足够多，而且估计精度不是很高。因此，可以利用文献[14]中给出的参数估计方法，即

$$\begin{cases} \hat{p} = \left\{ \dfrac{6}{\pi^2} \dfrac{n}{n-1} \left[\dfrac{1}{n} \sum_{i=1}^{n} (\ln x_i)^2 - \left(\dfrac{1}{n} \sum_{i=1}^{n} \ln x_i \right)^2 \right] \right\}^{-1/2} \\ \hat{q} = \exp\left(\dfrac{1}{n} \sum_{i=1}^{n} \ln x_i + \gamma \hat{p}^{-1} \right) \end{cases} \tag{2-29}$$

其中，$\gamma = -\varphi(1) = 0.5772$ 为欧拉常数。

4) K 分布

关于 K 分布杂波的参数估计问题，国内外学者做了大量研究工作，提出了多种方法，主要可以分为三类。第一类是最大似然估计方法，该方法估计精度高，但是不能得到最大似然估计的解析表达式，只能通过搜索或者最优化方法进行求解，计算量大；第二类是矩估计方法，基于矩估计的参数求解方法较多，其计算量相对较小；第三类是混合估计方法，包括将矩估计方法与最大似然估计方法相结合的方法以及将矩估计方法与神经网络相结合的方法等。

K 分布的参数估计比较复杂，其形状参数 α 的非线性矩方程可以由 K 分布的前两阶矩得到，表示为

$$D = \frac{E(X)^2}{\mathrm{Var}(X)} = \left[\frac{4\alpha\Gamma^2(\alpha)}{\pi\Gamma^2(\alpha + 1/2)} - 1 \right]^{-1} = g(\alpha) \tag{2-30}$$

其中，$E(X)$ 表示 X 的均值，$\mathrm{Var}(X)$ 表示 X 的方差。根据矩估计，矩比值 D 的估计值为

$$\hat{D} = T(X) = \frac{\bar{X}^2}{\hat{\sigma}^2} \tag{2-31}$$

其中，$\bar{X} = \frac{1}{n}\sum_{i=1}^{n} X_i$ 为样本的平均值；$\hat{\sigma}^2 = \frac{1}{n}\sum_{i=1}^{n}\left(X_i - \bar{X}\right)^2$ 为样本的方差。

这样，K 分布的形状参数可以估计为

$$\hat{\alpha} = g^{-1}(\hat{D}) \approx \frac{1}{4\ln\left[\left(1 + \dfrac{1}{\hat{D}}\right)\pi / 4\right]} \tag{2-32}$$

之后，根据二阶矩，就可以解得尺度参数的估计值为

$$\hat{\lambda}=\left(\frac{1}{n}\sum_{i=1}^{n}X_i^2\right)/\hat{\alpha} \tag{2-33}$$

从前面可以看出，K 分布参数估计的关键在于矩比值的估计，Douglas 根据贝叶斯估计给出了矩比值 D 的估计值为[11]

$$\hat{D}=a_t b_t\left[1-\frac{\left(d_{\max}/b_t\right)^{a_t}\mathrm{e}^{-d_{\max}/b_t}}{\Gamma\left(a_t+1\right)F_{\mathrm{G}}\left(d_{\max}\mid a_t,b_t\right)}\right] \tag{2-34}$$

其中，$d_{\max}=\pi/(4-\pi)$；$F_{\mathrm{G}}(d_{\max}\mid a_t,b_t)$ 是参数为 (a_t,b_t) 的 Gamma 分布的 CDF；a_t、b_t 为 Gamma 参数。

下面给出 Gamma 参数 (a_t,b_t) 的估计方法。

第一种方法是分析近似方法，基于该方法，有

$$a_t=\frac{m_1^2}{m_2-m_1^2},\quad b_t=\frac{m_2-m_1^2}{m_1} \tag{2-35}$$

其中，m_1、m_2 为 Gamma 分布的前两阶矩，分别为

$$m_1=\frac{\bar{X}^2}{\hat{\sigma}^2}\left(1-\frac{1}{n}\right)+\frac{1}{n} \tag{2-36}$$

$$m_2=\frac{\bar{X}^4}{\hat{\sigma}^4}\left(1+\frac{\hat{\eta}_4-3}{n}+\frac{5-2\hat{\eta}_4}{n^2}\right)+\frac{6\bar{X}^2}{\hat{\sigma}^2}\left(1-\frac{1}{n}\right)+\frac{3}{n^2} \tag{2-37}$$

其中，样本的峰度系数 $\hat{\eta}_4$ 可以表示为

$$\hat{\eta}_4=\frac{1}{n}\sum_{i=1}^{n}\left(X_i-\bar{X}\right)^4/\hat{\sigma}^4 \tag{2-38}$$

第二种方法是自举方法，基于自举方法，Gamma 参数 a_t、b_t 可以表示为

$$a_t=\frac{\tilde{D}_{\Sigma}}{2\left(\tilde{D}_{\Sigma}-\tilde{D}_{\pi}\right)},\quad b_t=\frac{\tilde{D}_{\Sigma}}{a_t} \tag{2-39}$$

其中，$\tilde{D}_{\Sigma}$、$\tilde{D}_{\pi}$ 分别为自举样本 $\tilde{D}_i$ 的算术平均值和几何平均值，即

$$\tilde{D}_i=T\left(\tilde{X}_i\right),\quad \tilde{D}_{\Sigma}=\frac{1}{m}\sum_{i=1}^{m}\tilde{D}_i,\quad \tilde{D}_{\pi}=\left(\prod_{i=1}^{m}\tilde{D}_i\right)^{1/m} \tag{2-40}$$

2.1.3 模型拟合精度评价准则

确定各种海杂波幅度分布模型以及分布参数的估计值以后，还需要对海杂波幅度分布进行拟合检验，以验证哪种分布更适合海杂波数据的幅度分布。通过比较模拟海杂波数据幅度分布曲线与几种分布曲线的拟合程度，可以得到一种直观意义上的结论，但这只是一种定性分析，常用的有均方差(mean square deviation, MSD)检验法、χ^2 检验法[15]和 K-S (Kolmogorov-Smirnov) 检验法[15]。

1. MSD 检验法

MSD 检验法是一种最为直接的检验方法，其公式可以表示为

$$\text{MSD} = \frac{1}{n}\sum_{k=1}^{n}\left(p_{\text{e}}\left(x_k\right) - p_{\text{t}}\left(x_k\right)\right)^2 \tag{2-41}$$

其中，$p_{\text{e}}\left(x_k\right)$ 和 $p_{\text{t}}\left(x_k\right)$ 分别为海杂波数据与各分布的理论概率密度函数；n 为数据序列长度。MSD 检验法的准则是：MSD 值越小，两种分布的近似度越高。

2. χ^2 检验法

χ^2 检验法的思想是：首先计算出观测样本数和预测分布的期望数，通过计算两者偏差的大小来确定检验的精确度。其具体步骤如下。

(1) 设 $X_1, X_2, \cdots, X_n$ 为观测样本，将这 n 个样本按照幅度大小的顺序划分为 k 个相邻的区间 $[a_0, a_1), [a_1, a_2), \cdots, [a_{k-1}, a_k)$。

(2) 计算出落在所有区间上的样本 $X_1, X_2, \cdots, X_n$ 的数目 $N_j (j = 1, 2, \cdots, k)$。

(3) 计算出每个区间上预测分布的概率 $p_j = \int_{a_{j-1}}^{a_j} \hat{f}(x)\mathrm{d}x$，其中，$\hat{f}(x)$ 是预测分布的 PDF。

(4) 计算出落在每个区间上预测分布的期望数目 $n_{p_j} (j = 1, 2, \cdots, k)$。

(5) 计算出检验统计量 $\chi^2 = \sum_{j=1}^{k}\left(N_j - n_{p_j}\right)^2 / n_{p_j}$。

(6) 当观测样本数足够大时，检验统计量 χ^2 将趋近于 χ^2 分布，其分布的自由度为 $k - m - 1$，其中 m 为待估分布的参数个数。

(7) 定义零假设 H_0：样本 $X_1, X_2, \cdots, X_n$ 为服从 $\hat{f}(x)$ 的一组独立同分布随机变量。当假设 H_0 为真时，$\chi^2 \leqslant \chi_{1-a}^2(k - m - 1)$，反之，当 $\chi^2 > \chi_{1-a}^2(k - m - 1)$ 时，拒绝 H_0。其中，$\chi_{1-a}^2(k - m - 1)$ 表示自由度为 $k - m - 1$ 的 χ^2 分布接近分位数 $(1 - a)$ 上的数值，在实际应用中取 $a = 0.05$。

3. K-S 检验法

K-S 检验法是目前数据处理中最常用的一种方法，其基本思想是：比较观测样本的 CDF 与理论 CDF 的最大差距，然后与临界值进行比较，如果小于该临界值，则认为原假设是正确的。K-S 检验法的具体步骤如下。

(1)首先利用样本 $X_1, X_2, \cdots, X_n$ 计算经验 CDF：

$$F_n(x) = \frac{1}{n}\left|\left\{X_k : X_k \leqslant x\right\}\right| \tag{2-42}$$

其中，$|\cdot|$ 表示集合的势。

(2)设 $F(x)$ 是理论 CDF，在观测样本所有的取值范围内，找出两者差值最大的值 $\Delta F_{\max}$，令

$$\Delta F_{\max} = \max\left|F_n(x) - F(x)\right| \tag{2-43}$$

(3)设检验水平为 a，通过查表可以计算出用于衡量检验是否准确的临界值 $\Delta F_{n,1-a}$，然后根据下面的假设得到检验的正确结果。

$$\begin{cases} H_0 : F_n(x) = F(x), & \Delta F_{\max} \leqslant \Delta F_{n,1-a} \\ H_1 : F_n(x) \neq F(x), & \Delta F_{\max} > \Delta F_{n,1-a} \end{cases} \tag{2-44}$$

2.2　海杂波幅度统计特性分析

当雷达对时变海面进行照射探测时，在特定时刻雷达天线波束将照亮一片海域，这片海域可以用距离-方位的二维图表示，考虑到海面随时间的运动，在研究其雷达散射回波时，需要考虑距离-方位-时间所构成的三维空间，下面将针对三维空间海杂波幅度的分布特性和相关特性进行分析。

2.2.1　海杂波幅度分布特性

表 2.1 给出了不同入射角和不同风速下各种统计分布模型的参数估计值，其中，二维海面的模拟参数为 $M = N = 128$，离散间隔选取为 $\Delta x = \Delta y = 18\lambda_{\mathrm{b}}$，$\lambda_{\mathrm{b}}$ 为 Bragg 谐振波波长，风向为 0°，时间采样点数 $N_{\mathrm{t}} = 128$，时间间隔 $\Delta t = 10\mathrm{ms}$，入射频率为 5GHz；表 2.2 给出了相应各种统计分布模型的 K-S 检验值，从 K-S 检验值可以看出，HH(水平-水平)极化和 VV(垂直-垂直)极化的海杂波符合 log-normal 分布；HV(水平-垂直)极化的海杂波符合 Weibull 分布。

表 2.1　不同入射角和不同风速下各种统计分布模型的参数估计值

$\theta_1 = 40°, u = 5\text{m/s}$

模型	参数	参数估计值		
		VV	HH	HV 和 VH
log-normal	μ	–2.010	–2.697	–1.886
	σ^2	0.048	0.202	1.203
Weibull	p	5.835	2.850	1.169
	q	0.148	0.083	0.248
Rayleigh	σ^2	0.024	0.007	0.065

$\theta_1 = 50°, u = 5\text{m/s}$

模型	参数	参数估计值		
		VV	HH	HV 和 VH
log-normal	μ	–1.130	–2.056	–2.018
	σ^2	0.030	0.230	1.211
Weibull	p	7.464	2.673	1.165
	q	0.349	0.159	0.218
Rayleigh	σ^2	0.137	0.026	0.050

$\theta_1 = 50°, u = 7\text{m/s}$

模型	参数	参数估计值		
		VV	HH	HV 和 VH
log-normal	μ	–1.104	–2.056	–1.940
	σ^2	0.037	0.297	1.203
Weibull	p	6.669	2.352	1.169
	q	0.361	0.163	0.235
Rayleigh	σ^2	0.145	0.028	0.058

$\theta_1 = 50°, u = 10\text{m/s}$

模型	参数	参数估计值		
		VV	HH	HV 和 VH
log-normal	μ	–1.113	–2.054	–1.866
	σ^2	0.049	0.384	1.233
Weibull	p	5.804	2.068	1.155
	q	0.363	0.169	0.255
Rayleigh	σ^2	0.145	0.030	0.069

续表

$\theta_i = 60°, u = 5\text{m/s}$				
模型	参数	参数估计值		
		VV	HH	HV 和 VH
log-normal	μ	−0.750	−1.926	−2.119
	σ^2	0.033	0.351	1.236
Weibull	p	7.015	2.164	1.154
	q	0.513	0.190	0.198
Rayleigh	σ^2	0.293	0.037	0.042

表 2.2　各种统计分布模型的 K-S 检验值

$\theta_i = 40°, u = 5\text{m/s}$			
模型	K-S 检验值		
	VV	HH	HV 和 VH
log-normal	0.110	0.076	0.085
Weibull	0.178	0.142	0.032
Rayleigh	0.246	0.107	0.139
$\theta_i = 50°, u = 5\text{m/s}$			
模型	K-S 检验值		
	VV	HH	HV 和 VH
log-normal	0.052	0.029	0.083
Weibull	0.121	0.090	0.031
Rayleigh	0.296	0.068	0.143
$\theta_i = 50°, u = 7\text{m/s}$			
模型	K-S 检验值		
	VV	HH	HV 和 VH
log-normal	0.046	0.027	0.084
Weibull	0.114	0.081	0.031
Rayleigh	0.276	0.066	0.143
$\theta_i = 50°, u = 10\text{m/s}$			
模型	K-S 检验值		
	VV	HH	HV 和 VH
log-normal	0.046	0.026	0.085
Weibull	0.112	0.075	0.033
Rayleigh	0.251	0.082	0.145

续表

$\theta_i = 60°, u = 5m/s$			
模型	K-S 检验值		
	VV	HH	HV 和 VH
log-normal	0.038	0.025	0.081
Weibull	0.060	0.057	0.029
Rayleigh	0.280	0.050	0.149

图 2.5 给出了不同极化条件下海杂波幅度 PDF 和其他统计分布模型的情况。其中入射角 $\theta_i = 60°$，风速为 5m/s，其他参数同上。

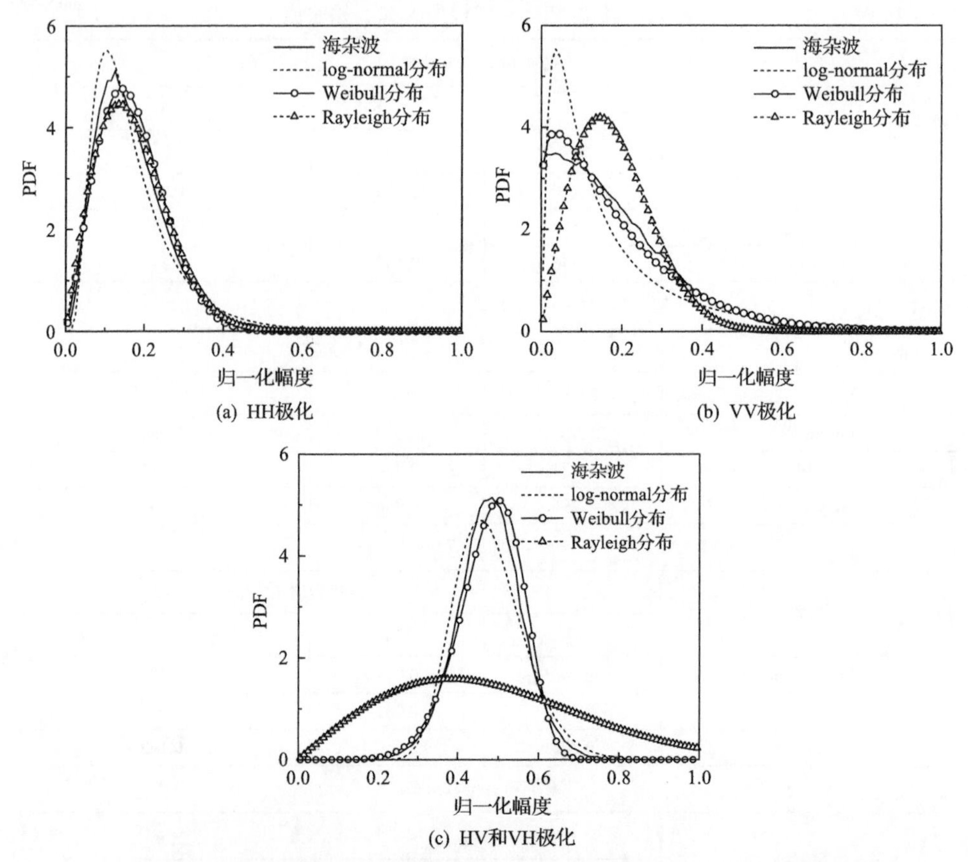

图 2.5 不同极化条件下海杂波幅度 PDF 和其他统计分布模型的情况

图 2.6 给出了入射角 $\theta_i = 50°$ 不同风速条件下海杂波幅度 PDF 的分布情况。表 2.3 给出了不同风速时海杂波幅度 PDF 参数估计值。从表 2.3 中可以看出，在同一入射角、不同风速下，log-normal 分布的参数 μ 值基本相近，参数 σ^2 值则随

着风速的增大而变大。

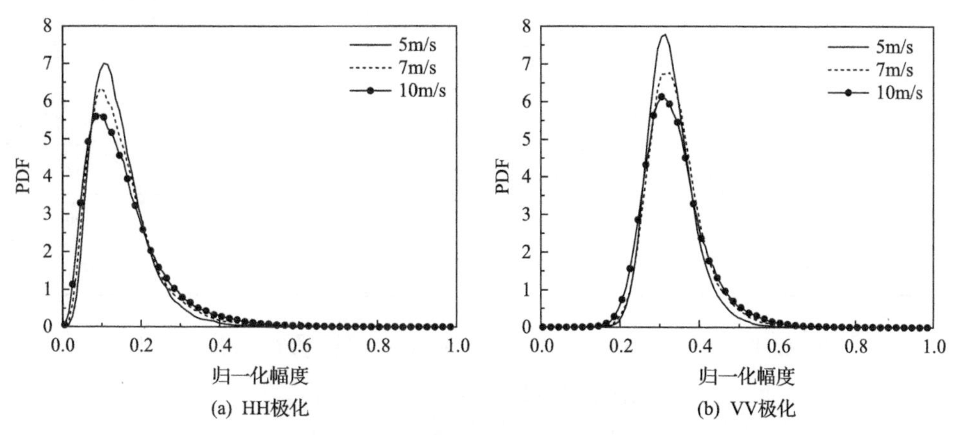

图 2.6　不同风速条件下海杂波幅度 PDF 的分布情况（入射角 $\theta_i = 50°$）

表 2.3　不同风速时海杂波幅度 PDF 参数估计值

风速	log-normal 分布参数估计值			
	HH 极化		VV 极化	
	μ	σ^2	μ	σ^2
$u = 5$m/s	−2.056	0.230	−1.130	0.030
$u = 7$m/s	−2.056	0.297	−1.104	0.037
$u = 10$m/s	−2.054	0.384	−1.113	0.049

图 2.7 给出了风速为 $u = 5$m/s 不同入射角条件下海杂波幅度 PDF 的分布情况。表 2.4 给出了不同入射角时海杂波幅度 PDF 参数估计值。从表 2.4 中可以看

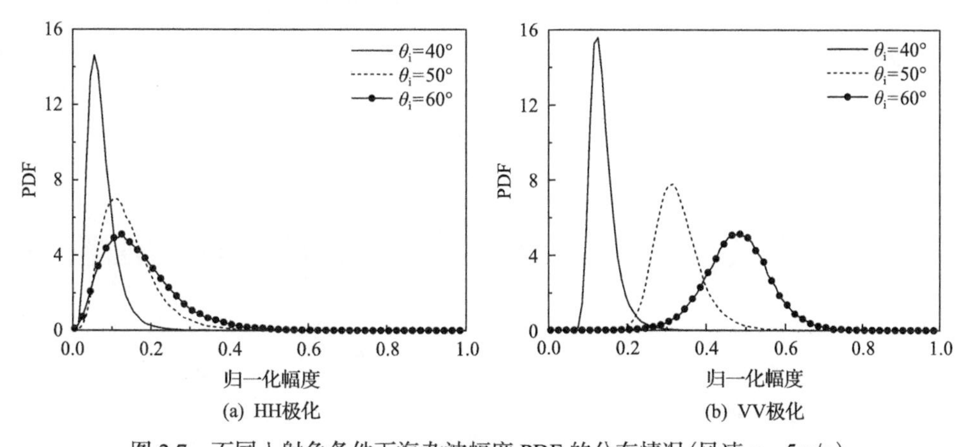

图 2.7　不同入射角条件下海杂波幅度 PDF 的分布情况（风速 $u = 5$m/s）

表 2.4　不同入射角时海杂波幅度 PDF 参数估计值

入射角	log-normal 分布参数估计值			
	HH 极化		VV 极化	
	μ	σ^2	μ	σ^2
$\theta_i = 40°$	–2.697	0.202	–2.010	0.048
$\theta_i = 50°$	–2.056	0.230	–1.130	0.030
$\theta_i = 60°$	–1.926	0.351	–0.750	0.033

出，在 HH 极化时，log-normal 分布的参数 μ 和 σ^2 值都随着入射角的增大而变大。在 VV 极化时，log-normal 分布的参数 μ 值随着入射角的增大而变大，参数 σ^2 值的变化没有一定的规律。

2.2.2　海杂波时空相关性

1. 时间相关性

海杂波的时间相关性也称为脉间相关性，即来自同一杂波距离单元的不同回波间的相关性。海杂波的时间相关性可以表示为

$$C_t(m) = \frac{1}{M-m}\sum_{k=1}^{M-m} x_{k+m}x_k \tag{2-45}$$

其中，x_k 为消去均值后的海杂波时间序列。

图 2.8 给出了入射角 $\theta_i = 50°$ 时不同极化条件及不同风速下海杂波的时间自相关函数，其中入射频率为 5GHz，二维海面模拟参数为 $M = N = 128$，离散间隔 $\Delta x = \Delta y = 18\lambda_b$，$\varphi_w = 0°$，时间采样点数 $N_t = 512$，时间间隔 $\Delta t = 0.01s$。从图 2.8

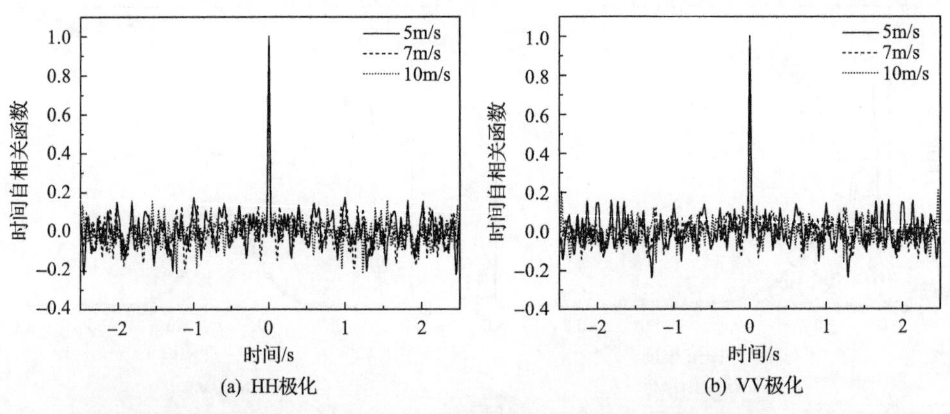

图 2.8　不同极化条件及不同风速下海杂波的时间自相关函数（入射角 $\theta_i = 50°$）

中可以看出，海杂波时间自相关函数起始有快速衰减，然后跟随缓慢的周期性衰减。此外，还可以看出，在相同入射频率下，随着风速的增加，海杂波时间自相关函数衰减得更快，且周期更短。

2. 空间相关性

海杂波的空间相关性是指在距离上分离的两片海区的回波信号之间的相关性。一般认为，海杂波的空间相关性主要与海浪自身的空间结构有关，即海杂波的空间相关性是由海杂波的调制过程与海表面轮廓之间的关联性产生的。

1）经验模型

海杂波的空间相关性可以用其空间相关长度来表示，它与风生的海浪密切相关。Watts[16]给出的海面空间相关长度的表达式为

$$\rho = \frac{\pi}{2} \cdot \frac{U^2}{g} \left(3\cos^2\phi + 1\right)^{1/2} \tag{2-46}$$

其中，U 为风速；g 为重力加速度；ϕ 为雷达视线方向(radar line of sight, RLOS)与风向之间的夹角。

2）空间自相关函数计算

设雷达回波信号的空间采样序列为 $x_{i,j}(i=1,2,\cdots,M;j=1,2,\cdots,N)$，$x_{i,j}$ 表示第 (i,j) 个空间单元的回波信号，M、N 分别表示距离单元、方位单元的采样个数，则空间自相关函数可以表示为

$$C_{xy}(m,n) = \frac{1}{(N-n)(M-m)} \sum_{l=1}^{N-n} \sum_{k=1}^{M-m} x_{k+m,l+n} x_{k,l} \tag{2-47}$$

图 2.9 给出了 HH 极化时不同风速下海杂波空间自相关函数的变化情况，图 2.10 给出了 HH 极化时不同风速下海杂波空间自相关函数一维切片对比。其中，入射角

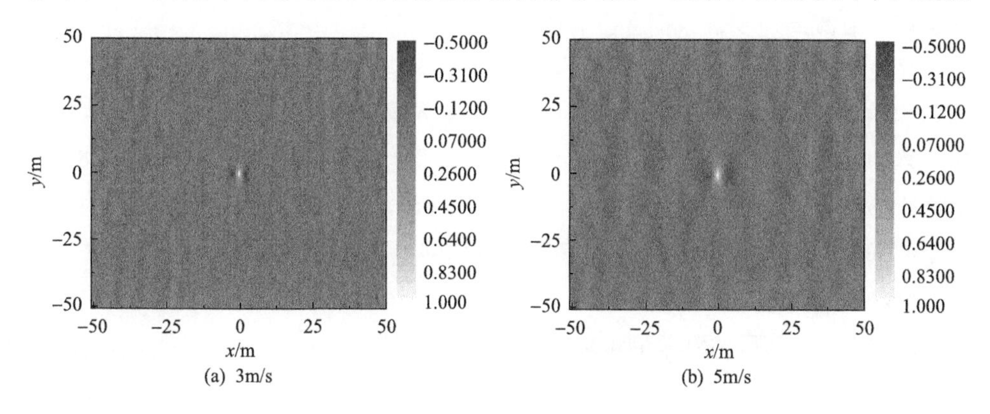

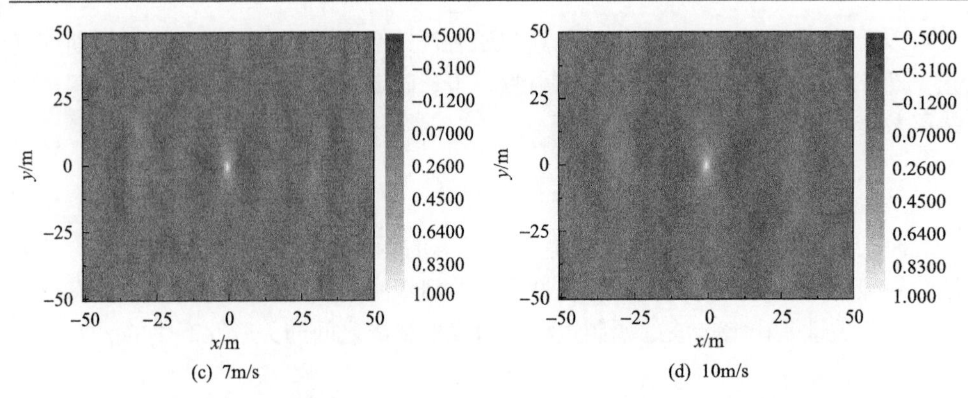

(c) 7m/s　(d) 10m/s

图 2.9　HH 极化时不同风速下海杂波空间自相关函数的变化情况(灰度标尺表示空间自相关函数)

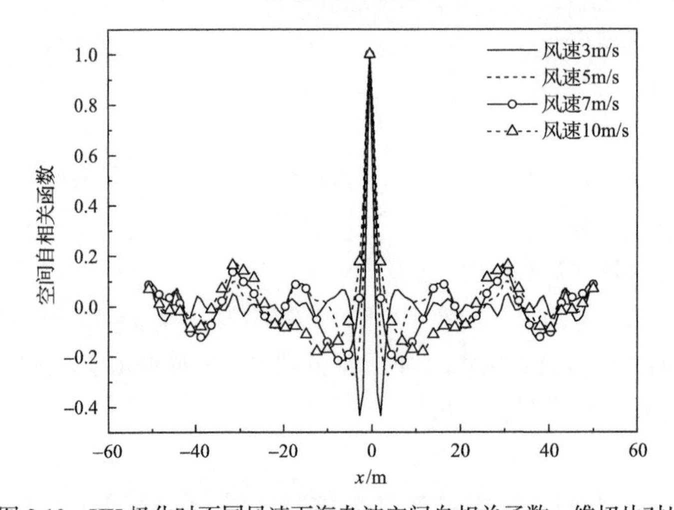

图 2.10　HH 极化时不同风速下海杂波空间自相关函数一维切片对比

$\theta_{\mathrm{i}}=40°$，入射频率为 5GHz，二维海面模拟参数为$M=N=128$，离散间隔为$\Delta x=\Delta y=0.8\mathrm{m}$，风向为$\varphi_{\mathrm{w}}=0°$。从图中可以看出，随着风速的增大，海杂波自相关函数衰减周期变长，幅度也有所增大。

图 2.11 给出了 HH 极化时不同风向下海杂波空间自相关函数的变化情况，图2.12给出了 HH 极化时不同风向下海杂波空间自相关函数一维切片对比。其中，入射角$\theta_{\mathrm{i}}=40°$，入射频率为 5GHz，二维海面模拟参数为$M=N=128$，离散间隔为$\Delta x=\Delta y=0.8\mathrm{m}$，风速$u=5\mathrm{m/s}$。从图中可以看出，与二维海面的几何高度、海面 RCS 的空间分布一样，海杂波的空间自相关函数也具有方向性。

3) 时空相关性

设雷达回波信号的采样序列为$x_{i,j,k}\left(i=1,2,\cdots,M;j=1,2,\cdots,N;k=1,2,\cdots,N_{\mathrm{t}}\right)$，

$x_{i,j,k}$ 表示第 (i,j) 个空间单元、第 k 个时间点处的回波信号，N_t 表示时间采样个数。时空自相关函数可以表示为

$$C_{xyt}(m,n,l)=\frac{1}{(N_t-l)(N-n)(M-m)}\sum_{k=1}^{N_t-l}\sum_{j=1}^{N-n}\sum_{i=1}^{M-m}x_{i+m,j+n,k+l}x_{i,j,k} \tag{2-48}$$

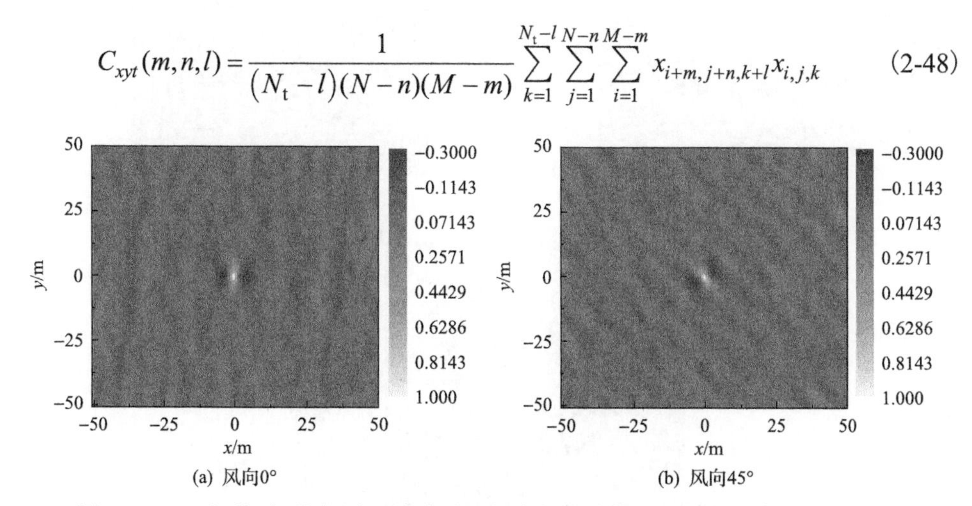

(a) 风向0°　(b) 风向45°

图 2.11　HH 极化时不同风向下海杂波空间自相关函数的变化情况(灰度标尺表示空间自相关函数)

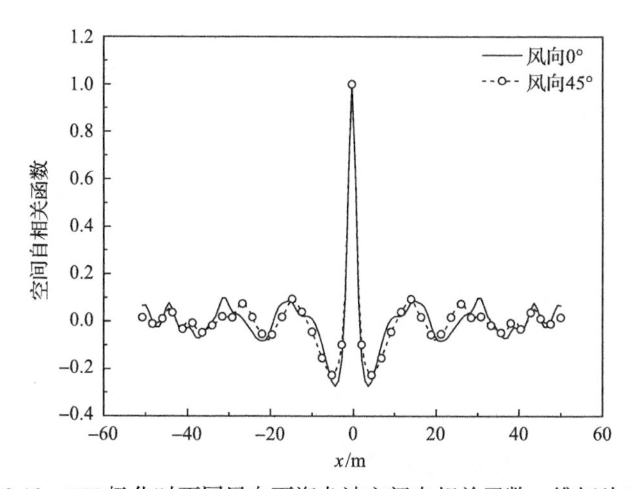

图 2.12　HH 极化时不同风向下海杂波空间自相关函数一维切片对比

图 2.13～图 2.15 分别给出了 HH 极化下风速分别为 5m/s、7m/s 和 10m/s 时海杂波幅度及其时空相关性。其中，入射角 $\theta_i=40°$，频率为 5GHz，二维海面模拟参数为 $M=N=128$，离散间隔 $\Delta x=\Delta y=0.8\text{m}$，$\varphi_w=0°$，时间采样点数 $N_t=128$，时间间隔 $\Delta t=0.1\text{s}$。从图中可以看出，x-t 平面、x-y 平面和 y-t 平面的海杂波幅度和时空相关性具有不同纹理，同时可以看出，随着风速的增大，海杂波幅度增大，衰减周期变长。

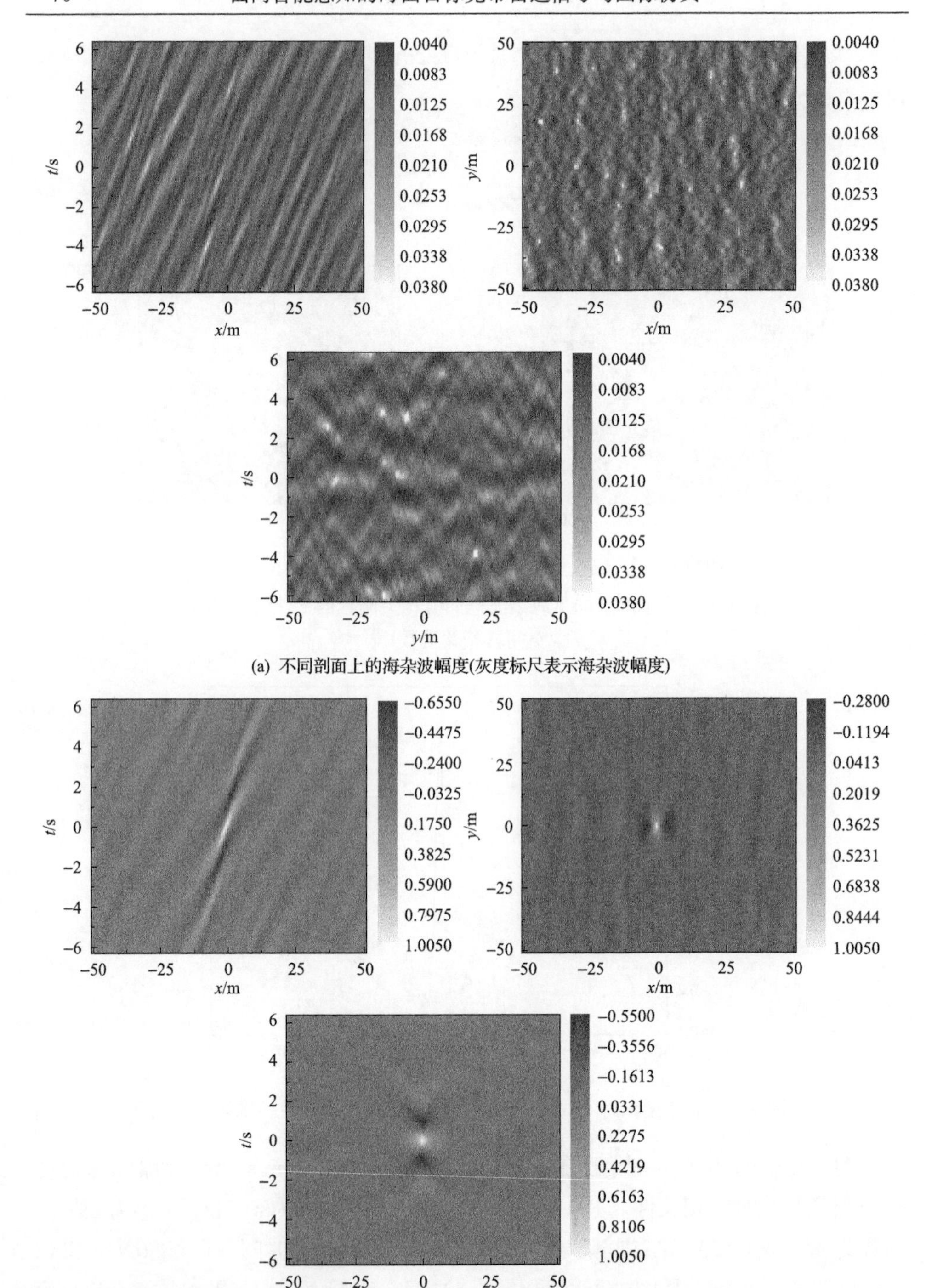

(a) 不同剖面上的海杂波幅度(灰度标尺表示海杂波幅度)

(b) 不同剖面上的时空相关性(灰度标尺表示自相关函数)

图 2.13　HH 极化下风速为 5m/s 时海杂波幅度及其时空相关性

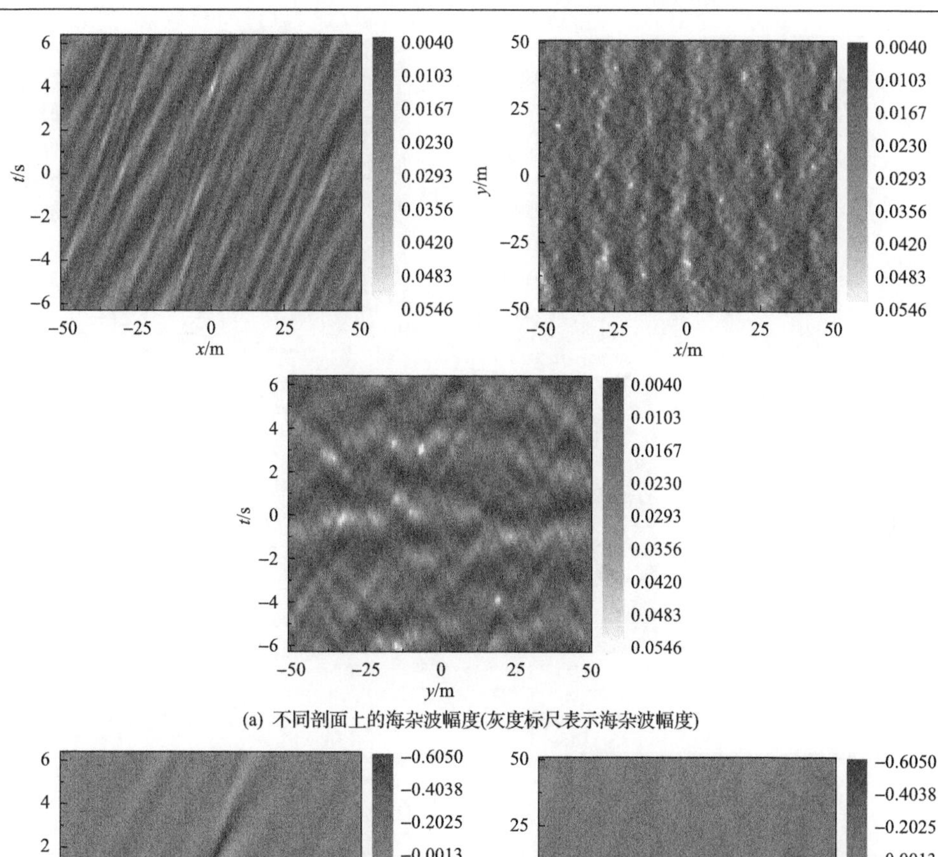

(a) 不同剖面上的海杂波幅度(灰度标尺表示海杂波幅度)

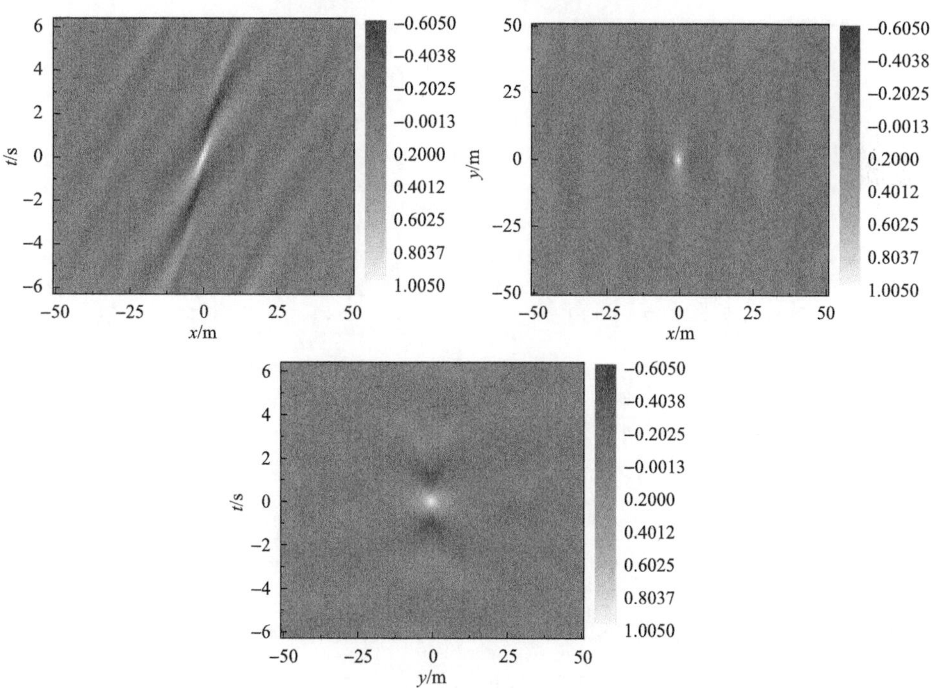

(b) 不同剖面上的时空相关性(灰度标尺表示自相关函数)

图 2.14　HH 极化下风速为 7m/s 时海杂波幅度及其时空相关性

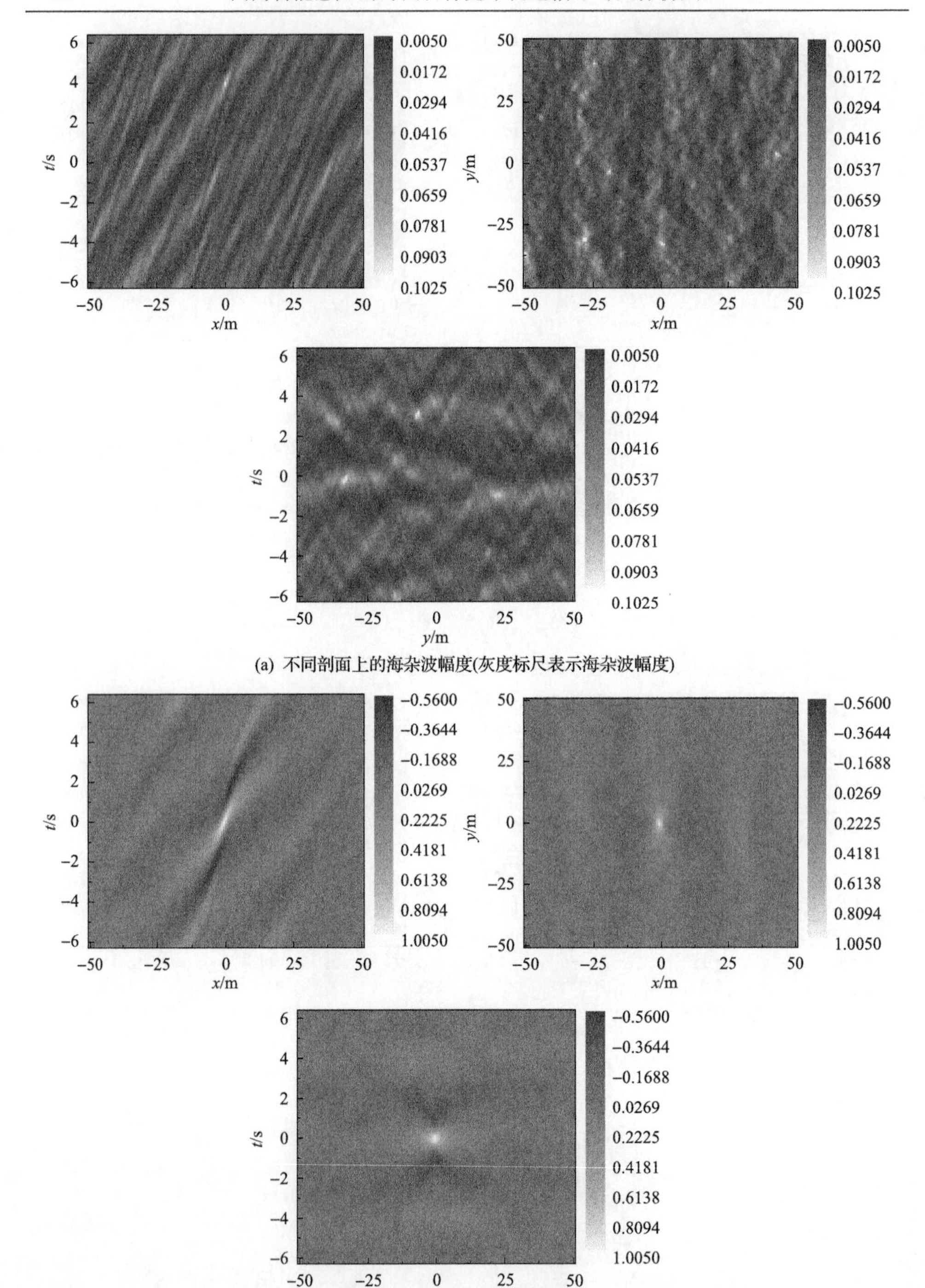

(a) 不同剖面上的海杂波幅度(灰度标尺表示海杂波幅度)

(b) 不同剖面上的时空相关性(灰度标尺表示自相关函数)

图 2.15　HH 极化下风速为 10m/s 时海杂波幅度及其时空相关性

2.3　三维时空相关海杂波统计建模方法

二维随机场的谱密度函数 $W_{2d}(\cdot)$ 和自相关函数 $C_{2d}(\cdot)$ 组成一对 Wiener-Khintchine 关系式[17]，即

$$W_{2d}\left(k_x,k_y\right)=\frac{1}{(2\pi)^2}\int_{-\infty}^{\infty}\int_{-\infty}^{\infty}C_{2d}\left(\xi_x,\xi_y\right)e^{j\left(k_x\xi_x+k_y\xi_y\right)}d\xi_x d\xi_y \tag{2-49}$$

$$C_{2d}\left(\xi_x,\xi_y\right)=\int_{-\infty}^{\infty}\int_{-\infty}^{\infty}W_{2d}\left(k_x,k_y\right)e^{-j\left(k_x\xi_x+k_y\xi_y\right)}dk_x dk_y \tag{2-50}$$

其中，k_x、k_y 为波数；ξ_x、ξ_y 为空间离散距离。

同理，三维随机场的谱密度函数 $W_{3d}(\cdot)$ 和自相关函数 $C_{3d}(\cdot)$ 也可类似表示，则可以利用三维随机场的谱密度函数对高斯白噪声进行滤波，进而利用傅里叶变换获得满足特定时空相关性的三维随机场 $g(x,y,z)$。然后通过非线性变换将高斯分布随机场变换到特定分布的随机场，这种非线性变换可以表示为

$$f(x,y)=F^{-1}\left(F_G(g(x,y))\right) \tag{2-51}$$

其中，$F^{-1}(\cdot)$ 为这种特定分布的 CDF 的反函数；$F_G(\cdot)$ 为高斯场的分布函数，其表达式为 $F_G(x)=\frac{1}{2}\left(1+\operatorname{erf}\left(\frac{x}{\sqrt{2}}\right)\right)$。

图 2.16 给出了 HH 极化下基于电磁模型和统计模型计算得到的二维海杂波幅度及其自相关函数，图 2.17 给出了 HH 极化下基于电磁模型和统计模型计算得到的海杂波一维自相关函数和 PDF 对比，入射角 $\theta_i=40°$，入射频率为 5GHz，二维海面的模拟参数为 $M=N=128$，离散间隔为 $\Delta x=\Delta y=0.8\text{m}$，风速为 $u=5\text{m/s}$，风向为 $\varphi_w=0°$。从图中可以看出，由电磁模型和统计模型得到的海杂波的幅度具

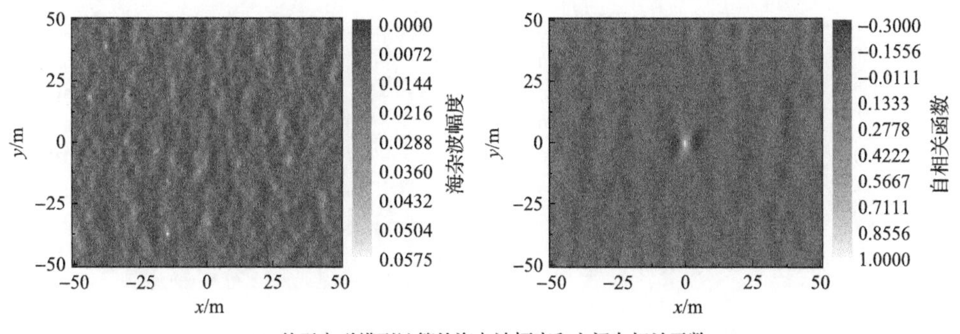

(a) 基于电磁模型计算的海杂波幅度和空间自相关函数

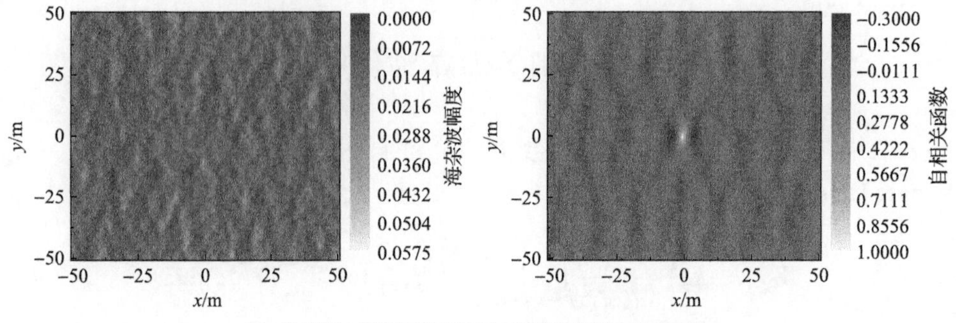

(b) 基于统计模型计算的海杂波幅度和空间自相关函数

图 2.16 HH 极化下基于电磁模型和统计模型计算得到的二维海杂波幅度及其自相关函数

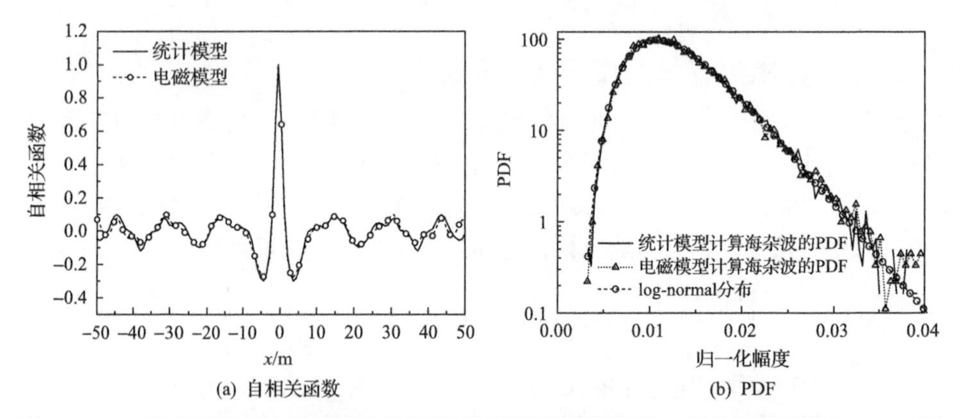

(a) 自相关函数 (b) PDF

图 2.17 HH 极化下基于电磁模型和统计模型计算得到的海杂波一维自相关函数和 PDF 对比

有一致的纹理、相关性和 PDF。

图 2.18 给出了基于统计模型的三维海杂波幅度及其自相关函数，雷达参数和海况参数与图 2.16 一致。图 2.19 给出了基于电磁模型和统计模型的三维海杂波在 x、y 和 t 方向上自相关函数的对比，图 2.20 给出了基于电磁模型和统计模型的三维海杂波 PDF 的对比。数值结果进一步表明统计模型在获取三维时空相关海杂波时的可靠性。

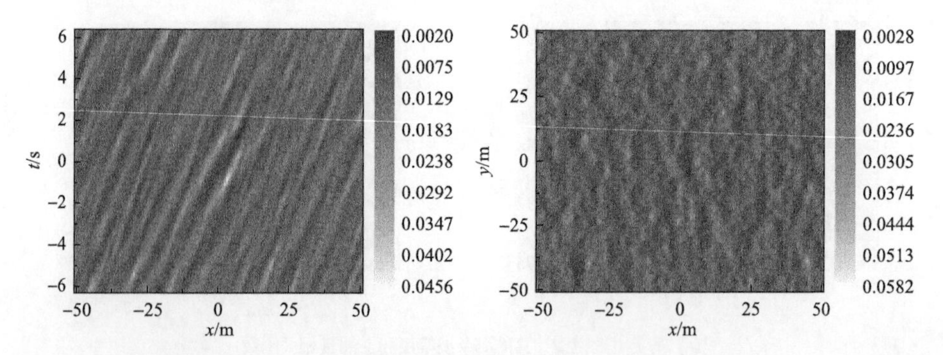

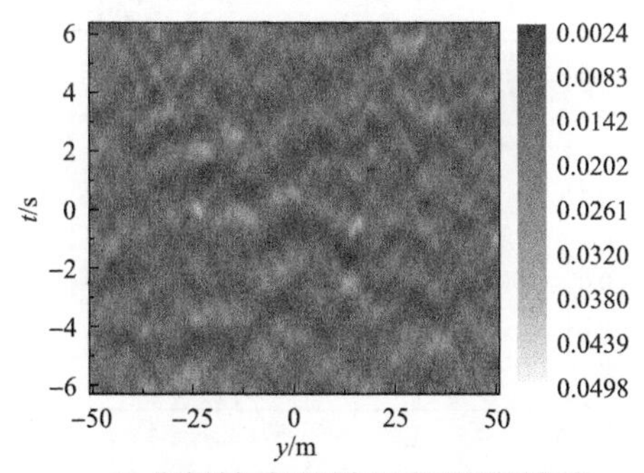

(a) 海杂波幅度(灰度标尺表示海杂波幅度)

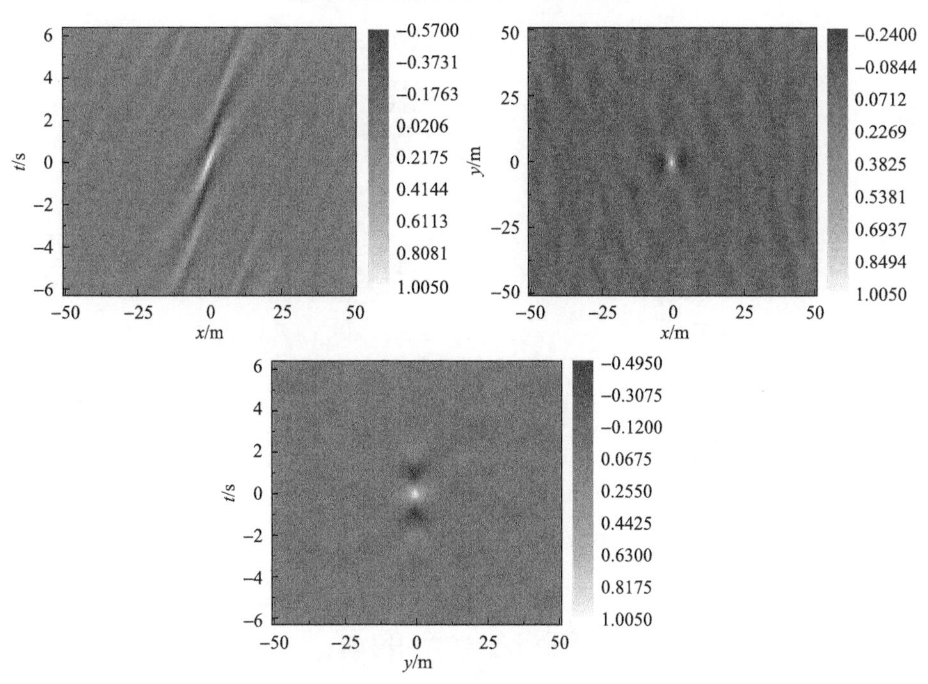

(b) 自相关函数(灰度标尺表示自相关函数)

图 2.18　基于统计模型的三维海杂波幅度及其自相关函数

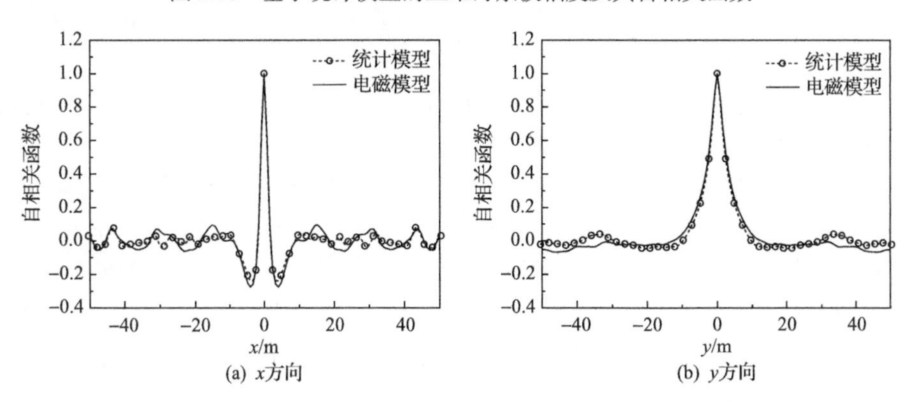

(a) x方向　　(b) y方向

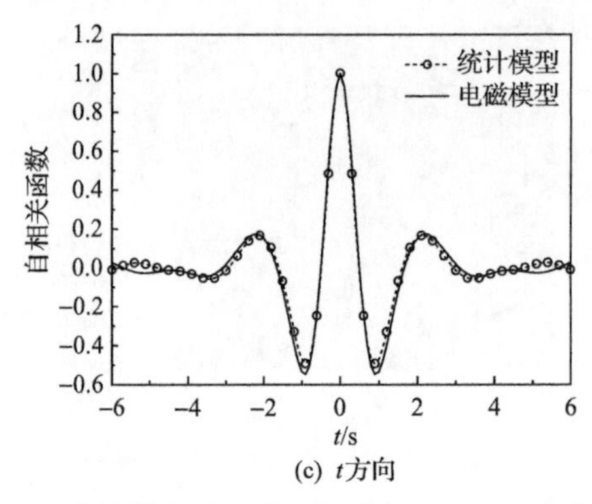

(c) t方向

图 2.19　基于电磁模型和统计模型的三维海杂波在 x、y 和 t 方向上自相关函数的对比

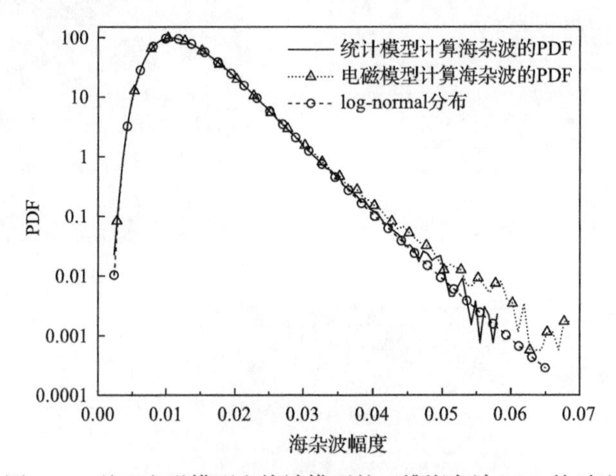

图 2.20　基于电磁模型和统计模型的三维海杂波 PDF 的对比

2.4　基于 FPGA 平台的海杂波仿真

2.3 节给出了时空相关海杂波统计建模方法，在得到海杂波三维谱密度函数之后，便可获得三维时空相关海杂波。在实际应用中，随着海面尺寸增大，希望能够根据小尺寸的电磁模型海杂波数据快速扩展得到大尺寸的海杂波仿真数据。其中，涉及一个重要问题，即海杂波矩阵尺寸扩充，本节将首先分析如何使用插值方法对小尺寸功率谱矩阵进行数据扩充。

另外，在三维时空海杂波仿真中，由于数据量增加且包含大量复杂运算和矩阵运算，计算效率会下降，所以本节还研究使用 FPGA 平台对算法进行加速的方案。FPGA 平台具有支持并行计算和函数深度流水线的优势，功耗低且平台易于移动。尽管目前FPGA备受关注，但是很多高计算复杂度的算法并没有被广泛部署到FPGA平台上进行加速计算。导致这种情况发生的主要原因是传统的 FPGA 开发方法是基于寄存器传输级(register-transfer level, RTL)的硬件描述的，相比于中央处理器(central processing unit, CPU)和图形处理器(graphics processing unit, GPU)的使用要困难得多[18]。此外，由于 RTL 采用自上而下的设计流程，一个完整的设计周期内通常包括对每个模块的设计验证和对整个设计的验证设计收敛。对于这种设计方式，平台连接不稳定，后期需要耗费大量时间去调试接口时序。针对 FPGA 实现的成本和工作量问题,FPGA 厂商分别推出各自的高级综合(high-level-synthesis, HLS)工具，例如，Intel 公司推出的 Quartus Prime 软件中集成有 Intel HLS 编译器，Xilinx 公司推出的 Vivado HLS 软件都支持用户通过高级编程语言编写代码,然后软件生成 RTL 代码[19]。HLS 工具生成的是功能模块，需要用户自行连接电路来搭建可在 FPGA 平台上运行的系统，例如，对于 Xilinx Zynq 系列，一个完整可运行的项目需要使用 Vivado HLS 软件来设计 FPGA 平台的计算模块，使用 Vivado 搭建包含计算模块的完整电路，使用 Vivado 软件开发工具包(software development kit, SDK)编写软件端的控制部分，以及通过外设与外部交互。较新的工具(如 Xilinx SDSoC(software develop system-on-chip))通过把上述三个工具整合统一完成软硬件接口连接、比特流生成等工作，快速生成可在片上运行的系统，进一步增强了设计的自动化程度[20]。

本节采用 Xilinx SDSoC 在 Zynq 平台上实现三维海面散射的相关模拟。软件工具能够根据对各个函数的标记区分软件和硬件，标记为“硬件”的函数会被编译器调用 Vivado HLS 生成 RTL 代码，其余的“软件”部分最终会运行在 ARM(advanced RISC(reduced instruction set computing) machines)处理器中。此外，Xilinx SDSoC 还会根据硬件部分的接口声明自动生成直接内存访问控制器来完成各区域间的数据传输。在得到一组海面散射数据的情况下，在个人计算机(personal computer, PC)端得到海面电磁散射的扩展功率谱。在 FPGA 端计算随机相位以及使用三维 IFFT(three-dimensional IFFT, 3D IFFT)加速计算得到模拟海杂波结果，并通过多种优化方法提高吞吐量，减少计算耗时。

2.4.1 功率谱插值扩展方法

使用小尺寸海杂波数据扩展仿真大尺寸海杂波数据的关键点在于生成扩展功率谱数据。获得扩展功率谱的途径有：自相关函数零填充方法、自相关函数加窗零填充方法和功率谱插值扩展方法。自相关函数零填充方法由于简单的零填充操作引入了截断误差，在使用 FFT 计算功率谱时出现了频谱泄漏，精度较差。自相关函数加窗零填充方法则是在自相关函数进行零填充操作前加入窗函数得到修正自相关函数，再进行功率谱扩展计算。该方法可以减少原始数据到扩展数据的突变，进而减小由频谱泄漏导致的扩展功率谱的误差，然而并不能完全消除误差。功率谱插值扩展方法则是从数据处理的角度出发，可以使用高维插值方法从原始功率谱矩阵直接得到扩展功率谱，减小了时域零填充在变换到频域时引起的频率泄漏误差[21]。图 2.21 给出功率谱插值扩展方法获取扩展功率谱数据的流程图。

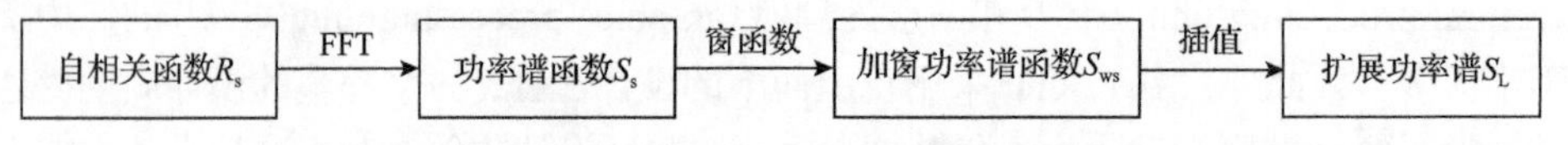

图 2.21　功率谱插值扩展方法获取扩展功率谱数据的流程图

图 2.22 给出功率谱插值扩展方法得到的自相关函数与原函数对比。海杂波对应的海面区域尺寸为 128m×128m，大尺度网格尺寸为 1m×1m，小尺寸波纹由 E 谱确定，总时间为 12.8s，时间采样间隔为 0.1s。雷达工作频率为 5GHz，入射角 $\theta_i = 40°$，方位角 $\varphi_i = 0°$，HH 极化。海面上方风速 $u_{10} = 5\text{m/s}$，沿 x 轴正方向。图 2.23 给出功率谱插值扩展方法仿真的海杂波与电磁模型计算数据对比。从图 2.22 的一维自相关函数对比可以看出，功率谱插值扩展方法能够非常好地保证杂波数据相关函数与电磁模型的一致性。

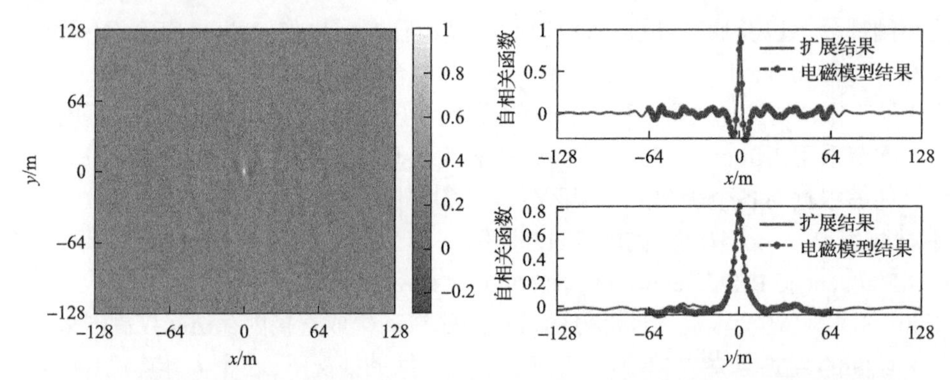

图 2.22　功率谱插值扩展方法得到的自相关函数与原函数对比(灰色标尺为自相关函数)

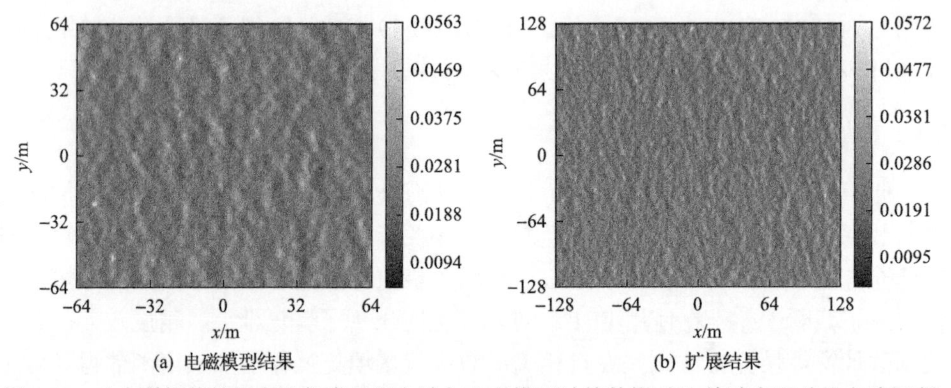

图 2.23　功率谱插值扩展方法仿真的海杂波与电磁模型计算数据对比(灰色标尺为海杂波幅度)

2.4.2　HLS 优化方法

随着研究的深入，不同领域的各类算法对计算资源的需求越来越大。FPGA

可以根据需求灵活调整各类计算资源的使用，此外，FPGA 能够提供高储存带宽，以保证数据交换的吞吐量，因此在越来越多的领域受到关注。传统的 FPGA 设计方法采用 Verilog 等硬件描述语言进行设计，通过软件综合为 RTL。这种方法已经被广泛使用了几十年，但随着算法复杂度的提高，算法移植难度大幅增加，极大地限制了 FPGA 应用的发展。为了降低应用难度，FPGA 厂商在近些年开发并推广使用 HLS 工具，采用 C/C++对算法进行移植，并自动变换为硬件可执行文件。

虽然使用 C/C++编程降低了 FPGA 的使用门槛，但是与在 PC 中使用有很大区别，为了达到在 FPGA 中的优化目的，需要加入特定的优化命令来指示软件按照需要进行综合。

编写程序的内容需要与 FPGA 内的硬件资源一一对应，因此动态对象(包括动态储存器和递归)都不被支持。此外，C++的各种库中包含大量不可综合部分，因此无法在 HLS 中调用。以 C/C++编写的算法在底层本质上是遵循冯·诺依曼结构的，每一条程序按照先后顺序从数据存储器调用数据并在计算单元中进行计算，结束后把数据输出并保存在数据存储器。在这种结构下，每一条程序都需要等待上一条程序执行结束后才能运行，每条指令的执行周期包括数据读入、计算、数据写出。为了提高性能，需要判断程序中潜在的并行性，并使用优化命令人为控制程序的运行顺序。

图 2.24 给出了一个完整的程序在不同结构层次的组成。根据计算层次可以分为包括全部硬件计算的计算模块、负责计算的各个函数组成的函数单元和每个函

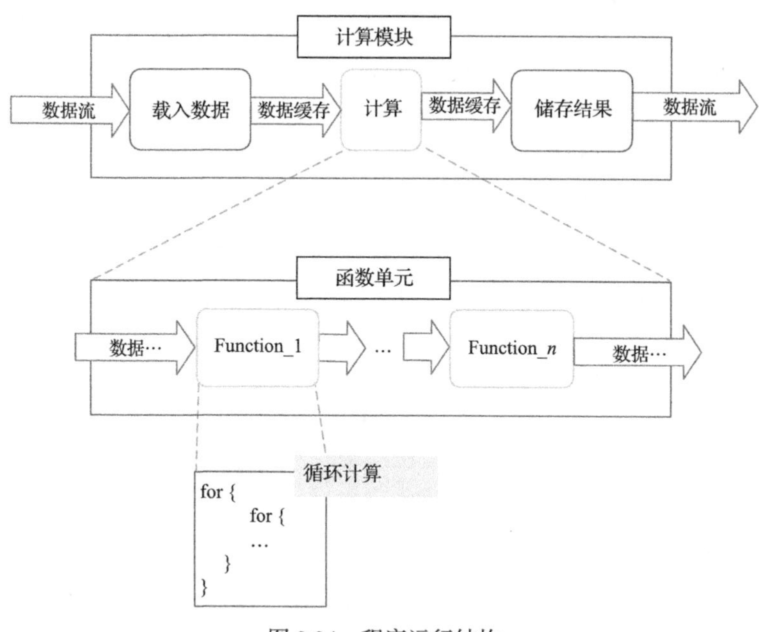

图 2.24　程序运行结构

数中用于计算不同数据的循环计算部分。针对不同层次的结构，可使用不同方法和指令提高效率[22]。

2.4.3 基础运算单元实现

1. 随机数生成

随机数生成是后续海杂波仿真计算的基础，而 FPGA 没有自带的随机数计算函数，需要通过计算得到。

根据产生方式不同，随机数生成器可以分为真随机数生成器和伪随机数生成器。真随机数生成器的原理是：根据观测的特定的物理现象，把观测信号放大并转为数字信号，观测的物理现象包括电路热噪声、大气背景噪声、辐射源噪声和晶振的时钟漂移等。真随机数生成器的特点是得到的随机数无周期性且在理论上完全不可预测，但是其存在的问题是，由于需要观测物理现象并放大信号，设备体积可能会很大，生成随机数的速率有限，且当观测点物理现象中断时，随机数生成也随之中断。伪随机数生成器根据不同的算法构建，不需要额外设备，且生成的速度和数目可控，存在的周期性的缺点可通过改进算法、增加周期长度来避免，因此计算通常采用伪随机数生成器。

根据生成随机序列的算法不同，从计算机出现至今已经有大量随机数生成器算法出现，其中，典型的有线性同余发生器[23]、Xorshift128+[24]和梅森旋转法[25]。

Xorshift128+属于移位寄存器类型的伪随机数生成器，主要通过二进制移位、异或结合非线性变换修正来实现。其基本原理是：重复取初始值自身或移位后的结果，通过多次异或运算得到下一个随机数，因此在二进制计算机结构中计算非常高效。通过选择合适的移位参数可以得到高质量的均匀分布随机数序列。

在得到均匀分布随机数后，可以计算得到独立的正态分布随机数，常用方法有博克斯-穆勒(Box-Muller)变换方法。该方法的基本原理是：从范围在$[0,1]$的均匀分布中取出两个样本，并将它们映射为两个标准正态分布随机数。假设U_1和U_2是$[0,1]$范围内的两个独立样本，两个标准正态分布的独立随机数可由式(2-52)得到，即

$$\begin{cases} Z_0 = \sqrt{-2\ln U_1}\cos\left(2\pi U_2\right) \\ Z_1 = \sqrt{-2\ln U_1}\sin\left(2\pi U_2\right) \end{cases} \tag{2-52}$$

2. 坐标旋转数字计算方法

在科学计算中，三角函数计算是必不可少的，各种编程语言自带的库函数中的三角函数通常使用泰勒级数展开法进行计算，而计算高次幂对资源消耗较大，

因此需要一种更加硬件友好的三角函数计算方法。

坐标旋转数字计算方法是一种简单而有效的三角函数计算方法，整个计算过程中只包括加减、移位等操作，减少了引入乘法带来的硬件开销。方法的基本原理如下[26]。

在二维直角坐标系中，列向量关于原点的逆时针旋转可以表示为

$$R(\gamma_i)=\begin{bmatrix}\cos\gamma_i & -\sin\gamma_i \\ \sin\gamma_i & \cos\gamma_i\end{bmatrix} \tag{2-53}$$

其中，三角函数计算可以根据三角恒等式改写为

$$\begin{aligned}\cos\gamma_i &= \frac{1}{\sqrt{1+\tan^2\gamma_i}} \\ \sin\gamma_i &= \frac{\tan\gamma_i}{\sqrt{1+\tan^2\gamma_i}}\end{aligned} \tag{2-54}$$

结合式(2-53)和式(2-54)，可以把旋转矩阵改写为

$$R(\gamma_i)=\frac{1}{\sqrt{1+\tan^2\gamma_i}}\begin{bmatrix}1 & -\tan\gamma_i \\ \tan\gamma_i & 1\end{bmatrix} \tag{2-55}$$

为了简化计算，把其中的角度计算用更简单的乘加法计算近似替代，即 $\tan\gamma_i=\pm 2^{-i}$。2 的整数次幂在二进制计算中可以表示为数据移位，这种位操作将加快计算速度，减少资源消耗。可以看出，这样的计算替代单纯是为了降低计算难度，没有数学依据，因此会带来计算误差。为保证计算中可以沿逆时针或者顺时针方向旋转，引入方向因子 σ_i，与角度 γ_i 的正负一致。根据迭代旋转递推公式 $v_{i+1}=R(\gamma_i)v_i$，表达式可以写为

$$v_{i+1}=K_i\begin{bmatrix}1 & -\sigma_i 2^{-i} \\ \sigma_i 2^{-i} & 1\end{bmatrix}\begin{bmatrix}x_i \\ y_i\end{bmatrix} \tag{2-56}$$

其中，(x_i,y_i) 为第 i 次迭代的方向向量；比例因子 $K_i=1/\sqrt{1+2^{-2i}}$。

根据上述推导，设迭代总次数为 N，由 $\tan\gamma_i=\pm 2^{-i}$ 可知，每次迭代都对应依次固定的角度旋转，通过控制每次旋转的方向和迭代的总次数 N，可以使用 N 个依次变小的角度值逐渐逼近目标角度。多次旋转后，为保证幅值准确，通过比例因子 $A=1/K$ 进行修正，有

$$K = \prod_{i=0}^{N-1} K_i = \prod_{i=0}^{N-1} \frac{1}{\sqrt{1+2^{-2i}}} \tag{2-57}$$

利用该方法计算三角函数，当$N=15$时，误差已经缩小到10^{-5}量级，可以保证计算精度。

3. 全流水线 FFT/IFFT

在进行海杂波仿真时，相关高斯分布随机场可以利用 3D IFFT 来加速计算，因此 FFT 是整个系统中最重要的组件。Cooley-Tukey 算法是目前最为常用的 FFT 算法，该算法可以把计算复杂度从$O\left(n^2\right)$降为$O(n\log_2 n)$，同时保证计算精度。一维 FFT (one-dimensional FFT, 1D FFT) 可表示为[27]

$$\begin{cases} X(k) = X_1(k) + W_N^k X_2(k) \\ X\left(k+\dfrac{N}{2}\right) = X_1(k) - W_N^k X_2(k) \end{cases}, \quad k = 0,1,2,\cdots,N/2-1 \tag{2-58}$$

其中，$W_N^k = \mathrm{e}^{-2\mathrm{j}\pi k/N}$；$X_1(k)$、$X_2(k)$可表示为

$$\begin{cases} X_1(k) = \sum\limits_{r=0}^{N/2-1} x(2r) W_N^{2rk} \\ X_2(k) = \sum\limits_{r=0}^{N/2-1} x(2r+1) W_N^{2rk} \end{cases} \tag{2-59}$$

在式(2-58)和式(2-59)中，FFT 由多级小规模离散傅里叶变换组成。Cooley-Tukey 算法需要 FFT 的长度为 2 的整数幂。对于 256 点的 IFFT，可以把完整的运算分成一个位反转运算和 8 级 FFT，每个计算单元的输入都是上一级的输出。根据这种特性，通过代码把 IFFT 改为任务流水线结构。图 2.25 给出了任务流水线结构工作示意图和根据此优化思路得到的硬件综合结果。整个计算流程分为对输入数据的位反转运算、8 级 FFT 和结果输出，每个模块之间相互独立。可以看出，任务流水线允许第二个任务在第一个任务只完成第一个单元的运算时就启动，而不用等待第一个 IFFT 计算完成后才计算第二个 IFFT。这种结构适用于一次计算中需要多次调用一个函数的情况。而在本节的系统中，需要对三个维度的数据各进行 256 次计算，在流水线跑满的情况下，系统中将稳定运行多个 IFFT，可以减少大量运行时间[28]。

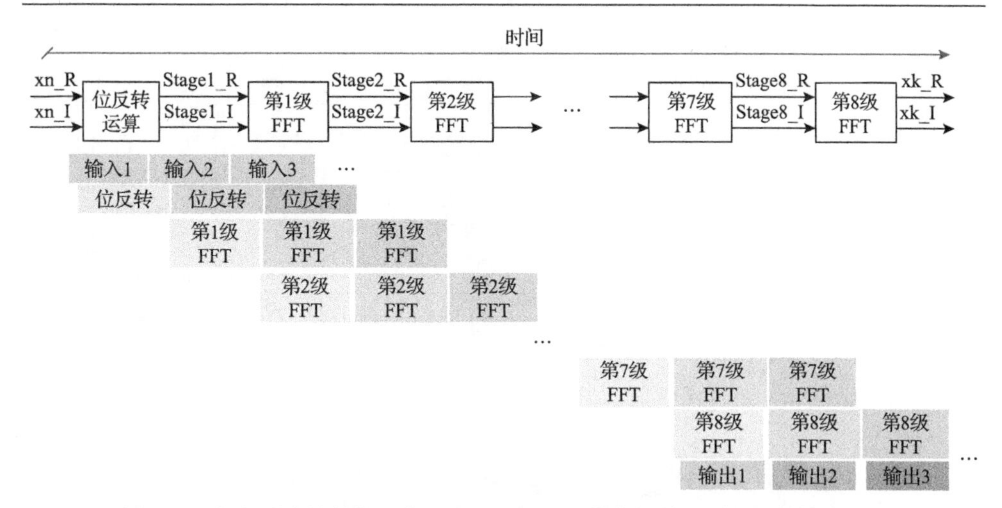

图 2.25　任务流水线结构工作示意图和根据此优化思路得到的硬件综合结果

2.4.4　总体硬件结构

前面已经对硬件整体设计思路及基础计算单元的算法和结构进行了介绍和分析，本节将结合三维无记忆非线性变换(three dimensional memoryless nonlinear transform, 3D-MNLT)[21]对 FPGA 海杂波模拟的整体结构进行介绍。

本节使用的是 AMD-Xilinx 的包含软硬件可编程功能片上系统(system on chip, SoC)。Zynq-700 中包含处理系统(processing system, PS)端的 ARM Cortex-A9 处理器和可编程逻辑(programmable logic, PL)端的 FPGA。本系统的基本数据流结构为从外部安全数字(secure digital, SD)卡获取数据到双倍速率同步动态随机存储器(double data rate synchronous dynamic random access memory, DDR SDRAM)，简称 DDR，随后从外部的 DDR 把所需数据缓存在片上缓冲区，最后输入计算单元完成计算。PS 端和 PL 端之间使用 AXI-4 总线连接，整个系统架构如图 2.26 所示，主要由三部分组成：外围硬件部分、软件部分和组合硬件部分。外围硬件部分包括用于存储功率谱数据和仿真结果的 SD 卡、用于输出计算过程状态的通用异步收发器(universal asynchronous receiver/transmitter, UART)以及用于缓存大量中间数据的片外存储器 DDR3。软件运行在 Zynq 的 PS 端，其任务包括控制 Zynq 与 PC 通信，进行 SD 卡的读写和 DDR 控制。在 PL 端，在每个计算步骤之后建立多个处理模块。下面主要介绍构成相关高斯随机过程的部分。

在利用 3D IFFT 来加速相干高斯随机数矩阵的计算时，需要分别在空间 x-y 和时间 t 三个维度进行计算。其设计目标是充分利用片上存储器，减少片外存储器访问的次数。根据 3D IFFT 计算相互独立的特点，在设计中采用分页缓存的方

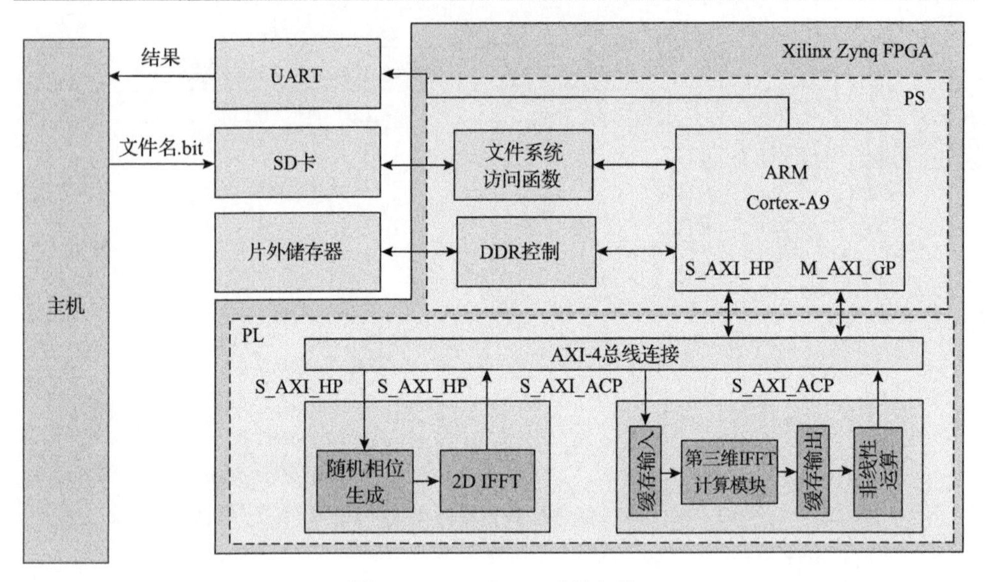

图 2.26　3D-MNLT 系统架构

法，将 X-Y 维度的二维数据矩阵依次读入片内缓存并计算。计算完 X-Y 维度的所有二维数据后，依次计算 T 维度的数据。在生成高斯过程后，简单地通过非线性变换实现从高斯过程到单高斯过程的变换。

根据分析，单精度浮点数的空间离散单元为 256×256、时间采样点为 256 帧的海杂波数据将占用 128MB 的储存空间，但是 Zynq 7045 的 PL 端只有 26.5MB 的块内存(block RAM, BRAM)资源。可见，在 FPGA 上移植大规模 3D-MNLT 时，功率谱数据和计算的中间数据必须缓存到片外的 DDR 中。FPGA 访问 DDR 要比访问片内的 BRAM 具有更高的延时，因此减少 DDR 的访问次数是提高整体性能的关键因素。

N 维的 IFFT 可以拆分为 N 个 1D IFFT 的组合，基于这一特性，可以按照任意顺序依次沿一个维度进行计算。最小访问 DDR 次数通过建立足够大的片上缓冲区和设计合理的计算顺序实现。通过这种设计，每个功率谱数据只需要一次读操作而不需要多次读写操作，以供进行不同计算。

图 2.27 给出了二维计算单元的 HLS 伪代码。其中，使用函数名代替具体的实现过程。每次计算分别从 DDR 读入一页的二维功率谱数据缓存到缓冲区，为保证后续计算也能连续输入数据，提高设计吞吐量，同样设置了转置缓冲区 tran_R 和 tran_I 来缓存第一维计算的结果。为提高缓冲区的吞吐率，为其绑定可同时通过两个端口读写的双端口 BRAM，配合循环内流水线等优化操作实现高效的任务循环计算。

算法: 二维计算单元

输入: $N \times N$ 矩阵。

输出: $N \times N$ 实部数据矩阵; $N \times N$ 虚部数据矩阵。

```
1. FunctionIFFT_2D(x_n, x_k_real, x_k_image)
2.    buf_2D_R[SIZE][SIZE], buf_2D_I[SIZE][SIZE];
3.    tran_R[SIZE][SIZE], tran_I[SIZE][SIZE];
4.    read_data(x_n, buf_2D_R, buf_2D_I );
5.    Random_phase(buf_2D_R, buf_2D_I );
6.    for row ← 0 to N−1do
7.      ifft(buf_2D_R[row][ ], buf_2D_I[row][ ], tran_R[row][],tran_R[row][]);
8.    end for
9.    for col← 0 to N−1do
10.     ifft(tran_R[] [col], tran_I[ ][col]);
11.   end for
12.   write_data(blockbuf_R, blockbuf_I, pagePtr_R, pagePtr_I)
13. End Function
```

图 2.27　二维计算单元的 HLS 伪代码

图 2.28 给出了分析视图中二维计算单元不同模块的运行顺序。计算中包含了 $A_{mnl}\cos\left(k_m^x + k_n^y + \omega_t t + \phi_{mnl}\right)$，在整个二维计算单元运行过程中，需要持续输出数据，因此这部分工作时间贯穿本单元全部工作周期。按照读数据-计算-写数据的结构划分，保证了其余各个部分的运行时间能够高度重合，通过这种任务流水线优化，提高了并行度，进而提高了计算效率。

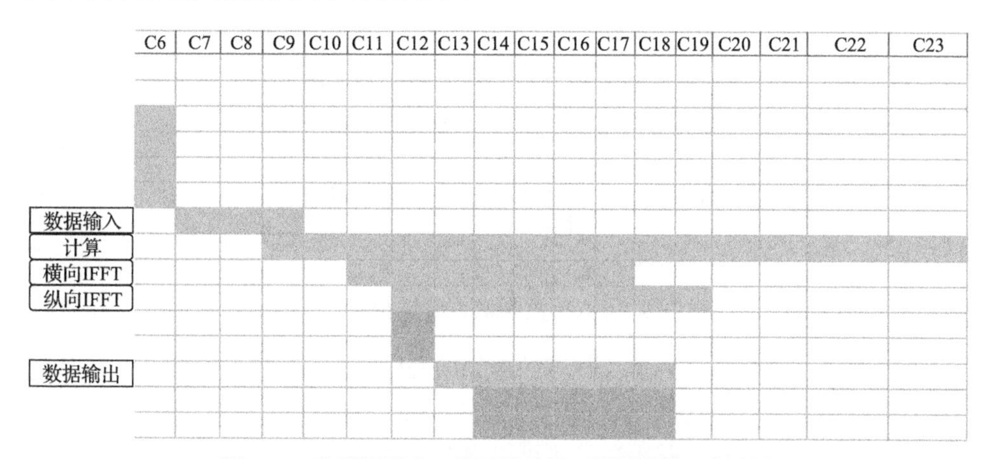

图 2.28　分析视图中二维计算单元不同模块的运行顺序

表 2.5 给出了二维计算单元的性能评估和资源消耗情况。其中，DSP 表示数字信号处理器(digital signal processor)、DFT 表示离散傅里叶变换(discrete Fourier transform)。由于布线更为复杂等，整个模块的工作频率相比于简单的计算模块有所下降。此模块在整个计算中只调用一次，因此延迟(latency)等于间隔(interval)。通过简单估计，可得串行调用 256×256 次 IFFT 函数所需的时钟周期数为 131203072；而通过任务并行，整个二维计算单元(包含数据读写、随机数计算以及 256×256 次 IFFT 计算)需要的总时钟周期数为 2031970，即使考虑工作频率下降的影响因素，整体性能依旧有较大提升。

表 2.5　二维计算单元的性能评估和资源消耗情况

计算单元	延迟	间隔	BRAM	DSP	DFT
时钟周期数	2031970	2031970	574	263	390623

CPU 处理顺序数据的效率要远高于非顺序数据。在系统设计时，三维矩阵是按照行优先的顺序储存的，因此时间维的每一组长为 N 的数据都需要从 N 个不连续的地址中取出。每次读写一个数据都需要寻址，稀疏的数据结构将带来严重的访问延时。为了减小随机访问带来的负面影响，本书提出一种数据预读取的结构来保证数据在小尺寸内顺序读写，图 2.29 给出了小尺寸数据顺序读写结构示意图。此结构仍然按照从 $(0,0)$ 到 $(N-1,N-1)$ 的顺序从时间维提取数据序列，但每次读取的数据从 1 个变为 BLOCK _ N 个。

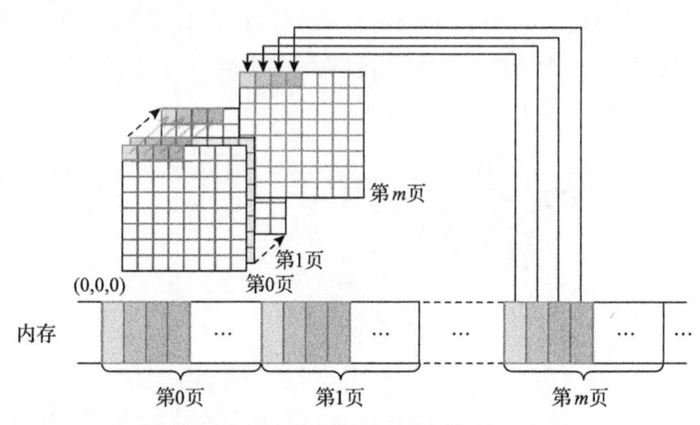

图 2.29　小尺寸数据顺序读写结构示意图

为了消除读取过程中的分支判断，指定 BLOCK _ N 为 2 的整数次幂，这样遍历所有数据需要的读写次数变为 $(N/\text{BLOCK\_N})\times N\times N$，每次都能够保证 DDR 在突发访问模式下工作。从上述分析可以推断 BLOCK _ N 取值越大，效果越好，但是增大 BLOCK _ N 意味着需要增大片上缓冲区，进而带来更多的资源消耗。因此，需要在设计中平衡资源消耗和性能之间的关系。

为此，本节提出优化结构，其中主要包括片上缓冲区设置和循环展开优化。

在设计中规划了循环展开，缓冲区需要与之匹配的端口数目来保证负载/储存密集型算法的吞吐率，因此可以分割数组，将原始的二维矩阵分割为多个较小的阵列来改善缓冲区带宽。在循环语句执行不依赖上一次迭代的结果时，可以使用 Unroll 命令展开循环以增加并行度。同样地，并行度并不是越高越好，片上资源有限、布线延迟等因素都将限制性能的提升。

图 2.30 给出了不同 BLOCK_N 和循环展开系数 UNROLL 对应的 LUT、DFT、DSP、BRAM 的资源消耗和性能对比。UNROLL 表示同时实例化的 IFFT 单元个数。假设 BLOCK_N=1、UNROLL=1 时加速比为 1，即无优化条件。在图 2.30(a) 中给出了不同优化条件相比无优化条件的剩余资源比例和加速比折线图，其中，“Speedup”曲线代表加速比，其纵坐标数值为左轴，BRAM、DSP、LUT 和 FF 的剩余资源比例数值为右轴。可以看出，单次数据读取长度是对计算单元效率最

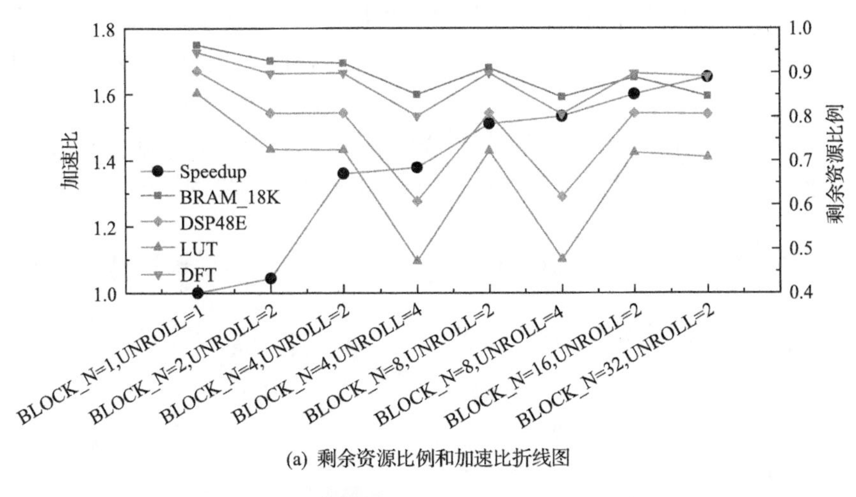

(a) 剩余资源比例和加速比折线图

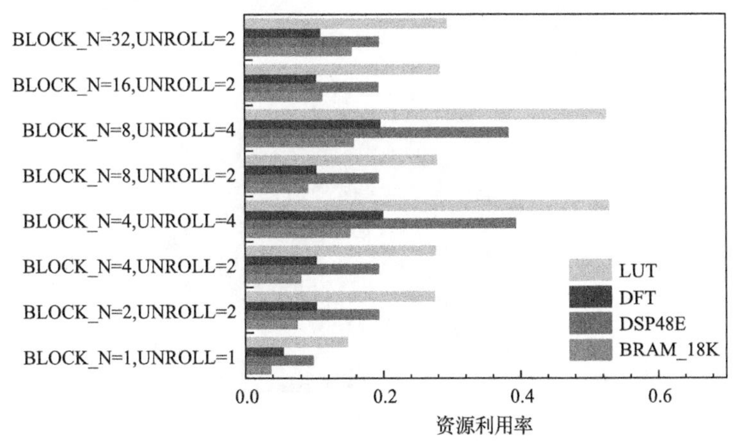

(b) 时间维计算单元资源利用率

图 2.30　不同 BLOCK_N 和循环展开系数 UNROLL 对应的资源消耗和性能对比

重要的限制因素，但是长度增加，带来了过多的资源消耗。图 2.30(b)给出了不同 IFFT 单元个数和不同缓冲区优化对应的 LUT、DFT、DSP、BRAM 的资源利用率。根据上述分析，结合资源消耗和计算效率，最终选择 BLOCK_N=32、UNROLL=2 作为优化的最佳方式。

2.4.5 仿真结果分析

本节仿真中选取 AMD-Xilinx Zynq-7100 SoC 作为开发设备，该开发设备装载了两组 512MB 的 DDR3 DRAMs，使用 Xilinx SDSoC 2017.4 作为主要的设计工具，提供了一个嵌入式 C/C++应用编程，包括 Eclipse 集成设计环境和综合开发平台。

图 2.31 给出了 Zynq 平台仿真三维海杂波的散射幅度，由不同方向剖面的纹理分布可以看出，其与电磁模型仿真结果类似，可见 3D-MNLT 方法在 Zynq 平台上运行的三维结果仿真是有效的。图 2.32 给出了 Zynq 平台仿真结果的三维自相关函数剖面图，可见，自相关性随距离的变化迅速衰减。为了更加直观地对比结果，图 2.33 给出了三个维度一维自相关函数对比，即 $R(x,0,0)$ 、 $R(0,y,0)$ 和 $R(0,0,t)$ 。图中包括电磁模型仿真结果、PC 平台仿真结果和 Zynq 平台仿真结果，通过一维自相关函数的对比，可以看出 Zynq 平台仿真结果的准确性。

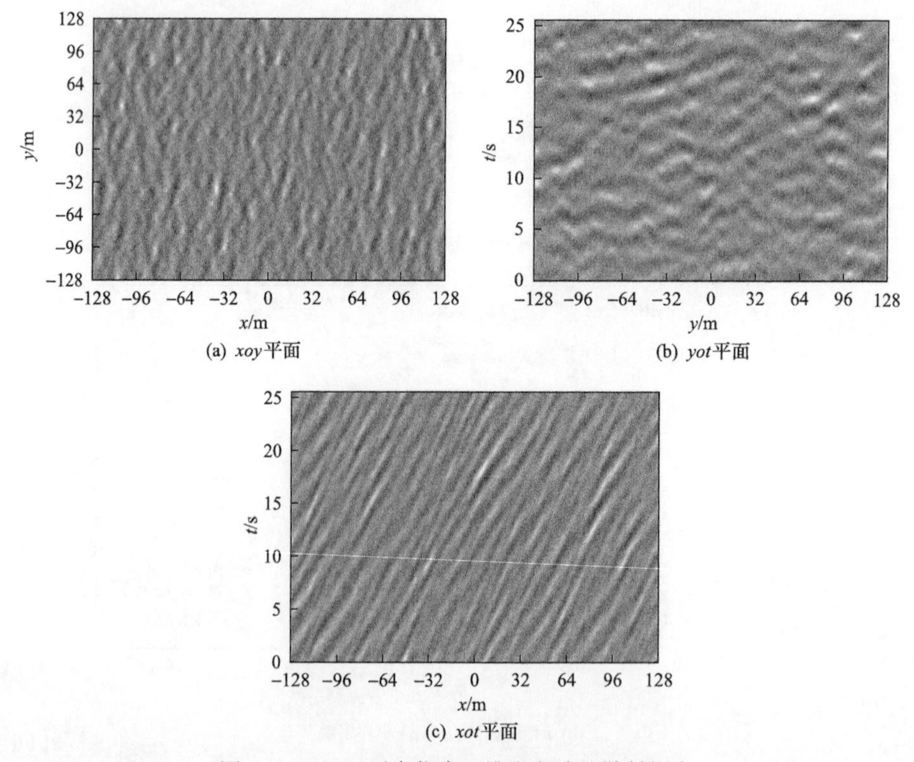

图 2.31 Zynq 平台仿真三维海杂波的散射幅度

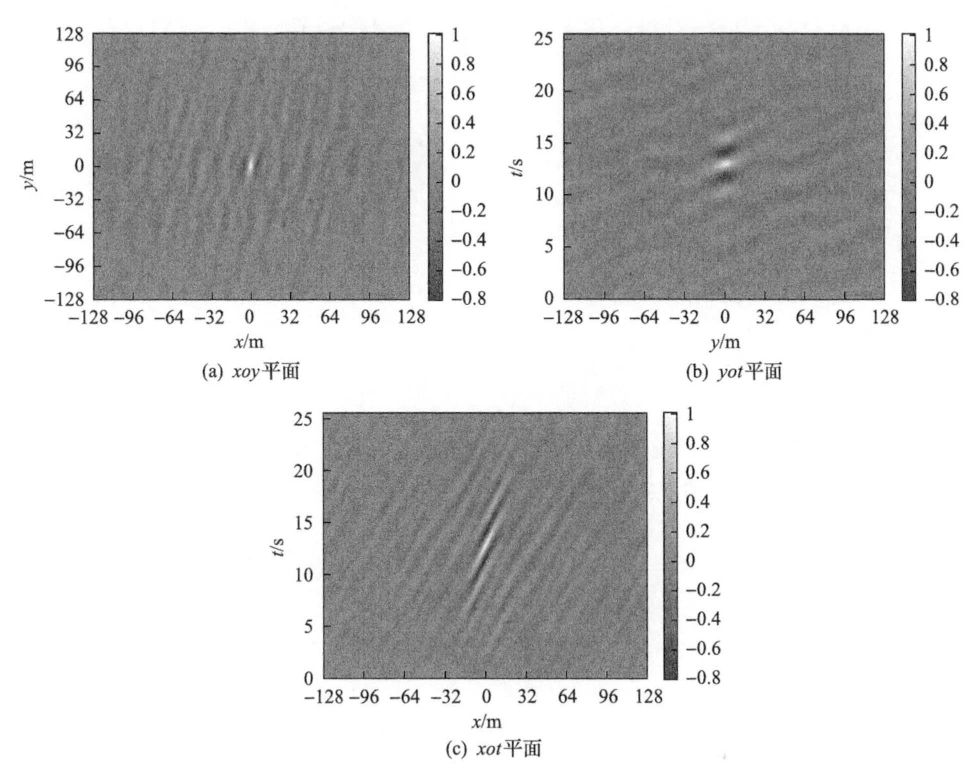

图 2.32　Zynq 平台仿真结果的三维自相关函数剖面图(灰色标尺表示自相关函数)

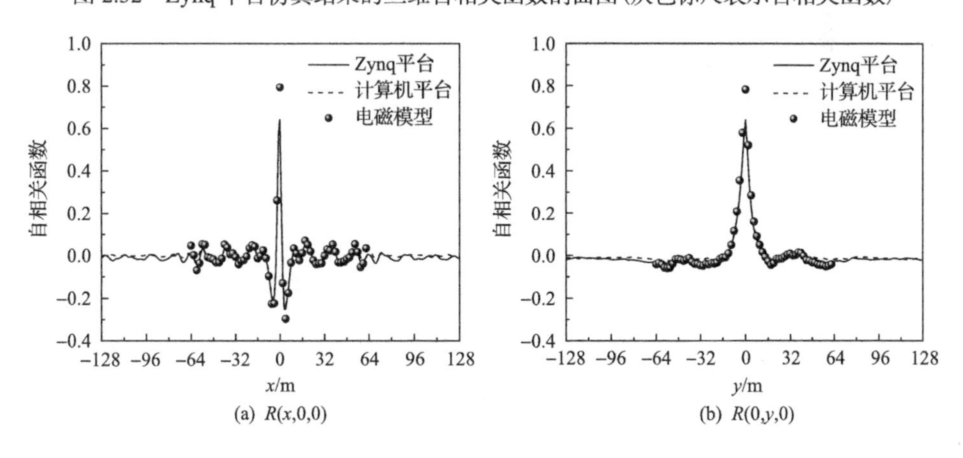

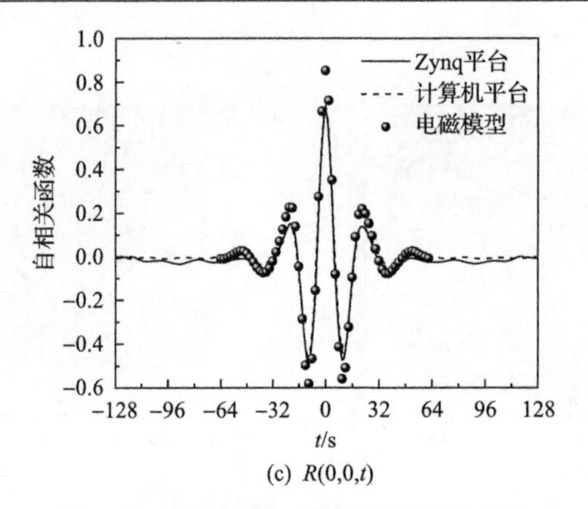

(c) $R(0,0,t)$

图 2.33 不同维度一维自相关函数对比

海杂波仿真中使用 log-normal 分布拟合幅度分布，形状参数和尺度参数由极大似然估计方法得到,图 2.34 给出了不同途径获取的海杂波 PDF 与电磁模型结果对比，从另一方面验证了结果的准确性。

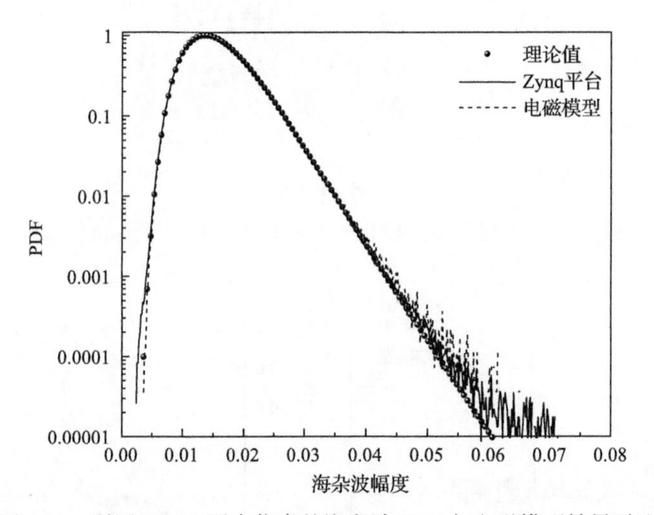

图 2.34 利用 FPGA 平台仿真的海杂波 PDF 与电磁模型结果对比

此外，表 2.6 给出了最终的计算效率对比，可见通过并行优化，Zynq 平台相比于 PC 平台(CPU 为 Intel i5-7400)有更高的计算效率。

表 2.6 计算效率对比

类型	时间/ms	最高频率/MHz	加速比
PC 平台	49905	3000	1
Zynq 平台	7112	166.7	7.017

2.5 本章小结

掌握各种条件下海杂波的分布特征研究对于雷达系统设计、海面目标检测等具有十分重要的意义。本章首先介绍几种常见的海杂波统计分布模型及其参数估计方法。以此为基础，统计了不同入射角、不同风速和不同极化条件下海杂波幅度分布特性，从K-S检验值可以看出，HH和VV极化的海杂波符合log-normal分布；HV极化的海杂波符合Weibull分布。然后分析了海杂波幅度的时间、空间和时空相关性。最后基于海杂波幅度的统计特性，给出了海杂波幅度的统计建模方法，并根据统计模型，对二维以及三维情况下的海杂波进行了仿真，结果表明，根据统计模型得到的海杂波和根据电磁模型得到的海杂波具有一致的纹理、PDF和相关性；对于大场景的仿真，统计模型的效率非常高，并且场景越大，边缘的相关性越小，而中间具有和小场景一致的相关性。在此基础上，研究了使用Zynq平台仿真海杂波的方法，建立了多模块并行的Zynq仿真结构，着重解决数据读写造成的延时问题和计算复杂度高的模块优化问题，仿真结果精度高，具有较高的计算效率，为海杂波半实物雷达仿真系统的构建提供了技术途径。

参考文献

[1] Schroeder L, Schaffner P, Mitchell J, et al. AAFE RADSCAT 13.9GHz measurements and analysis: Wind-speed signature of the ocean[J]. IEEE Journal of Oceanic Engineering, 1985, 10(4): 346-357.

[2] Jones W L, Schroeder L C, Boggs D H, et al. The SEASAT-a satellite scatterometer: The geophysical evaluation of remotely sensed wind vectors over the ocean[J]. Journal of Geophysical Research: Oceans, 1982, 87(C5): 3297-3317.

[3] Nghiem S V, Li F K, Neumann G. The dependence of ocean backscatter at Ku-band on oceanic and atmospheric parameters[J]. IEEE Transactions on Geoscience and Remote Sensing, 1997, 35(3): 581-600.

[4] Arikan F. Statistics of simulated ocean clutter[J]. Journal of Electromagnetic Waves and Applications, 1998, 12(4): 499-526.

[5] Haykin S, Puthusserypady S. Chaotic dynamics of sea clutter[J]. Chaos, 1997, 7(4): 777-802.

[6] Lo T, Leung H, Litva J, et al. Fractal characterisation of sea-scattered signals and detection of sea-surface targets[J]. IEE Proceeding of Radar and Signal Processing, 1993, 140(4): 243-250.

[7] Guinard N W, Ransone J T, Laing M, et al. NRL terrain clutter study, phase 1[R]. Washington D.C.: Naval Research Laboratory, 1967.

[8] Trunk G V, George S F. Detection of targets in non-Gaussian sea clutter[J]. IEEE Transactions on Aerospace and Electronic Systems, 1970,(5): 620-628.

[9] Fay F A. Weibull distribution applied to sea-clutter[C]. IEE Conference of Radar, London, 1977: 101-103.

[10] Jakeman E, Pusey P N. A model for non-Rayleigh sea echo[J]. IEEE Transactions on Antennas and Propagation, 1976, 24(6): 806-814.

[11] Abraham D A, Lyons A P. Reliable methods for estimating the K-distribution shape parameter[J]. IEEE Journal of Oceanic Engineering, 2010, 35(2): 288-302.

[12] 盛骤, 谢式前, 潘承毅. 概率论与数值统计[M]. 北京: 高等教育出版社, 2006.

[13] 刘福声, 罗鹏飞. 统计信号处理[M]. 长沙: 国防科技大学出版社, 1999.

[14] Sekine M, Mao Y H. Weibull Radar Clutter[M]. London: Peter Peregrinus, 1990.

[15] DeVore M D, O'Sullivan J A. Statistical assessment of model fit for synthetic aperture radar data[J]. Algorithms for Synthetic Aperture Radar Imagery VIII, 2001, 4382: 379-388.

[16] Watts S. Cell-averaging CFAR gain in spatially correlated K-distributed clutter[J]. IEE Proceedings-Radar, Sonar and Navigation, 1996, 143(5): 321-327.

[17] Yamazaki F, Shinozuka M. Digital generation of non-Gaussian stochastic fields[J]. Journal of Engineering Mechanics, 1988, 114(7): 1183-1197.

[18] Zayed A I. A convolution and product theorem for the fractional Fourier transform[J]. Computer Standards and Interfaces, 1998, 20(6-7): 101-103.

[19] Liu N B, Xu Y N, Ding H, et al. High-dimensional feature extraction of sea clutter and target signal for intelligent maritime monitoring network[J]. Computer Communications, 2019, 147: 76-84.

[20] Kathail V, Hwang J, Sun W, et al. SDSoC: A higher-level programming environment for Zynq SoC and Ultrascale+ MPSoC[C]. Proceedings of the 2016 ACM/SIGDA International Symposium on Field-Programmable Gate Arrays, New York, 2016: 4.

[21] Wei P B, Zhang M, Jiang W Q, et al. Investigation on MNLT method for 3-D correlated map simulation of sea-surface scattering[J]. IEEE Geoscience and Remote Sensing Letters, 2018, 15(10): 1595-1599.

[22] O'loughlin D, Coffey A, Callaly F, et al. Xilinx Vivado high level synthesis: Case studies[C]. 25th IET Irish Signals & Systems Conference and China-Ireland International Conference on Information and Communications Technologies, Stevenage, 2014: 352-356.

[23] Panneton F, L'ecuyer P. On the xorshift random number generators[J]. ACM Transactions on Modeling and Computer Simulation, 2005, 15(4): 346-361.

[24] Hanlon J, Felix S. A fast hardware pseudorandom number generator based on the xoroshiro128 [J]. IEEE Transactions on Computers , 2023, 72(5): 1518-1524.

[25] Matsumoto M, Nishimura T. Mersenne twister: A 623-dimensionally equidistributed uniform pseudo-random number generator[J]. ACM Transactions on Modeling and Computer Simulation, 1998, 8(1): 3-30.

[26] 何宾, 张艳辉. Xilinx FPGA 数字信号处理权威指南: 从 HDL 到模型和 C 的描述[M]. 北京: 清华大学出版社, 2014.

[27] Chen R, Park N, Prasanna V K. High throughput energy efficient parallel FFT architecture on FPGAs[C]. 2013 IEEE High Performance Extreme Computing Conference, Waltham, 2013: 1-6.

[28] Zhang S H, Li J X, Li Y C, et al. Fast realization of 3-D space-time correlation sea clutter of large-scale sea scene based on FPGA: From EM model to statistical model[J]. IEEE Journal of Selected Topics in Applied Earth Observations and Remote Sensing, 2020, 14: 567-576.

第 3 章　基于 GO-PO 方法的海面目标优化面元电磁散射模型

电磁波在海面与目标复合场景中的传播是一个具有挑战性且具有重要应用价值的研究课题，不同于仅研究环境本身或者目标本身的散射特性，对复杂目标及其所处环境进行一体化电磁散射建模研究，对于复杂海洋环境中的目标监测、探测与分类识别、电磁隐身和雷达设计等的研究具有重要的推动意义。对于复杂海洋环境及其上舰船类目标电磁散射特性的研究，存在的挑战在三方面。首先，海面本身及舰船类目标在微波频段的电尺寸可达几百甚至上万个波长，使得传统的诸如 MoM、有限元法、时域有限差分方法等数值方法难以应用。其次，不同于地面环境，实际的海面是时刻变化的，导致目标姿态也发生变化，时变性使得分析海面及其上舰船目标复合场景散射特性的难度进一步增加。最后，海面与目标之间的电磁耦合作用不同于单独的目标或者单独的海面，复合场景中电磁波在海面、目标之间传播，目标的精细结构和海面的随机性使得准确分析其耦合散射成为一种挑战。

为解决上述问题，本章首先介绍作者团队率先提出的基于几何光学和物理光学(geometrical optics and physical optics, GO-PO)方法的海面目标优化面元电磁散射模型。GO-PO 方法中的基本元素为海面和目标的离散面元，因此可以准确考虑海面直接散射场、目标直接散射场和海面目标之间的耦合散射场，并且能够考虑目标与海面、目标不同结构之间电磁波传播的多次反射作用，特别适用于分析海面及其上电大尺寸舰船目标复合场景的电磁散射特性。在此基础上，结合开放图形库(open graphics library, OpenGL)建立基于矩形波束的加速方法，实现海洋环境与目标耦合散射效应的准确表征，同时也满足工程应用中高效率的要求。此外，还结合水动力学理论和船体切片模型，构建基于舰船六自由度随海浪运动的电磁散射新模型，解决动态海面运动舰船目标散射特性的分析方法。该方法以具体计算时的场景几何信息为基础，因此特别适合分析时变复杂海面运动舰船目标的电磁散射特性。

3.1　复杂目标电磁散射的 GO-PO 方法

本节所讨论的 GO-PO 方法是将传统几何光学(geometrical optics, GO)方法与物理光学(physical optics, PO)方法相融合，能够对多次散射效应进行有效计算的一种方法，即利用 GO 方法中的射线对电磁波的路径进行追踪，然后利用 PO 方法对所照射的区域进行近似，最后将多次散射场贡献相叠加得到总散射场。对几种考虑多次散射效应的高频近似模型而言，一方面，该模型属于射线追踪类模型，较迭代物理光学(iterative physical optics, IPO)方法有更高的计算效率；另一方面，由于该模型是以目标剖分后的小面元为计算单位的，所以其在操作难易程度及高频情形下的计算效率等方面有一定优势。下面对这两种方法的主要思想进行描述。

3.1.1 几何光学方法

在 GO-PO 方法中，GO 方法主要集中在其路径追踪的应用上，而其强度的因素也只在曲面反射场的计算中涉及。对路径追踪这一应用而言，其抛开了电磁波的波动特性，以假设其直线传播为基础，即认为入射波的能量以类似射线管的形式传播。对于射线管内某一面能量的计算，可以利用能量守恒定律予以确定。通过比较射线管内入射端口与出射端口处的场强可以发现，出射端口场强与入射端口场强的比可以写为

$$\frac{|A_{\mathrm{i}}|}{|A_{\mathrm{o}}|}=\frac{\rho_1\rho_2}{(s+\rho_1)(s+\rho_2)} \tag{3-1}$$

其中，A_{i} 与 A_{o} 分别为入射端口与出射端口的场强；s 为两端口之间的距离；ρ_1 与 ρ_2 分别为入射端口、出射端口波前的主曲率半径。

在路径追踪的过程中，设入射平面电磁波可以由一簇平行的射线代替，对于每一条射线，设其参考点为 $\boldsymbol{r}_0\left(x_0,y_0,z_0\right)$，传播方向的单位矢量为 $\hat{\boldsymbol{d}}\left(d_x,d_y,d_z\right)$，则该射线方程可以表示为

$$\boldsymbol{r}(x,y,z)=\boldsymbol{r}_0\left(x_0,y_0,z_0\right)+\hat{\boldsymbol{d}}\cdot t \tag{3-2}$$

其中，t 为直线参数(一般为时间)。

设射线的方向矢量为

$$\begin{cases} d_x=\sin\theta\cos\phi \\ d_y=\sin\theta\sin\phi \\ d_z=\cos\theta \end{cases} \tag{3-3}$$

其中，θ、ϕ 分别为入射波的俯仰角和方位角。

进一步地，射线方程可以表示为

$$\frac{x-x_0}{\sin\theta\cos\phi}=\frac{y-y_0}{\sin\theta\sin\phi}=\frac{z-z_0}{\cos\phi} \tag{3-4}$$

在入射射线方程确定后，对于反射曲面或平面，$f(x,y,z)=0$，反射点可以通过以下方程求出，即

$$\begin{cases}\dfrac{x-x_0}{\sin\theta\cos\phi}=\dfrac{y-y_0}{\sin\theta\sin\phi}=\dfrac{z-z_0}{\cos\phi}\\ f(x,y,z)=0\end{cases} \tag{3-5}$$

通过斯涅尔定理，反射射线和入射射线与交点处的法线夹角相等，可以求出反射射线的出射方向。反射点处的局部坐标系如图 3.1 所示，入射波单位矢量为 $\hat{\boldsymbol{k}}_\mathrm{i}$，反射波单位矢量为 $\hat{\boldsymbol{k}}_\mathrm{s}$，交点处目标表面的法线方向矢量为 $\hat{\boldsymbol{n}}$，可得 $\hat{\boldsymbol{k}}_\mathrm{s}=\hat{\boldsymbol{k}}_\mathrm{i}-2\hat{\boldsymbol{k}}_\mathrm{i}\cdot\hat{\boldsymbol{n}}$。在追踪过程中，对于下一次反射，可依照上述过程类推，将前一次的反射射线作为下一次反射的入射射线，重复以上步骤直至该条射线不再与目标相交为止。对于最后的总散射场，需要将每次反射产生的贡献相叠加求得。而每次反射对于散射场贡献的计算，则需要借助 PO 方法进行求解。

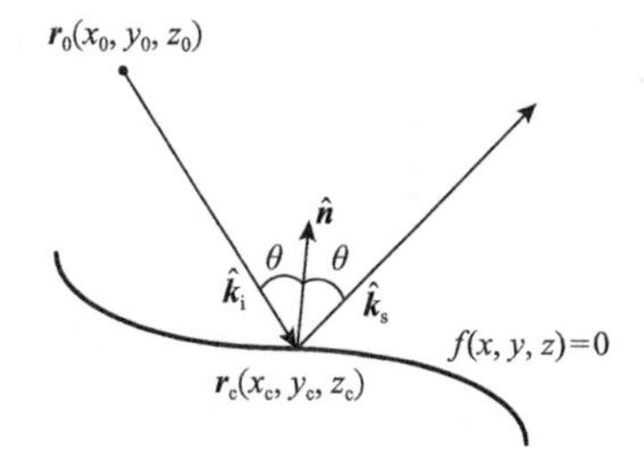

图 3.1　反射点处的局部坐标系

3.1.2　物理光学方法

PO 方法是一种求解电大尺寸目标散射问题的有效方法，通过对目标表面感应场或感应电磁流的近似求解得到目标总散射场。在对目标表面感应场或感应电磁流的求解过程中，应用高频局域假设，即认为目标上某一部分对其他部分表面感应场的贡献相比于入射场非常小，表面感应场的值可由入射场近似独立确定。以上假设忽略了目标不同部分间的相互耦合效应。依照上述近似，目标表面的总入射场可以表示为

$$\boldsymbol{E}=\boldsymbol{E}_\mathrm{i}+\boldsymbol{E}_\mathrm{else}\approx\boldsymbol{E}_\mathrm{i} \tag{3-6}$$

其中，$\boldsymbol{E}_\mathrm{i}$ 为入射场；$\boldsymbol{E}_\mathrm{else}$ 为其他部分在该点处的散射场。这一近似使得目标的电磁散射计算显示出很大的灵活性。

PO 方法是以 Stratton-Chu 散射场积分方程[1]为出发点的，从这一点来看，PO 方法延续了低频散射方法（数值方法）中表面感应电磁流的概念。Stratton-Chu 散射场积分方程的表达式为

$$
\begin{aligned}
\boldsymbol{E}(\boldsymbol{r}) &= \int_{V'}\left[-\mathrm{j}\omega\mu\boldsymbol{J}(\boldsymbol{r}') - \boldsymbol{M}(\boldsymbol{r}')\times\nabla' + \frac{\rho(\boldsymbol{r}')}{\varepsilon}\nabla'\right]G(\boldsymbol{r},\boldsymbol{r}')\mathrm{d}V' \\
&+ \int_{S'}\left[-\mathrm{j}\omega\mu\left(\hat{\boldsymbol{n}}\times\boldsymbol{H}_{\mathrm{s}}\right) + \left(\hat{\boldsymbol{n}}\times\boldsymbol{E}_{\mathrm{s}}\right)\times\nabla' + \left(\hat{\boldsymbol{n}}\cdot\boldsymbol{E}_{\mathrm{s}}\right)\nabla'\right]G(\boldsymbol{r},\boldsymbol{r}')\mathrm{d}S'
\end{aligned}
\tag{3-7}
$$

其中，$G(\boldsymbol{r},\boldsymbol{r}') = \left(\mathrm{e}^{-\mathrm{j}k|\boldsymbol{r}-\boldsymbol{r}'|}\right)\Big/(4\pi|\boldsymbol{r}-\boldsymbol{r}'|)$；$S'$ 为一闭合曲面；V' 为由闭合曲面 S' 所包围的体积；$\boldsymbol{J}$ 和 $\boldsymbol{M}$ 分别为体积 V' 内的电流源和磁流源；ρ 为电荷密度。

通过 Stratton-Chu 散射场积分方程，可由已知电流源、磁流源、分布电荷以及闭合曲面 S' 边界上的场值计算得到所研究区域内的总场及散射场。具体地，式(3-7)中的体积分表示 V' 内电流源、磁流源在点 $\boldsymbol{r}$ 处产生的场；而面积分则表示 V' 外的源在点 $\boldsymbol{r}$ 处产生的场，该面积分也可看作 V' 内的源为零时散射问题的解。此外，若将 S' 取为无限远处的面，则式(3-7)中 S' 表面场的贡献可以认为是零。而且，如果 S' 为非封闭曲面，则必须在式(3-7)基础上加上某些附加项以考虑边缘的不连续性对总场的影响。

PO 方法利用远场近似及切平面近似简化其积分运算，从而达到快速求解目标散射问题的目的。下面对这两种近似分别进行介绍。

1. 远场近似

对于远区散射场情形，其散射场表达式中的格林函数 $G(\boldsymbol{r},\boldsymbol{r}')$ 及其梯度可在一定程度上进行近似，从而达到简化 Stratton-Chu 散射场积分方程积分运算的目的。在不考虑体电流源、磁流源的情况下，目标远区散射电场及磁场可分别表示为

$$
\begin{aligned}
\boldsymbol{E}_{\mathrm{s}} &= -\frac{\mathrm{j}k\cdot\exp\left(-\mathrm{j}kR_0\right)}{4\pi R_0}\iint_S \hat{\boldsymbol{k}}_{\mathrm{s}}\times\left[(\hat{\boldsymbol{n}}\times\boldsymbol{E}) - Z_0\hat{\boldsymbol{k}}_{\mathrm{s}}\times(\hat{\boldsymbol{n}}\times\boldsymbol{H})\right]\cdot\exp\left(\mathrm{j}k\hat{\boldsymbol{k}}_{\mathrm{s}}\cdot\boldsymbol{r}\right)\mathrm{d}S \\
\boldsymbol{H}_{\mathrm{s}} &= -\frac{\mathrm{j}k\cdot\exp\left(-\mathrm{j}kR_0\right)}{4\pi R_0}\iint_S \hat{\boldsymbol{k}}_{\mathrm{s}}\times\left[(\hat{\boldsymbol{n}}\times\boldsymbol{H}) - Y_0\hat{\boldsymbol{k}}_{\mathrm{s}}\times(\hat{\boldsymbol{n}}\times\boldsymbol{E})\right]\cdot\exp\left(\mathrm{j}k\hat{\boldsymbol{k}}_{\mathrm{s}}\cdot\boldsymbol{r}\right)\mathrm{d}S
\end{aligned}
\tag{3-8}
$$

其中，积分区域 S 为目标外表面区域；$\hat{\boldsymbol{n}}$ 为目标表面处的外法向矢量；$\boldsymbol{E}$、$\boldsymbol{H}$ 分别为目标表面总的电场矢量和磁场矢量；R_0 为照射面中心至观测点之间的距离；$\boldsymbol{r}$ 为目标相对于照射面中心的位置矢量；$\hat{\boldsymbol{k}}_{\mathrm{s}}$ 为散射方向单位矢量；k 为电磁波空间波数；Z_0 与 Y_0 分别为自由空间波阻抗与导纳。

2. 切平面近似

切平面近似为 Stratton-Chu 散射场积分方程求解中的关键假设，对于导体目标，即认为目标表面感应电流的值可近似以该点处相应的理想切平面情形下的感应电流代替，并借助无限大平面下平面波反射理论求得该点处的总磁场。对于理

想导体目标，其表面总的电场及磁场切向分量可以表示为

$$\hat{\boldsymbol{n}} \times \boldsymbol{E} = 0 \tag{3-9}$$

$$\hat{\boldsymbol{n}} \times \boldsymbol{H} = 2\hat{\boldsymbol{n}} \times \boldsymbol{H}_{\mathrm{i}} \tag{3-10}$$

其中，$\boldsymbol{H}_{\mathrm{i}}$为目标表面入射波的磁场矢量。

将上述电场及磁场切向场表达式代入式(3-8)中，可得到PO近似条件下的理想导体远区散射场为

$$\begin{aligned} \boldsymbol{E}_{\mathrm{s}} &= \frac{\mathrm{j}kZ_0 \cdot \exp(-\mathrm{j}kR_0)}{4\pi R_0} \iint_S \hat{\boldsymbol{k}}_{\mathrm{s}} \times \left[\hat{\boldsymbol{k}}_{\mathrm{s}} \times (2\hat{\boldsymbol{n}} \times \boldsymbol{H}_{\mathrm{i}}) \right] \cdot \exp\left(\mathrm{j}k\hat{\boldsymbol{k}}_{\mathrm{s}} \cdot \boldsymbol{r}\right) \mathrm{d}S \\ \boldsymbol{H}_{\mathrm{s}} &= -\frac{\mathrm{j}k \cdot \exp(-\mathrm{j}kR_0)}{4\pi R_0} \iint_S \hat{\boldsymbol{k}}_{\mathrm{s}} \times \left[(2\hat{\boldsymbol{n}} \times \boldsymbol{H}_{\mathrm{i}}) \right] \cdot \exp\left(\mathrm{j}k\hat{\boldsymbol{k}}_{\mathrm{s}} \cdot \boldsymbol{r}\right) \mathrm{d}S \end{aligned} \tag{3-11}$$

一般情况下，基于PO近似的表面感应源包含感应电流和磁流，其总散射场为该感应源总的贡献，而对于理想导体，其感应电流和磁流则可以表示为

$$\boldsymbol{J}^{\mathrm{PO}} = \hat{\boldsymbol{n}} \times \boldsymbol{H} = \begin{cases} 2\hat{\boldsymbol{n}} \times \boldsymbol{H}_{\mathrm{i}}, & \text{亮区} \\ \boldsymbol{0}, & \text{暗区} \end{cases} \tag{3-12}$$

$$\boldsymbol{M}_{\mathrm{PO}} = \boldsymbol{E} \times \hat{\boldsymbol{n}} = \boldsymbol{0} \tag{3-13}$$

对于目标散射过程中亮区与暗区的划分，可由GO方法予以确定，即入射波所能照射到的区域为亮区，未能照射到的区域则为暗区。按照PO方法，目标暗区表面的电磁场为零，如图3.2所示。

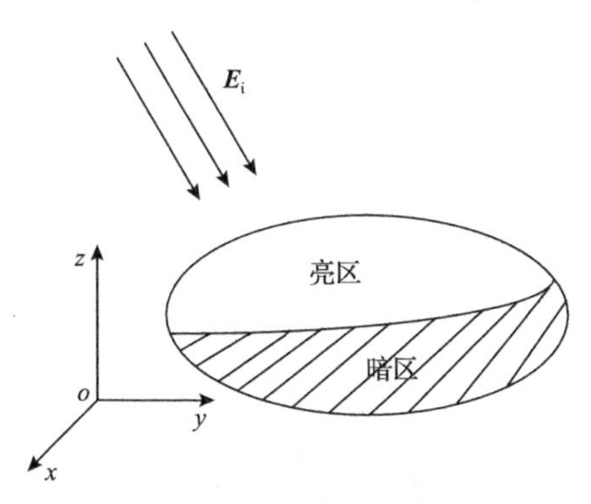

图3.2　目标照射示意图

在求得目标表面所有位置处的表面感应电流及磁流之后，目标远区散射场的PO近似结果可由基于该感应源的积分形式求得，即

$$\begin{aligned}\boldsymbol{E}_{\mathrm{s}} &= \frac{\mathrm{j}kZ_0\exp\left(-\mathrm{j}kR_0\right)}{4\pi R_0}\iint_S \hat{\boldsymbol{k}}_{\mathrm{s}}\times\left[\hat{\boldsymbol{k}}_{\mathrm{s}}\times\boldsymbol{J}_{\mathrm{PO}}\right]\cdot\exp\left(\mathrm{j}k\hat{\boldsymbol{k}}_{\mathrm{s}}\cdot\boldsymbol{r}\right)\mathrm{d}S \\ \boldsymbol{H}_{\mathrm{s}} &= -\frac{\mathrm{j}k\exp\left(-\mathrm{j}kR_0\right)}{4\pi R_0}\iint_S \hat{\boldsymbol{k}}_{\mathrm{s}}\times\boldsymbol{J}_{\mathrm{PO}}\cdot\exp\left(\mathrm{j}k\hat{\boldsymbol{k}}_{\mathrm{s}}\cdot\boldsymbol{r}\right)\mathrm{d}S\end{aligned} \tag{3-14}$$

在求得远区目标散射场后，结合 RCS 定义便可对目标的单站和双站 RCS 进行分析计算。

得益于 PO 方法中的远场近似及切平面近似，该模型可以对简单结构下理想导体目标的散射问题进行快速求解。但也正是由于上述近似的假设条件，特别是切平面近似，PO 方法的适用范围也只限于计算表面光滑、结构简单和各部分间耦合效应较弱的目标。而对于其他复杂目标的散射计算，则必须在 PO 方法的基础上加入其他效应的计算，如绕射场和多次散射场的贡献。

3.1.3　面元化的 GO-PO 方法

在几何场景面元的基础上，可根据 GO 方法分析电磁波与面元的相互作用，进而结合 PO 方法计算电磁波照射面元时产生的散射场。在该过程中，较为重要的是电磁波在场景面元之间多次散射作用的分析，该过程的具体判断方法如下[2]。

1. 面元对入射波的可见度判断

设入射波矢量为 $\hat{\boldsymbol{k}}_{\mathrm{i}}$，面元 m 的法向矢量为 $\hat{\boldsymbol{n}}_m$，则面元 m 被入射波照亮应满足以下两个条件：

(1) 入射波矢量 $\hat{\boldsymbol{k}}_{\mathrm{i}}$ 与面元 m 的法向矢量 $\hat{\boldsymbol{n}}_m$ 满足 $\hat{\boldsymbol{k}}_{\mathrm{i}}\cdot\hat{\boldsymbol{n}}_m \leqslant 0$；

(2) 入射波照射到面元 m 的过程未被其他面元遮挡。

其中，条件 (2) 的判断方法如下：

设面元 m 的中心点坐标为 $\boldsymbol{r}_m$，该面元上的入射线方程为 $\boldsymbol{r}(t)=\boldsymbol{r}_m+\hat{\boldsymbol{k}}_{\mathrm{i}}t$，将该方程与其他面元逐一进行判断，以面元 n 为例，判断面元 m 上入射线与面元 n 是否有交点的方法如图 3.3 所示。

设面元 n 的中心点坐标为 $\boldsymbol{r}_n$，面元法向矢量为 $\hat{\boldsymbol{n}}_n$，则面元 m 的入射线与面元 n 所在平面的交点 $P\left(x_0,y_0,z_0\right)$ 可以表示为

$$\begin{cases} x_0 = x_m + k_{\mathrm{i},x}t_0 \\ y_0 = y_m + k_{\mathrm{i},y}t_0 \\ z_0 = z_m + k_{\mathrm{i},z}t_0 \end{cases} \tag{3-15}$$

其中，$k_{\mathrm{i},x}$、$k_{\mathrm{i},y}$、$k_{\mathrm{i},z}$ 为 $\boldsymbol{k}_{\mathrm{i}}$ 沿三个坐标轴方向的分量；$t_0=\hat{\boldsymbol{n}}_n\cdot\left(\boldsymbol{r}_n-\boldsymbol{r}_m\right)/\left(\hat{\boldsymbol{n}}_n\cdot\hat{\boldsymbol{k}}_{\mathrm{i}}\right)$。

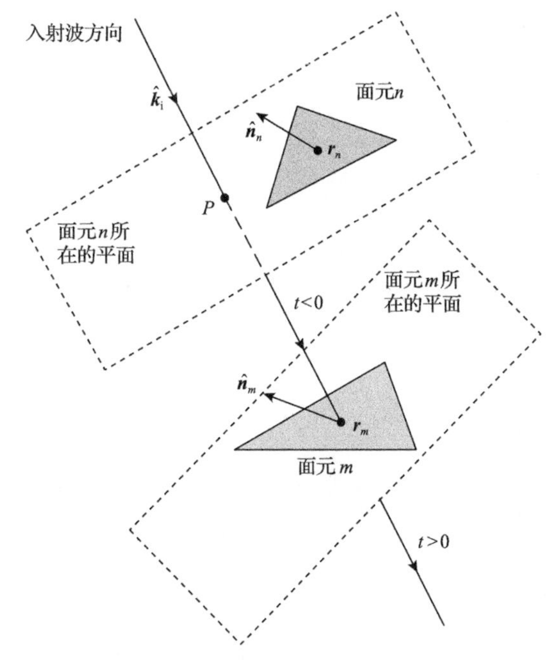

图 3.3　面元 n 对面元 m 的遮挡示意图

因为这里判断的是射线到达面元 m 之前的情况，所以 t_0 应该小于 0。此时，如果该交点 $P(x_0,y_0,z_0)$ 在面元 n 内，则入射线与面元 n 有交点。判断点 $P(x_0,y_0,z_0)$ 是否在三角形面元 n 内的方法如图 3.4 所示，三个顶点 N_1、N_2、N_3 与面元 n 的法向矢量 $\hat{\boldsymbol{n}}_n$ 成右手螺旋法则的顺序排列，则 P 点位于面元 n 内部的充要条件是以下三分式同时满足，即

$$\begin{cases}(\boldsymbol{r}_{PN_1}\times\boldsymbol{r}_{N_1N_2})\cdot\hat{\boldsymbol{n}}_n>0\\(\boldsymbol{r}_{PN_2}\times\boldsymbol{r}_{N_2N_3})\cdot\hat{\boldsymbol{n}}_n>0\\(\boldsymbol{r}_{PN_3}\times\boldsymbol{r}_{N_3N_1})\cdot\hat{\boldsymbol{n}}_n>0\end{cases}\tag{3-16}$$

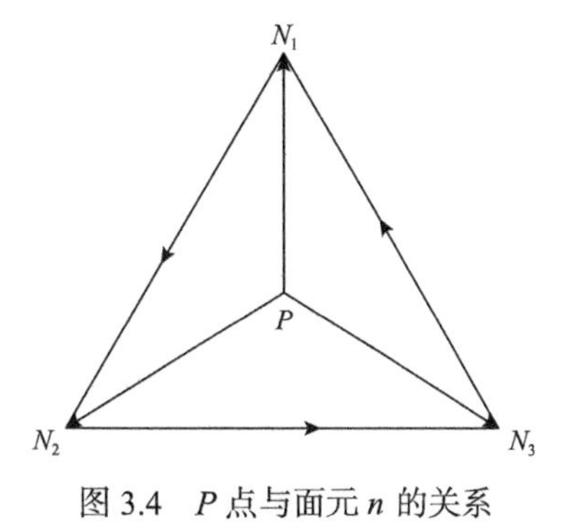

图 3.4　P 点与面元 n 的关系

如果点 P 在面元 n 内，则面元 m 在入射波照射过程中被遮挡，未被入射波直接照射到；如果点 P 不在面元 n 内，则面元 m 可能被入射波直接照射到，接下来还需要遍历面元 n，再进行判断，如果面元 m 未被所有其他面元遮挡，即面元 m 被入射波直接照射到。此时，面元 m 对入射波的可见度 $I_{\text{vis},m}=1$，否则，$I_{\text{vis},m}=0$。图 3.5 给出了面元对入射波的可见度判断流程图。图中，$I_{\text{vis},m}$ 为面元 m 对入射波的可见度因子，如果面元 m 能够被入射波照射到，则 $I_{\text{vis},m}=1$，如果不能被照射

到，则 $I_{\text{vis},m}=0$。

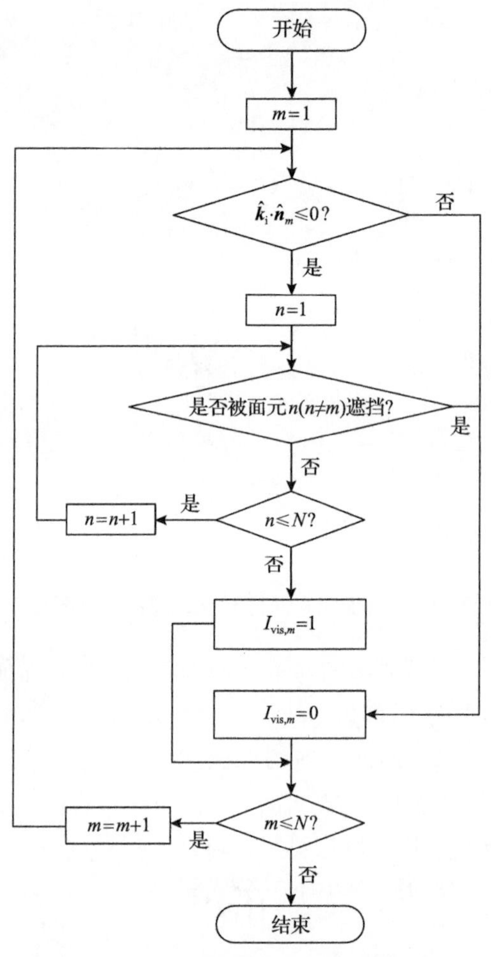

图 3.5　面元对入射波的可见度判断流程图

2. 面元对一次反射波的可见度判断

与面元对入射波的可见度判断类似，下面以面元 n 为例，分析其对面元 m 一次反射波的可见度。面元 n 对面元 m 一次反射波的可见度判断如图 3.6 所示，设面元 m 的反射波矢量为 $\hat{\boldsymbol{k}}_{\text{r},m}$，面元 n 的法向矢量为 $\hat{\boldsymbol{n}}_n$，则面元 n 被面元 m 的反射波照亮也应当满足两个条件：

(1) $\hat{\boldsymbol{k}}_{\text{r},m} \cdot \hat{\boldsymbol{n}}_n \leqslant 0$，并且面元 m 的反向射线与面元 n 有交点；

(2) 面元 m 的反射波照射到面元 n 的过程未被其他面元遮挡。

在判断面元 m 的反向射线与面元 n 是否有交点时，采用反向射线追踪，即判

断以面元 n 的中心点 $\boldsymbol{r}_n$ 为起点，以 $-\hat{\boldsymbol{k}}_{\mathrm{r},m}$ 为方向的射线，是否与面元 m 有交点，这样的射线追踪方式的好处是，如果面元 m 的反向射线与面元 n 有交点，则这个交点为面元 n 的中心点 $\boldsymbol{r}_n$，这就保证了面元 n 能被面元 m 的反射波照亮。将 $\boldsymbol{r}(t)=\boldsymbol{r}_n-\hat{\boldsymbol{k}}_{\mathrm{r},m}t$ 代入 $\hat{\boldsymbol{n}}_m(\boldsymbol{r}-\boldsymbol{r}_m)=0$ 中，可解得面元 n 的反向射线与面元 m 所在平面的交点 $P_1(x_1,y_1,z_1)$，即

$$\begin{cases} x_1 = x_n - k_{\mathrm{r},x,m}t_1 \\ y_1 = y_n - k_{\mathrm{r},y,m}t_1 \\ z_1 = z_n - k_{\mathrm{r},z,m}t_1 \end{cases} \tag{3-17}$$

其中，$k_{\mathrm{r},x,m}$、$k_{\mathrm{r},y,m}$、$k_{\mathrm{r},z,m}$ 为 $\boldsymbol{k}_{\mathrm{r},m}$ 沿三个坐标轴方向的分量；$t_1=\hat{\boldsymbol{n}}_m\cdot(\boldsymbol{r}_n-\boldsymbol{r}_m)/(\hat{\boldsymbol{n}}_m\cdot\hat{\boldsymbol{k}}_{\mathrm{r},m})$，且 t_1 应该大于 0。

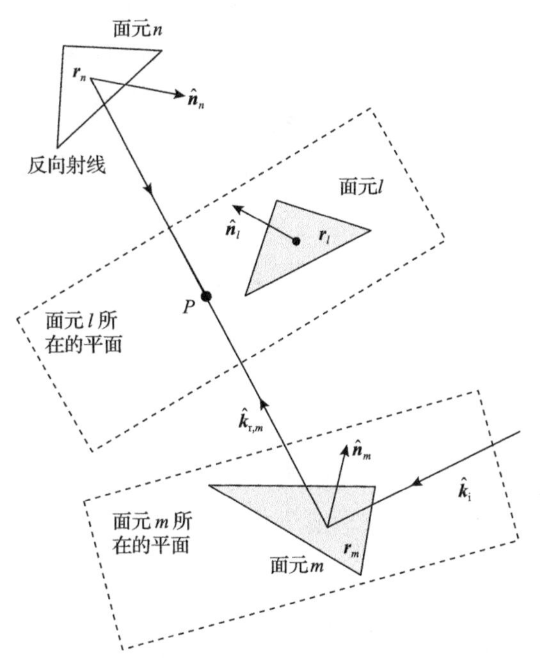

图 3.6　面元 n 对面元 m 一次反射波的可见度判断

若点 P_1 不在面元 m 内，则面元 n 不能被面元 m 的反射波照射到，否则，还需要判断条件(2)是否被满足。

对于条件(2)，将 $\boldsymbol{r}(t)=\boldsymbol{r}_n-\hat{\boldsymbol{k}}_{\mathrm{r},m}t$ 代入面元 l 所在的平面方程中，可解得面元 n 的反向射线与面元 l 所在平面的交点 $P_2(x_2,y_2,z_2)$ 为

$$\begin{cases} x_2 = x_n - k_{\mathrm{r},x,m} t_2 \\ y_2 = y_n - k_{\mathrm{r},y,m} t_2 \\ z_2 = z_n - k_{\mathrm{r},z,m} t_2 \end{cases} \tag{3-18}$$

其中，$t_2 = \hat{\boldsymbol{n}}_l \cdot \left(\boldsymbol{r}_n - \boldsymbol{r}_l\right) / \left(\hat{\boldsymbol{n}}_l \cdot \hat{\boldsymbol{k}}_{\mathrm{r},m}\right)$，且$0 < t_2 < t_1$。

如果点P_2在面元l内，则面元n被面元m反射波照射的过程被面元l遮挡，所以面元n不能被面元m的反射波照射到；如果点P_2不在面元l内，则面元n有可能被面元m的反射波照射到，接下来还需遍历面元l再进行判断。图3.7给出了面元对一次反射波的可见度判断流程图。

3. 入射波感应的电磁流和一次散射场的计算

设入射波为$\boldsymbol{E}_{\mathrm{i}} = \hat{\boldsymbol{p}} E_0 \exp\left(-\mathrm{j} k \hat{\boldsymbol{k}}_{\mathrm{i}} \cdot \boldsymbol{r}\right)$，$\hat{\boldsymbol{p}}$为入射波单位极化矢量，水平极化和垂直极化分别用$\hat{\boldsymbol{h}}_{\mathrm{i}}$和$\hat{\boldsymbol{v}}_{\mathrm{i}}$表示，$E_0$为电磁波幅度，$\hat{\boldsymbol{k}}_{\mathrm{i}}$为入射波单位矢量，$k$为波数。将入射波幅度在本地坐标系中分解为水平和垂直两个分量，即

$$\boldsymbol{E}_{\mathrm{i}}^{\mathrm{h}} = \hat{\boldsymbol{h}}_{\mathrm{i}}' \left(\hat{\boldsymbol{p}} \cdot \hat{\boldsymbol{h}}_{\mathrm{i}}'\right) E_0 \tag{3-19}$$

$$\boldsymbol{H}_{\mathrm{i}}^{\mathrm{h}} = \hat{\boldsymbol{k}}_{\mathrm{i}} \times \left[\hat{\boldsymbol{h}}_{\mathrm{i}}' \left(\hat{\boldsymbol{p}} \cdot \hat{\boldsymbol{h}}_{\mathrm{i}}'\right) E_0\right] / Z_0 = -\hat{\boldsymbol{v}}_{\mathrm{i}}' \left(\hat{\boldsymbol{p}} \cdot \hat{\boldsymbol{h}}_{\mathrm{i}}'\right) E_0 / Z_0 \tag{3-20}$$

$$\boldsymbol{E}_{\mathrm{i}}^{\mathrm{v}} = \hat{\boldsymbol{v}}_{\mathrm{i}}' \left(\hat{\boldsymbol{p}} \cdot \hat{\boldsymbol{v}}_{\mathrm{i}}'\right) E_0 \tag{3-21}$$

$$\boldsymbol{H}_{\mathrm{i}}^{\mathrm{v}} = \hat{\boldsymbol{h}}_{\mathrm{i}}' \left(\hat{\boldsymbol{p}} \cdot \hat{\boldsymbol{v}}_{\mathrm{i}}'\right) E_0 / Z_0 \tag{3-22}$$

其中，

$$\hat{\boldsymbol{h}}_{\mathrm{i}}' = \frac{\hat{\boldsymbol{k}}_{\mathrm{i}} \times \hat{\boldsymbol{n}}}{\left|\hat{\boldsymbol{k}}_{\mathrm{i}} \times \hat{\boldsymbol{n}}\right|}, \quad \hat{\boldsymbol{v}}_{\mathrm{i}}' = \hat{\boldsymbol{h}}_{\mathrm{i}}' \times \hat{\boldsymbol{k}}_{\mathrm{i}} \tag{3-23}$$

因此，切向水平极化场可以用入射场及其反射场表示为

$$\hat{\boldsymbol{n}} \times \boldsymbol{E}_{\mathrm{h}} = \hat{\boldsymbol{n}} \times \left(\boldsymbol{E}_{\mathrm{i}}^{\mathrm{h}} + \boldsymbol{E}_{\mathrm{r}}^{\mathrm{h}}\right) = \hat{\boldsymbol{n}} \times \boldsymbol{E}_{\mathrm{i}}^{\mathrm{h}} \left(1 + R_{\mathrm{h}}\right) \tag{3-24}$$

$$\begin{aligned} \hat{\boldsymbol{n}} \times \boldsymbol{H}_{\mathrm{h}} &= \hat{\boldsymbol{n}} \times \left(\boldsymbol{H}_{\mathrm{i}}^{\mathrm{h}} + \boldsymbol{H}_{\mathrm{r}}^{\mathrm{h}}\right) \\ &= \hat{\boldsymbol{n}} \times \left(\hat{\boldsymbol{k}}_{\mathrm{i}} \times \boldsymbol{E}_{\mathrm{i}}^{\mathrm{h}} + \hat{\boldsymbol{k}}_{\mathrm{r}} \times \boldsymbol{E}_{\mathrm{i}}^{\mathrm{h}} R_{\mathrm{h}}\right) / Z_0 \\ &= -\left[\left(\hat{\boldsymbol{n}} \cdot \hat{\boldsymbol{k}}_{\mathrm{i}}\right) \boldsymbol{E}_{\mathrm{i}}^{\mathrm{h}} + \left(\hat{\boldsymbol{n}} \cdot \hat{\boldsymbol{k}}_{\mathrm{r}}\right) \boldsymbol{E}_{\mathrm{i}}^{\mathrm{h}} R_{\mathrm{h}}\right] / Z_0 \\ &= -\left(\hat{\boldsymbol{n}} \cdot \hat{\boldsymbol{k}}_{\mathrm{i}}\right)\left(1 - R_{\mathrm{h}}\right) \boldsymbol{E}_{\mathrm{i}}^{\mathrm{h}} / Z_0 \end{aligned} \tag{3-25}$$

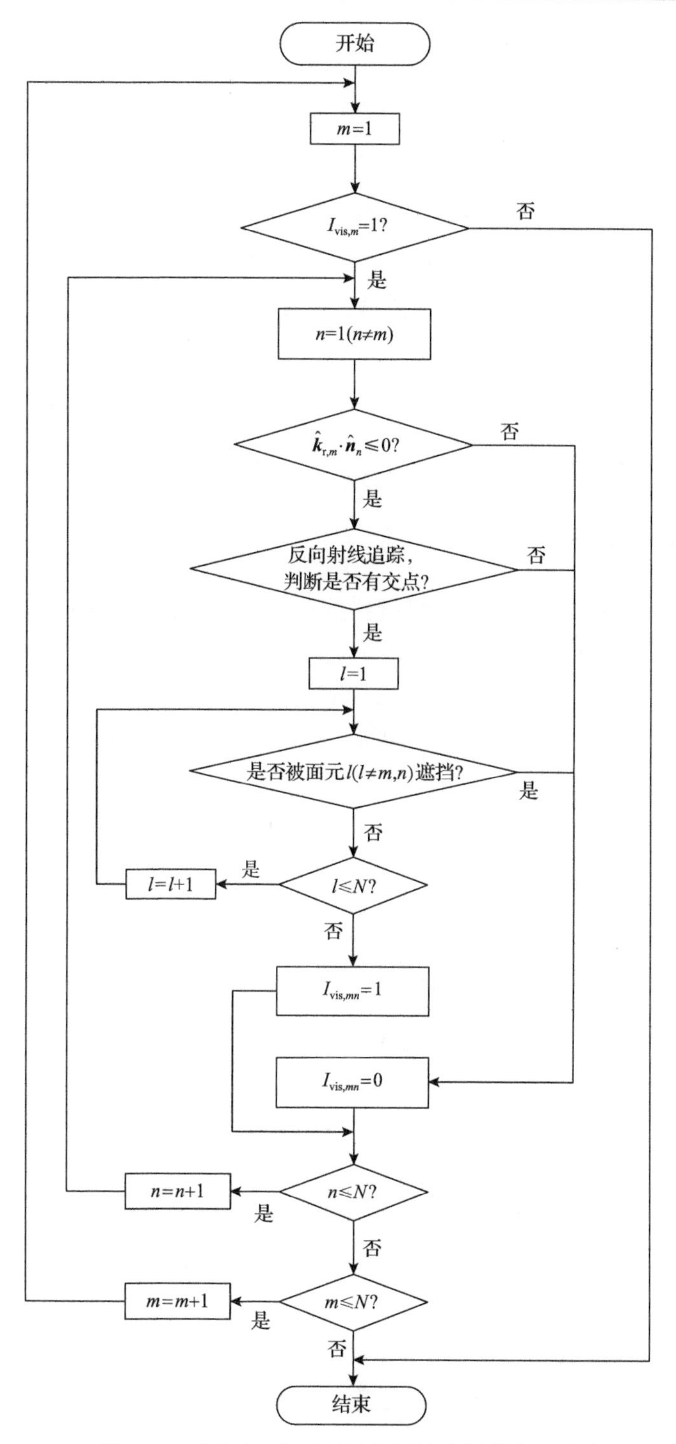

图 3.7　面元对一次反射波的可见度判断流程图

同理，可以求出切向垂直极化场分别为

$$\hat{\boldsymbol{n}}\times\boldsymbol{H}_{\mathrm{v}}=\hat{\boldsymbol{n}}\times\boldsymbol{H}_{\mathrm{i}}^{\mathrm{v}}\left(1+R_{\mathrm{v}}\right) \tag{3-26}$$

$$\hat{\boldsymbol{n}}\times\boldsymbol{E}_{\mathrm{v}}=\left(\hat{\boldsymbol{n}}\cdot\hat{\boldsymbol{k}}_{\mathrm{i}}\right)\left(1-R_{\mathrm{v}}\right)\boldsymbol{H}_{\mathrm{i}}^{\mathrm{v}}Z_0 \tag{3-27}$$

其中，$\hat{\boldsymbol{n}}$ 为面元单位法向矢量；$\hat{\boldsymbol{k}}_{\mathrm{r}}=\hat{\boldsymbol{k}}_{\mathrm{i}}-2\hat{\boldsymbol{n}}\left(\hat{\boldsymbol{k}}_{\mathrm{i}}\cdot\hat{\boldsymbol{n}}\right)$ 为反射波矢量；R_{h}、R_{v} 分别为水平极化和垂直极化的菲涅尔反射系数，对于理想导体，$R_{\mathrm{h}}=-1$、$R_{\mathrm{v}}=1$。

将水平极化和垂直极化的电磁切向场求和，可以得到总的切向电磁场。相应地，可以得到感应电磁流分别为

$$\boldsymbol{M}_0=\hat{\boldsymbol{n}}\times\boldsymbol{E}=\left(\hat{\boldsymbol{n}}\times\hat{\boldsymbol{h}}_{\mathrm{i}}'\right)\left(\hat{\boldsymbol{p}}\cdot\hat{\boldsymbol{h}}_{\mathrm{i}}'\right)\left(1+R_{\mathrm{h}}\right)E_0+\hat{\boldsymbol{h}}_{\mathrm{i}}'\left(\hat{\boldsymbol{p}}\cdot\hat{\boldsymbol{v}}_{\mathrm{i}}'\right)\left(\hat{\boldsymbol{n}}\cdot\hat{\boldsymbol{k}}_{\mathrm{i}}\right)\left(1-R_{\mathrm{v}}\right)E_0 \tag{3-28}$$

$$\boldsymbol{J}_0=\hat{\boldsymbol{n}}\times\boldsymbol{H}=\left[\left(\hat{\boldsymbol{n}}\times\hat{\boldsymbol{h}}_{\mathrm{i}}'\right)\left(\hat{\boldsymbol{p}}\cdot\hat{\boldsymbol{v}}_{\mathrm{i}}'\right)\left(1+R_{\mathrm{v}}\right)E_0-\hat{\boldsymbol{h}}_{\mathrm{i}}'\left(\hat{\boldsymbol{p}}\cdot\hat{\boldsymbol{h}}_{\mathrm{i}}'\right)\left(\hat{\boldsymbol{n}}\cdot\hat{\boldsymbol{k}}_{\mathrm{i}}\right)\left(1-R_{\mathrm{h}}\right)E_0\right]/Z_0 \tag{3-29}$$

如果某面元 m 能够被入射波照射到，则根据 Stratton-Chu 散射场积分方程，面元 m 的远区散射场可以表示为[3]

$$\begin{aligned}\boldsymbol{E}_{pq,m}(\boldsymbol{r})&=\hat{\boldsymbol{q}}\cdot\left\{\frac{\mathrm{j}k\exp(\mathrm{j}kR)}{4\pi R}\hat{\boldsymbol{k}}_{\mathrm{s}}\times\int\left(\boldsymbol{M}_{0,m}-\eta\hat{\boldsymbol{k}}_{\mathrm{s}}\times\boldsymbol{J}_{0,m}\right)\exp\left[\mathrm{j}k\left(\hat{\boldsymbol{k}}_{\mathrm{i}}-\hat{\boldsymbol{k}}_{\mathrm{s}}\right)\cdot\boldsymbol{r}_m'\right]\mathrm{d}S'\right\}\\&=\frac{\exp(\mathrm{j}kR)}{4\pi R}\left[\hat{\boldsymbol{q}}\cdot\hat{\boldsymbol{k}}_{\mathrm{s}}\times\left(\boldsymbol{M}_{0,m}-\eta\hat{\boldsymbol{k}}_{\mathrm{s}}\times\boldsymbol{J}_{0,m}\right)\right]\cdot I_m\end{aligned} \tag{3-30}$$

其中，$\hat{\boldsymbol{q}}$ 为散射波单位极化矢量，水平极化和垂直极化分别用 $\hat{\boldsymbol{h}}_{\mathrm{s}}$ 和 $\hat{\boldsymbol{v}}_{\mathrm{s}}$ 表示。

对于相位积分项，根据 Gordon 方法[4]，其具体计算表达式为

$$\begin{aligned}I_m&=\mathrm{j}k\int\exp\left[\mathrm{j}k\left(\hat{\boldsymbol{k}}_{\mathrm{i}}-\hat{\boldsymbol{k}}_{\mathrm{s}}\right)\cdot\boldsymbol{r}'\right]\mathrm{d}S'\\&=\frac{\exp\left(\mathrm{j}k\boldsymbol{r}_0\cdot\boldsymbol{w}\right)}{T}\sum_{n=1}^{N}\left(\hat{\boldsymbol{p}}\cdot\boldsymbol{a}_n\right)\exp\left(\mathrm{j}k\boldsymbol{b}_n\cdot\boldsymbol{w}\right)\frac{\sin\left(k\boldsymbol{a}_n\cdot\boldsymbol{w}/2\right)}{k\boldsymbol{a}_n\cdot\boldsymbol{w}/2}\end{aligned} \tag{3-31}$$

其中，N 为面元的边长个数；$\boldsymbol{r}_0$ 为面元的中心位置矢量；$\boldsymbol{w}=\hat{\boldsymbol{k}}_{\mathrm{i}}-\hat{\boldsymbol{k}}_{\mathrm{s}}$；$\hat{\boldsymbol{p}}=\hat{\boldsymbol{n}}\times\boldsymbol{w}/\left|\hat{\boldsymbol{n}}\times\boldsymbol{w}\right|$；$\boldsymbol{a}_n=\boldsymbol{r}_{n+1}-\boldsymbol{r}_n$；$\boldsymbol{b}_n=\left(\boldsymbol{r}_{n+1}+\boldsymbol{r}_n\right)/2$；$T$ 为 $\boldsymbol{w}$ 在面元上的投影长度。

这样，总的一次散射场可以表示为

$$\boldsymbol{E}_{pq}^{1}=\sum_{m=1}^{N}\boldsymbol{E}_{pq,m}\left(\boldsymbol{r}_m\right)\cdot I_{\mathrm{vis},m} \tag{3-32}$$

其中，N 为目标上总的面元数；$I_{\mathrm{vis},m}$ 为面元 m 对入射波的可见度因子，如果面

元 m 能够被入射波照射到，则 $I_{\text{vis},m}=1$，如果不能被照射到，则 $I_{\text{vis},m}=0$。

4. 一次反射波感应的电磁流和二次散射场的计算

假如面元 n 能被面元 m 的反射波照射到，则面元 n 上的二次散射如图 3.8 所示。对于面元 n 的二次散射，面元 m 的一次反射场 $\boldsymbol{E}_m^{\text{r1}}$、$\boldsymbol{H}_m^{\text{r1}}$ 作为面元 n 的入射场，$\boldsymbol{E}_m^{\text{r1}}$、$\boldsymbol{H}_m^{\text{r1}}$ 可以表示为

$$\begin{aligned}\boldsymbol{E}_m^{\text{r1}}&=\boldsymbol{E}_\text{i}^\text{h}R_\text{h}+\boldsymbol{H}_\text{i}^\text{v}\times\hat{\boldsymbol{k}}_{\text{r},m}R_\text{v}Z_0\\&=\left[\hat{\boldsymbol{h}}_\text{i}'\left(\hat{\boldsymbol{p}}\cdot\hat{\boldsymbol{h}}_\text{i}'\right)R_\text{h}+\left(\hat{\boldsymbol{h}}_\text{i}'\times\hat{\boldsymbol{k}}_{\text{r},m}\right)\left(\hat{\boldsymbol{p}}\cdot\hat{\boldsymbol{v}}_\text{i}'\right)R_\text{v}\right]E_0\end{aligned}\tag{3-33}$$

$$\begin{aligned}\boldsymbol{H}_m^{\text{r1}}&=\hat{\boldsymbol{k}}_{\text{r},m}\times\boldsymbol{E}_\text{i}^\text{h}R_\text{h}/Z_0+\boldsymbol{H}_\text{i}^\text{v}R_\text{v}\\&=\left[\left(\hat{\boldsymbol{k}}_{\text{r},m}\times\hat{\boldsymbol{h}}_\text{i}'\right)\left(\hat{\boldsymbol{p}}\cdot\hat{\boldsymbol{h}}_\text{i}'\right)R_\text{h}+\hat{\boldsymbol{h}}_\text{i}'\left(\hat{\boldsymbol{p}}\cdot\hat{\boldsymbol{v}}_\text{i}'\right)R_\text{v}\right]E_0/Z_0\end{aligned}\tag{3-34}$$

很明显，面元 m 一次反射波的极化矢量为

$$\hat{\boldsymbol{p}}_m^\text{r}=\hat{\boldsymbol{h}}_\text{i}'\left(\hat{\boldsymbol{p}}\cdot\hat{\boldsymbol{h}}_\text{i}'\right)R_\text{h}+\hat{\boldsymbol{v}}_\text{i}'\left(\hat{\boldsymbol{p}}\cdot\hat{\boldsymbol{v}}_\text{i}'\right)R_\text{v}\tag{3-35}$$

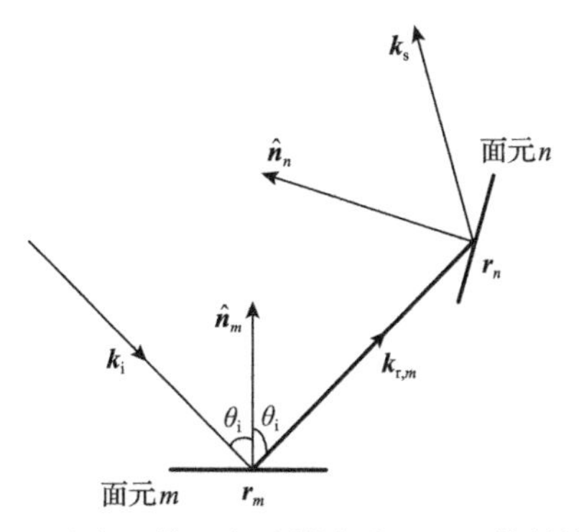

图 3.8　面元 m 的一次反射波对面元 n 散射的贡献

如果面元 n 能够被面元 m 的反射波照射到，则可以得到面元 m 一次反射场在面元 n 上感应的电磁流 $\boldsymbol{J}_{1,nm}$、$\boldsymbol{M}_{1,nm}$，进而可以得到所有面元(前提条件是该面元对入射波的可见度因子 $I_{\text{vis},m}=1$)，其在面元 n 上感应的电磁流总和 $\boldsymbol{M}_{1,n}$、$\boldsymbol{J}_{1,n}$ 分别为

$$\boldsymbol{M}_{1,n}=\sum_{m=1}^{N}I_{\text{vis},m}\cdot\boldsymbol{M}_{1,nm}\cdot I_{\text{vis},nm}\tag{3-36}$$

$$\boldsymbol{J}_{1,n}=\sum_{m=1}^{N}I_{\text{vis},m}\cdot\boldsymbol{J}_{1,nm}\cdot I_{\text{vis},nm}\tag{3-37}$$

其中，$I_{\text{vis},nm}$为面元n对面元m的可见度因子，如果面元n能够被面元m的反射波照射到，则$I_{\text{vis},nm}=1$，如果不能被照射到，则$I_{\text{vis},nm}=0$。

这样，总的二次散射场可以表示为

$$\boldsymbol{E}_{pq}^{2}=\frac{\exp(\mathrm{j}kR)}{4\pi R}\sum_{n=1}^{N}\left[\hat{\boldsymbol{q}}\cdot\hat{\boldsymbol{k}}_{\mathrm{s}}\times\left(\sum_{m=1}^{N}I_{\text{vis},m}\cdot\boldsymbol{M}_{1,nm}\cdot I_{\text{vis},nm}\right.\right.$$
$$\left.\left.-Z_0\hat{\boldsymbol{k}}_{\mathrm{s}}\times\sum_{m=1}^{M}I_{\text{vis},m}\cdot\boldsymbol{J}_{1,nm}\cdot I_{\text{vis},nm}\right)\right]\cdot I_n \tag{3-38}$$

根据前面的分析，当考虑到二次散射作用时，面元n上的电磁流可以表示为

$$\boldsymbol{M}_n=\boldsymbol{M}_{0,n}\cdot I_{\text{vis},n}+\sum_{m=1}^{N}I_{\text{vis},m}\cdot\boldsymbol{M}_{1,nm}\cdot I_{\text{vis},nm} \tag{3-39}$$

$$\boldsymbol{J}_n=\boldsymbol{J}_{0,n}\cdot I_{\text{vis},n}+\sum_{m=1}^{N}I_{\text{vis},m}\cdot\boldsymbol{J}_{1,nm}\cdot I_{\text{vis},nm} \tag{3-40}$$

这样，三维目标上总的散射场可以表示为

$$\boldsymbol{E}_{pq}^{\text{target}}\left(\hat{\boldsymbol{k}}_{\mathrm{i}},\hat{\boldsymbol{k}}_{\mathrm{s}}\right)=\sum_{n=1}^{N}\frac{\exp(\mathrm{j}kR)}{4\pi R}\left[\hat{\boldsymbol{q}}\cdot\hat{\boldsymbol{k}}_{\mathrm{s}}\times\left(\boldsymbol{M}_n-Z_0\hat{\boldsymbol{k}}_{\mathrm{s}}\times\boldsymbol{J}_n\right)\right]\cdot I_n \tag{3-41}$$

根据上述思路亦可进一步考虑更高阶的多次散射效应。为了验证本章所建立的GO-PO方法的准确性，图3.9给出了三面体角反射器在$\phi_{\mathrm{i}}=60°$平面内的VV极化后向RCS结果，入射波频率为5GHz，三面体角反射器中直角三角形的直角边

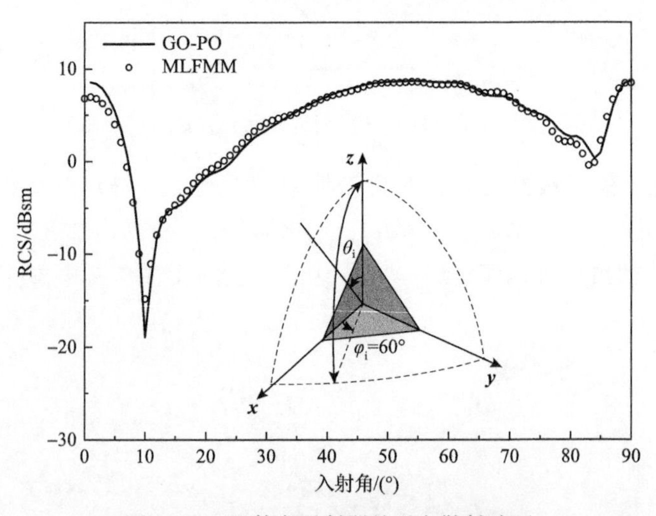

图 3.9　三面体角反射器的后向散射验证

长为5λ，λ为波长。从图中可以看出，GO-PO方法与多层快速多极子方法(multi-level fast multi-pole method, MLFMM)所得结果符合得很好。图3.10比较了VV极化时等效电流法(method of equivalent currents, MEC)和GO-PO方法计算得到的三维舰船目标双站散射结果，其中，入射波频率为5GHz，入射角为$\theta_i = 50°$、$\phi_i = \phi_s = 0°$，从图中可以看出，GO-PO方法计算所得到的结果与MEC吻合较好。

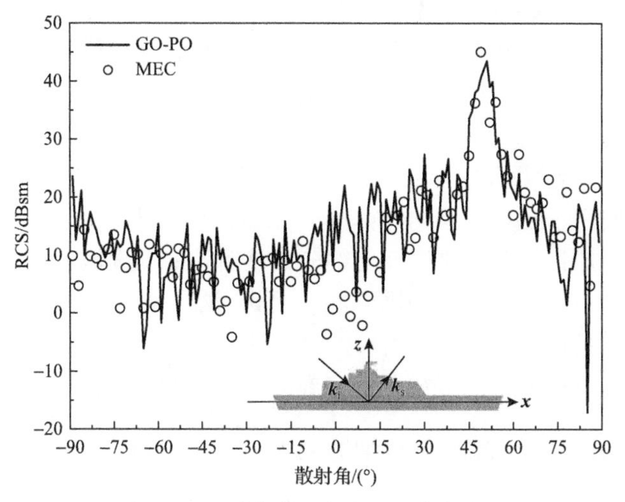

图3.10　三维舰船目标的双站散射验证

3.2　基于GO-PO方法的海面目标复合电磁散射模型

环境与目标复合散射的高频混合算法通常将总的散射场分解为海面直接散射场、目标直接散射场和耦合散射场三部分。虽然与数值方法相比这是一种在高频电磁波段的近似，但是如果三部分散射场计算方法的精度足够，那么计算结果也可以较好地模拟实际散射现象。这类方法的最大优点是：具有高效率，可以处理低频数值方法无法企及的超电大电磁建模问题。其难点是：如何在保证耦合散射场的计算具有一定精度的前提下，不大幅降低计算效率。对于耦合场的计算，传统四路径模型[5,6]将目标与下方粗糙面的耦合作用简化为目标与下方无限大平面的镜像反射场，因此只适合微粗糙表面上方目标的复合散射问题。IPO方法[7,8]是一种能够求解复杂导体目标多次散射场的高频近似方法，利用物理光学电流与修正电流叠加来逼近导体目标表面因多次耦合散射作用导致的实际电流。IPO方法曾被用来分析舰船类目标船舷与海面组成的大范围角反射器结构的多次散射场，以此代替舰船与海面的耦合场贡献。这种思路的前提是：假设舰船与海面的耦合场主要来自角反射器结构。为了保证耦合场的计算精度，IPO方法要求一定的迭代次数，加上依赖各面元之间可见性判断的消隐技术，当处理超电大结构时，该方法仍然面临计算效率低、容易发散等问题。射线追踪理论[9,10]主要是基于高频电磁波的类光学特性提出的，优点是适用性强，理论上能够适应任何形状和尺寸复杂目标的多次散射场的计算，缺点是计算精度依赖射线管的数量，当面临超电大目标与海面耦合散射时，仍然需要大量的优化工作。

本节将结合基于毛细波相位修正的海面面元散射模型与 GO-PO 方法，构建海面与舰船目标复合电磁散射模型。针对海上超电大尺寸舰船复杂目标复合散射的应用需求，该模型的优势在于：对于海面散射贡献，从海面的单元法模型出发，可以给出海面各单元的散射场，包括幅度信息和相位信息，以便复合散射应用；而对于目标散射贡献，采用 GO-PO 方法进行计算，该方法包含了散射场中多次反射的高阶项，是计算各种含角反射器目标电磁散射的一种有效方法；此外，GO-PO 方法不仅可以应用于复杂目标的计算，还可以应用于目标与海面耦合散射的计算，首先将海面和舰船目标分别进行面元剖分，然后按照二次散射计算的过程，可以得到海面面元和目标面元之间的耦合场。因此，本节给出的模型是一种特别适合应用于复杂海面目标复合电磁散射特性分析的高分辨模型，兼顾了高效率和高精度，突破了传统电磁散射模型在高分辨雷达中的应用瓶颈。

3.2.1 目标与海面复合电磁散射模型的建立

目标与海面复合场景的散射贡献主要包括海面直接散射贡献、目标直接散射贡献和目标与海面之间的耦合散射贡献，其中目标与海面之间的耦合散射贡献又包括海面反射波对目标的二次散射贡献和目标反射波对海面的二次散射贡献。这样，目标与海面复合场景的总场可以表示为海面直接散射场 $\boldsymbol{E}^{\text{sea}}\left(\hat{\boldsymbol{k}}_{\text{i}}, \hat{\boldsymbol{k}}_{\text{s}}\right)$、目标直接散射场 $\boldsymbol{E}^{\text{target}}\left(\hat{\boldsymbol{k}}_{\text{i}}, \hat{\boldsymbol{k}}_{\text{s}}\right)$、目标与海面之间的耦合散射场 $\boldsymbol{E}^{\text{cou}}\left(\hat{\boldsymbol{k}}_{\text{i}}, \hat{\boldsymbol{k}}_{\text{s}}\right)$ 的相干叠加，即

$$\boldsymbol{E}^{\text{total}}\left(\hat{\boldsymbol{k}}_{\text{i}}, \hat{\boldsymbol{k}}_{\text{s}}\right)=\boldsymbol{E}^{\text{sea}}\left(\hat{\boldsymbol{k}}_{\text{i}}, \hat{\boldsymbol{k}}_{\text{s}}\right)+\boldsymbol{E}^{\text{target}}\left(\hat{\boldsymbol{k}}_{\text{i}}, \hat{\boldsymbol{k}}_{\text{s}}\right)+\boldsymbol{E}^{\text{cou}}\left(\hat{\boldsymbol{k}}_{\text{i}}, \hat{\boldsymbol{k}}_{\text{s}}\right) \tag{3-42}$$

传统的海面散射模型主要以海面为研究对象，通常给出的只有海面的雷达散射系数，无法给出海面单元散射场的幅度信息和相位信息，因而很难应用于海面目标的复合散射建模中。针对海上舰船目标复合散射的应用需求，对于海面直接散射贡献，可采用第 1 章给出的 CWMFSM，该模型将海面散射贡献面元化，因而更加适合于复合散射的计算应用。

对于目标直接散射贡献，采用本章给出的 GO-PO 方法进行计算，即

$$\boldsymbol{E}_{pq}^{\text{target}}\left(\hat{\boldsymbol{k}}_{\text{i}},\hat{\boldsymbol{k}}_{\text{s}}\right)=\sum_{n=1}^{N}\frac{\exp(\text{j}kR)}{4\pi R}\left[\hat{\boldsymbol{q}}\cdot\hat{\boldsymbol{k}}_{\text{s}}\times\left(\boldsymbol{M}_{n}-Z_{0}\hat{\boldsymbol{k}}_{\text{s}}\times\boldsymbol{J}_{n}\right)\right]\cdot I_{n} \tag{3-43}$$

对于目标与海面之间的耦合散射贡献，其计算方法与目标二次反射过程的计

算方法类似。首先，判断海面面元 m 是否被目标面元 n 的反射波照射到，如果被照射到，就可以得到目标面元 n 的一次反射波在海面面元 m 上产生的感应电磁流 $\boldsymbol{J}_{\mathrm{c},mn}^{\mathrm{sea}}$、$\boldsymbol{M}_{\mathrm{c},mn}^{\mathrm{sea}}$，进而可以得到目标上所有面元(其前提条件是，该目标面元对入射波的可见度因子 $I_{\mathrm{vis},n}^{\mathrm{tar}}=1$)在海面面元 m 上感应的电磁流总和 $\boldsymbol{M}_{\mathrm{c},m}^{\mathrm{sea}}$、$\boldsymbol{J}_{\mathrm{c},m}^{\mathrm{sea}}$ 分别为

$$\boldsymbol{M}_{\mathrm{c},m}^{\mathrm{sea}}=\sum_{n=1}^{N_{\mathrm{t}}} I_{\mathrm{vis},n}^{\mathrm{tar}}\cdot \boldsymbol{M}_{\mathrm{c},mn}^{\mathrm{sea}}\cdot I_{\mathrm{vis},mn}^{\mathrm{sea\text{-}tar}} \tag{3-44}$$

$$\boldsymbol{J}_{\mathrm{c},m}^{\mathrm{sea}}=\sum_{n=1}^{N_{\mathrm{t}}} I_{\mathrm{vis},n}^{\mathrm{tar}}\cdot \boldsymbol{J}_{\mathrm{c},mn}^{\mathrm{sea}}\cdot I_{\mathrm{vis},mn}^{\mathrm{sea\text{-}tar}} \tag{3-45}$$

其中，$I_{\mathrm{vis},mn}^{\mathrm{sea\text{-}tar}}$ 为海面面元 m 对目标面元 n 的可见度因子；N_{t} 为目标上的面元数。

其次，判断目标面元 l 是否被海面面元 m 的反射波照射到，如果被照射到，则计算海面面元 m 的一次反射场在目标面元 l 上感应的电流 $\boldsymbol{J}_{\mathrm{c},lm}^{\mathrm{tar}}$，进而可以得到海面上所有面元(其前提条件是，该海面面元对入射波的可见度因子 $I_{\mathrm{vis},m}^{\mathrm{sea}}=1$)在目标面元 l 上感应的电流总和 $\boldsymbol{J}_{\mathrm{c},l}^{\mathrm{tar}}$ 为

$$\boldsymbol{J}_{\mathrm{c},l}^{\mathrm{tar}}=\sum_{m=1}^{N_{\mathrm{s}}} I_{\mathrm{vis},m}^{\mathrm{sea}}\cdot \boldsymbol{J}_{\mathrm{c},lm}^{\mathrm{tar}}\cdot I_{\mathrm{vis},lm}^{\mathrm{tar\text{-}sea}} \tag{3-46}$$

其中，$I_{\mathrm{vis},lm}^{\mathrm{tar\text{-}sea}}$ 为目标面元 l 对海面面元 m 的可见度因子；N_{s} 为海面上的面元数。

因此，目标与海面之间的耦合散射贡献可以表示为

$$\begin{aligned}\boldsymbol{E}^{\mathrm{cou}}\left(\hat{\boldsymbol{k}}_{\mathrm{i}},\hat{\boldsymbol{k}}_{\mathrm{s}}\right)=&\frac{\exp(\mathrm{j}kR)}{4\pi R}\sum_{m=1}^{N_{\mathrm{s}}}\left[\hat{\boldsymbol{q}}\cdot\hat{\boldsymbol{k}}_{\mathrm{s}}\times\left(\boldsymbol{M}_{\mathrm{c},m}^{\mathrm{sea}}-Z_0\hat{\boldsymbol{k}}_{\mathrm{s}}\times\boldsymbol{J}_{\mathrm{c},m}^{\mathrm{sea}}\right)\right]\cdot I_m\\&+\frac{\exp(\mathrm{j}kR)}{4\pi R}\sum_{l=1}^{N_{\mathrm{t}}}\hat{\boldsymbol{q}}\cdot\hat{\boldsymbol{k}}_{\mathrm{s}}\times\left(-Z_0\hat{\boldsymbol{k}}_{\mathrm{s}}\times\boldsymbol{J}_{\mathrm{c},l}^{\mathrm{tar}}\right)\cdot I_l\end{aligned} \tag{3-47}$$

最后，目标与海面复合模型的总场 RCS 可以表示为

$$\sigma=\lim_{R\to\infty}4\pi R^2\frac{\left|\boldsymbol{E}^{\mathrm{total}}\right|^2}{\left|\boldsymbol{E}_{\mathrm{i}}\right|^2} \tag{3-48}$$

3.2.2　算例验证与分析

1. 简单目标与平板的复合散射

图 3.11 给出了立方体与平板复合散射示意图，平板底面为正方形，边长为 12λ，立方体边长为 2λ，其中 λ 为入射波波长。图 3.12 给出了 VV 极化情况下

利用 GO-PO 方法和 MLFMM 计算得到的该组合体 RCS 结果，入射波频率为 10GHz，图 3.12(a)为单站散射；图 3.12(b)为双站散射(入射方向定义为 $\theta_{\rm i}=45°$、$\phi_{\rm i}=0°$，散射方向为 $\theta_{\rm s}=-90°\sim 90°$、$\phi_{\rm s}=0°$)。

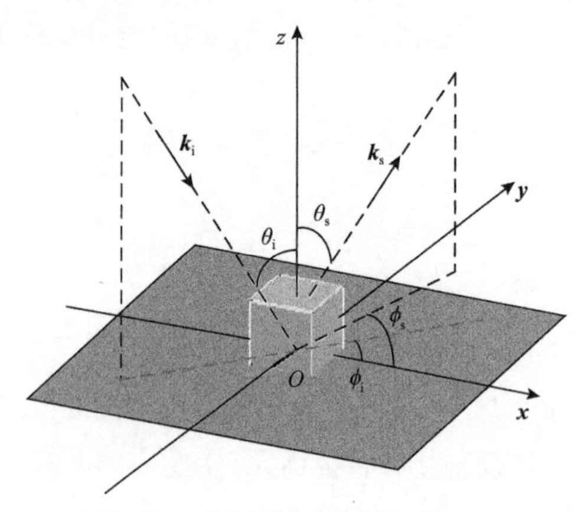

图 3.11　立方体与平板复合散射示意图

图 3.12 中通过与 MLFMM 总场结果的对比可以看出，在单站散射条件下，GO-PO 方法的预估结果整体上和 MLFMM 结果吻合得比较好，在近垂直入射区，平板的散射占主导地位，随着入射角的增大，耦合散射的贡献将逐渐占主导地位。在双站散射条件下，在镜像散射区，平板的散射占主导地位，在后向散射区，耦合散射的贡献占主导地位，且 GO-PO 方法与数值方法的主要差别体现在大散射角区域。

2. 舰船目标与海面的复合散射

传统的四路径方法根据镜像原理将目标与粗糙面的耦合散射作用简化为目标

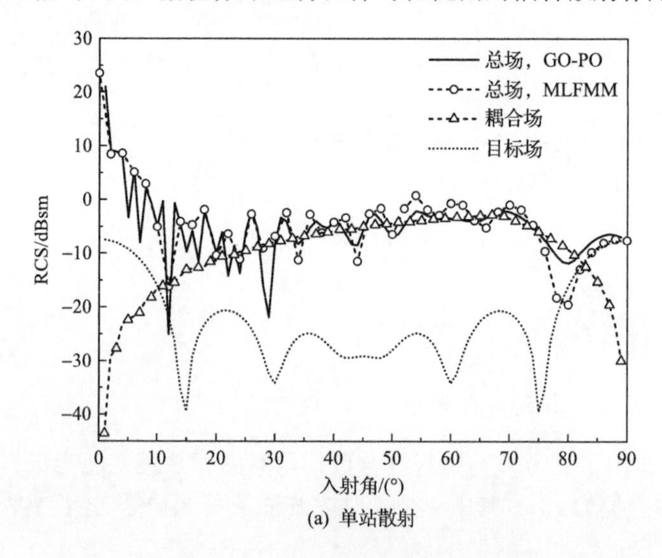

(a) 单站散射

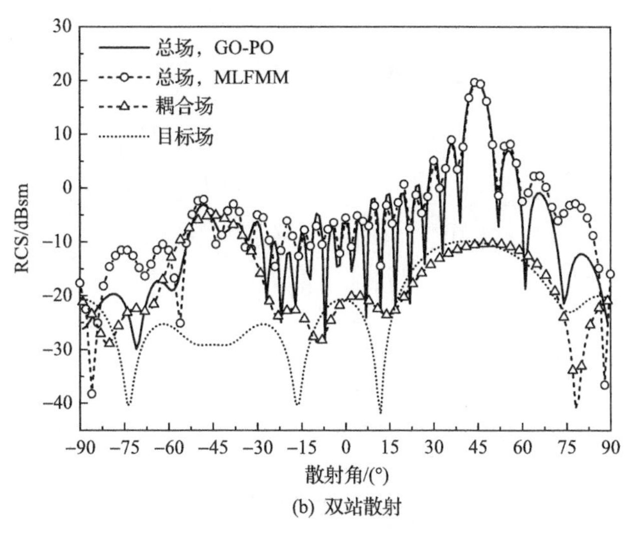

(b) 双站散射

图 3.12　立方体与平板 RCS 算例与验证

与无限大平面的相互作用，其总场可表示为四种镜像路径散射场的相干叠加。为了考虑粗糙度对目标与粗糙面耦合作用的影响，修正四路径方法[11]在复反射系数中引入了粗糙面反射因子，简单地考虑了目标下方粗糙面的高度标准偏差对耦合散射的影响。GO-PO 方法在处理目标与海面耦合作用时，可以根据大尺度海面上面元法向的不同将大尺度海面粗糙度的影响合理地考虑进去。

图 3.13 比较了 HH 极化时修正四路径方法和 GO-PO 方法计算的舰船目标与海面复合双站散射结果，其中，入射波频率为 5GHz，入射角为 60°，海面风速为 1.5m/s，风向为 0°，从图中可以看出，对于微粗糙海面，GO-PO 方法计算所得总场和耦合场的 RCS 结果与修正四路径方法所得的结果吻合得比较好。

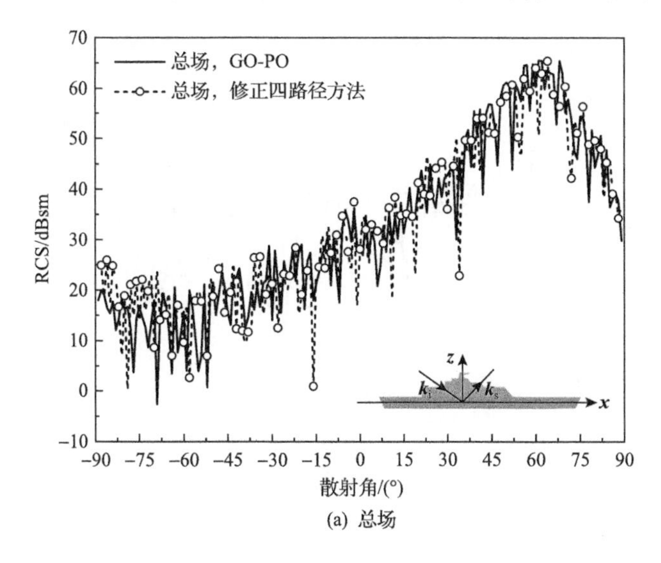

(a) 总场

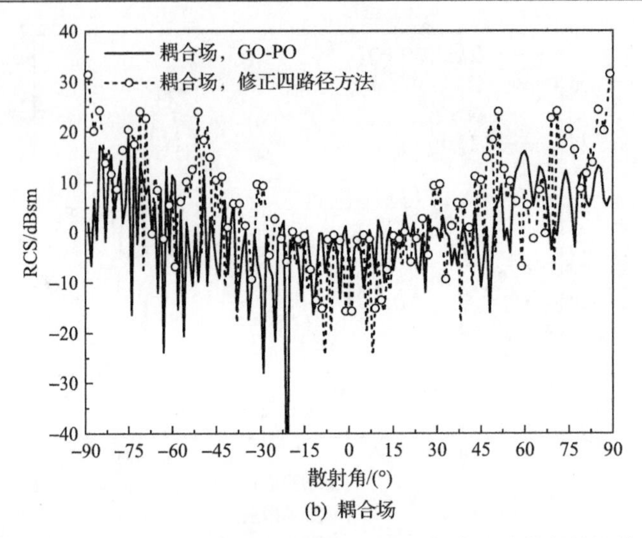

(b) 耦合场

图 3.13　不同方法计算的舰船目标与海面复合双站散射的比较

图 3.14 比较了不同风速时修正四路径方法和 GO-PO 方法计算的舰船目标与海面耦合场 RCS 的结果，入射波频率为 5GHz，HH 极化，入射角 $\theta_\mathrm{i} = 60°$。从图中可以看出，利用修正四路径方法计算的耦合场随风速的变化比较剧烈，这是由于修正四路径方法中复反射系数的修正系数对表面粗糙度的变化比较敏感，所以利用粗糙面反射因子修正的复反射系数随风速的增加而减小得比较剧烈，可见修正四路径方法只适合于计算微粗糙海面与目标的复合散射。而 GO-PO 方法在处理目标与海面耦合作用时，可以根据大尺度海面上面元法向的不同将大尺度海面粗糙度的影响合理地考虑进去，因此更加适合于目标与海面的复合散射。

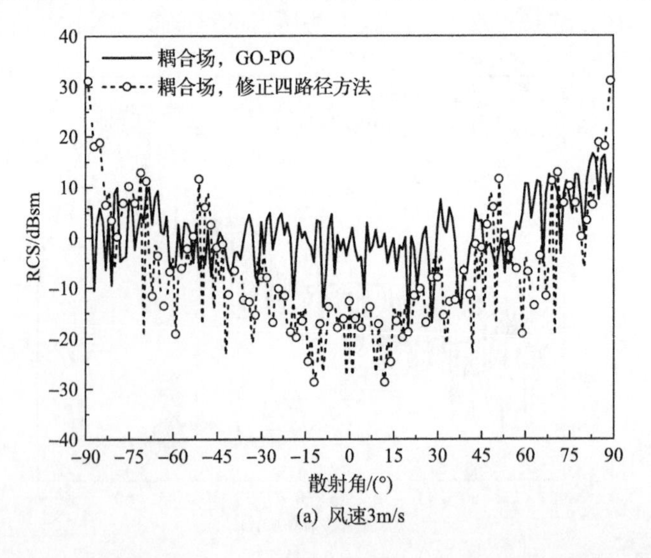

(a) 风速3m/s

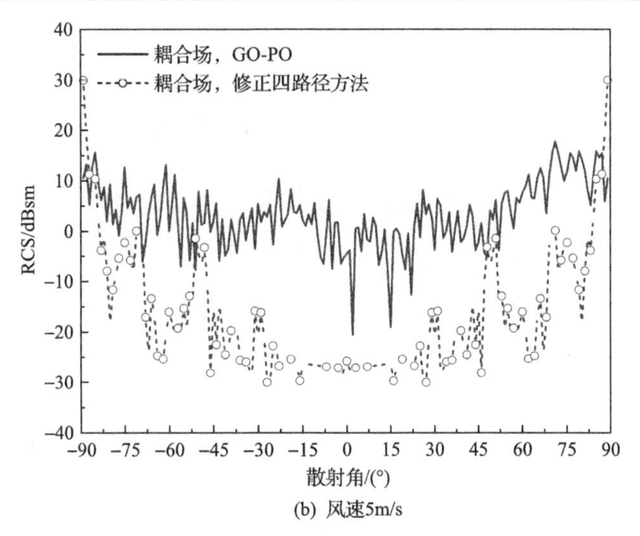

(b) 风速5m/s

图 3.14　不同方法计算的舰船目标与海面耦合场 RCS 的比较

3.2.3　舰船目标与海面复合双站散射特性的研究

本节将计算分析不同条件(风速、入射角、航向等)下海面背景、舰船目标及其复合双站雷达散射特性。舰船几何结构及其与海面复合散射示意图如图 3.15 所示。其中，入射频率为 1.57GHz，入射方位和散射方位都为 $\phi_{\rm i}=\phi_{\rm s}=0°$ ，海面网格大小为 1.0m×1.0m，风向为 0° ，海面面积为 300m×300m。

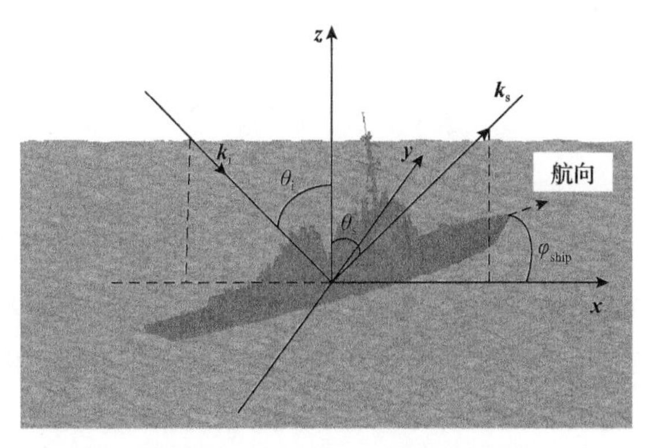

图 3.15　舰船几何结构及其与海面复合散射示意图

图 3.16 给出了不同极化时舰船目标与海面双站 RCS 随散射角的变化规律。入射角为 $\theta_{\rm i}=30°$ ，风速为 5m/s，航向为 $\varphi_{\rm ship}=0°$ 。从图中可以看出，在镜像散射区，海面的散射占主导地位。在后向散射区，目标散射和耦合散射的贡献占主导地位，在 VV 极化条件下，耦合贡献基本被海面的贡献淹没，而在 HH 极化条件下，海面贡献小于 VV 极化时的值，因此在后向大散射角区的耦合场要大于海面的贡献。

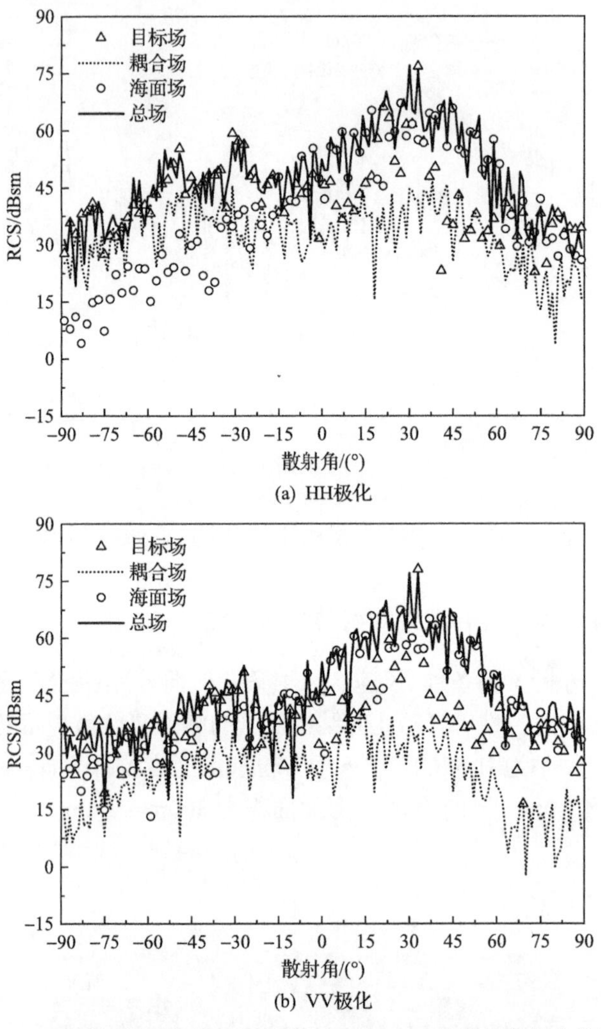

(a) HH极化

(b) VV极化

图 3.16　不同极化时舰船目标与海面双站 RCS 随散射角的变化规律

图 3.17(a)比较了 HH 极化时不同入射角下舰船和海面复合双站 RCS 随散射角的变化情况，风速为 5m/s，航向为 $\varphi_{\text{ship}}=0°$ 。从图中可以看出，随着入射角的增大，目标镜像点处的 RCS 值变小；对于耦合场的 RCS，随着入射角的增大，在大散射角区域的 RCS 逐渐增大，在小散射角区域的 RCS 逐渐减小。图 3.17(b)比较了 HH 极化时不同航向下舰船和海面复合双站 RCS 随散射角的变化情况。从图中可以看出，由于航向的不同，舰船上的面元对入射波、舰船上其他面元的一次反射波以及海面上面元的一次反射波的可见度不同，所以目标和耦合场的 RCS 在不同航向时差异比较明显，且目标和耦合场的 RCS 在航向为 0° 和 90° 时比航向为 30° 和 60° 时要大一些。图 3.18 和图 3.19 分别给出了不同入射角、航向时舰船上

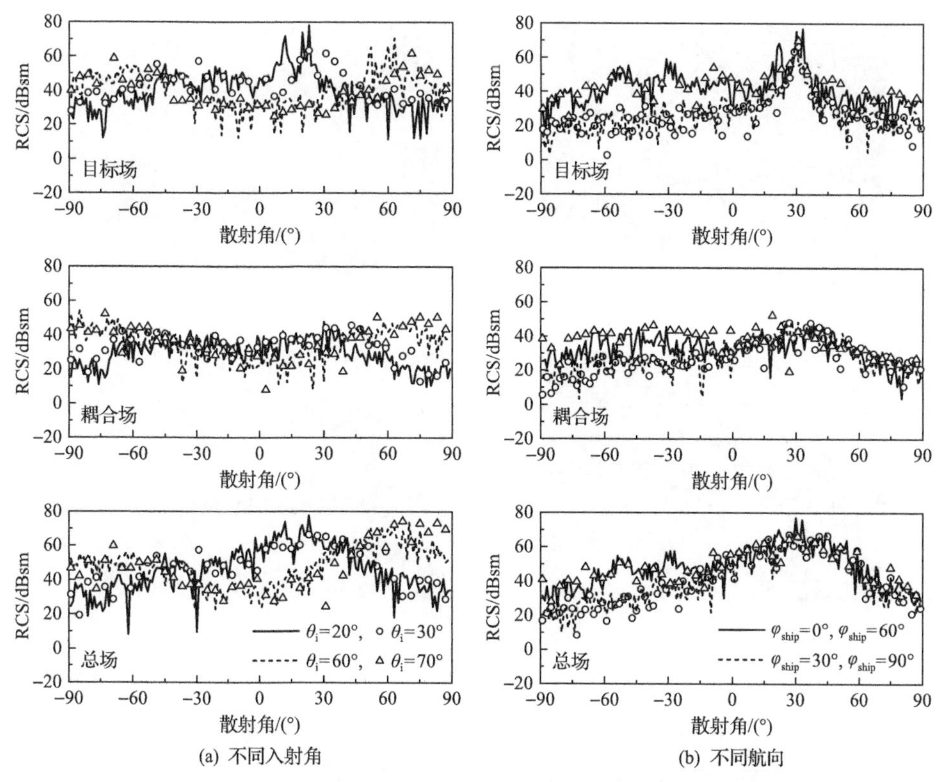

图 3.17　HH 极化时不同入射角和航向下舰船和海面复合双站 RCS 随散射角的变化规律

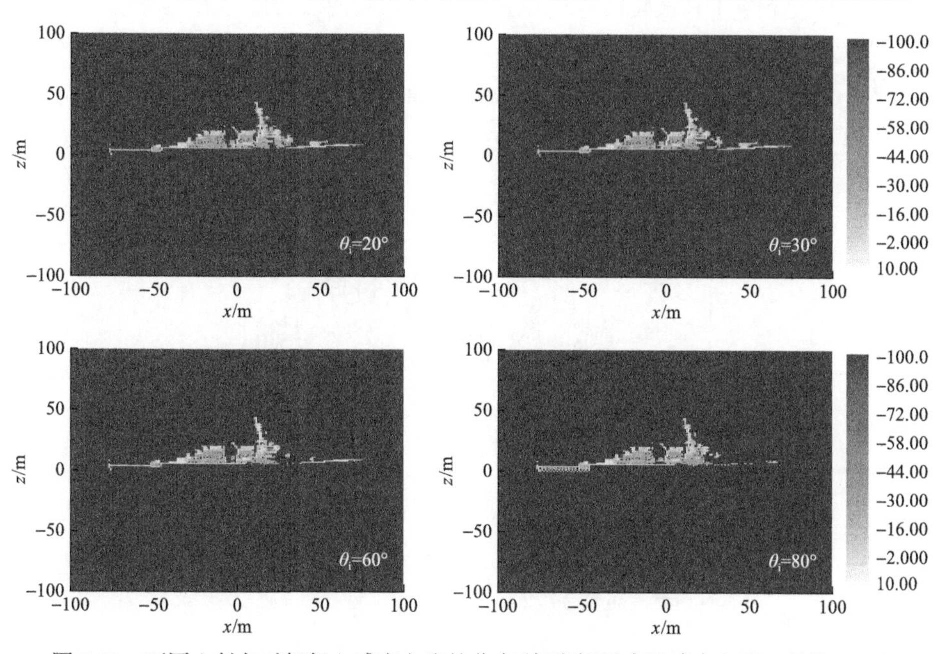

图 3.18　不同入射角时舰船上感应电流的分布(灰度标尺表示感应电流，单位 dBA)

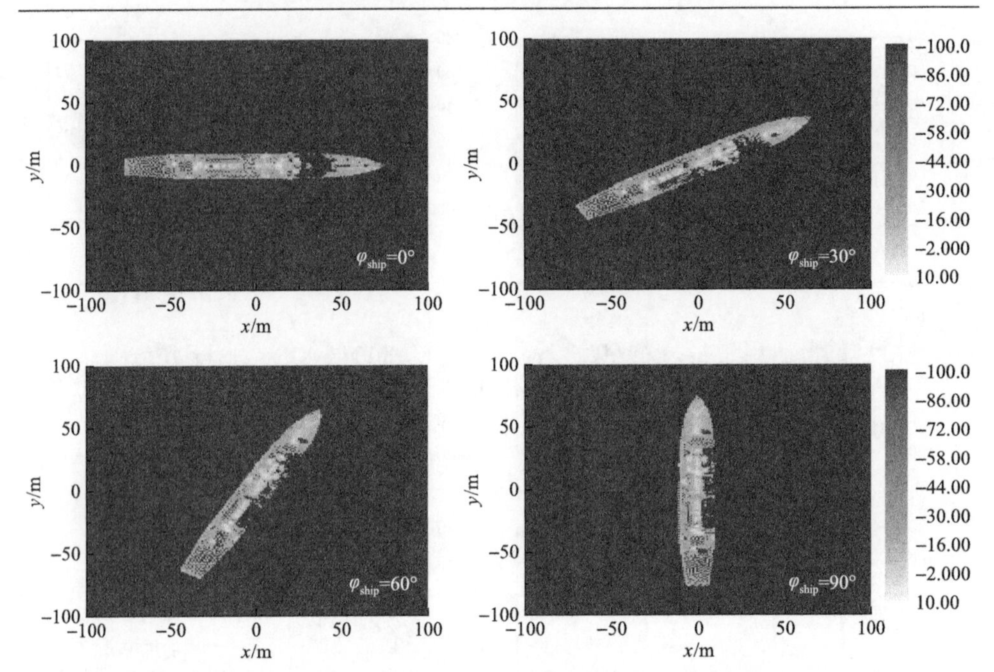

图 3.19　不同航向时舰船上感应电流的分布(灰度标尺表示感应电流，单位 dBA)

感应电流的分布。从图中可以更加直观地看出入射波、舰船上面元的一次反射波以及海面上面元的一次反射波对舰船上面元的照射情况。

图 3.20 比较了 HH 极化时不同风速下舰船和海面复合双站 RCS 随散射角的变化情况。从图中可以看出，在后向散射区，大风速海面的 RCS 比小风速海面的 RCS 大，而大风速时耦合场的 RCS 比小风速时耦合场的 RCS 要小。因此，在风速较大时，耦合场在后向散射区的贡献比较小。

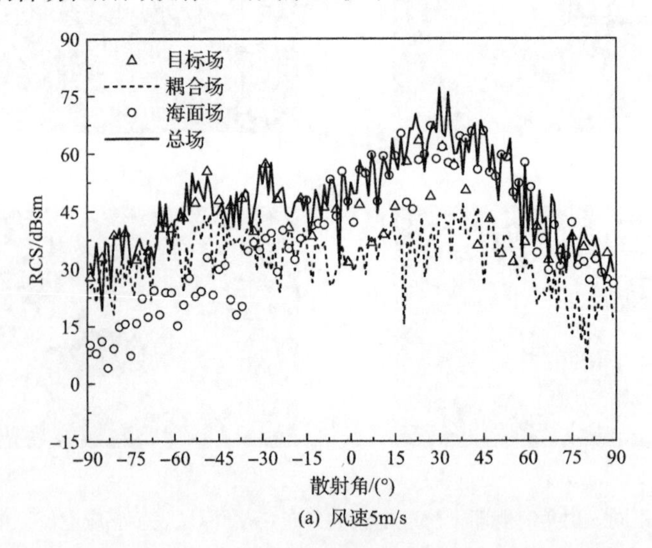

(a) 风速5m/s

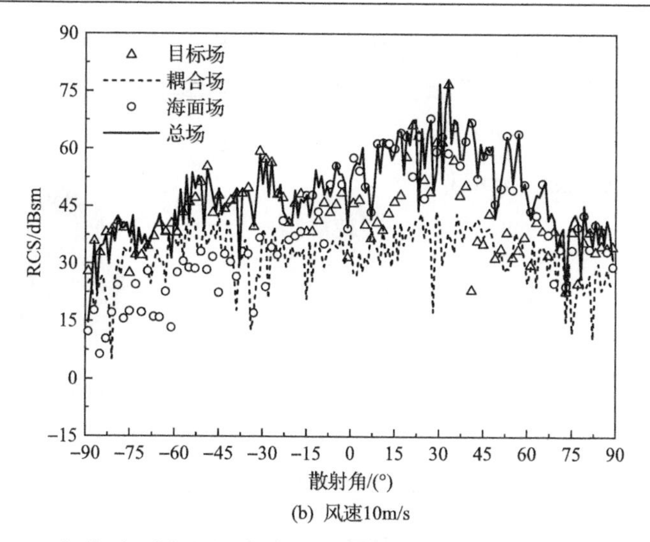

(b) 风速10m/s

图 3.20　HH 极化时不同风速下舰船和海面复合双站 RCS 随散射角的变化情况

3.3　基于矩形波束与计算机图形学的复合电磁散射计算加速技术

GO-PO 方法是基于面元计算的，需要对模型进行网格剖分。对于结构复杂的电大尺寸模型，划分网格数目巨大，使得计算多路径散射场中的射线追踪步骤相当耗时，为此需要提高射线追踪效率。在算法上可以采用 KD-Tree 方法，以减少搜寻面元的数量，提高效率；也可以采用图形处理的方式，利用 OpenGL，从图形显示的机理出发，寻找被电磁波照射到的面元。

本节在 GO-PO 方法的基础上，结合 OpenGL，利用图像加速的方法处理射线追踪过程。图形处理器中可以根据像素深度自动判断遮挡情况，根据面元的编号对每个面元设置对应的颜色，例如，对编号 ID 的面元，其颜色的 (R,G,B) 值可设为

$$\begin{cases} R = \operatorname{int}\left(\dfrac{\mathrm{ID} - B \times 256 \times 256 - G \times 256}{256}\right) \\ G = \operatorname{int}\left(\dfrac{\mathrm{ID} - B \times 256 \times 256}{256}\right) \\ B = \operatorname{int}\left(\dfrac{\mathrm{ID}}{256 \times 256}\right) \end{cases} \tag{3-49}$$

上述设置仅为一种可取的方法。结合电磁波照射方向，在设置图形的投影方式后，就可以在屏幕上得到被电磁波照射到的面元信息，目标模型的图形显示如

图 3.21 所示，图中给出了沿电磁波照射方向目标模型投影到屏幕上的图形。屏幕上显示目标的部分就是电磁波照射到目标的部分，因此分析图形上的颜色信息就可以得到目标被照射的面元编号。

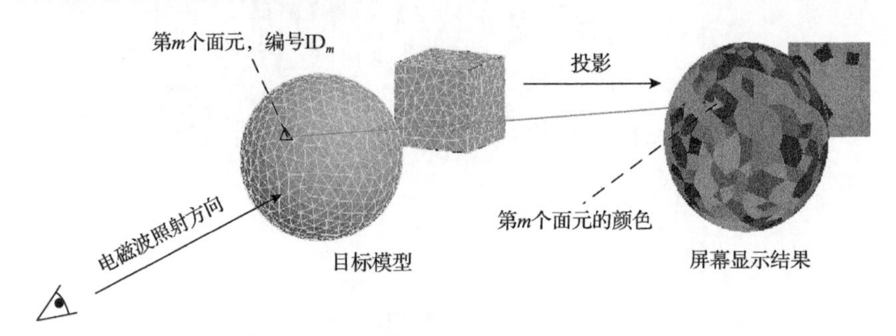

图 3.21　目标模型的图形显示

当利用 OpenGL 进行面元遮挡判断时，像素较高，使得计算效率变慢，而在像素较低的情况下会出现面元遗漏问题，尤其是在场景几何面元数巨大时，像素与面元难以一一对应。传统的基于 OpenGL 的 GO-PO 方法如图 3.22(a)所示，图中的像素阵对应的是 32 个三角面元组成的平面模型。一个像素点只能确定一个三角面元编号，因此图中的像素阵包含 16 个像素，只能确定出 16 个三角面元被照射到，另 16 个三角面元被遗漏。为解决这一问题，结合图形遮挡的性质，本节提出基于矩形波束的 GO-PO 方法。该方法将像素对应到矩形波束，在计算模型的电磁散射特性时，考虑的是矩形波束照射区域产生的电磁散射场。基于矩形波束的 GO-PO 方法如图 3.22(b)所示，每个像素点对应的矩形波束照射到平面模型上的区域是四边形，而且矩形波束的照射区域刚好将平面模型铺满，没有遗漏的地方，从而解决了面元遗漏的问题。

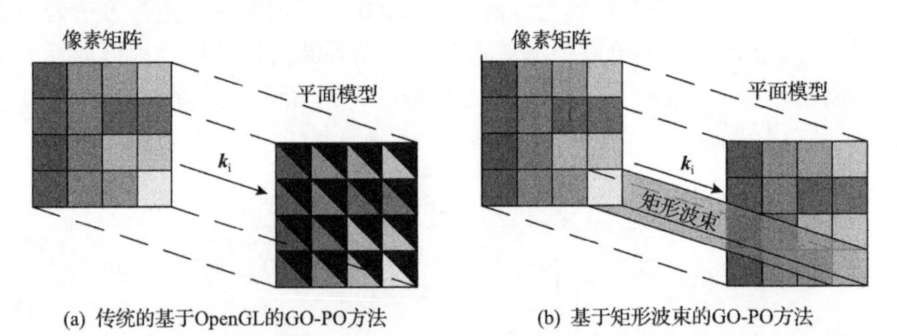

(a) 传统的基于OpenGL的GO-PO方法　　(b) 基于矩形波束的GO-PO方法

图 3.22　平面模型像素阵对应情况示意图

图 3.23 给出了尺寸$1m \times 1m$平板模型在不同大小像素阵的后向 RCS 对比。平面模型的面元数为 298。从图中可以看到，在像素阵为50×50时，像素数远大于面元数，传统的基于 OpenGL 的 GO-PO 方法与基于矩形波束的 GO-PO 方法计算

的 RCS 相同。当像素阵为10×10时，像素数小于面元数，传统的基于 OpenGL 的 GO-PO 方法遗漏很多可见面元，计算结果的误差很大，而基于矩形波束的 GO-PO 方法计算的 RCS 仍具有很高的精度。可见，基于矩形波束的 GO-PO 方法可以在低像素阵下避免面元遗漏问题，保证计算精度。

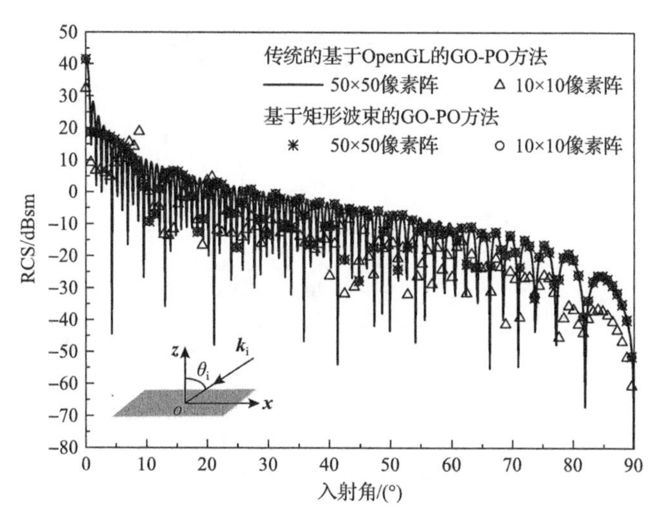

图 3.23　尺寸 1m×1m 平板模型在不同大小像素阵的后向 RCS 对比

对于复杂模型，存在多次散射作用，需要考虑射线追踪过程。图 3.24 给出了直三面角模型各次波束照射下的遮挡情况，模型的公共棱边长度为 1m。三面角模型的面元数量为 424，像素阵为 100×100，从图中可以很清晰地看到入射波、一次反射波和二次反射波照射区域对应的像素阵。根据这三个像素阵就可以计算出三面角模型的散射特性。

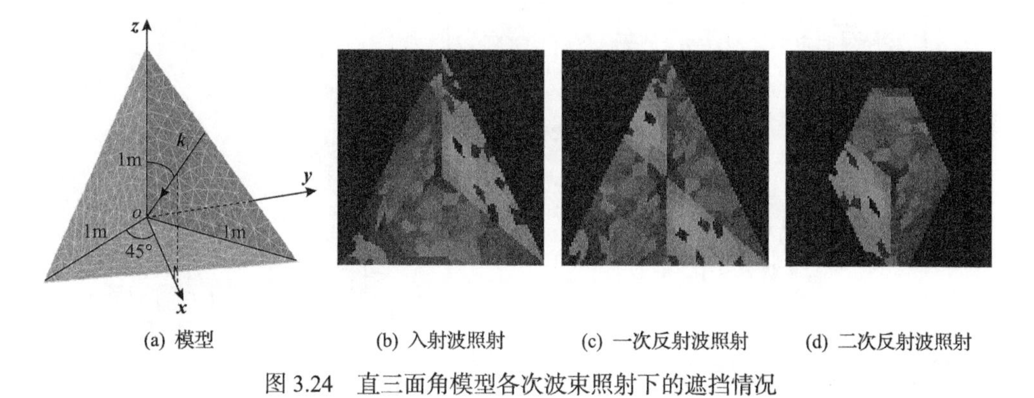

(a) 模型　(b) 入射波照射　(c) 一次反射波照射　(d) 二次反射波照射

图 3.24　直三面角模型各次波束照射下的遮挡情况

图 3.25 给出了不同方法计算的直三面角模型的 RCS，入射波频率为 6GHz。从图中可以看到，在像素阵为 100×100 时，基于矩形波束的 GO-PO 方法与 MLFMM

计算结果相近。而传统的基于 OpenGL 的 GO-PO 方法的结果与 MLFMM 略有差异，这是由于模型边缘采用矩形波束处理时，形成了锯齿状边缘，产生了误差。

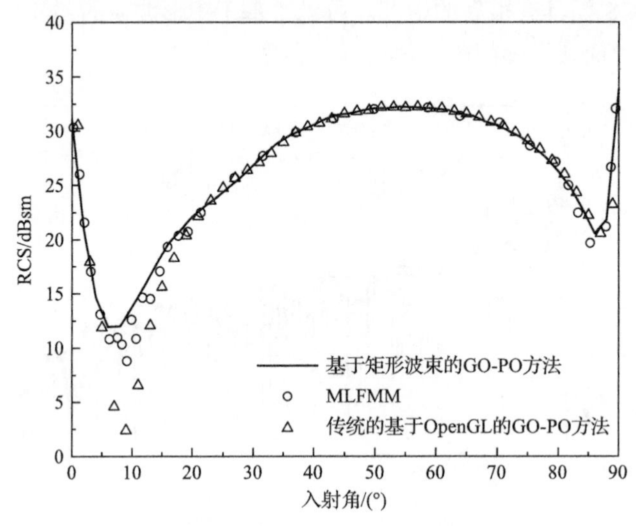

图 3.25 不同方法计算的直三面角模型的 RCS

图 3.26(a)给出了基于矩形波束的 GO-PO 方法计算的复杂组合结构的 RCS 随像素大小的变化情况，几何模型示意图如图 3.26(b)所示，入射波频率为 2GHz，像素阵大小分别为 80×80、50×50 和 30×30。从图中可以看到，当像素阵尺寸较小时，该方法仍能保持较高的精度。表 3.1 给出了对应的计算时间，可以看出像素矩阵越小，计算效率越高。结果表明，本节提出的基于矩形波束的 GO-PO 方法能够以较小的像素阵实现较高的计算精度，且具有较高的计算效率。

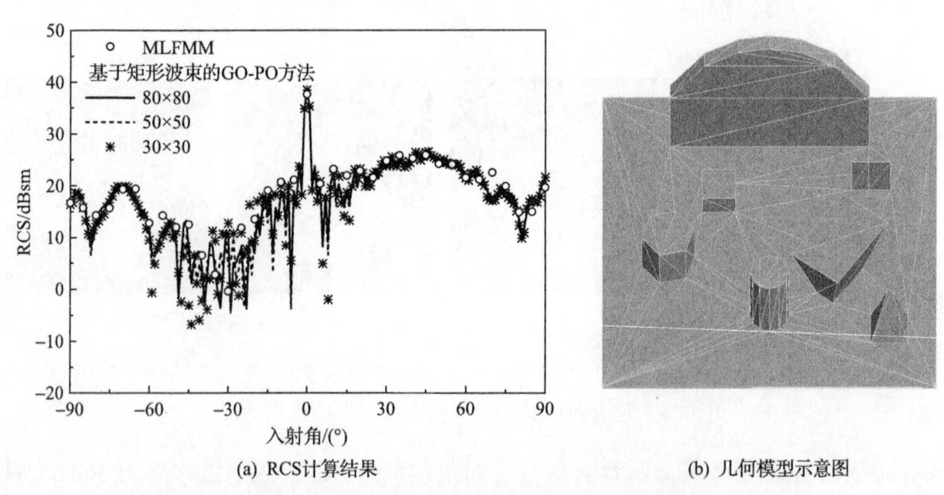

(a) RCS计算结果　　(b) 几何模型示意图

图 3.26 基于矩形波束的 GO-PO 方法仿真结果随像素大小的变化

表 3.1　不同像素阵尺寸下的计算时间(面元数为 216)

像素阵大小	30×30	50×50	80×80
计算时间/s	9.063	9.182	17.628

3.4　基于舰船六自由度运动的复合电磁散射模型

海面运动舰船目标的时变散射回波信号的建模与仿真是一项非常复杂的工作。首先，对舰船目标本身而言，它具有超电大尺寸和复杂精细的结构，使得舰船目标电磁散射计算的机理和精度很难把握；其次，海面的时变性、随机性以及粗糙度等多种因素的影响，使得海面对电磁波的散射和反射是随时间变化的；再次，舰船目标与海面之间的电磁耦合作用十分复杂；最后，时变海面与舰船目标之间的水动力相互作用，使得舰船在海面上的姿态随时间不断变化，这种姿态变化对舰船目标的散射信号和舰船与海面之间的耦合散射信号产生强烈的调制作用，从而使时变海面运动舰船目标的电磁散射建模变得更加复杂。

关于海面与舰船目标耦合散射的研究，一般很少考虑由舰船目标姿态变化导致的目标散射特性的变化。对于海面上的真实舰船目标，海面与舰船之间的相互作用使得舰船在海面发生平移运动(简称平动)和旋转运动(简称转动)，舰船的这种动态运动属于六自由度运动，即纵荡、横荡、垂荡、横摇、纵摇和艏摇。因此，非常有必要研究海面上运动舰船目标的六自由度运动随时间的变化情况，进而可以研究运动舰船姿态的变化对舰船目标、舰船与海面之间耦合电磁散射的调制影响。

舰船在波浪中的运动研究属于船舶水动力学理论研究范畴，切片法是一种比较成熟的分析舰船在波浪中运动的建模方法。基于该方法，首先可以计算得到耐波性运动方程中的各水动力系数、扰动力系数和力矩系数，然后可以得到单位波高的波浪和各自由度运动之间的幅频特性。利用波浪谱和波浪-舰船运动响应幅频特性得到舰船在波浪上的各自由度运动。经过不断完善，该方法已能够较好地模拟舰船的随浪运动特性。时变海面上舰船目标的运动是非常复杂的，但又具有一定的水动力学规律。舰船目标的运动建模是海面舰船目标全动态散射特征信号建模与仿真的基础。下面结合共域切片(public domain strip, PDS)方法给出船体六自由度运动的理论以及确定波面轮廓上的舰船运动建模方法，以此仿真不同海况和船速下舰船目标的运动姿态随时间的变化规律，并进一步研究海面上运动舰船目标雷达散射信号的时变特性。

切片法实质上是一种近似方法，它利用船体细长的特点，认为流动主要局限于横向截面内，从而把围绕船体的三维流动简化为绕各横截面的二维流动。按二维流动求得各横截面遭受的流体作用力后，再沿船长方向积分求得船体上总的流体作用力。图 3.27 给出了船体切片示意图，一般沿船长方向将船体划分成若干个切片，对每一个切片来说，流动是二维的，各切片的流体动力问题可以独立求解。

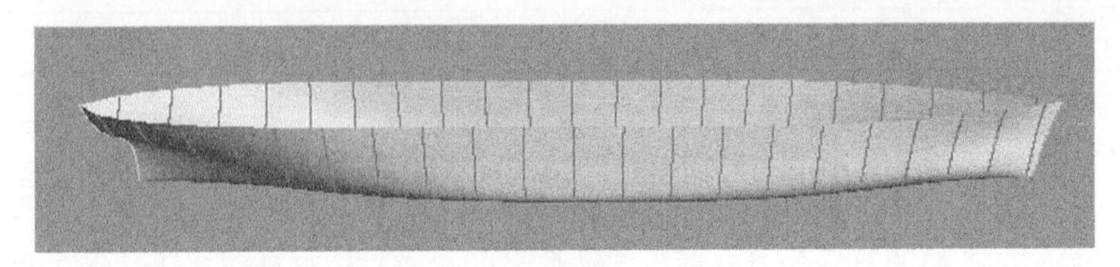

图 3.27　船体切片示意图

3.4.1　舰船六自由度运动

舰船在波浪上的运动是在三维空间中的复合运动，一般情况下可以分为沿三个坐标轴的平动和围绕三个坐标轴的转动，即六自由度运动，舰船在波浪上六自由度运动示意图及坐标系定义如图 3.28 所示。平动方式包括纵荡(surge, u_1)、横荡(sway, u_2)和垂荡(heave, u_3)，转动方式包括横摇(roll, u_4)、纵摇(pitch, u_5)和艏摇(yaw, u_6)。

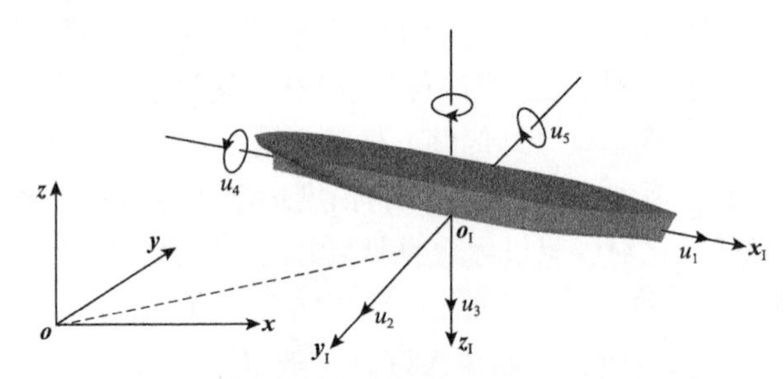

(a) 全局坐标系、惯性坐标系和六自由度运动示意图

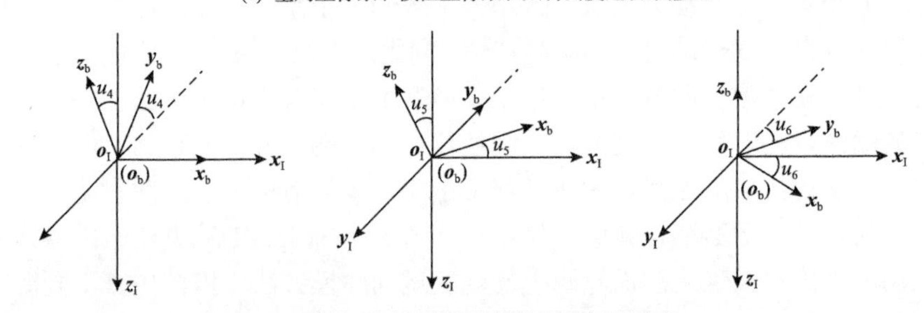

(b) 横摇、纵摇、艏摇在惯性坐标系中的定义

图 3.28　舰船在波浪上六自由度运动示意图及坐标系定义

根据舰船水动力理论，描述和分析舰船的六自由度运动一般需要借助三种坐标系，即全局坐标系$\{\hat{x},\hat{y},\hat{z}\}$、惯性坐标系$\{\hat{x}_\mathrm{I},\hat{y}_\mathrm{I},\hat{z}_\mathrm{I}\}$和船体固定坐标系$\{\hat{x}_\mathrm{b},\hat{y}_\mathrm{b},\hat{z}_\mathrm{b}\}$，如图 3.28 所示。全局坐标系用来研究船体在动态海面上的运动特性以及复合舰船

和海面场景的散射特性；惯性坐标系用来定义舰船的基本运动方程，它的三个坐标轴 $\hat{\boldsymbol{x}}_{\mathrm{I}}$ 、 $\hat{\boldsymbol{y}}_{\mathrm{I}}$ 、 $\hat{\boldsymbol{z}}_{\mathrm{I}}$ 分别指向船首、右舷和船底，惯性坐标系随平稳船速向前移动，但不随船体运动而变化；船体固定坐标系指随船体运动的坐标系，用来描述船体几何结构、重心坐标和质量惯性矩，其坐标轴 $\hat{\boldsymbol{x}}_{\mathrm{b}}$ 指向船首、$\hat{\boldsymbol{y}}_{\mathrm{b}}$ 指向左舷、$\hat{\boldsymbol{z}}_{\mathrm{b}}$ 垂直于船体基线向上，坐标中心一般设在船体重心，随着船体运动姿态不同，船体固定坐标系也不断变化。设船体固定坐标系下的六自由度运动矢量为 $\hat{\boldsymbol{u}}=\{u_1,u_2,u_3,u_4,u_5,u_6\}$ ，其中 u_1 、 u_2 、 u_3 为长度量， u_4 、 u_5 、 u_6 为角度量，惯性坐标系和船体固定坐标系的关系可表示为

$$
\begin{bmatrix} x_{\mathrm{I}} \\ y_{\mathrm{I}} \\ z_{\mathrm{I}} \end{bmatrix} = \begin{bmatrix} \boldsymbol{A}_{\mathrm{roll}} \ \boldsymbol{A}_{\mathrm{pitch}} \ \boldsymbol{A}_{\mathrm{yaw}} \end{bmatrix} \begin{bmatrix} x_{\mathrm{b}} \\ y_{\mathrm{b}} \\ z_{\mathrm{b}} \end{bmatrix} + \begin{bmatrix} u_1 \\ u_2 \\ u_3 \end{bmatrix} \tag{3-50}
$$

其中，

$$
\begin{cases}
\boldsymbol{A}_{\mathrm{roll}} = \begin{bmatrix} 1 & 0 & 0 \\ 0 & -\cos u_4 & \sin u_4 \\ 0 & -\sin u_4 & -\cos u_4 \end{bmatrix} \\
\boldsymbol{A}_{\mathrm{pitch}} = \begin{bmatrix} \cos u_5 & 0 & -\sin u_5 \\ 0 & -1 & 0 \\ -\sin u_5 & 0 & -\cos u_5 \end{bmatrix} \\
\boldsymbol{A}_{\mathrm{yaw}} = \begin{bmatrix} \cos u_6 & \sin u_6 & 0 \\ \sin u_6 & -\cos u_6 & 0 \\ 0 & 0 & -1 \end{bmatrix}
\end{cases} \tag{3-51}
$$

船速与航向在全局坐标系中的表示如图 3.29 所示。根据图 3.29，假设船速为 υ_{s} ，惯性坐标系和全局坐标系的关系可表示为

$$
\begin{bmatrix} x \\ y \\ z \end{bmatrix} = \begin{bmatrix} \cos\varphi_{\mathrm{s}} & \sin\varphi_{\mathrm{s}} & 0 \\ \sin\varphi_{\mathrm{s}} & -\cos\varphi_{\mathrm{s}} & 0 \\ 0 & 0 & -1 \end{bmatrix} \begin{bmatrix} x_{\mathrm{I}} \\ y_{\mathrm{I}} \\ z_{\mathrm{I}} \end{bmatrix} + \begin{bmatrix} \upsilon_{\mathrm{s}} t\cos\varphi_{\mathrm{s}} \\ \upsilon_{\mathrm{s}} t\sin\varphi_{\mathrm{s}} \\ 0 \end{bmatrix} \tag{3-52}
$$

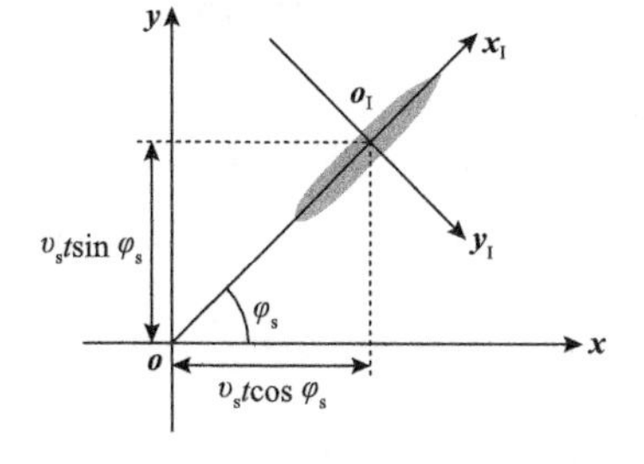

图 3.29　船速与航向在全局坐标系中的表示

3.4.2　六自由度运动方程和切片法求解理论

根据广义牛顿定律，建立舰船受力平衡方程式，可得舰船在规则波中运动的线性方程式为

$$-\omega_{\mathrm{e}}^2 \boldsymbol{M}\hat{\boldsymbol{u}} = \hat{\boldsymbol{F}} \tag{3-53}$$

其中，$\boldsymbol{M}$ 为质量矩阵：

$$\boldsymbol{M} = \begin{bmatrix} m & 0 & 0 & 0 & mz_{\mathrm{G}} & -my_{\mathrm{G}} \\ 0 & m & 0 & -mz_{\mathrm{G}} & 0 & mx_{\mathrm{G}} \\ 0 & 0 & m & my_{\mathrm{G}} & -mx_{\mathrm{G}} & 0 \\ 0 & -mz_{\mathrm{G}} & my_{\mathrm{G}} & \theta_{xx} & -\theta_{xy} & -\theta_{xz} \\ mz_{\mathrm{G}} & 0 & -mx_{\mathrm{G}} & -\theta_{xy} & \theta_{yy} & -\theta_{yz} \\ -my_{\mathrm{G}} & mx_{\mathrm{G}} & 0 & -\theta_{xz} & -\theta_{yz} & \theta_{zz} \end{bmatrix} \tag{3-54}$$

m 为船的质量；x_{G}、y_{G}、z_{G} 为船的重心；θ_{xx}、θ_{yy}、θ_{zz}、θ_{xy}、θ_{xz}、θ_{yz} 为船的质量惯性矩，即

$$\theta_{xx}=\int\left(y^2+z^2\right)\mathrm{d}m,\quad \theta_{xy}=\int xy\mathrm{d}m \tag{3-55}$$

对于对称质量分布的船体，$\theta_{xy}=\theta_{yz}=0$。

ω_{e} 为船速附加效应引入的遭遇频率，定义为

$$\omega_{\mathrm{e}}=\omega-k\upsilon_{\mathrm{s}}\cos\chi \tag{3-56}$$

其中，$k=\omega^2/g$ 为波数；g 为重力加速度；ω 为角频率；χ 为遭遇角，即船 x 轴和波传播方向之间的夹角。

相应地，遭遇谱定义为

$$W_{\mathrm{e}}\left(\omega_{\mathrm{e}},\chi\right)=\frac{W(\omega,\varphi)}{\mathrm{d}\omega_{\mathrm{e}}/\mathrm{d}\omega}=W(\omega,\varphi)\Big/\left|1-\frac{2\omega}{g}\upsilon_{\mathrm{s}}\cos\chi\right| \tag{3-57}$$

$\hat{\boldsymbol{F}}$ 表示水施加在船上的力振幅，可分为流体静力学部分，以及由船运动、入射波及其衍射产生的流体动力学部分。因此，可以得到基本运动方程为

$$\left(-\omega_{\mathrm{e}}^2\boldsymbol{M}-\boldsymbol{B}+\boldsymbol{S}\right)\hat{\boldsymbol{u}}=\hat{\boldsymbol{F}}_{\mathrm{e}} \tag{3-58}$$

其中，$\boldsymbol{S}$ 为流体静力学部分的恢复力矩阵；$\boldsymbol{B}$ 为由船体运动辐射力引起的复附加

质量矩阵；$\hat{\boldsymbol{F}}_{\mathrm{e}}$ 包含分别由入射波及其衍射波产生的 Froude-Krylov 力和衍射力振幅矩阵。

下面分别介绍基本运动方程(3-58)中各力学矩阵的定义及基本求解方法。

1. 流体静力学部分的恢复力矩阵 $\boldsymbol{S}$ 的计算

对于船体非对称的一般情况，恢复力矩阵 $\boldsymbol{S}$ 可表示为

$$\boldsymbol{S}=\begin{bmatrix} 0 & 0 & \rho g A_{\mathrm{tr}} & \rho g y_{\mathrm{tr}} A_{\mathrm{tr}} & \begin{array}{c}-\rho g x_{\mathrm{tr}} A_{\mathrm{tr}}+gm \\ -\rho g\int A\mathrm{d}x\end{array} & 0 \\ 0 & 0 & 0 & \rho g\int A\mathrm{d}x-gm & 0 & 0 \\ 0 & 0 & \rho g\int B\mathrm{d}x & \rho g\int y_{\mathrm{w}} B\mathrm{d}x & -\rho g\int xB\mathrm{d}x & 0 \\ 0 & 0 & \rho g\int y_{\mathrm{w}} B\mathrm{d}x & \begin{array}{c}\rho g\int y_{\mathrm{w}}^2 B\mathrm{d}x+gmz_{\mathrm{G}} \\ -\rho g\int Az_{\mathrm{S}}\mathrm{d}x\end{array} & -\rho g\int xy_{\mathrm{w}} B\mathrm{d}x & 0 \\ 0 & 0 & \begin{array}{c}\rho g z_{\mathrm{tr}} A_{\mathrm{tr}} \\ -\rho g\int xB\mathrm{d}x\end{array} & \begin{array}{c}\rho g y_{\mathrm{tr}} z_{\mathrm{tr}} A_{\mathrm{tr}} \\ -\rho g\int xy_{\mathrm{w}} B\mathrm{d}x\end{array} & \begin{array}{c}-\rho g\int Az_{\mathrm{S}}\mathrm{d}x+gmz_{\mathrm{G}} \\ +\rho g\int x^2 B\mathrm{d}x\end{array} & 0 \\ 0 & 0 & -\rho g y_{\mathrm{tr}} A_{\mathrm{tr}} & \begin{array}{c}\rho g\int xA\mathrm{d}x-gmx_{\mathrm{G}} \\ -\rho g y_{\mathrm{tr}}^2 A_{\mathrm{tr}}^2\end{array} & -gmy_{\mathrm{G}}+\rho g\int y_{\mathrm{S}} A\mathrm{d}x & 0 \end{bmatrix} \tag{3-59}$$

其中，ρ 为海水密度；A 为切片(平均水面下)的面积；B 为吃水线宽度；$y_{\mathrm{w}}(x)$ 为切片吃水线的平均横向坐标；$(y_{\mathrm{S}},z_{\mathrm{S}})$ 为切片的中心坐标；所有横截切片的纵向坐标为 x；A_{tr} 为吃水线下干艉的切片面积，如果船体没有艉或者艉是湿的，则 A_{tr} 为0；y_{tr}、z_{tr} 为干艉的重心坐标；式(3-59)中的积分是沿船体长度进行的。

2. Froude-Krylov 力和衍射力的计算

为了确定船体切片的附加质量和阻力，需要计算对称或不对称船体周围不可压缩的二维流势的解，假设流随时间以角频率 ω 正弦振荡，则流势可以表示为

$$\phi(y,z,t)=\mathrm{Re}\left[\hat{\phi}(y,z)\exp(-\mathrm{j}\omega t)\right] \tag{3-60}$$

若船具有向前的速度，则船速的附加效应使得船体切片可以看作以遭遇频率 ω_{e} 振荡。二维流势必须满足以下条件。

(1) Laplace 方程(由于流体的不可压缩性)：$\phi_{yy}+\phi_{zz}=0$，$z>0$。

(2)底部条件：浅水时 ϕ_z=0 、 $z=H$ ， H 表示水深；深水时， $\lim\limits_{z\to\infty}\phi_z=0$ 。

(3)自由表面条件： $\phi_{\mathrm{tt}}-g\phi_z=0$， $z=0$ ， g 为重力加速度。

(4)船体边界条件： $\nabla\phi\cdot\boldsymbol{n}=\boldsymbol{v}\cdot\boldsymbol{n}$ ，其中， $\boldsymbol{v}$ 表示船体在其表面某点的速度； $\boldsymbol{n}$ 表示该点的外法向。

(5)辐射条件： $\phi=\mathrm{Re}\left\{\dfrac{-\mathrm{j}c\hat{\zeta}}{\sinh(kH)}\cosh\left[k(z-H)\right]\exp\left[-\mathrm{j}(\omega t\mp ky)\right]\right\}$ ，在指数项中，负号表示波沿 $+y$ 方向传播，正号表示波沿相反的方向传播。

根据切片法[12]，可以将流势 ϕ 近似为点源的叠加，即

$$\phi(y,z)=\sum_{i=1}^{n}q_i\frac{1}{2}\ln\left[\left(y-y_i\right)^2+\left(z-z_i\right)^2\right] \tag{3-61}$$

其中， q_i 为位于 $\left(y_i,z_i\right)$ 处点源的强度。

除了位于切片轮廓内或者 $z=0$ 上面的点源 $\left(y_i,z_i\right)$ ，式(3-61)处处满足 Laplace 方程。对于任意切片轮廓上相邻补偿点之间的轮廓段，在两补偿点之间的中点附近可产生一个源，一般而言，源的位置从中点向切片内部转移 5%的轮廓段长度。

对于船体边界条件，左端沿每个轮廓段的积分，即由流经点 A 和 B 之间轮廓段的第 i 个源诱导的流，等于源强度 q_i 乘以角度 β_i 除以 2π ，并将所有源诱导的流叠加就可以得到总流，即

$$\int\nabla\phi\cdot\boldsymbol{n}\mathrm{d}s=\frac{1}{2\pi}\sum_{i=1}^{n}q_i\beta_i \tag{3-62}$$

对于自由表面条件的第二项，可以用上述同样的方法进行处理，第一项沿轮廓段的积分可以近似为

$$\int_A^B\phi\mathrm{d}s\approx\frac{1}{2}\left\{\phi\left[A+0.316(B-A)\right]+\phi\left[A+0.684(B-A)\right]\right\}\cdot\left|B-A\right| \tag{3-63}$$

利用镜像源，式(3-61)可以精确地满足浅水情况下的底部条件，其中，点 $\left(y_i,z_i\right)$ 处源的镜像源位于底部下方 $\left(y_i,\ 2H-z_i\right)$ 处。对于深水情况，点源方法近似的流势(3-61)能自动地满足深水情况下的底部条件。

根据式(3-63)，辐射条件沿点 A 和 B 之间轮廓段的积分可以表示为

$$\phi_B-\phi_A=\mp\frac{\mathrm{j}k}{2}\left\{\phi\left[A+0.316(B-A)\right]+\phi\left[A+0.684(B-A)\right]\right\}\cdot\left(y_B-y_A\right) \tag{3-64}$$

整理可以得到

$$\mathrm{j}\left(\phi_B-\phi_A\right)-\frac{k}{2}\left|y_B-y_A\right|\left\{\phi\left[A+0.316(B-A)\right]+\phi\left[A+0.684(B-A)\right]\right\}=0 \tag{3-65}$$

求解由边界条件组成的线性方程系统，可以得到所有源强度的复振幅。因此，流势可以根据式(3-61)来确定。

根据伯努利方程，压力的复振幅可以表示为

$$p=-\rho\phi_{\mathrm{t}} \tag{3-66}$$

将压力的复振幅沿切片轮廓积分可以给出水平力、垂直力和横摇力矩的复振幅。对于其中的一个力，考虑到力振幅 $\hat{f}$ 和运动振幅 $\hat{u}$ 成比例，可以写为

$$\hat{f}=-\hat{m}\left(-\omega^2\hat{u}\right) \tag{3-67}$$

如果正弦运动以圆频率 ω 发生，$-\omega^2\hat{u}$ 为加速度的复振幅，所以 $\hat{m}$ 可以理解为复附加质量矩阵的一个元素。然而，考虑力振幅 $\hat{f}$ 可能为阻力和质量项的和，则式(3-67)变为

$$\hat{f}=-m\left(-\omega^2\hat{u}\right)-d(\mathrm{j}\omega\hat{u}) \tag{3-68}$$

其中，$\mathrm{j}\omega\hat{u}$ 为运动速度的复振幅。

如果复附加质量 $\hat{m}$ 、实附加质量 m 和阻尼系数 d 满足以下关系：

$$\hat{m}=m-\frac{\mathrm{j}d}{\omega} \tag{3-69}$$

则不难发现，式(3-67)和式(3-68)是相同的。式(3-69)表示的关系对复附加质量矩阵、实附加质量矩阵和实阻尼矩阵也是成立的。

波激发力和力矩包含 Froude-Krylov 力和衍射力两部分贡献。根据辐射条件和式(3-66)，波压的复振幅可以表示为

$$\hat{p}=\rho\frac{-\omega^2\exp(\mathrm{j}ky\sin u)}{2k\sinh(kH)}\cdot\exp\left[k(k-H)\right]+\exp\left[-k(k-H)\right] \tag{3-70}$$

Froude-Krylov 力可以由压力沿切片轮廓的积分得到，而压力沿切片轮廓的积分可以通过将压力沿每相邻两个补偿点之间轮廓段的积分叠加得到，即

$$\begin{aligned}\int_{x_1}^{x_2}\hat{p}\mathrm{d}s=-\rho g\frac{\exp\left(\mathrm{j}ky_1\sin u\right)}{2\cosh(kH)}&\left\{\exp\left(kz_1-kH\right)\frac{\exp\left[k(\Delta z+\mathrm{j}\Delta y\sin u)\right]-1}{k(\Delta z+\mathrm{j}\Delta y\sin u)}\right.\\&\left.+\exp\left(-kz_1+kH\right)\frac{\exp\left[k(-\Delta z+\mathrm{j}\Delta y\sin u)\right]-1}{k(-\Delta z+\mathrm{j}\Delta y\sin u)}\right\}\left|x_2-x_1\right|\end{aligned} \tag{3-71}$$

其中，$\Delta y = y_2 - y_1$；$\Delta z = z_2 - z_1$。

波衍射力和力矩的计算与附加质量力和力矩的计算有所不同，根据流速度矢量：

$$\begin{bmatrix} \hat{\phi}_y \\ \hat{\phi}_z \end{bmatrix} = \frac{-\mathrm{j}\omega\exp(\mathrm{j}ky\sin u)}{2k\sinh(kH)} \cdot \left\{ \begin{bmatrix} \mathrm{j}k\sin u \\ k \end{bmatrix} \cdot \exp(kz - kH) + \begin{bmatrix} \mathrm{j}k\sin u \\ -k \end{bmatrix} \exp(-kz + kH) \right\} \tag{3-72}$$

x_1 和 x_2 之间的波流可以表示为

$$\begin{aligned} &\int_{x_1}^{x_2} \left(\hat{\phi}_y, \hat{\phi}_z \right) \mathrm{d}x \\ &= \frac{-\mathrm{j}\omega\exp\left(\mathrm{j}ky_1\sin u\right)}{2\sinh(kH)} \left\{ \exp\left(kz_1 - kH\right) \frac{\exp\left[k(\Delta z + \mathrm{j}\Delta y\sin u)\right] - 1}{k(\Delta z + \mathrm{j}\Delta y\sin u)} (\Delta y - \mathrm{j}\Delta z\sin u) \right. \\ &\quad \left. + \exp\left(-kz_1 + kH\right) \frac{\exp\left[k(-\Delta z + \mathrm{j}\Delta y\sin u)\right] - 1}{k(-\Delta z + \mathrm{j}\Delta y\sin u)} (\Delta y + \mathrm{j}\Delta z\sin u) \right\} \left| x_2 - x_1 \right| \end{aligned} \tag{3-73}$$

利用色散关系 $\omega^2 = gk\tanh(kH)$，式(3-73)中的第一个分数可以表示为

$$\frac{-\mathrm{j}\omega\exp\left(\mathrm{j}ky_1\sin u\right)}{2\sinh(kH)} = \frac{-\mathrm{j}gk\exp\left(\mathrm{j}ky_1\sin u\right)}{2\omega\cosh(kH)} \tag{3-74}$$

在式(3-71)和式(3-72)中，当 α 很小时，表达式 $\left[\exp(\alpha) - 1\right]/\alpha$ 的直接估算是不准确的。因此，当 $|\alpha| < 0.01$ 时，利用指数函数的泰勒展开式可以将 $\left[\exp(\alpha) - 1\right]/\alpha$ 近似表示为

$$\frac{\exp(\alpha) - 1}{\alpha} \approx 1 - \frac{\alpha}{2} \tag{3-75}$$

3. 附加质量矩阵 $\boldsymbol{B}$ 的计算

由船体运动辐射力引起的附加质量矩阵 $\boldsymbol{B}$ 可以表示为

$$\boldsymbol{B} = \int_L \boldsymbol{V} \left(-\mathrm{j}\omega_{\mathrm{e}} + \upsilon_{\mathrm{s}} \frac{\mathrm{d}}{\mathrm{d}x} \right) \boldsymbol{A}\boldsymbol{W} \mathrm{d}x \tag{3-76}$$

其中，

$$\boldsymbol{W}=\begin{bmatrix} 0 & \mathrm{j}\omega_{\mathrm{e}} & 0 & 0 & 0 & \mathrm{j}\omega_{\mathrm{e}}x-\upsilon_{\mathrm{s}} \\ 0 & 0 & \mathrm{j}\omega_{\mathrm{e}} & 0 & -\mathrm{j}\omega_{\mathrm{e}}x+\upsilon_{\mathrm{s}} & 0 \\ 0 & 0 & 0 & \mathrm{j}\omega_{\mathrm{e}} & 0 & 0 \end{bmatrix} \tag{3-77}$$

$$\boldsymbol{V}=\begin{bmatrix} 0 & 0 & 0 \\ 1 & 0 & 0 \\ 0 & 1 & 0 \\ 0 & 0 & 1 \\ 0 & -x & 0 \\ x & 0 & 0 \end{bmatrix} \tag{3-78}$$

矩阵 $\boldsymbol{A}$ 表示复附加质量矩阵，其中，元素 $\overline{m_{ij}}$ 的第一个下表 i 代表力分量，第二个下表 j 代表由 j 分量的运动引起的力。复附加质量矩阵中的元素可以理解为实附加质量和阻力的贡献，并与式(3-62)有相同的关系，即

$$\boldsymbol{A}=\begin{bmatrix} \overline{m_{22}} & \overline{m_{23}} & \overline{m_{24}} \\ \overline{m_{32}} & \overline{m_{33}} & \overline{m_{34}} \\ \overline{m_{42}} & \overline{m_{43}} & \overline{m_{44}} \end{bmatrix} \tag{3-79}$$

在前面船体切片附加质量的计算中，没有考虑在纵荡方向的附加质量 m_{11}，根据纵荡方向附加质量 m_{11} 的经验公式，可以给出复附加质量矩阵的附加项为

$$\Delta\boldsymbol{B}=\omega_{\mathrm{e}}^2 m_{11}\boldsymbol{U}_1\boldsymbol{U}_1^{\mathrm{T}} \tag{3-80}$$

其中，

$$m_{11}=\frac{m}{\pi\sqrt{\rho L_{pp}^3/m}-14} \tag{3-81}$$

$$\boldsymbol{U}_1=\begin{bmatrix} 1 & 0 & 0 & 0 & z_0 & -y_0 \end{bmatrix}^{\mathrm{T}} \tag{3-82}$$

L_{pp} 为垂线间长，是船首垂线和船尾垂线之间的水平距离。

4. 激发力的计算

令 $\boldsymbol{f}_{\mathrm{e},x}$ 表示二维流在横截面上诱导的三维力的复振幅，并且正比于波在点(x=0, y=0)处的复振幅 ζ_x，且包括 Froude-Krylov 力和衍射力，表示为

$$\boldsymbol{f}_{\mathrm{e},x}=\left(\boldsymbol{f}_{\mathrm{e},x0}+\boldsymbol{f}_{\mathrm{e},x7}\right)\zeta_x \tag{3-83}$$

其中，下标 0 和 7 分别表示 Froude-Krylov 力部分和衍射力部分。

若船的前进速度为υ_{s}，则衍射力$\boldsymbol{f}_{\mathrm{e},x7}$扩展为

$$\boldsymbol{f}_{\mathrm{e},x7}-\frac{\upsilon_{\mathrm{s}}}{\mathrm{j}\omega}\frac{\mathrm{d}\boldsymbol{f}_{\mathrm{e},x7}}{\mathrm{d}x} \tag{3-84}$$

对于方向为u的规则波，其波高的复振幅可以表示为

$$\zeta=\zeta_0\exp\left[-\mathrm{j}k(x\cos u-y\sin u)\right] \tag{3-85}$$

其中，ζ_0为原点处的复振幅；$k=2\pi/\lambda$为波数，λ为波长。

因此，有

$$\zeta_x=\zeta_0\exp(-\mathrm{j}kx\cos u) \tag{3-86}$$

对$\boldsymbol{f}_{\mathrm{e},x}$左乘变换矩阵$\boldsymbol{V}$可以将其转化为全局坐标系中六分量的力矢量，于是可以得到激发力矢量的第一部分贡献为

$$\boldsymbol{f}_{\mathrm{e},1}=\int_L\boldsymbol{V}\left(\boldsymbol{f}_{\mathrm{e},x0}+\boldsymbol{f}_{\mathrm{e},x7}+\frac{\mathrm{j}\upsilon_{\mathrm{s}}}{\omega}\frac{\mathrm{d}\boldsymbol{f}_{\mathrm{e},x7}}{\mathrm{d}x}\right)\exp(-\mathrm{j}kx\cos u)\mathrm{d}x\cdot\zeta_0 \tag{3-87}$$

对于纵荡、艏摇、纵摇进行更精确的计算，需要考虑由波施加到船体上的附加纵向力。该情况下的衍射部分可以忽略不计，于是只考虑 Froude-Krylov 力贡献时船体上的纵向力，为

$$\int_L\hat{p}\frac{\mathrm{d}A}{\mathrm{d}x}\mathrm{d}x+\hat{p}_{\mathrm{tr}}A_{\mathrm{tr}} \tag{3-88}$$

其中，$\hat{p}$为压力振幅。

这里用截面中心$(x,\ y_x,\ z_x)$处的压力值代替沿整个截面的平均值。截面中心的压力为

$$\hat{p}=-\rho g\exp\left[-k\left(z_x+T\right)\right]\exp\left(\mathrm{j}ky_x\sin u\right)\exp(-kx\cos u)\zeta_0=\alpha\zeta_x \tag{3-89}$$

其中，积分沿船体长度进行，$\alpha=-\rho g\exp\left[-k\left(z_x+T\right)\right]\exp\left(\mathrm{j}ky_x\sin u\right)$。

单位长度的纵向力$\hat{p}\mathrm{d}A/\mathrm{d}x$也可以诱导对纵摇力矩的贡献，于是可以得到六分量激发力矢量的第二部分贡献为

$$\boldsymbol{f}_{\mathrm{e},2}=\left\{\int_L\begin{bmatrix}1\\0\\0\\0\\z_x\\-y_x\end{bmatrix}\alpha\frac{\mathrm{d}A}{\mathrm{d}x}\exp(-\mathrm{j}kx\cos u)\mathrm{d}x+\begin{bmatrix}1\\0\\0\\0\\z_x\\-y_x\end{bmatrix}\alpha A_{\mathrm{tr}}\exp\left(-\mathrm{j}kx_{\mathrm{tr}}\cos u\right)\right\}\cdot\zeta_0 \tag{3-90}$$

3.4.3　二维海面上舰船六自由度运动仿真

幅值响应算子(response amplitude operator, RAO)定义为舰船六自由度运动矢量 $\boldsymbol{u}$ 与激励规则波复振幅 ζ_0 的比值，即

$$\boldsymbol{R}(\omega,\varphi)=\frac{\boldsymbol{u}(\omega,\varphi)}{\zeta_0(\omega,\varphi)} \tag{3-91}$$

根据线性叠加法，海面上某一点的波高 $\eta_{\rm L}(x,y,t)$ 可以表示为

$$\eta_{\rm L}(x,y,t)=\sum_{l=1}^{N_k}\sum_{j=1}^{N_\varphi}\sqrt{2W\left(k_l,\varphi_j-\varphi_{\rm w}\right)\Delta k\Delta\varphi}\cos\left[\omega_l t-k_l\left(x\cos\varphi_j+y\sin\varphi_j\right)+\xi_{lj}\right] \tag{3-92}$$

其中，$W\left(k_l,\varphi_j-\varphi_{\rm w}\right)$ 为二维海谱；k_l 、ω_l 、φ_j 和 ξ_{lj} 分别为组成波的波数、圆频率、方向角和初始相位，ξ_{lj} 为 $[0,2\pi]$ 上的均匀分布随机数；N_k 、N_φ 分别为频率和方向角的采样点数；$\varphi_{\rm w}$ 为风向角。

假设船在初始时刻位于全局坐标系的原点，则根据舰船随波浪运动，船在任意时刻将位于 $\left(x_{\rm s},y_{\rm s}\right)=\left(x_{\rm I}\cos\varphi_{\rm s}+y_{\rm I}\sin\varphi_{\rm s}+\upsilon_{\rm s}t\cos\varphi_{\rm s},\ x_{\rm I}\sin\varphi_{\rm s}-y_{\rm I}\cos\varphi_{\rm s}+\upsilon_{\rm s}t\sin\varphi_{\rm s}\right)$，考虑遭遇频率和遭遇频谱，任意时刻船位置处的海浪高度为

$$\begin{aligned}\eta(t)=&\sum_{i=1}^{N_\omega}\sum_{j=1}^{N_\varphi}\sqrt{2W_{\rm e}\left(\omega_{{\rm e},i},\varphi_j\right)\Delta\omega_{\rm e}\Delta\varphi}\\&\times\cos\left[\omega_{{\rm e},i}t-k_{{\rm e},i}\left(x_{\rm I}\cos\chi_j+y_{\rm I}\sin\chi_j\right)+\xi_{ij}\right]\end{aligned} \tag{3-93}$$

既然通过切片法可求得不同频率和方向规则波激励下的 RAO，按照线性叠加的思想，波面某点处舰船的运动也可认为由不同频率和方向的波共同激励形成，这样，t 时刻下二维波面 (x,y) 处舰船的六自由度运动幅度 $u_l(l=1,2,\cdots,6)$ 为

$$\begin{aligned}u_l(t)=&\sum_{i=1}^{N_\omega}\sum_{j=1}^{N_\varphi}\left|\boldsymbol{R}_l\right|\sqrt{2W_{\rm e}\left(\omega_{{\rm e},i},\varphi_j\right)\Delta\omega_{\rm e}\Delta\varphi}\\&\times\cos\left[\omega_{{\rm e},i}t-k_{{\rm e},i}\left(x_{\rm I}\cos\chi_j+y_{\rm I}\sin\chi_j\right)+\xi_{ij}+\arg\left(\boldsymbol{R}_l\right)\right]\end{aligned} \tag{3-94}$$

二维海面上舰船六自由度运动模拟流程如图 3.30 所示。

在本节，对下面 2 个船体模型进行六自由度运动仿真，这 2 个船体模型的基本参数分别如表 3.2 和表 3.3 所示。

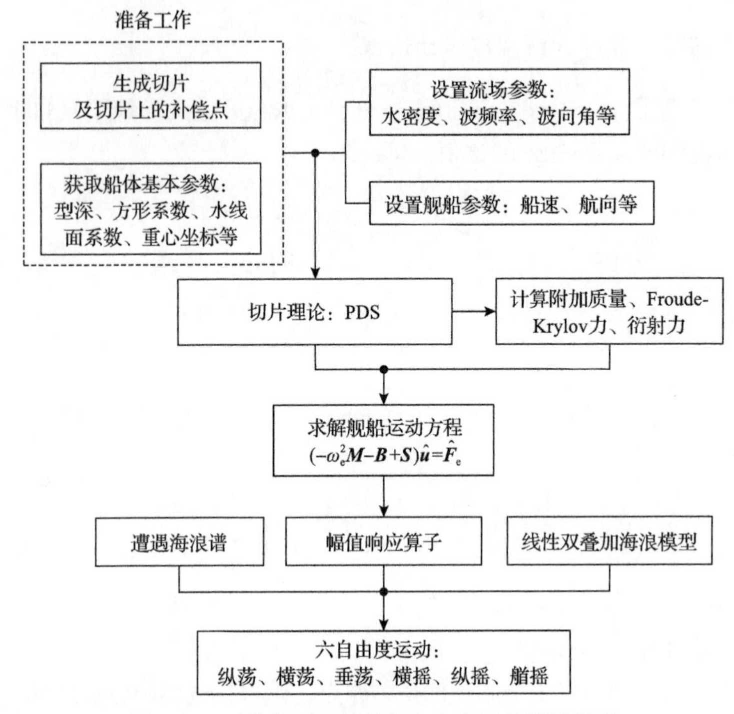

图 3.30　二维海面上舰船六自由度运动模拟流程

表 3.2　舰船 1 各项参数

参数	值	参数	值
船长/m	138.10	排水量/t	4100.00
船宽/m	13.70	水线长/m	128.02
吃水/m	4.50	水线宽/m	13.20
型深/m	9.30	水线面面积/m^2	1363.73
重心高度/m	5.90	中剖面面积/m^2	45.22
菱形系数	0.69	水线面系数	0.81
方形系数	0.53	中剖面系数	0.76

表 3.3　舰船 2 各项参数

参数	值	参数	值
船长/m	153.80	排水量/t	9033.00
船宽/m	20.40	水线长/m	142.00
吃水/m	6.30	水线宽/m	18.00
型深/m	12.30	水线面面积/m^2	2090.69

续表

参数	值	参数	值
重心高度/m	7.81	中剖面面积/m^2	94.03
菱形系数	0.66	水线面系数	0.82
方形系数	0.55	中剖面系数	0.83

1. 不同海况相同船速下的舰船运动仿真

图3.31给出了舰船2在风速分别为10m/s和15m/s下六自由度运动随时间变

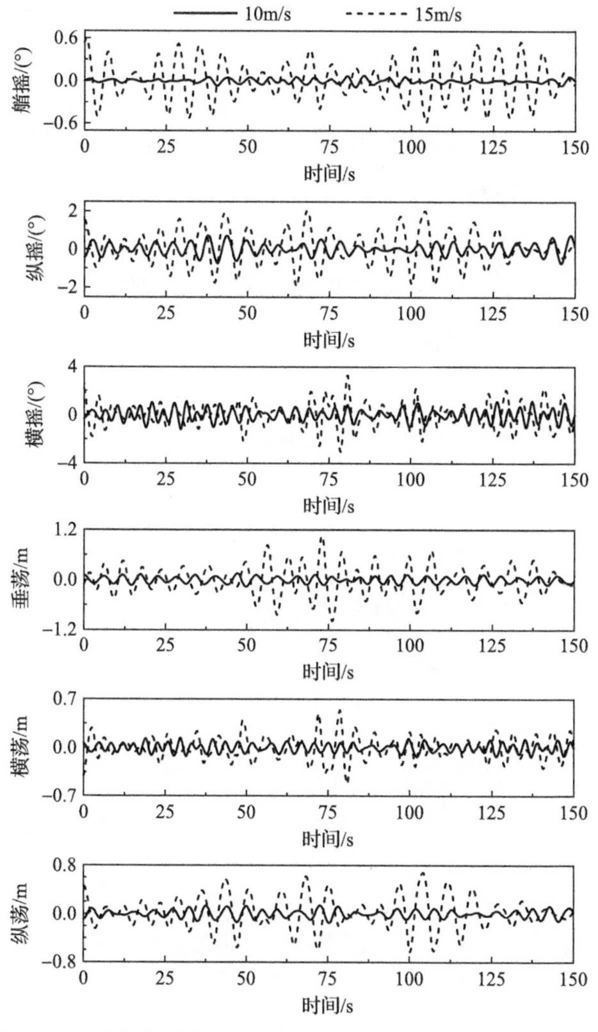

图3.31　舰船2在风速分别为10m/s和15m/s下六自由度运动随时间变化曲线

化曲线，其中，船速都为 0m/s，风向和航向都沿 **x** 轴正向。从图中可以看出，随着风速的增大，舰船 2 六自由度运动的幅度都变大，变化周期都变长。这是由于随着风速的增大，激励波的幅度增大，谱能量变得比较集中，谱宽变得更窄。此外，对于同一舰船，横摇和纵摇比较显著，艏摇相对其他运动要小得多，基本上可以忽略；而平移运动、纵荡相对比较小。需要注意的是，转动可以使舰船的姿态发生变化，平动不影响舰船的姿态，但是垂荡运动使吃水发生变化而改变舰船的姿态。

2. 同一海况不同船速下的舰船运动仿真

图 3.32 给出了舰船 2 在船速分别为 0m/s 和 1m/s 下六自由度运动随时间变化

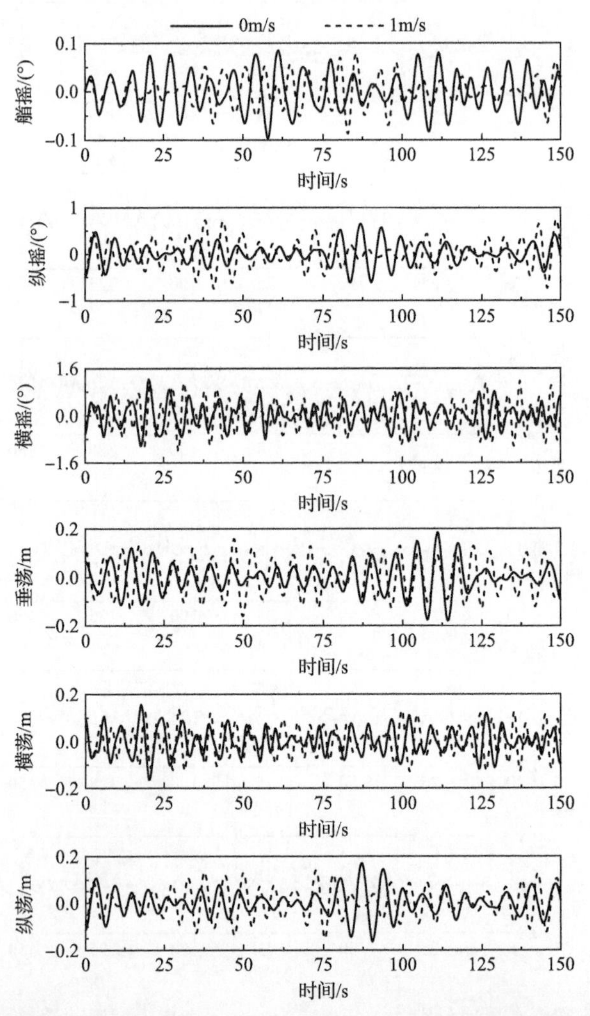

图 3.32 舰船 2 在船速分别为 0m/s 和 1m/s 下六自由度运动随时间变化曲线

曲线，其中，风速都为 10m/s，风向和航向都沿 $\boldsymbol{x}$ 轴正向，实线表示船速为 0m/s，虚线表示船速为 1m/s。从图中可以看出，随着船速的增大，舰船 2 六自由度运动的变化周期都变长，这是由于船速可以影响遭遇频率，而幅度的变化没有一致性的规律。

3. 相同条件下不同船体六自由度运动比较

图 3.33 给出了舰船 1 和 2 六自由度运动比较，实线表示舰船 1、虚线表示舰船 2。其中，船速为 0m/s，风速都为 10m/s，风向和航向都沿 $\boldsymbol{x}$ 轴正向。从图中可以看出，尺寸相近的船模型的六自由度运动的幅度相差不大，由于风速和船速都相等，所以运动周期基本上相近。

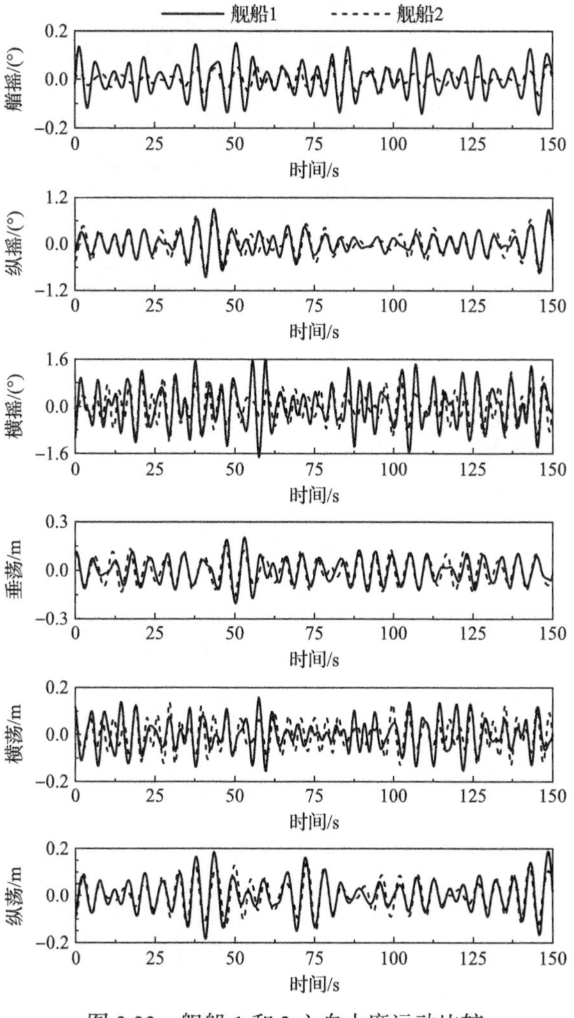

图 3.33　舰船 1 和 2 六自由度运动比较

4. 运动周期分析

舰船在海面上的摇荡运动具有一定的周期，由于受到各种因素的影响，舰船的运动周期不能精确得到，只能依靠经验公式或近似表达式进行估计。例如，文献[13]和[14]给出了计算横摇、垂荡和纵摇周期的经验公式。表 3.4 给出了根据经验公式和仿真得到的舰船横摇、纵摇和垂荡周期。图 3.34 给出了仿真得到的舰船横摇和纵摇周期估计结果。

表 3.4　舰船横摇、纵摇和垂荡周期

参数	文献[13]		文献[14]		本书结果	
	模型 1	模型 2	模型 1	模型 2	模型 1	模型 2
横摇周期/s	4.22	5.17	4.14	5.31	4.50	4.00
垂荡、纵摇周期/s	4.86	5.82	5.52	6.26	5.50	5.20

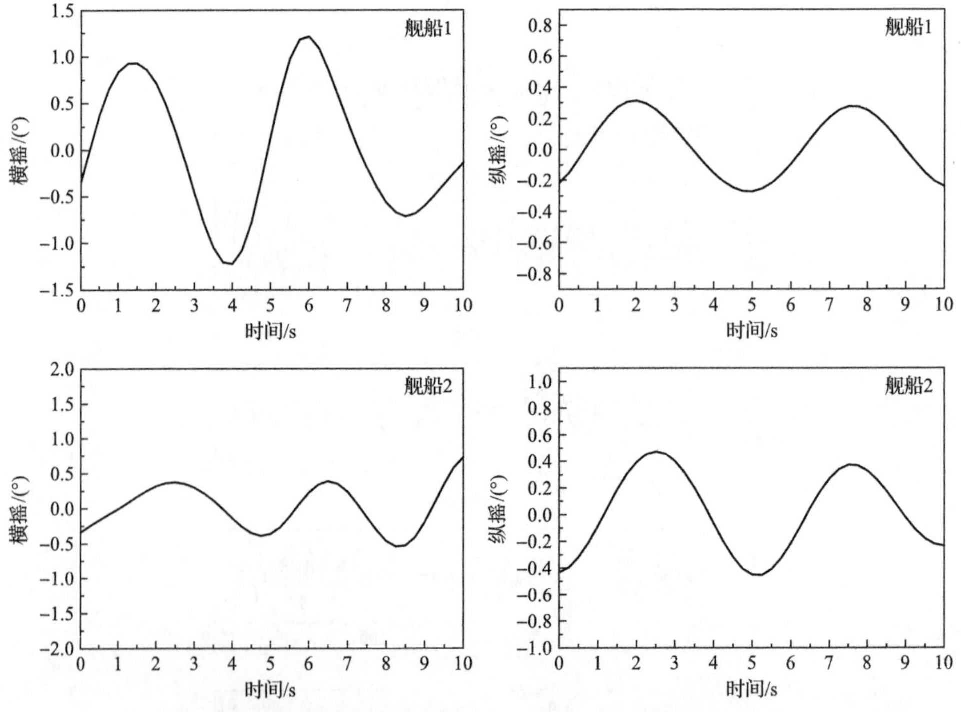

图 3.34　仿真得到的舰船横摇和纵摇周期估计结果

需要强调的是，这些周期表示船的自然周期或共振周期。由于海浪的干扰力，横摇或纵摇的实际周期可能偏离这些值。特别地，海浪的遭遇频率严重影响舰船的摇荡运动。

3.4.4　时变海面与运动舰船散射特性分析

本节将结合前述章节所建立的海面散射模型、目标散射模型、舰船目标与海面复合散射模型以及舰船水动力运动模型来分析时变海面与运动舰船耦合散射回波的时变特性。其中，海面时变回波信号采用优化的海面面元散射场模型计算；船类目标和船海之间的耦合散射贡献采用 GO-PO 方法计算，舰船时变特性将结合船体六自由度运动模型进行仿真。二维海面及其上运动船体的时变回波信号仿真实现框图如图 3.35 所示，具体步骤如下。

(1) 获得舰船几何参数，包括船体三角面元剖分信息、吃水线下船底的切片生成及其上补偿点的信息、排水体积、船体质量等。设定船速、航向、雷达参数、海况参数等基本模拟参数。

(2) 设定时间 t_n，根据海况参数模拟生成该时刻下二维海面几何模型，并计算海面的散射场 $\boldsymbol{E}^{\text{sea}}(t_n)$。

(3) 根据舰船参数，采用船体六自由度运动模型计算对应海面激励的幅值响应算子；结合遭遇海浪谱和线性叠加模型输出对应 t_n 时刻下船体的六自由度运动，并以此改变船体的姿态。

(4) 结合 GO-PO 方法计算 t_n 时刻船体姿态下的舰船目标散射场 $\boldsymbol{E}^{\text{ship}}(t_n)$ 以及舰船与海面的耦合散射场 $\boldsymbol{E}^{\text{cou}}(t_n)$。

(5) 将三部分场进行相干叠加来计算总场：$\boldsymbol{E}^{\text{total}}(t_n)=\boldsymbol{E}^{\text{ship}}(t_n)+\boldsymbol{E}^{\text{cou}}(t_n)+\boldsymbol{E}^{\text{sea}}(t_n)$。确定下一时间步进 $t_{n+1}=t_n+\Delta t$，重复步骤 (2) ～步骤 (5)，就可以得到时变海面与运动舰船散射回波随时间变化的序列。

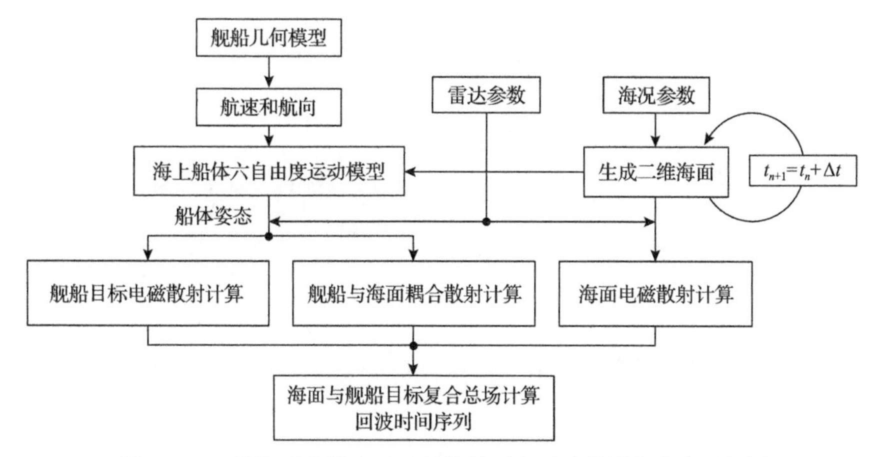

图 3.35　二维海面及其上运动船体的时变回波信号仿真实现框图

下面分析舰船六自由度运动对目标和耦合场后向 RCS 的影响，舰船与海面复合场景如图 3.15 所示，入射频率为 1.57GHz，海面面积为 300m×300m，风向为 0°，航向沿 x 轴正向，时间间隔为 0.1s，时间离散点数为 256。

图 3.36 给出了时变舰船与海面复合场景各散射分量的 RCS，其中，入射角为 30°，风速为 10m/s，船速为 0m/s。从图中可以看出，耦合散射的贡献要比目标散射的贡献随时间变化得更快，这是由海面的时变性导致的。

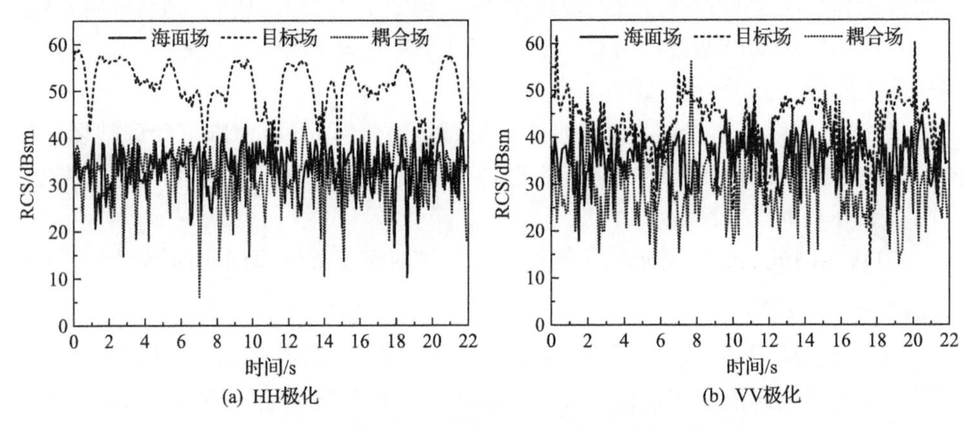

图 3.36 时变舰船与海面复合场景各散射分量的 RCS

图 3.37 给出了 HH 极化下不同入射角时舰船六自由度运动对目标场和耦合场散射回波的影响。其中，风速为 10m/s，图 3.37(a)和图 3.37(b)船速为 0m/s，图 3.37(c)和图 3.37(d)船速为 1m/s。从图中可以看出，目标散射回波产生的尖峰幅度在入射角为 30° 时比入射角为 60° 时要小一些，而尖峰数目在入射角为 30° 时比入射角为 60° 时要多；对于耦合场的散射贡献，其幅度在入射角为 60° 时，除个别时间点外，比入射角为 30° 时要稍微大一些。

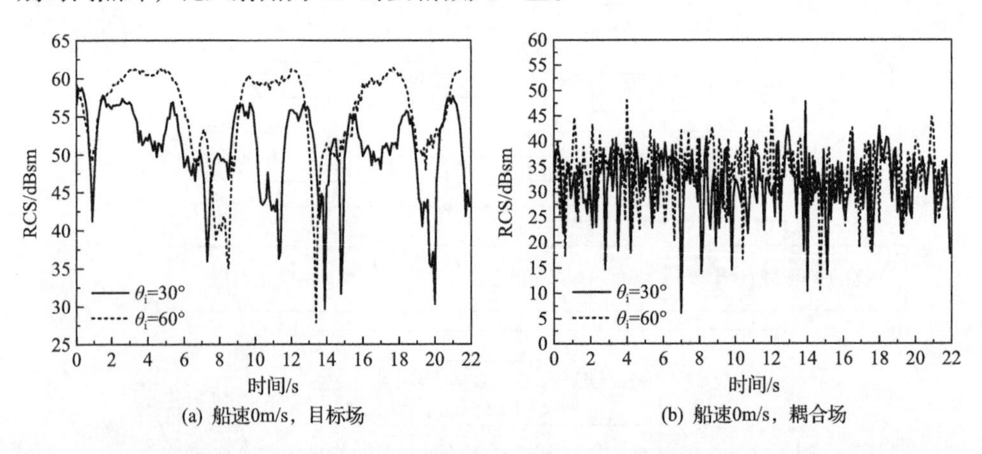

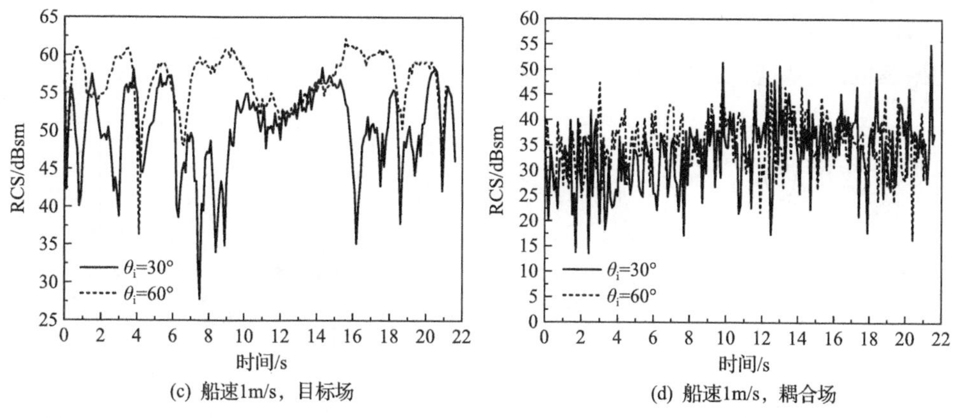

(c) 船速1m/s，目标场　　(d) 船速1m/s，耦合场

图 3.37 HH 极化下不同入射角时舰船六自由度运动对目标场和耦合场散射回波的影响

图 3.38 给出了不同船速时舰船六自由度运动对目标场和耦合场散射回波的影响。其中，入射角为 60°，风速为 10m/s。从图中可以发现，目标散射回波产生的尖峰幅度在船速为 0m/s 和 1m/s 时基本一致，而 1m/s 船速下由目标散射贡献产生的尖峰数要多于 0m/s 船速条件的尖峰数，这主要是因为 1m/s 船速时船体六自由度运动变化振荡较 0m/s 船速快；对于耦合场的散射贡献，船速对其影响并不是很明显。

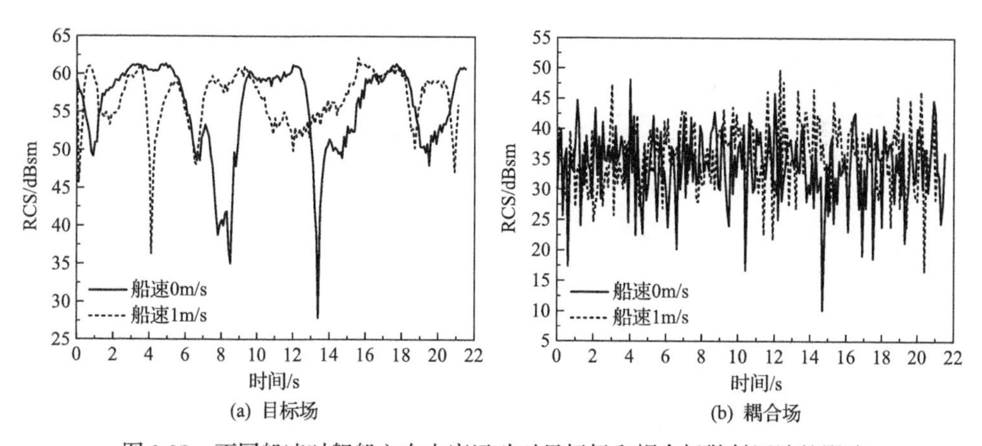

(a) 目标场　　(b) 耦合场

图 3.38 不同船速时舰船六自由度运动对目标场和耦合场散射回波的影响

图 3.39 给出了不同风速时舰船六自由度运动对目标场和耦合场散射回波的影响。其中，入射角为 60°，图 3.39(a) 和图 3.39(b) 船速为 0m/s，图 3.39(c) 和图 3.39(d) 船速为 1m/s。从图中可以发现，随着风速的增大，目标直接散射回波的幅值变化范围比较大，这是由于大风速条件下船体姿态变化的幅度比小风速下大，对后向散射产生主要贡献的船体角反射器结构的朝向也很容易偏离后向，所以大风速下目标回波的总体均值要比小风速下小，且回波幅值振荡要远强于小风速条件。对

于后向耦合散射贡献，风速对其幅值的影响不太明显，而其回波幅值在大风速时的振荡也比小风速条件下快一些。

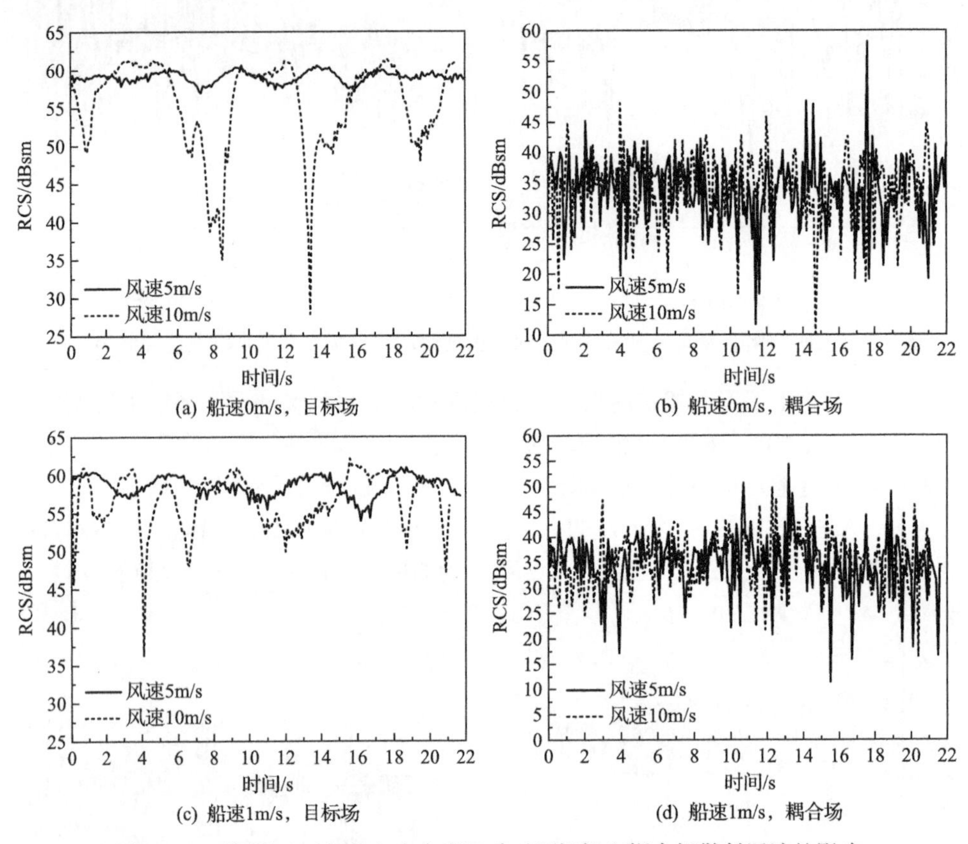

图 3.39　不同风速时舰船六自由度运动对目标场和耦合场散射回波的影响

3.5　本章小结

针对海上舰船电磁散射特性分析和雷达成像仿真应用，本章提出了适用于海上目标电磁散射计算的面元散射模型与 GO-PO 方法，首先根据 GO 方法分析了目标上面元对入射波及一次反射波可见度的判断方法，然后根据 PO 方法给出了入射波和一次反射波感应的电磁流，并建立了三维复杂目标的散射场模型。在此基础上，基于计算机图形学，提出了基于矩形波束的复合散射模型的加速实现方案，为海上舰船快速电磁散射特性分析提供了技术途径。

对于海面上的运动舰船目标，海面与舰船之间相互作用使得舰船在海面上的运动姿态不断变化，目标以及目标与海面之间的耦合散射特性也因目标姿态的改变随时间剧烈变化。因此，本章在电磁散射模型的基础上研究了运动舰船姿态的变化对舰船目标和舰船与海面之间耦合散射的调制影响，分析了时变海面与运动舰船复合散射回波的时变特性。

参考文献

[1] Knott E F, Shaeffer J F, Tuley M T. Radar Cross Section[M]. 2nd ed. Raleigh: SciTech Publishing, Inc., 2004.

[2] Zhang M, Zhao Y, Li J X, et al. Reliable approach for composite scattering calculation from ship over a sea surface based on FBAM and GO-PO models[J]. IEEE Transactions on Antennas and Propagation, 2017, 65(2): 775-784.

[3] Fung A K. Microwave Scattering and Emission Models and Their Applications[M]. Boston: Artech House, 1994.

[4] Gordon W B. Far-field approximations to the Kirchoff-Helmholtz representations of scattered fields[J]. IEEE Transactions on Antennas and Propagation, 1975, 23(4): 590-592.

[5] Johnson J T. A numerical study of scattering from an object above a rough surface[J]. IEEE Transactions on Geoscience and Remote Sensing, 2002, 50(10): 1361-1367.

[6] Johnson J T. A study of the four-path model for scattering from an object above a half space[J]. Microwave and Optical Technology Letters, 2001, 30(2): 130-134.

[7] Burkholder R J, Janpugdee P, Colak D. Development of computational tools for predicting the radar scattering from targets on a rough sea surface[R]. Columbus: Ohio State University Electro Science Laboratory, 2001.

[8] Luo W, Zhang M, Zhao Y W, et al. An efficient hybrid high-frequency solution for the composite scattering of the ship on very large two-dimensional sea surface[J]. Progress in Electromagnetics Research M, 2009, 8: 79-89.

[9] Burkholder R J, Pino M R, KwonD H. Development of ray-optical methods for studying the RCS of 2D targets on a rough sea surface[R]. Columbus: Ohio State University Electro Science Laboratory, 1999.

[10] Xu F, Jin Y Q. Bidirectional analytic ray tracing for fast computation of composite scattering from electric-large target over a randomly rough surface[J]. IEEE Transactions on Geoscience and Remote Sensing, 2009, 57(5): 1495-1505.

[11] 陈珲. 动态海面及其上目标复合电磁散射与多普勒谱研究[D]. 西安: 西安电子科技大学, 2012.

[12] Soding H. A method for accurate force calculations in potential flow[J]. Ship Technology Research, 1993, 40: 176-186.

[13] 吴秀恒, 张乐文, 王仁康. 船舶操纵性与耐波性[M]. 北京: 人民交通出版社, 1988.

[14] Doerry A. Ship dynamics for maritime ISAR imaging[R]. Albuquerque: Sandia National Laboratories, 2008.

第 4 章　海面舰船复合场景的 SAR 图像仿真

SAR 是利用雷达与目标的相对运动把尺寸较小的真实天线孔径用数据处理的方式合成较大的等效天线孔径的雷达，具有能够全天时、全天候工作以及有效地识别伪装和穿透掩盖物等优势，因此在微波遥感领域有着巨大的应用价值。为了适应不同的成像要求，SAR 可以工作于不同的模式，目前常用的成像模式主要分为条带 SAR 成像、扫描 SAR 成像、聚束 SAR 成像和滑动聚束 SAR 成像，图 4.1 给出了不同成像模式下的几何模型。

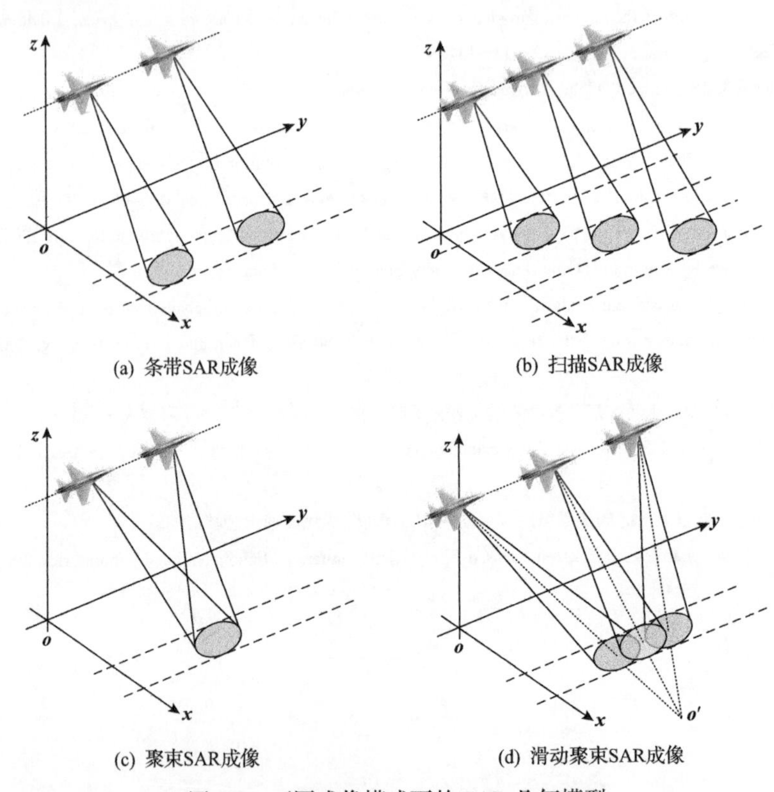

图 4.1　不同成像模式下的 SAR 几何模型

条带 SAR 成像[1]是一种经典的 SAR 成像模式，雷达的波束指向相对于飞行航迹始终不变，波束均匀地扫过地面，从而可以得到连续的图像，因为天线在地面的投影区域是一条条与航迹平行的条带状，所以称为条带 SAR 成像，条带的长度是由雷达平台的移动距离决定的，其方位向分辨率取决于天线孔径长度。

扫描 SAR 成像[2]通过电控的方式控制波束指向，与条带 SAR 成像不同的是，在一个合成孔径时间内，它可以沿着距离向多次扫描，从而实现宽测绘带成像，但是降低了方位向分辨率。

聚束 SAR 成像[3]可以通过传感器操控天线波束的指向始终照射同一个感兴趣区域，可以对同一感兴趣区域进行多视角成像。这种做法的优势在于可以增加方位向积累时间，从而模拟出一个较大的合成孔径长度，提高方位向分辨率。因此，在许多应用领域，聚束 SAR 成像是获得高分辨率图像的有效工具。

滑动聚束 SAR 成像[4]的分辨率介于条带 SAR 成像和聚束 SAR 成像之间，它通过控制天线波束在地面的照射速度来增加合成孔径时间，从图 4.1 (d) 可以看出，当波束照射速度与雷达平台的速度相同时，天线波束中心聚焦点 $\boldsymbol{o}'$ 位于无穷远处，此时滑动聚束 SAR 成像就变为条带 SAR 成像，当波束照射速度为零时，$\boldsymbol{o}'$ 点位于场景中心点，此时的成像模式变为聚束 SAR 成像。

本章首先介绍 SAR 高分辨原理和经典的 SAR 成像算法。在此基础上，提出基于电磁散射模型的 SAR 频域宽带信号仿真模型，该模型充分考虑 SAR 的工作原理、场景散射特性的频变特性和时变特性，因此具有较可靠的仿真精度。最后重点开展不同参数下海上目标正侧视和斜视 SAR 图像仿真及图像特征分析。

4.1　SAR 成像基本原理与方法

4.1.1　SAR 高分辨原理

SAR 成像通常是指对目标进行二维成像，决定成像质量的关键是雷达图像的空间分辨率，也就是距离向分辨率以及方位向分辨率。空间分辨率指的是能够被雷达分辨的两个相邻目标间的最小距离，也是决定一个成像算法有效性的关键指标。

1. 距离向分辨率

对于分布在同一方位但是距离不同的两个目标，当雷达接收的近距离目标回波脉冲的下降沿与接收到的远距离目标回波脉冲的上升沿正好重合时，称两目标之间的距离为距离向分辨率，用 ρ_{r} 表示，即[1]

$$\rho_{\mathrm{r}}=\frac{cT_{\mathrm{r}}}{2}=\frac{c}{2B_{\mathrm{r}}} \tag{4-1}$$

其中，c 为光速；T_{r} 为雷达发射信号的脉冲宽度；B_{r} 为雷达发射信号的带宽。

因此，若想获得较高的距离向分辨率，要求雷达发射具有大带宽的脉冲信号，即雷达发射的脉冲信号足够窄。但是，对实际需求来说，如果雷达发射脉冲信号的持续时间太短，将会导致雷达的平均发射功率降低，无法保证足够大的作用距离，这会降低雷达探测目标的能力。为解决这一问题，可采用脉冲压缩技术来解决 ρ_{r} 与雷达作用距离间的矛盾。

2. *方位向分辨率*

方位向分辨率可以理解为对于相同距离不同方位处的两个相邻目标，雷达所能分辨出的最小角度。图 4.2 为 SAR 成像几何模型，其中，图 4.2(a)为三维成像几何，当 SAR 平台飞行到 A 点时，雷达天线波束的前沿正好照射到点目标 P，而当 SAR 平台飞行到 B 点时，天线波束的后沿恰好离开点目标 P，此时雷达波束的斜视合成孔径长度为 l_{s}。斜视波束几何示意图如图 4.2(b)所示。

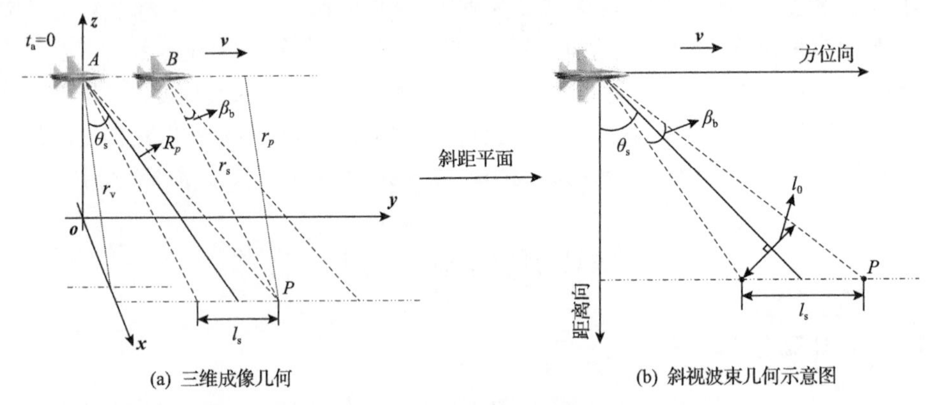

(a) 三维成像几何　　(b) 斜视波束几何示意图

图 4.2　SAR 成像几何模型

假设雷达平台以速度大小 v 沿着正 y 方向匀速飞行，雷达平台与场景中心和点目标 P 之间的垂直距离分别用 r_{v} 和 r_p 表示；雷达波束的指向和 r_{v} 间的夹角为斜视角，用 θ_{s} 表示；雷达发射脉冲的波束宽度用 β_{b} 表示；方位向时间 $t_{\mathrm{a}}=0$ 时刻，当天线波束的中心正好接触到点目标 P 时，雷达平台与目标的斜距为 R_p，此时合成孔径中心的横向位置用 x_o 表示，则 t_{a} 时刻雷达平台与目标间的瞬时距离 r_{s} 随时间的变化关系可以表示为

$$r_{\mathrm{s}}\left(t_{\mathrm{a}}\right)=\sqrt{\left(vt_{\mathrm{a}}-x_o\right)^2+R_p{}^2-2\left(vt_{\mathrm{a}}-x_o\right)R_p\sin\theta_{\mathrm{s}}} \tag{4-2}$$

因为 $R_p \gg l_{\mathrm{s}}$，将式(4-2)在 x_o 处进行泰勒级数展开，即

$$r_{\mathrm{s}}\left(t_{\mathrm{a}}\right)=R_p-v\sin\theta_{\mathrm{s}}t_{\mathrm{a}}+\frac{v^2\cos^2\theta_{\mathrm{s}}}{2R_p}t_{\mathrm{a}}{}^2+\cdots \tag{4-3}$$

由式(4-3)可得目标回波的多普勒中心频率 f_{dc} 和方位向调频率 k_{a} 的表达式分别为

$$f_{\text{dc}} = -\frac{2}{\lambda}\frac{\mathrm{d}r_{\text{s}}}{\mathrm{d}t_{\text{a}}}\bigg|_{t_{\text{a}}=0} = \frac{2v\sin\theta_{\text{s}}}{\lambda} \tag{4-4}$$

$$k_{\text{a}} = -\frac{2}{\lambda}\frac{\mathrm{d}^2 r_{\text{s}}}{\mathrm{d}t_{\text{a}}{}^2}\bigg|_{t_{\text{a}}=0} = -\frac{2v^2\cos^2\theta_{\text{s}}}{\lambda R_p} \tag{4-5}$$

其中，λ 为雷达工作波长。

对于 SAR，β_{b} 一般较小。如图 4.2(b)所示，此时有 $l_{\text{s}} \approx \dfrac{l_0}{\cos\theta_{\text{s}}}$，其中 l_0 为波束正侧视的合成孔径长度，$l_0 = \beta_{\text{b}} R_p = 0.886\dfrac{\lambda}{D}R_p$，其中 D 为天线尺寸。因此，结合式(4-5)可以计算得到目标的多普勒带宽表达式为

$$B_{\text{a}} = \frac{k_{\text{a}} l_{\text{s}}}{v} = 1.772\frac{v}{D}\cos\theta_{\text{s}} \tag{4-6}$$

最后，根据式(4-6)可以求得 SAR 的方位向分辨率为

$$\rho_{\text{a}} = v\frac{1}{B_{\text{a}}} = \frac{D}{1.772\cos\theta_{\text{s}}} = \frac{\lambda}{2\beta_{\text{b}}\cos\theta_{\text{s}}} \approx \frac{D}{2\cos\theta_{\text{s}}} \tag{4-7}$$

由式(4-7)可以看出，SAR 的方位向分辨率和雷达与目标间的距离无关，当 SAR 工作在正侧视情况下时，$\cos\theta_{\text{s}} = 1$，此时对应的方位向分辨率 $\rho_{\text{a}} \approx \dfrac{D}{2}$。对于斜视 SAR，当天线尺寸一定时，斜视角越大，方位向分辨能力越差。当斜视角一定时，雷达天线尺寸越小，波束宽度越大，方位向分辨能力越好，但是实际上天线尺寸不能过小[5]。

4.1.2　线性调频信号与脉冲压缩

为了满足实际需求，通常采用具有大的时间带宽积的脉冲压缩信号，其中线性调频(linear frequency modulation, LFM)信号在 SAR 领域得到广泛的应用，其时域复数表达式为

$$S_{\text{t}}(t_{\text{r}}) = a_{\text{r}}(t_{\text{r}})\exp\left(\text{j}2\pi f_{\text{c}} t_{\text{r}} + \text{j}\pi k_{\text{r}} t_{\text{r}}{}^2\right) \tag{4-8}$$

其中，t_{r} 为距离向时间；f_{c} 为载波中心频率；k_{r} 为线性调频率；$a_{\mathrm{r}}(t_{\mathrm{r}})$ 为雷达信号的距离向包络，其定义为

$$a_{\mathrm{r}}(t_{\mathrm{r}})=\mathrm{rect}\left(\frac{t_{\mathrm{r}}}{T_{\mathrm{r}}}\right)=\begin{cases}1, & \left|\dfrac{t_{\mathrm{r}}}{T_{\mathrm{r}}}\right|\leqslant\dfrac{1}{2}\\ 0, & \text{其他}\end{cases} \tag{4-9}$$

在 SAR 成像过程中，通常使用脉冲压缩技术来获取高分辨的目标 SAR 图像，脉冲压缩技术通过发射宽脉冲信号来增加雷达的平均发射功率，然后在接收时利用匹配滤波的方法输出窄脉冲，以获得高分辨率回波信号。由于时域匹配滤波具有较大的运算量，通常采用频域匹配滤波方式实现，时域中信号的卷积可以由频域中信号的相乘来代替，假设雷达发射信号为 $S_{\mathrm{t}}(t_{\mathrm{r}})$，距离向频率用 f_{r} 表示，其频域形式 $S_{\mathrm{t}}(f_{\mathrm{r}})$ 的共轭即为对应的匹配滤波器 $H(f_{\mathrm{r}})$，可表示为

$$H(f_{\mathrm{r}})=S_{\mathrm{t}}^{*}(f_{\mathrm{r}}) \tag{4-10}$$

经过 t_0 时间后，雷达接收到的回波信号为 $S_{\mathrm{r}}(t_{\mathrm{r}})$，对其进行 FFT 得到频域回波信号 $S_{\mathrm{r}}(f_{\mathrm{r}})$，则 $S_{\mathrm{r}}(t_{\mathrm{r}})$ 经过匹配滤波器之后的信号频谱为

$$S(f_{\mathrm{r}})=S_{\mathrm{r}}(f_{\mathrm{r}})H(f_{\mathrm{r}}) \tag{4-11}$$

最后利用 IFFT 即可得到脉冲压缩后的信号。

LFM 信号与脉冲压缩结果如图 4.3 所示，可以看出，图 4.3(b)中的频谱近似为矩形。对于图 4.3(d)，sinc 函数的峰值旁瓣比(peak side-lobe ratio, PSLR)为 −13dB。一般地，SAR 系统中的 PSLR 值需小于该值，以使得弱目标不被邻近的强目标淹没[1]。

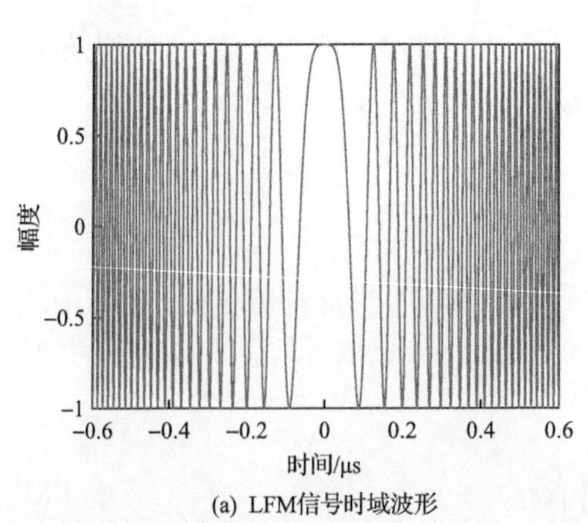

(a) LFM信号时域波形

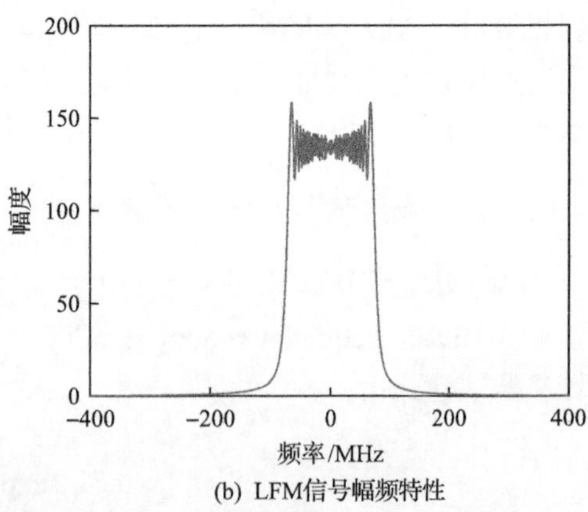

(b) LFM信号幅频特性

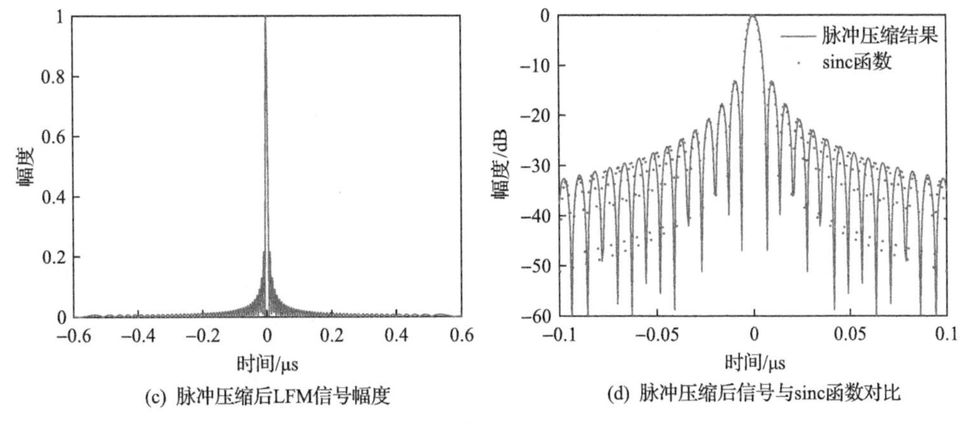

(c) 脉冲压缩后LFM信号幅度　　(d) 脉冲压缩后信号与sinc函数对比

图 4.3　LFM 信号与脉冲压缩结果

4.2　SAR 成像基础算法

目前，有关 SAR 成像算法的研究较多，比较常用的有距离多普勒(range Doppler, RD)算法、线性调频变标(chirp scaling, CS)算法、频率变标(frequency scaling, FS)算法和反向投影(back projection, BP)算法等，本节主要针对正侧视和低斜视条件下的 SAR 成像算法进行介绍。

4.2.1　距离单元徙动

如何消除距离单元徙动(range cell migration, RCM)现象是开展 SAR 成像算法研究的一个十分重要的问题，本小节对其进行详细分析。

RCM 是指在合成孔径过程中，雷达平台与目标间的距离变化超过一个距离分辨单元，导致同一个点目标的回波处于不同的距离分辨单元内，点目标的系统响应在距离向时间和方位向时间的二维平面内表现为曲线，从而导致回波信号距离向和方位向之间的耦合，增加了基于匹配滤波处理的成像的计算复杂度[6-8]。如果不对 RCM 进行补偿，将会对成像结果造成影响，无法得到满意的目标图像。为了解决这个问题，首先需要进行距离单元徙动校正(range cell migration correction, RCMC)，即对距离向和方位向之间的耦合进行解耦合，将 RCM 曲线轨迹校正为直线轨迹，使得成像处理过程中的二维匹配滤波能够被分解为两个独立的一维匹配滤波，从而降低了处理的复杂度。

1. 正侧视情况下的 RCM

正侧视情况下的 RCM 示意图如图 4.4 所示，r_b 为合成孔径边缘的斜距，该模式下的 RCM 表示为

$$r_{\mathrm{RCM}} = r_{\mathrm{b}} - r_p = \frac{r_p}{\cos\frac{\beta_{\mathrm{b}}}{2}} - r_p = r_p\left(\frac{1-\cos\frac{\beta_{\mathrm{b}}}{2}}{\cos\frac{\beta_{\mathrm{b}}}{2}}\right) \tag{4-12}$$

当β_{b}很小时，可得

$$r_{\mathrm{RCM}} \approx \frac{\beta_{\mathrm{b}}^2}{8} r_p = \frac{\lambda^2 r_p}{32{\rho_{\mathrm{a}}}^2} \tag{4-13}$$

在一段合成孔径时间内，当$r_{\mathrm{RCM}} \ll \frac{\rho_{\mathrm{r}}}{Q}$(其中，$Q$通常取为 4 或者 8)时，可以忽略 RCM 的补偿，否则应该考虑 RCM 的补偿。因此，通常将$\frac{r_{\mathrm{RCM}}}{\rho_{\mathrm{r}}}$作为衡量 RCM 影响的指标。

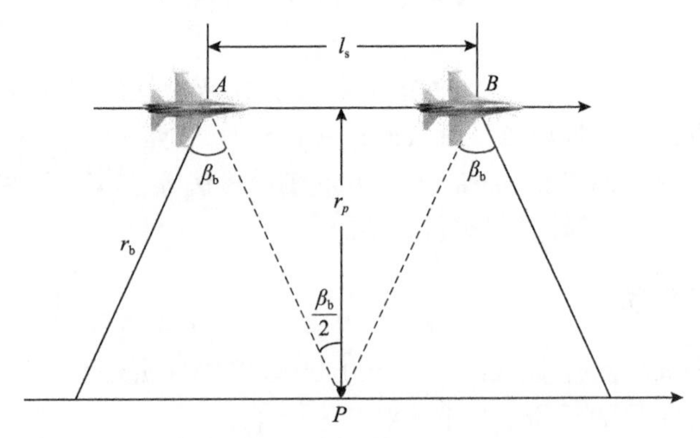

图 4.4　正侧视情况下的 RCM 示意图

2. 斜视情况下的 RCM

斜视 SAR 成像几何如图 4.2(a)所示，将斜视情况下雷达平台与目标之间的斜距重写一下，并省略三次及以上的高次项，可得

$$\begin{aligned} r_{\mathrm{s}}(t_{\mathrm{a}}) &= \sqrt{(vt_{\mathrm{a}} - x_o)^2 + {R_p}^2 - 2(vt_{\mathrm{a}} - x_o)R_p\sin\theta_{\mathrm{s}}} \\ &\approx R_p - v\sin\theta_{\mathrm{s}} t_{\mathrm{a}} + \frac{v^2\cos^2\theta_{\mathrm{s}}}{2R_p}{t_{\mathrm{a}}}^2 \end{aligned} \tag{4-14}$$

式(4-14)中，通常把t_{a}的一次项(即线性项)称为距离单元走动项，与目标距离无关；将t_{a}的二次项称为距离弯曲项，与目标距离有关。距离单元走动项和距离弯曲项之和组成整个距离单元徙动项。对于正侧视情况，有$\theta_{\mathrm{s}} = 0$，$R_p = r_p$，

代入式(4-14)，可以看出其中不再存在距离单元走动项，而只存在距离弯曲项。

斜视情况下的RCM是否需要补偿仍然取决于RCM对 ρ_{r} 的相对值，如果RCM的最大值比 ρ_{r} 小得多，则可以忽略 RCM 对包络位移的影响，否则必须对其进行距离单元徙动校正。值得注意的是，RCM 同时影响着信号的包络时延和相位分布。当一个合成孔径时间内 RCM 的最大值小于 $\frac{\lambda}{8}$ 时，可以忽略 RCM 对相位的影响，反之，则需要进行补偿。

4.2.2 RD 成像算法

1. 正侧视 RD 成像算法

20 世纪 70 年代，为了处理 Seasat SAR 数据，研究人员提出了 RD 成像算法，至今仍然得到广泛应用。该算法充分利用了将距离位置相同而方位位置不同的点目标的回波变换到距离多普勒域中，可以得到其轨迹完全重合的特征，从而可以将对单个目标轨迹的校正变换为多普勒域中对同一斜距处的目标统一进行校正。但是，在距离多普勒域中，RD 成像算法需要采用插值操作来进行 RCMC，增加了算法的计算量。

对于正侧视模式，SAR 平台与目标间的瞬时斜距可以表示为

$$r_{\mathrm{s}}(t_{\mathrm{a}})=\sqrt{v^2{t_{\mathrm{a}}}^2+{R_p}^2}\approx R_p+\frac{v^2{t_{\mathrm{a}}}^2}{2r_p} \tag{4-15}$$

对于任意点目标，雷达平台接收到的来自该点目标的回波为[1,5]

$$\begin{aligned}s_{\mathrm{r}}(t_{\mathrm{r}},t_{\mathrm{a}})=&\sqrt{\sigma(\theta_{\mathrm{i}},\theta_{\mathrm{a}})}a_{\mathrm{r}}\left(t_{\mathrm{r}}-\frac{2r_{\mathrm{s}}}{c}\right)a_{\mathrm{a}}(t_{\mathrm{a}})\exp\left[\mathrm{j}2\pi f_{\mathrm{c}}\left(t_{\mathrm{r}}-\frac{2r_{\mathrm{s}}}{c}\right)\right]\\&\cdot\exp\left[\mathrm{j}\pi k_{\mathrm{r}}\left(t_{\mathrm{r}}-\frac{2r_{\mathrm{s}}}{c}\right)^2\right]\end{aligned} \tag{4-16}$$

其中，$\sigma(\theta_{\mathrm{i}},\theta_{\mathrm{a}})$ 为雷达目标散射截面；θ_{i} 和 θ_{a} 分别为雷达波束的入射角和方位角；$a_{\mathrm{a}}(\cdot)$ 为雷达信号的方位向包络。

将该信号转化为基带回波信号，可得

$$\begin{aligned}s_{\mathrm{r0}}(t_{\mathrm{r}},t_{\mathrm{a}})=&\sqrt{\sigma(\theta_{\mathrm{i}},\theta_{\mathrm{a}})}a_{\mathrm{r}}\left(t_{\mathrm{r}}-\frac{2r_{\mathrm{s}}}{c}\right)a_{\mathrm{a}}(t_{\mathrm{a}})\exp\left(-\mathrm{j}\frac{4\pi f_{\mathrm{c}}r_{\mathrm{s}}}{c}\right)\\&\cdot\exp\left[\mathrm{j}\pi k_{\mathrm{r}}\left(t_{\mathrm{r}}-\frac{2r_{\mathrm{s}}}{c}\right)^2\right]\end{aligned} \tag{4-17}$$

其中，第一个指数项是由方位向引入的相位；第二个指数项是距离向的 LFM 信号。

接下来就可以分别从距离向和方位向两个一维滤波对回波数据进行处理。由于距离向包络和方位向包络主要影响着回波信号的幅度，对后面算法的推导没有影响，为了计算方便，在下面的讨论中均用C来代替。

首先，在距离向上进行匹配滤波压缩，对回波信号进行距离向 FFT，可以得出距离向频域-方位向时域的信号为[1,5]

$$S_{\mathrm{ft}}\left(f_{\mathrm{r}},t_{\mathrm{a}}\right)=C\sqrt{\sigma\left(\theta_{\mathrm{i}},\theta_{\mathrm{a}}\right)}\exp\left[-\mathrm{j}\frac{4\pi\left(f_{\mathrm{c}}+f_{\mathrm{r}}\right)}{c}r_{\mathrm{s}}\right]\exp\left(-\mathrm{j}\pi\frac{f_{\mathrm{r}}^{2}}{k_{\mathrm{r}}}\right) \tag{4-18}$$

对于式(4-18)，其距离向频域的参考函数为

$$H_{\mathrm{r}}\left(f_{\mathrm{r}}\right)=\exp\left(\mathrm{j}\pi\frac{f_{\mathrm{r}}^{2}}{k_{\mathrm{r}}}\right) \tag{4-19}$$

式(4-17)通过上述处理之后，得到距离向压缩后的时域信号为[1,5]

$$S_{\mathrm{tt}}\left(t_{\mathrm{r}},t_{\mathrm{a}}\right)=C\sqrt{\sigma\left(\theta_{\mathrm{i}},\theta_{\mathrm{a}}\right)}\exp\left(-\mathrm{j}\frac{4\pi f_{\mathrm{c}}R_{p}}{c}\right)\exp\left(-\mathrm{j}\pi\frac{2v^{2}f_{\mathrm{c}}}{cR_{p}}t_{\mathrm{a}}^{2}\right) \tag{4-20}$$

从式(4-20)可以看出，方位向相位是方位向时间的二次函数，因此可以得到正侧视情况下的方位向调频率为[1,5]

$$k_{\mathrm{a}}=\frac{2v^{2}}{\lambda R_{p}} \tag{4-21}$$

由前面的分析可知，在正侧视情况下，多普勒中心频率为零，并且没有距离走动项，这主要是由于斜距的变化引起回波包络的徙动，距离向压缩之后的信号在图像域中是一条弯曲的线。此时，如果直接对该信号进行方位向压缩，则聚焦后的信号将会在距离向上延展开来，导致图像距离向的模糊和分辨率的下降。因此，可以将式(4-20)变换到距离多普勒域，从而得到距离多普勒域信号，可以表示为

$$S_{\mathrm{tf}}\left(t_{\mathrm{r}},f_{\mathrm{a}}\right)=C\sqrt{\sigma\left(\theta_{\mathrm{i}},\theta_{\mathrm{a}}\right)}\exp\left(-\mathrm{j}\frac{4\pi f_{\mathrm{c}}R_{p}}{c}\right)\exp\left(\mathrm{j}\pi\frac{f_{\mathrm{a}}^{2}}{k_{\mathrm{a}}}\right) \tag{4-22}$$

其中，f_{a}为方位向多普勒频率。

等式(4-22)中的第一个指数项为目标本身的相位信息，第二个指数项为频域方位向的调制项，该项具有线性调频的特征，则可得到距离多普勒域中 RCM 项的表达式，即

$$R_{\mathrm{RCM}} \approx R_p + \frac{v^2}{2R_p}\left(\frac{f_{\mathrm{a}}}{k_{\mathrm{a}}}\right)^2 = R_p + \frac{{f_{\mathrm{c}}}^2 R_p {f_{\mathrm{a}}}^2}{8c^2 v^2} \tag{4-23}$$

对于该 RCM 项，本节将采用插值的方法进行相应补偿，此时点目标的 RCM 曲线在距离多普勒域中是一条直线。由于 RCMC 消除了距离向和方位向之间的耦合，此时可以将方位向处理转换为一维处理，即可以采用方位向匹配滤波对回波进行方位向聚焦。

在 RCMC 之后，可以采用方位向补偿因子对信号进行方位向聚焦，即

$$H_{\mathrm{a}}\left(f_{\mathrm{a}}\right) = \exp\left(-\mathrm{j}\pi\frac{{f_{\mathrm{a}}}^2}{k_{\mathrm{a}}}\right) \tag{4-24}$$

最后，对方位向聚焦后的信号进行方位向 IFFT，即可得到最终聚焦的 SAR 图像。

图 4.5 为正侧视 RD 成像算法的实现步骤及仿真结果，其中，雷达平台的运动速度 $v = 200\,\mathrm{m/s}$，发射信号载波中心频率 $f_{\mathrm{c}} = 10\mathrm{GHz}$，雷达发射的信号带宽 $B_{\mathrm{r}} = 180\mathrm{MHz}$，脉冲宽度 $T_{\mathrm{r}} = 3\mu\mathrm{s}$，天线尺寸 $D = 2\mathrm{m}$。图 4.6 为基于正侧视 RD 成像算法的成像结果。

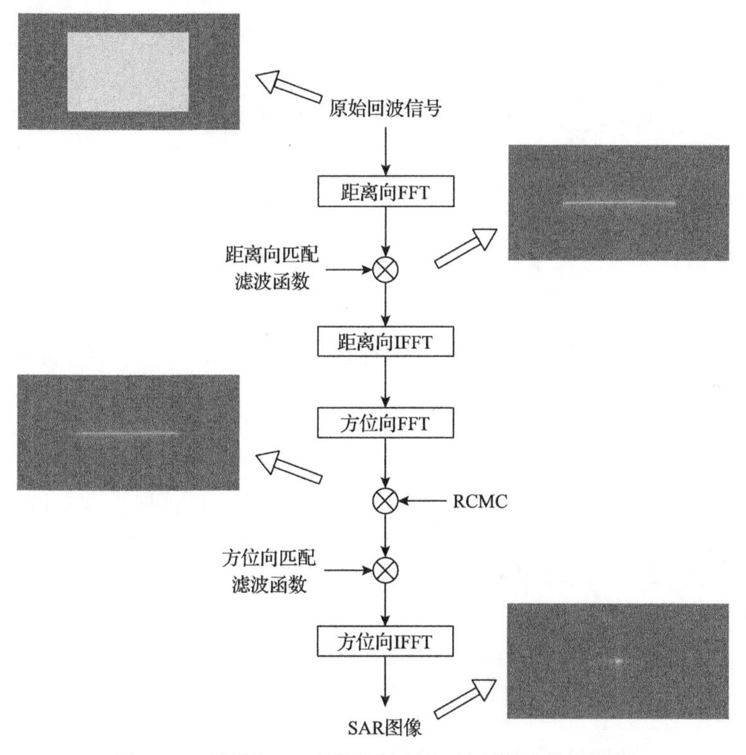

图 4.5　正侧视 RD 成像算法的实现步骤及仿真结果

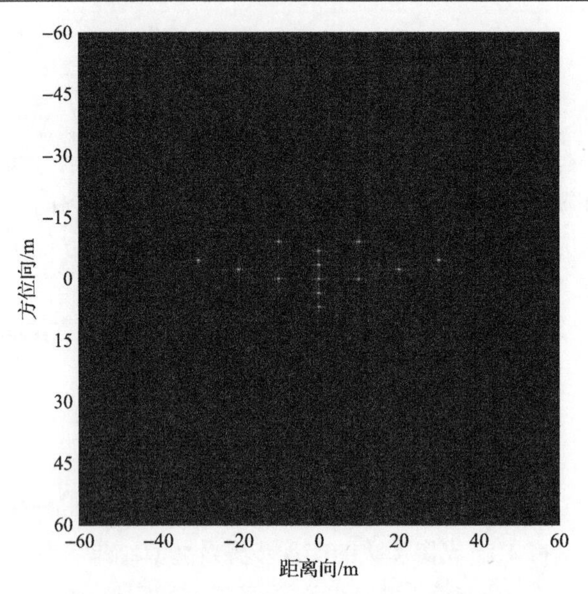

图 4.6　基于正侧视 RD 成像算法的成像结果

2. 低斜视 RD 成像算法

低斜视 RD 成像算法的处理步骤可以分为在距离向频域进行距离向压缩、在二维时域利用插值操作完成 RCMC、在距离多普勒域进行方位向压缩、在二维时域进行几何校正四个模块。图 4.7 给出了低斜视情况下 RD 成像算法流程图，详细步骤如下。

对于低斜视模式，SAR 平台和目标间的瞬时斜距重写为

$$r_{\mathrm{s}}\left(t_{\mathrm{a}}\right)=\sqrt{\left(vt_{\mathrm{a}}-x_{o}\right)^{2}+R_{p}{}^{2}-2\left(vt_{\mathrm{a}}-x_{o}\right)R_{p}\sin\theta_{\mathrm{s}}} \tag{4-25}$$

基于式(4-17)，对信号进行距离向 FFT，得到 SAR 回波信号在距离向频域的表达形式，即

$$S_{\mathrm{ft}}\left(f_{\mathrm{r}},t_{\mathrm{a}}\right)=C\sqrt{\sigma\left(\theta_{\mathrm{i}},\theta_{\mathrm{a}}\right)}\exp\left(-\mathrm{j}4\pi\frac{f_{\mathrm{c}}+f_{\mathrm{r}}}{c}r_{\mathrm{s}}\right)\exp\left(-\mathrm{j}\pi\frac{f_{\mathrm{r}}{}^{2}}{k_{\mathrm{r}}}\right) \tag{4-26}$$

首先对信号进行距离向匹配滤波，由式(4-26)可知，距离向匹配滤波函数可以表示为

$$H_{\mathrm{r}}\left(t_{\mathrm{r}}\right)=\exp\left(-\mathrm{j}\pi k_{\mathrm{r}}t_{\mathrm{r}}{}^{2}\right) \tag{4-27}$$

则可得到距离向匹配滤波之后的信号为

$$S_{\mathrm{tt}}\left(t_{\mathrm{r}},t_{\mathrm{a}}\right)=C\sqrt{\sigma\left(\theta_{\mathrm{i}},\theta_{\mathrm{a}}\right)}\exp\left[-\mathrm{j}4\pi\frac{f_{\mathrm{c}}}{c}r_{\mathrm{s}}\left(t_{\mathrm{a}}\right)\right] \tag{4-28}$$

需要注意的是，对于低斜视模式下的 SAR 回波信号，随着斜视角的增加，距离走动将会迅速增大，并且成为 RCM 的主要分量，距离弯曲在正侧视模式下达到其最大值，并且会随着斜视角的增加不断减小，在低斜视模式下仍然需要进行补偿。因此，在距离向聚焦之后，采用 sinc 插值函数直接对信号进行距离走动的校正和距离弯曲的补偿，不需要再变换到距离多普勒域，这与正侧视 RD 成像算法不同。值得注意的是，sinc 插值操作不是很精确，因此不可避免地会引入插值误差，并且增大了成像处理的时间复杂度，这也是 RD 成像算法成像不精确的主要原因。虽然 RD 成像算法可以较好地解决正侧视和低斜视回波数据的成像处理问题，但是当斜视角增加时，RCMC 也会随之增加。因此，传统的 RD 成像算法仍然无法满足成像的要求，需要对其开展进一步的优化和改进。

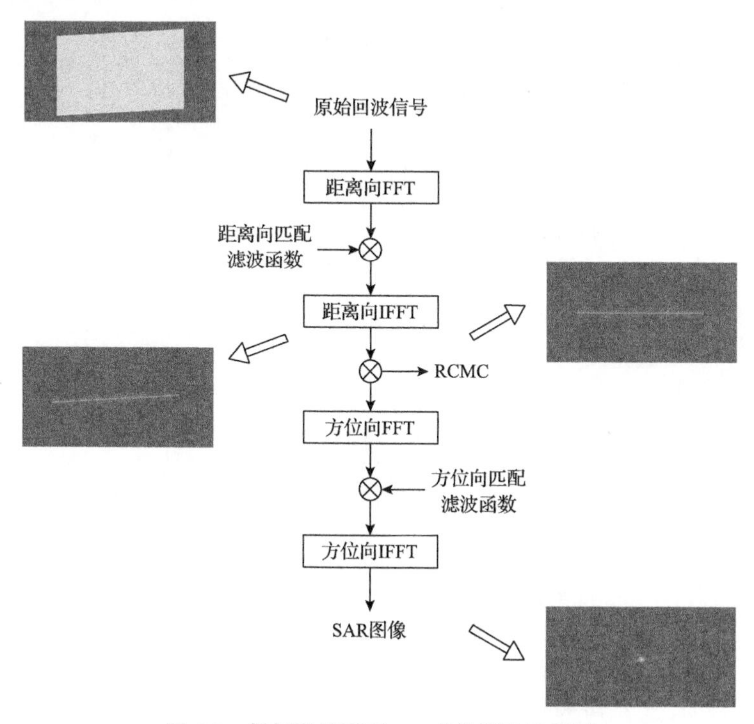

图 4.7　低斜视情况下 RD 成像算法流程图

通过插值的方法补偿 RCM 之后，点目标的 RCM 曲线在距离多普勒域变成一条直线[9]，接着可以引入方位向的匹配滤波器，其数学表达式为

$$H_{\mathrm{a}}\left(f_{\mathrm{a}}\right)=\exp\left(-\mathrm{j}\pi\frac{f_{\mathrm{a}}^{\ 2}}{k_{\mathrm{a}}}\right) \tag{4-29}$$

然后在距离多普勒域与方位向压缩函数相乘即可完成方位向的聚焦。然而，在低斜视情况下，如果直接采用方位向 IFFT 将信号变换至图像域，则会引起图像在方位向错位的现象，因此需要对图像进行几何校正操作，才可恢复目标在场景中的正确位置。

图 4.8(a)为图 4.7 中点目标轮廓图，图 4.8(b)和图 4.8(c)分别为该点目标的距离向剖面图和方位向剖面图，其中，斜视角 $\theta_s = 20°$，雷达运动速度 $v = 200\,\text{m/s}$，发射信号载波中心频率 $f_c = 8\text{GHz}$，雷达发射的信号带宽 $B_r = 80\text{MHz}$，脉冲宽度 $T_r = 2\mu\text{s}$，天线尺寸 $D = 2\text{m}$。从图中可以看出，点目标的距离向和方位向的 PSLR 分别为–13.08dB 和–13.21dB，满足 SAR 成像的要求，表明旁瓣得到了较好的压缩。

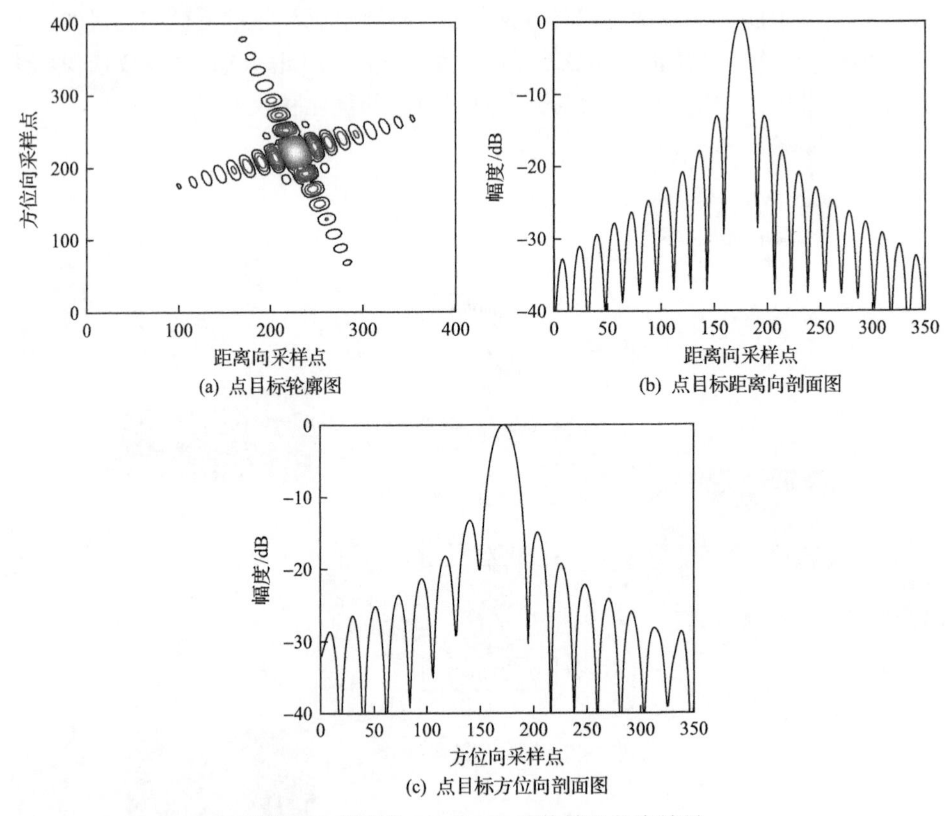

图 4.8 斜视角 20° 的 RD 成像算法仿真结果

4.2.3 CS 成像算法

1. 正侧视 CS 成像算法

理论上来说，利用插值方法校正 RCM 是一种比较精确的方法，但是增加了计算量，CS 成像算法避免了在进行 RCMC 时采用插值操作带来的近似处理[10,11]，提高了计算效率，保证了计算精度，通过在距离多普勒域与 CS 变标因子相乘，将所有点目标的距离轨迹调整为与参考点目标的轨迹相同，然后在二维频域对 CS 变标后的信号进行距离向处理。CS 成像算法通过简单的相位相乘以及 FFT 较为精确地补偿了 RCM，最后给出了基于实测数据仿真得到的 SAR 图像。完整的正侧视 CS 成像算法流程图如图 4.9 所示，流程图中的具体操作如下。

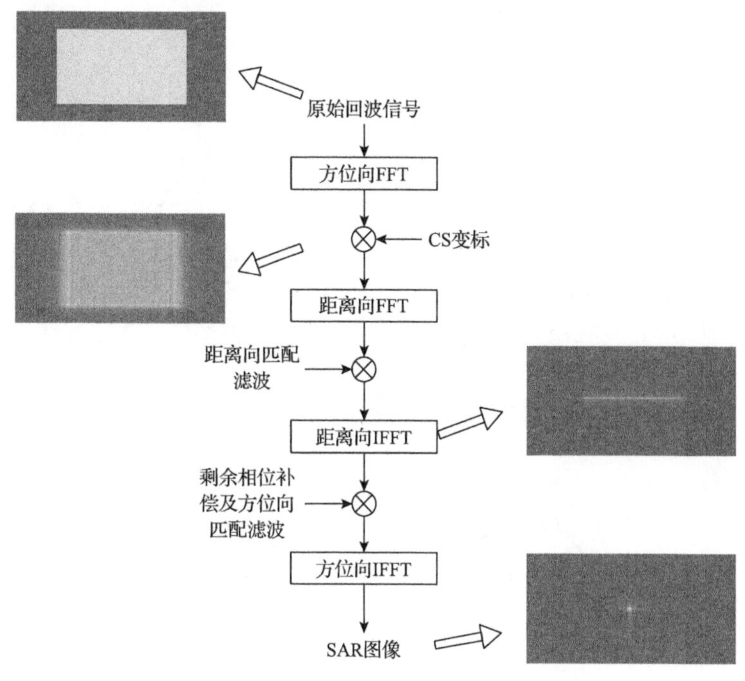

图 4.9　完整的正侧视 CS 成像算法流程图

将 SAR 接收到的目标基带回波信号重写为

$$s_{\mathrm{r}0}\left(t_{\mathrm{r}},t_{\mathrm{a}}\right)=C\sqrt{\sigma\left(\theta_{\mathrm{i}},\theta_{\mathrm{a}}\right)}\exp\left(-\mathrm{j}\frac{4\pi f_{\mathrm{c}}r_{\mathrm{s}}}{c}\right)\exp\left[\mathrm{j}\pi k_{\mathrm{r}}\left(t_{\mathrm{r}}-\frac{2r_{\mathrm{s}}}{c}\right)^{2}\right] \tag{4-30}$$

首先借助驻定相位原理，通过方位向 FFT 将信号由时域变换到距离多普勒域，表达式为

$$S_{\mathrm{tf}}\left(t_{\mathrm{r}},f_{\mathrm{a}}\right)=C\sqrt{\sigma\left(\theta_{\mathrm{i}},\theta_{\mathrm{a}}\right)}\exp\left(-\mathrm{j}\frac{4\pi r_{p}}{\lambda}r_{\mathrm{RCM}}\right)\exp\left[\mathrm{j}\pi K\left(t_{\mathrm{r}}-\frac{2r_{p}}{cr_{\mathrm{RCM}}}\right)^{2}\right] \tag{4-31}$$

其中，$r_{\mathrm{RCM}}=\sqrt{1-\left(\dfrac{\lambda f_{\mathrm{a}}}{2v}\right)^{2}}$ 为徙动参数；$K=\dfrac{k_{\mathrm{r}}}{1-k_{\mathrm{r}}D'}$ 为改变后的距离向调频率，

$D' = \dfrac{cr_p {f_a}^2}{2v^2 {f_c}^3 {r_{RCM}}^3}$。

假设 CS 参考距离为 r_{ref}，则可以得到 CS 变换函数为

$$H_{CS} = \exp\left[j\pi F_{CS} K \left(t_r - \frac{2r_{ref}}{cr_{RCM}} \right)^2 \right] \tag{4-32}$$

其中，$F_{CS} = \dfrac{1}{r_{RCM}} - 1$ 为距离弯曲因子，可以看出，F_{CS} 与方位向频率 f_a 有关，与目标斜距无关。

将式(4-31)与式(4-32)中的变标因子相乘，去除与距离相关的 RCM 残余部分，实现了所有目标的 RCM 轨迹一致化。接着就可以在二维频域通过与距离向的匹配滤波函数相乘，对目标进行距离向匹配滤波、二次距离压缩(secondary range compressing, SRC)以及一致 RCMC。变标后的频域信号为

$$\begin{aligned} S_{ff}(f_r, f_a) = {} & C\sqrt{\sigma(\theta_i, \theta_a)} \exp\left(-j\frac{4\pi r_p}{c} f_r \right) \exp\left(-j\frac{4\pi r_p}{\lambda} r_{RCM} \right) \\ & \cdot \exp\left(-j\frac{\pi r_{RCM}}{K} {f_r}^2 \right) \exp\left[-j\frac{4\pi}{c} r_{ref} \left(\frac{1}{r_{RCM}} - 1 \right) f_r \right] \\ & \cdot \exp\left[j\frac{4\pi K}{c^2 r_{RCM}^2} (1 - r_{RCM})(r_p - r_{ref})^2 \right] \end{aligned} \tag{4-33}$$

其中，第三个指数项为变标后的距离调制，是 f_r 的二次函数，包含距离向以及方位向两个方向的耦合，需要进行 SRC 校正；第四个指数项为一致 RCM，需要进行一致 RCMC。

因此，在二维频域中，通过相位相乘和距离向 IFFT 可实现所有距离向的处理，得到

$$\begin{aligned} S_{tf}(t_r, f_a) = {} & C\sqrt{\sigma(\theta_i, \theta_a)} \exp\left(-j\frac{4\pi r_p}{\lambda} r_{RCM} \right) \\ & \cdot \exp\left[j\frac{4\pi K}{c^2 r_{RCM}^2} (1 - r_{RCM})(r_p - r_{ref})^2 \right] \end{aligned} \tag{4-34}$$

由式(4-34)可知，只剩下与距离有关的方位向调制和由 CS 变换带来的相位误差，可以在方位向处理中同时被补偿掉，所以用于剩余相位误差补偿和方位向脉冲压缩补偿的函数可以写为

$$H_{\mathrm{a}}\left(f_{\mathrm{a}}\right)=\exp\left(\mathrm{j}\frac{4\pi r_{p}}{\lambda}r_{\mathrm{RCM}}\right)\exp\left[-\mathrm{j}\frac{4\pi K}{c^{2}r_{\mathrm{RCM}}^{2}}\left(1-r_{\mathrm{RCM}}\right)\left(r_{p}-r_{\mathrm{ref}}\right)^{2}\right] \tag{4-35}$$

最后将信号变换到方位向时域，即可得到 SAR 图像。

2. 低斜视 CS 成像算法

对于低斜视情况下的 CS 成像算法，其基本流程与正侧视情况相似，主要包括四次 FFT 和三次相位相乘。对于低斜视情况，进行成像处理之前首先应该进行多普勒频率变换，将方位向多普勒频率变换成绝对多普勒频率，否则将会引起方位向频谱混叠，详细的低斜视 CS 成像算法仿真流程图如图 4.10 所示。

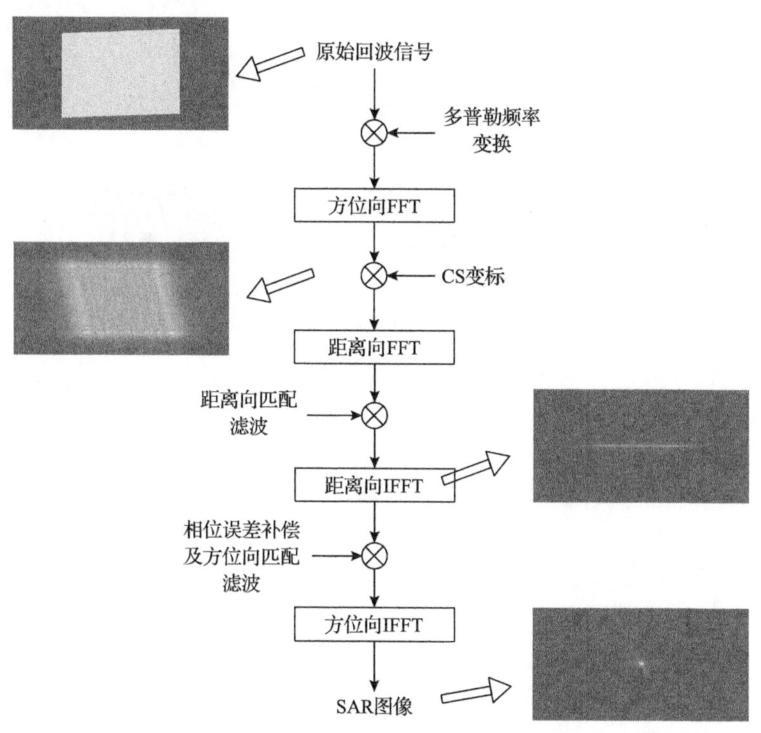

图 4.10　低斜视 CS 成像算法仿真流程图

首先，将回波信号变换到距离多普勒域，即

$$\begin{aligned}S_{\mathrm{tf}}\left(t_{\mathrm{r}},f_{\mathrm{a}}\right)=&C\sqrt{\sigma\left(\theta_{\mathrm{i}},\theta_{\mathrm{a}}\right)}\exp\left(-\mathrm{j}\frac{4\pi R_{p}\cos\theta_{\mathrm{s}}}{\lambda}r_{\mathrm{RCM}}\right)\\&\cdot\exp\left[\mathrm{j}\pi K\left(t_{\mathrm{r}}-\frac{2R_{p}\cos\theta_{\mathrm{s}}}{cr_{\mathrm{RCM}}}\right)^{2}\right]\exp\left(-\mathrm{j}\frac{2\pi R_{p}\sin\theta_{\mathrm{s}}}{v}f_{\mathrm{a}}\right)\end{aligned} \tag{4-36}$$

通过 CS 变标操作可以使目标的 RCM 轨迹一致化，对于斜视情况，变标因子变为 $F_{\mathrm{CS}}=\dfrac{\cos\theta_{\mathrm{s}}}{r_{\mathrm{RCM}}}-1$，则 CS 变标方程为

$$H_{\mathrm{CS}}=\exp\left[\mathrm{j}\pi F_{\mathrm{CS}}K\left(t_{\mathrm{r}}-\frac{2r_{\mathrm{ref}}\cos\theta_{\mathrm{s}}}{cr_{\mathrm{RCM}}}\right)^{2}\right] \tag{4-37}$$

结合式(4-40)与式(4-41)，利用驻定相位原理将 CS 变标之后的信号变换到二维频域，即

$$\begin{aligned}S_{\mathrm{ff}}\left(f_{\mathrm{r}},f_{\mathrm{a}}\right)=&C\sqrt{\sigma\left(\theta_{\mathrm{i}},\theta_{\mathrm{a}}\right)}\exp\left(-\mathrm{j}\frac{4\pi R_{p}\cos\theta_{\mathrm{s}}}{c}f_{\mathrm{r}}\right)\exp\left(-\mathrm{j}\frac{\pi r_{\mathrm{RCM}}}{K\cos\theta_{\mathrm{s}}}f_{\mathrm{r}}^{2}\right)\\&\cdot\exp\left\{-\mathrm{j}\frac{4\pi}{c}r_{\mathrm{ref}}F_{\mathrm{CS}}f_{\mathrm{r}}\right\}\exp\left(-\mathrm{j}\frac{4\pi R_{p}\cos\theta_{\mathrm{s}}}{\lambda}r_{\mathrm{RCM}}\right)\\&\cdot\exp\left[\mathrm{j}\frac{4\pi KF_{\mathrm{CS}}\left(R_{p}\cos\theta_{\mathrm{s}}-r_{\mathrm{ref}}\right)^{2}}{c^{2}r_{\mathrm{RCM}}^{2}\left(F_{\mathrm{CS}}+1\right)}\right]\exp\left(-\mathrm{j}\frac{2\pi R_{p}\sin\theta_{\mathrm{s}}}{v}f_{\mathrm{a}}\right)\end{aligned} \tag{4-38}$$

根据前面的分析，可以得到距离向匹配滤波函数为

$$H_{\mathrm{r}}=\exp\left[\mathrm{j}\frac{\pi}{K\left(1+F_{\mathrm{CS}}\right)}f_{\mathrm{r}}^{2}\right]\exp\left(\mathrm{j}\frac{4\pi}{c}r_{\mathrm{ref}}F_{\mathrm{CS}}f_{\mathrm{r}}\right) \tag{4-39}$$

对距离向匹配滤波之后的信号执行距离向 IFFT，能够得到信号在距离多普勒域的表达形式，即

$$\begin{aligned}S_{\mathrm{tf}}\left(t_{\mathrm{r}},f_{\mathrm{a}}\right)=&C\sqrt{\sigma\left(\theta_{\mathrm{i}},\theta_{\mathrm{a}}\right)}\exp\left(-\mathrm{j}\frac{4\pi R_{p}\cos\theta_{\mathrm{s}}}{c}f_{\mathrm{r}}\right)\exp\left(-\mathrm{j}\frac{4\pi R_{p}\cos\theta_{\mathrm{s}}}{\lambda}r_{\mathrm{RCM}}\right)\\&\cdot\exp\left[\mathrm{j}\frac{4\pi KF_{\mathrm{CS}}\left(R_{p}\cos\theta_{\mathrm{s}}-r_{\mathrm{ref}}\right)^{2}}{c^{2}r_{\mathrm{RCM}}^{2}\left(F_{\mathrm{CS}}+1\right)}\right]\exp\left(-\mathrm{j}\frac{2\pi R_{p}\sin\theta_{\mathrm{s}}}{v}f_{\mathrm{a}}\right)\end{aligned} \tag{4-40}$$

其中，第二个指数项包含方位向调制；第三个指数项为 CS 变标带来的剩余相位误差[12]，可以通过补偿函数与方位向处理同时进行，即

$$H_{\mathrm{a}}\left(f_{\mathrm{a}}\right)=\exp\left(\mathrm{j}\frac{4\pi R_{p}\cos\theta_{\mathrm{s}}}{\lambda}r_{\mathrm{RCM}}\right)\exp\left[-\mathrm{j}\frac{4\pi KF_{\mathrm{CS}}\left(R_{p}\cos\theta_{\mathrm{s}}-r_{\mathrm{ref}}\right)^{2}}{c^{2}r_{\mathrm{RCM}}^{2}\left(F_{\mathrm{CS}}+1\right)}\right] \tag{4-41}$$

信号经过剩余相位补偿和方位向压缩之后，再利用方位向 IFFT 将信号变换到 SAR 图像域，最终完成整个成像的处理。

图 4.11 分别为图 4.10 中点目标的距离向剖面图和方位向剖面图，斜视角为 15°，雷达运动速度为 200m/s，雷达发射信号带宽为 80MHz，脉冲宽度为 2μs，天线尺寸为 2m。从仿真结果可知，点目标的距离向和方位向的 PSLR 分别为 –13.01dB 和–13.34dB，具有较好的聚焦效果。

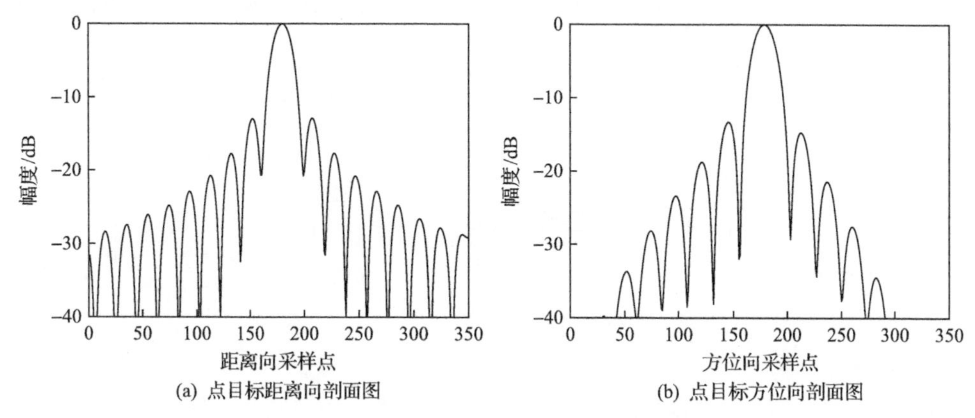

(a) 点目标距离向剖面图 (b) 点目标方位向剖面图

图 4.11 斜视角 15° 的 CS 算法仿真结果

4.2.4 FS 成像算法

假设雷达平台的飞行速度为 v，飞行高度为 H，t_{a} 为慢时间，θ_{s} 为天线波束斜视角，θ_{i} 和 θ_{a} 分别为雷达波束的入射角和方位角，o 点为感兴趣的场景中心，可以被选为参考点。在 $t_{\mathrm{a}}=0$ 时刻，参考点 o 与雷达平台飞行轨迹的最短距离和参考斜距分别为 r_{v} 和 R_{c}。雷达平台到任意点目标 P 的斜距为 r_{s}，则解线频调后的 SAR 回波信号可以表示为

$$\begin{aligned}S_{\mathrm{tt}}\left(t_{\mathrm{r}},t_{\mathrm{a}}\right)=&\sqrt{\sigma\left(\theta_{\mathrm{i}},\theta_{\mathrm{a}}\right)}\operatorname{rect}\left(\frac{t_{\mathrm{r}}-2r_{\mathrm{s}}/c}{T_{\mathrm{r}}}\right)a_{\mathrm{a}}\left(t_{\mathrm{a}}\right)\exp\left(-\mathrm{j}\frac{4\pi f_{\mathrm{c}}}{c}r_{\mathrm{s}}\right)\\&\cdot\exp\left[-\mathrm{j}\frac{4\pi k_{\mathrm{r}}}{c}\Delta t\left(r_{\mathrm{s}}-R_{\mathrm{c}}\right)\right]\exp\left[\mathrm{j}\frac{4\pi k_{\mathrm{r}}}{c^{2}}\left(r_{\mathrm{s}}-R_{\mathrm{c}}\right)^{2}\right]\end{aligned}\tag{4-42}$$

其中，$\operatorname{rect}\left(\frac{t_{\mathrm{r}}-2r_{\mathrm{s}}/c}{T_{\mathrm{r}}}\right)$ 和 $a_{\mathrm{a}}\left(t_{\mathrm{a}}\right)$ 分别为时间域回波的距离向包络和方位向包络；Δt 为参考距离处 SAR 回波信号的时间延迟。

对解线频调后的 SAR 回波信号采用驻定相位原理[13]，可以获得信号在距离多普勒域中的表达式，即

$$S_{\mathrm{tf}}\left(t_{\mathrm{r}},f_{\mathrm{a}}\right)=C\sqrt{\sigma\left(\theta_{\mathrm{i}},\theta_{\mathrm{a}}\right)}\mathrm{rect}\left(\frac{t_{\mathrm{r}}-2r_{\mathrm{s}}/c}{T_{\mathrm{r}}}\right)\exp\left(\mathrm{j}4\pi\frac{k_{\mathrm{r}}}{c}R_{\mathrm{c}}\Delta t\right)*\exp\left(-\mathrm{j}\pi k_{\mathrm{r}}t_{\mathrm{r}}^{2}\right)$$
$$\cdot\exp\left[-\mathrm{j}\frac{4\pi f_{\mathrm{c}}}{c}r_{p}\sqrt{\left(1+\frac{k_{\mathrm{r}}}{f_{\mathrm{c}}}\Delta t\right)^{2}-\left(\frac{f_{\mathrm{a}}c}{2f_{\mathrm{c}}v}\right)^{2}}\right] \tag{4-43}$$

其中，r_p 为目标与雷达平台之间的垂直距离；f_{a} 为方位向频率；“*”表示距离方向上的卷积。

对式(4-43)中的第一个指数项在 $\Delta t=0$ 处进行泰勒级数展开到三次项，可以得到

$$S_{\mathrm{tf}}\left(t_{\mathrm{r}},f_{\mathrm{a}}\right)=C\sqrt{\sigma\left(\theta_{\mathrm{i}},\theta_{\mathrm{a}}\right)}\mathrm{rect}\left(\frac{t_{\mathrm{r}}-2r_{\mathrm{s}}/c}{T_{\mathrm{r}}}\right)F_{\mathrm{SRC}}\left(t_{\mathrm{r}}\right)\exp\left[\mathrm{j}4\pi\frac{k_{\mathrm{r}}}{c}\left(R_{\mathrm{c}}-\frac{r_{p}}{\varpi}\right)\Delta t\right]$$
$$\cdot\exp\left(-\mathrm{j}4\pi\frac{\varpi f_{\mathrm{c}}}{c}r_{p}\right)*\exp\left(-\mathrm{j}\pi k_{\mathrm{r}}t_{\mathrm{r}}^{2}\right) \tag{4-44}$$

其中，第一个指数项表示距离向和方位向二者的耦合项，与目标距离 r_{v} 有关，可以看出该耦合具有距离空变性；$\varpi=\sqrt{1-\dfrac{f_{\mathrm{a}}^{2}c^{2}}{4f_{\mathrm{c}}^{2}v^{2}}}$ 与 f_{a} 有关，为 RCM 参数，与 CS 成像算法中的徙动因子相同；第二个指数项决定了方位向的聚焦，表示方位调制项；第三个指数项是一个 LFM 信号，为剩余视频相位(residual video phase, RVP)项[14]，是推导频率变标处理过程的关键；$F_{\mathrm{SRC}}\left(t_{\mathrm{r}}\right)=\exp\left[\mathrm{j}2\pi\dfrac{r_{p}k_{\mathrm{r}}^{2}}{cf_{\mathrm{c}}\varpi^{3}}\left(1-\varpi^{2}\right)\Delta t^{2}\right]$ $\cdot\exp\left[-\mathrm{j}2\pi\dfrac{r_{p}k_{\mathrm{r}}^{3}}{cf_{\mathrm{c}}^{2}\varpi^{5}}\left(1-\varpi^{2}\right)\Delta t^{3}\right]$ 为 SRC 因子。

首先，需要消除目标距离 r_p 和 ϖ 之间的耦合关系，将式(4-44)中的信号变换到二维频域，即

$$S_{\mathrm{ff}}\left(f_{\mathrm{r}},f_{\mathrm{a}}\right)=C\sqrt{\sigma\left(\theta_{\mathrm{i}},\theta_{\mathrm{a}}\right)}T_{\mathrm{r}}\mathrm{sinc}\left\{\pi T_{\mathrm{r}}\left[f_{\mathrm{r}}+\frac{2k_{\mathrm{r}}}{c}\left(\frac{r_{p}}{\varpi}-R_{\mathrm{c}}\right)\right]\right\}*F_{\mathrm{SRC}}\left(f_{\mathrm{r}}\right)$$
$$\cdot\exp\left(-\mathrm{j}4\pi\frac{R_{\mathrm{c}}}{c}f_{\mathrm{r}}\right)\exp\left(-\mathrm{j}4\pi\frac{\varpi r_{p}}{c}f_{\mathrm{c}}\right)\exp\left(\mathrm{j}\pi\frac{f_{\mathrm{r}}^{2}}{k_{\mathrm{r}}}\right) \tag{4-45}$$

其中，sinc 函数内 $\frac{r_p}{\varpi}$ 为信号的 RCM，其依赖目标距离 r_p 和方位向频率 f_{a}。而 CS 变标操作的主要思想就是：将 sinc 函数中的 $f_{\mathrm{r}}=-\frac{2k_{\mathrm{r}}}{c}\left(\frac{r_p}{\varpi}-R_{\mathrm{c}}\right)$ 调整为一致，去除 $\frac{r_p}{\varpi}$ 的影响，为统一进行 RCMC 奠定了基础。

首先，为了使 RCM 不再依赖目标距离 r_p，需要将距离向频率扩展为原来的 $\frac{1}{\varpi}$，从而为进一步统一进行 RCMC 提供了方便，则 sinc 函数的表达式变为

$$\operatorname{sinc}\left\{\pi\frac{T_{\mathrm{r}}}{\varpi}\left[f_{\mathrm{r}}+\frac{2k_{\mathrm{r}}}{c}\left(r_p-R_{\mathrm{c}}\varpi\right)\right]\right\} \tag{4-46}$$

此时的 RCM 不再与目标距离 r_p 有关，而是与中心参考距离 R_{c} 有关，这就意味着不同距离处的 RCM 全部已经被调整为中心距离处的 RCM。接下来就可以进行第二步，即采用块位移操作完成 RCMC，第二步完成之后的 sinc 函数变为

$$\operatorname{sinc}\left\{\pi\frac{T_{\mathrm{r}}}{\varpi}\left[f_{\mathrm{r}}+\frac{2k_{\mathrm{r}}}{c}\left(r_p-R_{\mathrm{c}}\right)\right]\right\} \tag{4-47}$$

可以看出，距离向频率仅与目标的距离相关，因此 RCM 已经被完全校正了。经过频率变标这一操作，式(4-45)中的距离向频率变为原来的 $\frac{1}{\varpi}$，而且可以同时消除解线频调信号中的 RVP 项，图 4.12 为 FS 成像算法流程图，虚线内为变标操作的过程[15]，每个相位因子在时域中可以表示为

$$H_{\mathrm{FS}}=\exp\left[-\mathrm{j}\alpha(1-\beta)t_{\mathrm{r}}^2\right]=\exp\left[\mathrm{j}\pi k_{\mathrm{r}}(1-\varpi)t_{\mathrm{r}}^2\right] \tag{4-48}$$

$$H_{\mathrm{RVPC}}=\exp\left(\mathrm{j}\pi^2\frac{f_{\mathrm{r}}^2}{\alpha\beta}\right)=\exp\left(-\mathrm{j}\pi\frac{f_{\mathrm{r}}^2}{k_{\mathrm{r}}\varpi}\right) \tag{4-49}$$

$$H_{\mathrm{IFS}}=\exp\left[-\mathrm{j}\alpha\left(\beta^2-\beta\right)t_{\mathrm{r}}^2\right]=\exp\left[\mathrm{j}\pi k_{\mathrm{r}}\left(\varpi^2-\varpi\right)t_{\mathrm{r}}^2\right] \tag{4-50}$$

其中，式(4-48)表示变标操作函数，在方位向频域中，距离不同而方位位置相同的目标的轨迹是一致的，因此频率变标操作需要在方位向频域进行。式(4-49)为剩余视频相位校正(residual video phase correction, RVPC)函数，在距离多普勒域中，距离相同而方位不同的目标 RCM 轨迹是一致的，因此需要将回波信号变换

到距离多普勒域后再对其进行 RVPC。然后对信号进行距离向 FFT。式(4-50)为时域逆频率变标函数，可以补偿由频率变标操作引入的剩余相位。α 和 β 分别为两个独立的变量因子，分别为

$$\alpha = -\pi k_{\mathrm{r}} \tag{4-51}$$

$$\beta = \varpi\left(f_{\mathrm{a}}\right) \tag{4-52}$$

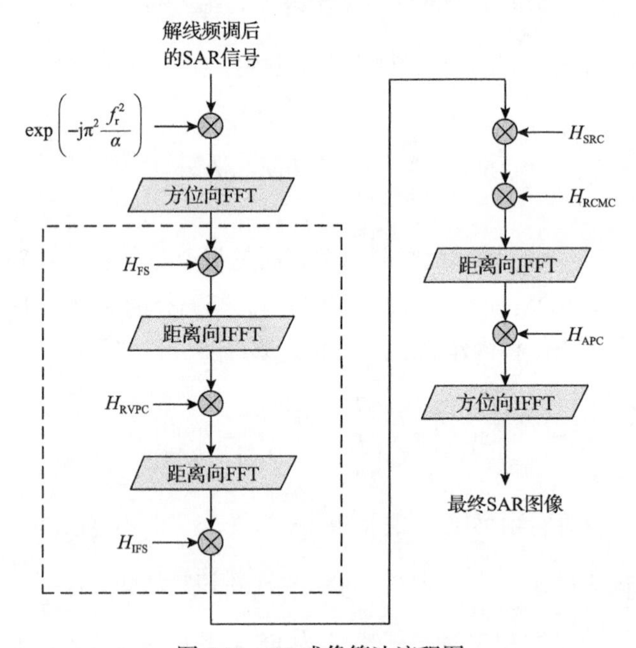

图 4.12　FS 成像算法流程图

因此，整个频率变标操作之后的信号在距离多普勒域中可以表示为

$$\begin{aligned} S_{\mathrm{tf}}\left(t_{\mathrm{r}}, f_{\mathrm{a}}\right) = & C\sqrt{\sigma\left(\theta_{\mathrm{i}}, \theta_{\mathrm{a}}\right)} \frac{T_{\mathrm{r}}}{\varpi} \operatorname{sinc}\left(\frac{\varpi t_{\mathrm{r}} - 2R_{\mathrm{c}}/c}{T_{\mathrm{r}}}\right) F_{\mathrm{SRC}}\left(t_{\mathrm{r}}\right) \\ & \cdot \exp\left[\mathrm{j}4\pi \frac{k_{\mathrm{r}}}{c}\left(\varpi R_{\mathrm{c}} - r_p\right)\left(t_{\mathrm{r}} - \frac{2R_{\mathrm{c}}}{c\varpi}\right)\right] \exp\left(-\mathrm{j}4\pi \frac{\varpi f_{\mathrm{c}}}{c} r_p\right) \end{aligned} \tag{4-53}$$

在频率变标处理之后，所有目标的 RCM 轨迹已经被调整为一致。式(4-53)中第一个指数项与目标距离和已经调整到同一轨迹的 RCM 有关，可以通过补偿函数进行校正，因此 SRC 项和 RCM 项可以在二维频域同时进行补偿。

此时，RCM 已经被完全校正，即距离向处理已经完成，最后通过方位向补偿函数进行方位向处理，即可得到最终的 SAR 图像。

4.2.5　BP 成像算法

BP 成像算法的实现思路与上述 RD 成像算法、CS 成像算法、FS 成像算法有着本质的区别。BP 成像算法首先对回波进行距离向压缩，之后在方位向上的处理是在时域内进行的，通过设置距离向-方位向坐标中的网格，在每个方位向时刻计算网格中各点到雷达天线中心的距离和时延，从而进行相位补偿。网格中的每个点处理完毕后，将所有信号相加即可得到最终的 SAR 图像[16,17]。BP 成像算法在原理上没有近似，因此在不同的斜视角下都能得到聚焦的 SAR 图像。

BP 成像算法的距离向脉冲压缩过程与 RD 成像算法相同，通过将原始回波数据变换到距离向频域，利用频域匹配滤波器实现匹配滤波，进而变换到时域得到距离向压缩后的信号。在此基础上，将成像区域沿距离向(斜距或者地距)和方位向进行网格离散，对于网格中的任意一点 $P(x,y)$，得到其与天线中心的距离和时延，并将距离向压缩后的回波信号按照该时延进行平移，在整个合成孔径时间内将该点的能量进行相干叠加，得到重建的 SAR 图像。成像平面中该点的图像幅度可表示为[16,17]

$$I(x,y)=\sum_{-T/2}^{T/2} S_{\mathrm{tt}}\left(t_{\mathrm{r}},t_{\mathrm{a}}\right)\cdot\exp\left[\mathrm{j}4\pi f_{\mathrm{c}}R\left(t_{\mathrm{a}}\right)/c\right] \tag{4-54}$$

其中，$S_{\mathrm{tt}}\left(t_{\mathrm{r}},t_{\mathrm{a}}\right)$ 为距离向压缩后的信号；f_{c} 为载波中心频率；c 为光速；$R\left(t_{\mathrm{a}}\right)$ 为 t_{a} 时刻天线中心到 $P(x,y)$ 处的距离。

针对 BP 成像算法，诸多学者为提升回波处理效率，还提出了快速实现方案，本书不再过多介绍，感兴趣的读者可参阅相关文献[18-21]。

4.3　海面舰船复合场景 SAR 信号仿真的频域宽带信号模型

前面介绍了 SAR 的工作原理和回波处理算法。对于真实的 SAR，当其发射的电磁波照射到场景后便可接收到回波，进而利用回波处理算法得到 SAR 图像。因此，针对 SAR 图像的仿真可分为回波获取、回波处理两大步骤，而前者的准确性无疑对仿真结果的可靠性有着举足轻重的影响。

为了准确地仿真 SAR 回波，需要在仿真过程中复现 SAR 工作流程。鉴于光速远大于雷达平台的飞行速度，在仿真中 SAR 的工作模式可视为“停走停”模式，即在某一方位向采样时刻发射电磁波照射感兴趣场景，并接收电磁波，此后雷达继续沿方位向飞行，到达下一个采样时刻时再次停下发射电磁波并接收回波。

基于此过程，本节提出基于频域宽带信号模型的 SAR 图像仿真方法，其基本思想如下：在每一个方位向采样时刻，雷达发射一定带宽的电磁波照射场景并得到回波，这一过程涉及电磁波与场景的互相作用，而针对本书重点研究的海上舰船目标这一场景，可利用前述的海面目标复合电磁散射模型进行分析。然而，为了从回波中获取目标模型更多细节上的信息，对雷达分辨率的要求更高，而且提高雷达距离向分辨率就要求信号有更大的带宽。相比低分辨雷达，高分辨雷达发射信号的频率成分更多，各频率成分的电磁散射特性与中心频率的电磁散射特性差异比较明显。因此，为了能够更准确地模拟出目标的散射回波，需要考虑信号中各频率成分的电磁散射特性。以 LFM 信号为例，发射信号的频率在T_p时间内是线性增加的，将脉冲信号进行傅里叶变换，可以得到信号的频谱，发射信号频谱轮廓如图 4.13(a)所示。可以看出，频率的主要成分分布在中心附近。为简化问题，仅考虑中心频率附近一定范围 f' 内的频率成分，由于幅度较小，在该范围之外的成分在计算时不予考虑。

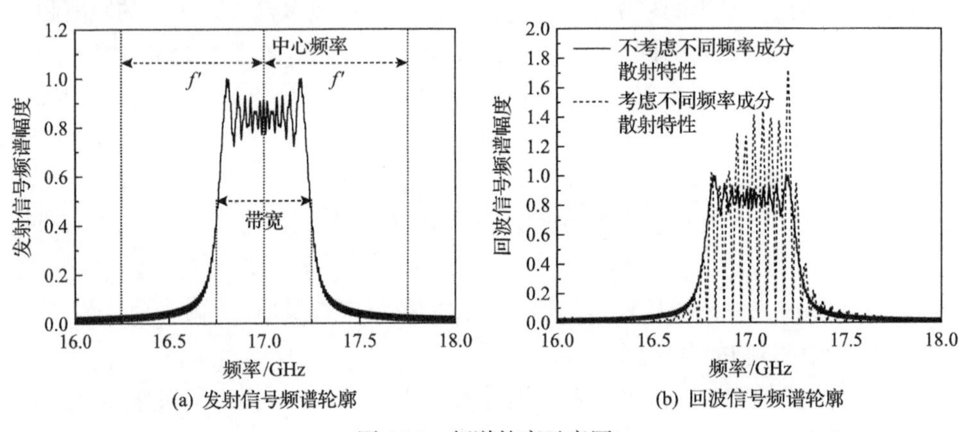

(a) 发射信号频谱轮廓　(b) 回波信号频谱轮廓

图 4.13　频谱轮廓示意图

对于每个频率成分，其散射特性与中心频率都有所差异，因此发射信号中各频率成分照射到目标后的回波信号强度及相位均不同。每个频率成分的回波信号强度可以利用该频率下复合场景的散射场计算。各频率成分的回波信号叠加在一起就得到场景的总回波信号，回波信号频谱轮廓如图 4.13(b)所示。可以看出，回波信号的主要频谱成分的分布范围与发射信号不同，但是各个成分的幅度有所差异。有了回波信号的频谱序列，就可以利用傅里叶逆变换计算出回波信号。

因此，为准确地考虑场景的频变特性，在特定方位向时刻，需要在每个频率采样点上分别获取场景的散射特性，进而将其变换到时域，得到该方位向时刻不同快时间采样点上的回波信号数据。当雷达平台继续飞行时，方位向时刻发生变化，海上舰船目标复合场景空间几何亦随之变化，为此需要根据前面章节介绍的时变海面几何建模方法和舰船六自由度运动模型，获取时变的海场景空间几何信息，并在此基础上求解不同方位向时刻、不同快时间采样时刻下的回波，进而结合回波处理算法得到仿真 SAR 图像。

基于频域宽带信号模型的 SAR 图像仿真方法的实现步骤如下：

(1) 对于不同方位向时间，更新其场景几何，并将场景用三角面元进行剖分；

(2) 利用电磁散射模型计算每个方位采样时刻不同采样频点的场景散射场，进而获取方位向时域、距离向频域回波；

(3) 利用傅里叶逆变换得到不同距离向采样单元和方位向采样单元的 SAR 时域回波；

(4) 利用回波处理算法得到仿真 SAR 图像。

图 4.14 给出了不同分辨率下组合立方体目标的 SAR 成像结果，回波处理算法为 RD 成像算法。仿真中雷达高度 H 为 300m，中心入射角度为 70°，中心频率为 17GHz。图 4.14(a) 给出了立方体目标分布示意图，立方体的大小为 5cm × 5cm ×

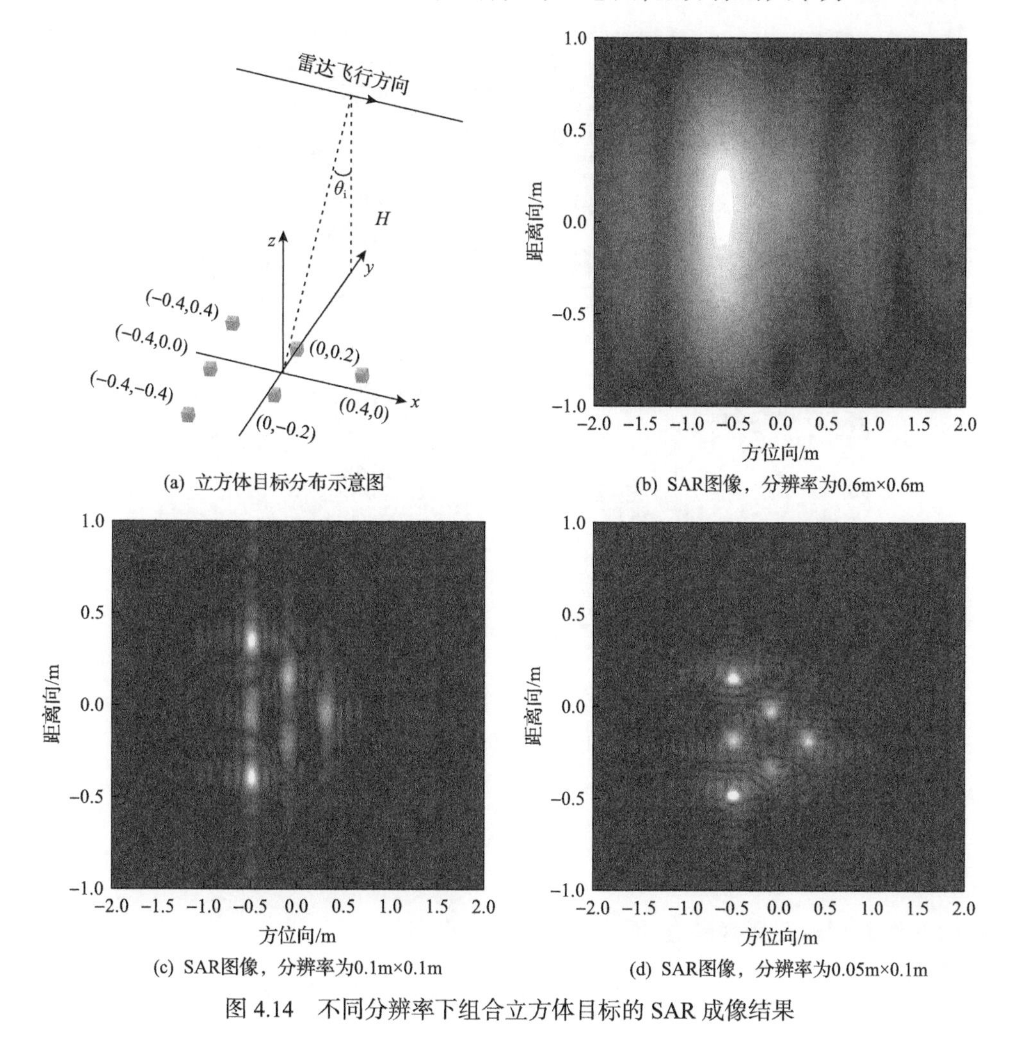

(a) 立方体目标分布示意图

(b) SAR图像，分辨率为0.6m×0.6m

(c) SAR图像，分辨率为0.1m×0.1m

(d) SAR图像，分辨率为0.05m×0.1m

图 4.14　不同分辨率下组合立方体目标的 SAR 成像结果

5cm，相邻立方体的空间间隔如图 4.14(a)所示。机载雷达在 *xoz* 平面内沿负 *x* 轴方向运动。图 4.14(b)、图 4.14(c)、图 4.14(d)对应的距离向分辨率和方位向分辨率分别为 0.6m×0.6m、0.1m×0.1m 和 0.05m×0.1m。从图中可以看出，在天线的长度较长、带宽较低的情况下，很难分辨出目标，如图 4.14(b)所示，分辨率为 0.6m，大于立方体之间的距离 0.4m，则很难将各个立方体辨别开来，但分辨率提升时可以很容易地辨别出立方体的位置。

图 4.15 给出了利用频域宽带信号仿真方法模拟的 SAR 平台不同积累时间下动态海面场景 SAR 成像结果。从图中可以看出，当积累时间较短时，SAR 图像中呈现出较为清晰的海面纹理。随着积累时间增加，海浪在积累时间内的运动位移量逐渐增大，图像将变得模糊，这与真实动态海面场景的 SAR 成像相符，而传统的基于 VB 调制的海面成像算法是无法体现这种随积累时间变化的图像特征的。

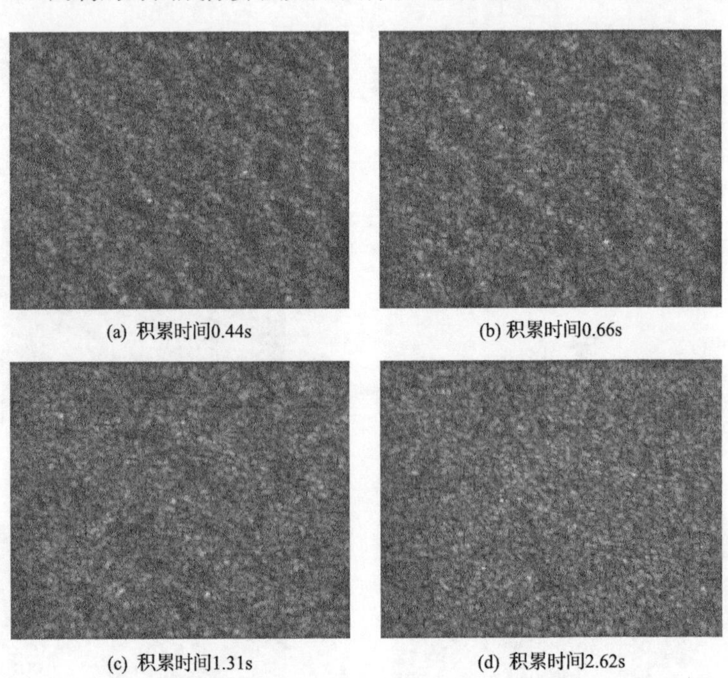

(a) 积累时间0.44s　(b) 积累时间0.66s

(c) 积累时间1.31s　(d) 积累时间2.62s

图 4.15　利用频域宽带信号仿真方法模拟的 SAR 平台不同积累时间下动态海面场景 SAR 成像结果

4.4　海面舰船复合场景 SAR 图像仿真与特征分析

4.4.1　海面舰船正侧视 SAR 图像仿真与特征分析

在频域宽带信号模型的基础上，本节分析海面及其上舰船复合场景的 SAR 图像特征。

图 4.16 给出了海面及其上双船场景示意图，船长 120m，宽 20m。海面尺寸为 300m×300m，风速为 5m/s，顺风方向，舰船材质假定为理想良导体。在微波频段，海水的趋肤深度为毫米量级，因此不考虑海面下方舰船几何结构的影响。毫无疑问，两船之间也存在耦合散射场，即入射波照射到一个船产生的反射波可能会再次照射另一个船。为了与单船不同面元间的多次散射场进行区别，将两个不同船之间的耦合场记为船-船散射场。在接下来的仿真中，雷达工作在 HH 极化模式下，入射波频率为 5GHz，舰船 1 的中心位置在坐标原点(0, 0, 0)处，舰船 2 的中心位置在(w, $-d$, 0)处，此处的中心指的是水面上的中心。

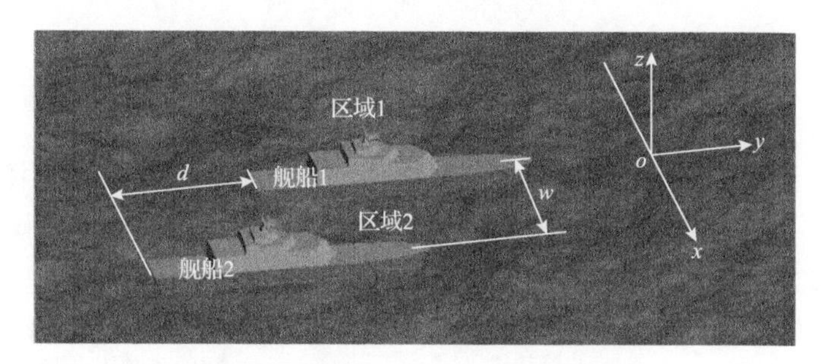

图 4.16　海面及其上双船场景示意图

图 4.17 给出了船相对位置为 d=25m，w=30m 时船海场景的 RCS 空间分布和 SAR 图像随船向的变化，入射角为 60°。其中，图 4.17(a)中，船向与 x 轴夹角为 0°，而对于图 4.17(b)，船向与 x 轴夹角为 60°。可以看出，对于图 4.17(a)，两船之间存在较强的耦合场，然而相对于大入射角情形，存在耦合散射的区域变小。另外，船海之间的耦合散射效应很强，导致海面上出现较强的散射源。当船向与 x 轴夹角调整为 60°时，两船之间的耦合散射和船海之间的耦合散射都明显变弱，因此可以很清晰地从 SAR 图像中观察到舰船的轮廓。

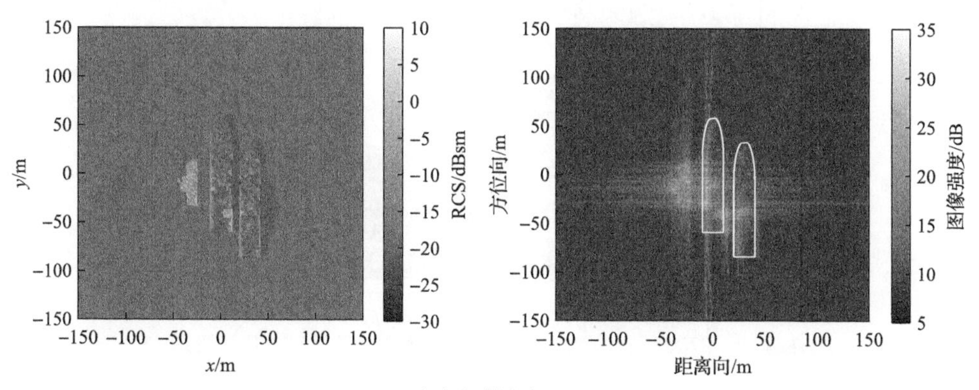

(a) 船向与x轴夹角0°

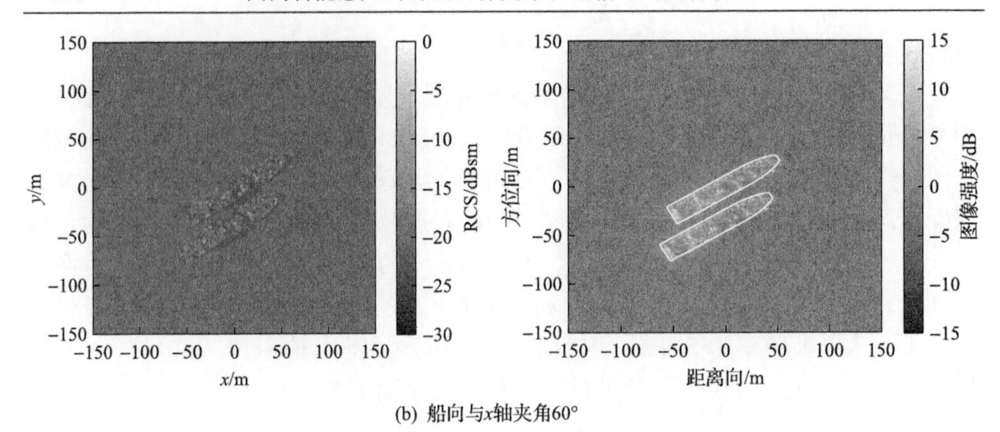

(b) 船向与x轴夹角60°

图 4.17　不同船向时 RCS 空间分布和 SAR 图像对比

基于上述分析，可以得出如下结论：

(1)如果海上多船之间不存在由不同舰船构成的角结构等强散射源，在后向散射中可将不同舰船之间的耦合场忽略，尤其对于小入射角和两船相距较远的情况。但是，船海之间的耦合散射场在某些视角下会很强，不可忽略。

(2)当 SAR 的飞行方向与船向存在一定的夹角时，更容易从 SAR 图像中对目标进行探测和识别。

4.4.2　海面舰船斜视单基 SAR 图像仿真与特征分析

本节将结合频域宽带信号模型和 FS 成像算法仿真斜视情况下复合场景的 SAR 图像。SAR 平台与海面及其上目标复合场景之间的几何关系如图 4.18 所示，SAR 平台沿正 y 轴方向飞行，在 xoy 平面内舰船目标与雷达平台飞行方向的夹角是 45°。

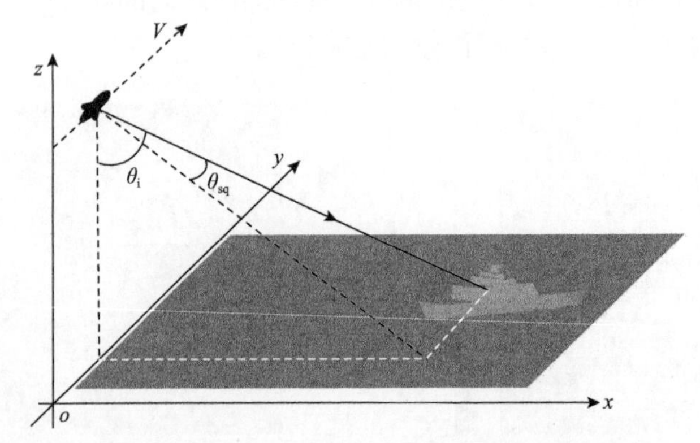

图 4.18　SAR 平台与海面及其上目标复合场景之间的几何关系

图 4.19 给出了不同入射角 θ_i 和斜视角 θ_{sq} 情况下海面及其上舰船目标复合场

景的 SAR 图像仿真结果，其中，海面尺寸为 80m×80m，风速为 8m/s，入射波频率为 5GHz，图 4.18(a)、图 4.18(b) 和图 4.18(c) 的入射角分别为 30°、65° 和 65°，其对应的斜视角分别为 20°、20° 和 60°，SAR 系统的其他参数如表 4.1 所示。

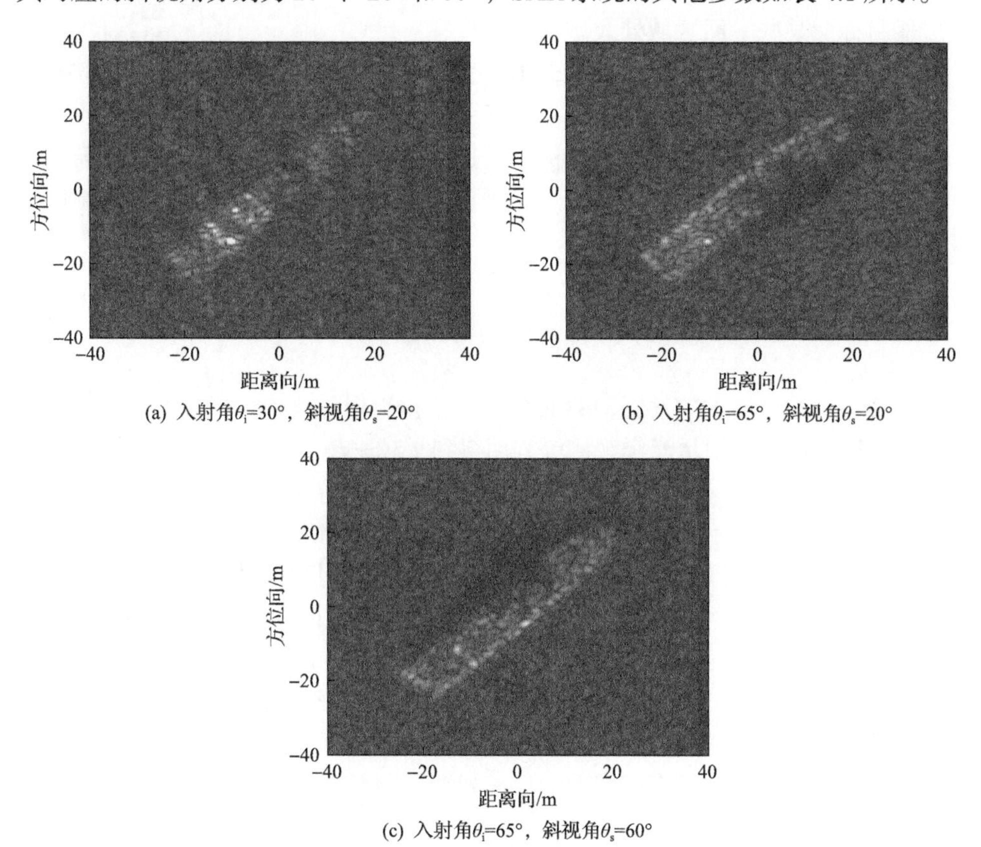

(a) 入射角θ_i=30°，斜视角θ_s=20°

(b) 入射角θ_i=65°，斜视角θ_s=20°

(c) 入射角θ_i=65°，斜视角θ_s=60°

图 4.19 不同入射角和斜视角情况下海面及其上舰船目标复合场景的 SAR 图像仿真结果

表 4.1 SAR 系统参数

参数	值	参数	值
雷达平台高度/m	3000	信号带宽/MHz	100
载波频率/GHz	8	脉冲宽度/μs	2
雷达平台速度/(m/s)	200	天线尺寸/m	2

从对比的 SAR 图像中可以看出，当入射角较大时，海表面上的阴影区域非常清晰，这个现象是合理的，验证了本章方法的合理性。此外，图 4.19(a) 和图 4.19(b) 中的强散射源分布并不相同，其中图 4.19(a) 中具有角反射器的结构和图 4.19(b) 中船舷的左边缘区域的强度较强，这是由不同方位向视角导致的，这种现象在不

同斜视角度下的 SAR 图像中也可以被发现，见图 4.19(b) 和图 4.19(c)。另外，从 SAR 中也可以发现海面上某些区域的散射强度可能强于舰船目标，这是由于海面倾斜，入射波和倾斜面的法向量之间具有一定的夹角，导致海面某些区域的强度比舰船目标上某些平面区域处大。

通过以上仿真实例的分析，从 SAR 图像中可以发现，舰船目标上的强散射源区域的散射强度相对明显，如角反射器和甲板边缘。另外，不能被入射波照射到的阴影区域的分布是合理的，并且由于雷达平台视线不同，可以发现其所表现出的散射分布特征也不相同。因此，无论是正侧视情况还是斜视情况，频域宽带信号模型都可以有效地实现 SAR 回波仿真。

4.5 本 章 小 结

随着雷达成像技术的发展，SAR 作为一个全天候、全天时成像的遥感工具，在航空遥感和测量、卫星海洋观测等方面得到了越来越广泛的应用。在介绍 SAR 成像算法的基础上，通过前面所建立的高效的海面舰船的优化面元散射模型，结合 SAR 测试平台的不同雷达参数，针对不同舰船的动态海面场景，成功建立了 SAR 图像信号的频域宽带仿真模型，通过动态更新不同时刻对应的各个频率成分的动态海面场景的散射场分布，完成更为真实的动态海面的 SAR 信号模拟，克服了传统海面成像的准静态场近似的缺陷。最后，本章开展了不同参数下海上目标正侧视和斜视 SAR 图像仿真，发现在某些角度下船海之间的耦合散射效应很强，使得海面上出现较强的散射源，在雷达图像上具有显著特征。本章内容为后续雷达图像的特征分析和基于雷达图像的目标智能识别提供了方法及数据基础。

参 考 文 献

[1] Cumming I G, Wong F H C. Digital Processing of Synthetic Aperture Radar Data: Algorithm and Implementation[M]. Boston: Artech House, 2005.

[2] Moreira A, Mittermayer J, Scheiber R. Extended chirp scaling algorithm for air and spaceborne SAR data processing in stripmap and scanSAR imaging modes[J]. IEEE Transactions on Geoscience and Remote Sensing, 1996, 34(5): 1123-1136.

[3] Lanari R, Tesauro M, Sansosti E, et al. Spotlight SAR data focusing based on a two-step processing approach[J]. IEEE Transactions on Geoscience and Remote Sensing, 2001, 39(9): 1993-2004.

[4] Yang W, Li C S, Chen J, et al. Extended three-step focusing algorithm for spaceborne sliding spotlight SAR image formation[J]. Journal of Beijing University of Aeronautics and Astronautics, 2012, 38(3): 297-302.

[5] 保铮, 邢孟道, 王彤. 雷达成像技术[M]. 北京: 电子工业出版社, 2005.

[6] Walker J L. Range-Doppler imaging of rotating objects[J]. IEEE Transactions on Aerospace and Electronic Systems, 1980, AES-16(1): 23-52.

[7] Smith A M. A new approach to range-Doppler SAR processing[J]. International Journal of Remote Sensing, 1991, 12(2): 235-251.

[8] Brown W M, Fredricks R J. Range-Doppler imaging with motion through resolution cells[J]. IEEE Transactions on Aerospace and Electronic Systems, 1969, AES-5(1): 98-102.

[9] Rodriguez-Cassola M, Baumgartner S V, Krieger G, et al. Bistatic Terra SAR-X/F-SAR spaceborne-airborne SAR experiment: Description, data processing and results[J]. IEEE Transactions on Geoscience and Remote Sensing, 2010, 48(2): 781-794.

[10] Jakowatz C V, Wahl D E, Thompson P A, et al. Space-variant filtering for correction of wavefront curvature effects in spotlight-mode SAR imagery formed via polar formatting[C]. Proceedings of the SPIE, Orlando, 1997: 33-42.

[11] Wilkinson A J, Lord R T, Inggs M R. Stepped-frequency processing by reconstruction of target reflectivity spectrum[C]. Proceedings of the 1998 South African Symposium on Communications and Signal Processing, Rondebosch, 1998: 101-104.

[12] Runge H, Bamler R. A novel high precision SAR focussing algorithm based on chirp scaling[J]. International Geoscience and Remote Sensing Symposium, 1992, 1: 372-375.

[13] Blacknell D, Blake A P, Oliver C J, et al. A comparison of SAR mutilook registration and contrast optimisation autofocus algorithms applied to real SAR data[C]. International Radar Conference, Brighton, 1992: 363-366.

[14] Jin L H, Liu X Z. Nonlinear frequency scaling algorithm for high squint spotlight SAR data processing[J]. EURASIP Journal on Advances in Signal Processing, 2008, 2008(7): 657081-1-657081-8.

[15] Mittermayer J, Moreira A, Loffeld O. Spotlight SAR data processing using the frequency scaling algorithm[J]. IEEE Transactions on Geoscience and Remote Sensing, 1999, 37(5): 2198-2214.

[16] Durand R, Ginolhac G, Thirion-Lefevre L, et al. Back projection version of subspace detector SAR processors[J]. IEEE Transactions on Aerospace and Electronic Systems, 2011, 47(2): 1489-1497.

[17] Albuquerque M, Prats P, Scheiber R. Applications of time-domain back-projection SAR processing in the airborne case[C]. The 7th European Conference on Synthetic Aperture Radar, Friedrichshafen, 2008: 1-4.

[18] Basu S, Bresler Y. $O(N^2\log_2N)$ filtered backprojection reconstruction algorithm for tomography[J]. IEEE Transactions on Image Processing, 2000, 9(10): 1760-1773.

[19] Ulander L M H, Hellsten H, Stenstrom G. Synthetic-aperture radar processing using fast factorized back-projection [J]. IEEE Transactions on Aerospace and Electronic Systems, 2003, 39(3): 760-776.

[20] Ponce O, Prats P, Rodriguez-Cassola M, et al. Processing of circular SAR trajectories with fast factorized back-projection[C]. 2011 IEEE International Geoscience and Remote Sensing Symposium, Vancouver, 2011: 3692-3695.

[21] Yang Z M, Sun G C, Xing M D. A new fast back-projection algorithm using polar format algorithm[C]. Proceedings of 2013 Asia-Pacific Conference on Synthetic Aperture Radar, Tsukuba, 2013: 373-376.

第 5 章　海面舰船复合场景的 ISAR 图像仿真

逆合成孔径雷达(inverse synthetic aperture radar, ISAR)和 SAR 是雷达成像领域中应用最为广泛的两种高分辨成像工具，两者具有类似的成像机制，都是借助雷达发射宽带信号来实现距离向的高分辨率，在相干积累时间内发射连续脉冲，并利用目标与雷达之间相对运动所合成的有效孔径来实现横向高分辨率。两者的不同之处在于成像时雷达和目标各自的运动状态不同。SAR 成像的有效孔径是通过雷达平台的运动获得的；ISAR 成像则与之相反，通常情况下的运行方式是雷达成像平台固定，通过目标运动产生有效孔径[1,2]。而在实际应用中，由于 SAR 成像过程中只存在雷达成像平台的运动，所以其运动的参数值是可以主动获得的，而 ISAR 成像过程中所应用的参数需要对回波信号进行相应处理来获得，而且在成像之前需要采用运动补偿的方法去除非合作运动目标相对于雷达所形成的平动分量，从而将成像模型转化为转台模型来进行 ISAR 成像。

对于海上舰船目标，由于受到海浪等因素的影响，舰船目标的运动形式相对复杂。其正常情况下的运动形式不仅包含正常航行的平动分量，还包含由海浪起伏等因素产生的平动分量和转动分量。与其他运动目标不同，舰船本身的三维转动在一定条件下能够看作舰船成像高分辨的主要来源，对其进行相对应的处理即可在较短的相干积累时间内得到分辨率和清晰度相对较高的图像。然而舰船自身的摇摆会导致成像过程中成像投影平面不断发生变化[3]，这种情况下的目标回波不能再看作简单的平稳信号，其多普勒频率信息随时间不断变化，因此应用 RD 成像算法[4]获得的图像分辨率会大幅度下降，从而出现散焦而不再清晰。此时，可以利用非平稳信号模型来体现舰船目标的多普勒频率变化，然后应用距离-瞬时多普勒(range-instantaneous Doppler, RID)算法[5-7]进行成像处理。在应用该算法时，针对不同的回波信号模型选择相应的瞬时频率(instantaneous frequency, IF)估计方法是很重要的，直接关系到成像的质量和图片的清晰。在海况较低的情况下，舰船目标机动性较弱，故其产生的信号的非平稳性较弱，则其可近似描述成多分量 LFM 信号，此时应用基于双线性时频变换的 RID 算法可以得到较高质量的 ISAR 图像[8,9]，而在海况较高的情况下，回波的非平稳性变强，需要构造立方相位信号(cubic phase signal, CPS)模型来近似模拟回波信号[10-13]，此时就需要采用基于 CPS 参数估计方法的 RID 成像算法来获得高质量的 ISAR 图像。

为此，本章首先通过转台模型和回波模型详细分析 RD 成像算法。在此基础上，分析舰船目标的 ISAR 回波模型和基于短时傅里叶变换(short time Fourier transform, STFT）的成像算法，研究舰船航行运动和自身三维转动对舰船成像的影响。最后，为了提高 ISAR 成像质量，分别针对不同海况详细介绍低海况时基于双线性的时频变换方法和高海况时基于 CPS 的舰船目标 ISAR 成像算法。

5.1　ISAR 成像基本原理与方法

ISAR 成像借助成像雷达发射宽带信号和脉冲压缩技术实现目标 RLOS（即距离向）分辨率的提升，利用目标与雷达之间的相对运动所合成的有效孔径来实现横向多普勒的高分辨率。所以，横向多普勒高分辨率需要通过频率分析技术，依据不同方位向坐标的散射点在成像时间内相对 RLOS 等效旋转时所产生的相应多普勒频移来获得。ISAR 成像雷达在实际应用中的观测目标大多为飞机、舰船、卫星等具有非合作运动特性的目标。对于此类目标，其相对雷达的运动可分为转动分量和平动分量两部分。其中，转动分量对于目标的成像具有贡献价值且是成像所必需的分量；平动分量对于 ISAR 成像没有任何积极作用，反而需要借助相关的运动补偿技术来消除其影响。经过相关运动补偿处理之后的 ISAR 成像模型类似于旋转目标的转台模型，所以在 ISAR 成像的基础研究中，可将其等效为理想的转台成像模型来加以研究。

5.1.1　转台成像原理

目标与雷达相对运动示意图如图 5.1 所示，图中描述的是一个空间目标在二维平面内的投影，成像目标等同于绕其自身的转动中心做匀速转动，成像雷达在某一确定的坐标位置接收目标产生的回波信号。假设目标的旋转角速度为 ω，R 为雷达与目标旋转中心之间的初始距离，则在 t 时刻目标上某一散射点 $P(x_p, y_p)$ 与雷达之间的距离为

$$
\begin{aligned}
r(t) &= \sqrt{R^2 + r_p^2 - 2Rr_p\cos(\pi - \theta(t))} \\
&= \sqrt{R^2 + r_p^2 + 2Rr_p\cos\theta(t)} \\
&= R\sqrt{1 + \frac{r_p^2}{R^2} + 2\frac{r_p}{R}\cos\theta(t)}
\end{aligned}
\tag{5-1}
$$

其中，

$$
\theta(t) = \theta_0 + \omega t \tag{5-2}
$$

θ_0 为初始方位角。

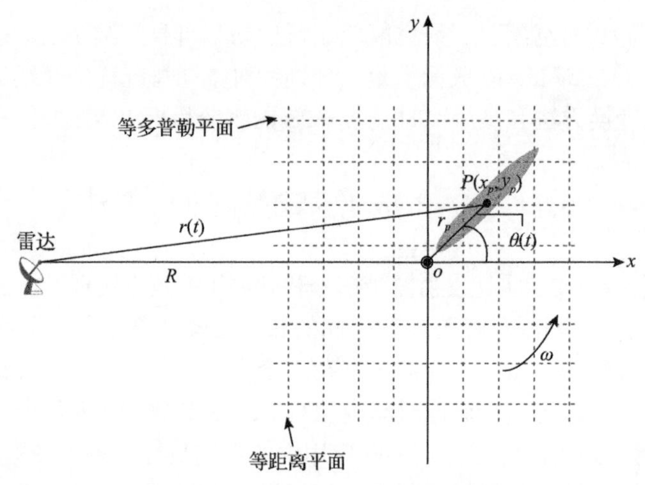

图 5.1　目标与雷达相对运动示意图

在远场情况下，雷达到成像目标之间的距离远大于目标本身的几何尺寸(即 $R \gg r_p$)，则有

$$r(t) \approx R\left[1+\frac{1}{2}\frac{2r_p}{R}\cos\left(\theta_0+\omega t\right)\right]=R+r_p\cos\left(\theta_p+\omega t\right)=R+y_p\cos(\omega t)-x_p\sin(\omega t) \tag{5-3}$$

其中，$y_p=r_p\cos\theta_0$；$x_p=r_p\sin\theta_0$。

因此，回波信号的多普勒频率可以表示为

$$f_{\mathrm{d}}=-\frac{2}{\lambda}\frac{\mathrm{d}r}{\mathrm{d}t}=\frac{2x_p\omega}{\lambda}\cos(\omega t)+\frac{2y_p\omega}{\lambda}\sin(\omega t) \tag{5-4}$$

其中，λ 为雷达信号波长。

由于在较短的观察时间内旋转角度较小(即 ωt 较小)，可知 $\cos(\omega t)\approx 1$、$\sin(\omega t)\approx 0$，所以式(5-3)和式(5-4)可以近似为

$$\begin{aligned} r(t) &= R+y_p \\ f_{\mathrm{d}} &= -\frac{2}{\lambda}\frac{\mathrm{d}r}{\mathrm{d}t}=\frac{2x_p\omega}{\lambda} \end{aligned} \tag{5-5}$$

由上述分析可知，目标散射点在二维平面上的坐标位置参数可以通过分析回波信号的距离延时信息以及多普勒频率信息进行估算获得，由此可以在等距离平面和等多普勒平面上成像，其中，等距离平面垂直于 RLOS，等多普勒平面则为平行于 RLOS 与目标转轴的平面。

在二维高分辨 ISAR 成像系统中，距离向分辨率的表达式为[1]

$$\delta_{\mathrm{r}} = \frac{c}{2B} \tag{5-6}$$

其中，c 为光速；B 为信号带宽。

由式(5-5)可知，多普勒频率分辨率 Δf_{d} 为

$$\Delta f_{\mathrm{d}} = \frac{2\omega\delta_{\mathrm{a}}}{\lambda} \tag{5-7}$$

而多普勒频率分辨率实际上是由相干积累时间 T 决定的，即

$$\Delta f_{\mathrm{d}} = \frac{1}{T} \tag{5-8}$$

所以，横向多普勒分辨率为

$$\delta_{\mathrm{a}} = \frac{\lambda}{2\omega T} = \frac{\lambda}{2\Delta\varPhi} \tag{5-9}$$

其中，$\Delta\varPhi$ 为相干积累时间内目标相对 RLOS 的旋转角。

由上述分析可以看出，横向多普勒分辨率与目标相对 RLOS 方向在成像积累时间内的总转角成正比。然而，这是建立在雷达目标总转角较小情况下的，而当雷达目标总转角较大时，会发生距离向分辨单元徙动现象。因此，RD 成像算法成像的前提就是目标在成像时间内的总转角较小，而横向分辨率的提高又要求有较大的总转角。为了防止图像发生模糊和产生距离向和方位向的越距离单元走动现象，目标的自身大小与成像分辨率之间具有以下制约关系，即

$$\begin{cases} \delta_{\mathrm{r}}^2 > \lambda D_{\mathrm{r}} / 4 \\ \delta_{\mathrm{r}}\delta_{\mathrm{a}} > \lambda D_{\mathrm{a}} / 4 \end{cases} \tag{5-10}$$

其中，D_{r} 为目标径向(距离向)长度；D_{a} 为目标横向(方位向)长度。

在远场情况下，如果考虑目标的径向速度和加速度，目标上任意散射点 $P\left(x_p, y_p\right)$ 与雷达之间的径向距离可以表示为

$$r_p\left(t_n\right) = r_0 + vt_n + \frac{1}{2}at_n^2 + x_p\sin\left(\omega t_n\right) + y_p\cos\left(\omega t_n\right) \tag{5-11}$$

其中，r_0 为目标与雷达之间的初始距离；v 与 a 分别为目标相对于雷达运动的径向速度和径向加速度；ω 为目标旋转角速度；t_n 为方位向慢时间。

对于 RD 成像算法，一般非自旋类目标在 RLOS 方向在相干积累时间内的总转角较小，因此有 $\sin(\omega t_n)\approx\omega t_n$，$\cos(\omega t_n)\approx 1$，此时式(5-11)可以近似为

$$r_p(t_n)=\left(vt_n+\frac{1}{2}at_n^2\right)+x_p\omega t_n+\left(r_0+y_p\right) \tag{5-12}$$

其中，$vt_n+\frac{1}{2}at_n^2$ 为散射点沿着 RLOS 方向平动所生成的距离变化量；$x_p\omega t_n$ 为散射点转动所产生的距离变化量；r_0+y_p 为与散射点位置有关的常量。

假设载波中心频率为 f_{c}，脉宽为 T_{r}，调频率为 k_{r} 的 LFM 信号为

$$u(t)=\mathrm{rect}\left(\frac{t}{T_{\mathrm{r}}}\right)\exp\left[\mathrm{j}2\pi\left(f_{\mathrm{c}}t+\frac{k_{\mathrm{r}}t^2}{2}\right)\right] \tag{5-13}$$

则经目标散射后，雷达回波可以表示为

$$S_{\mathrm{tt}}(t,t_n)=\sum_p A_p u\left[t-2r_p(t_n)/c\right] \tag{5-14}$$

其中，A_p 为散射点 P 的散射振幅。

将式(5-14)变换到频域并进行匹配滤波，可得

$$S_{\mathrm{ft}}(f,t_n)=\sum_p A_p\mathrm{rect}\left(\frac{f}{|k_{\mathrm{r}}|T_{\mathrm{r}}}\right)\exp\left[-\mathrm{j}\frac{4\pi(f_{\mathrm{c}}+f)}{c}r_p(t_n)\right] \tag{5-15}$$

目标的运动导致目标各个散射点与雷达之间的径向距离随着时间而发生变化，那么回波信号的相位也会发生改变，可表示为

$$\varPhi=-\frac{4\pi(f_{\mathrm{c}}+f)}{c}r_p(t_n)=-\frac{4\pi(f_{\mathrm{c}}+f)}{c}\left(vt_n+\frac{1}{2}at_n^2+x_p\omega t_n+r_0+y_p\right) \tag{5-16}$$

由式(5-16)可得回波信号的多普勒频率为

$$f_{\mathrm{d}}=\frac{1}{2\pi}\frac{\mathrm{d}\varPhi}{\mathrm{d}t}=f_{\mathrm{d1}}+f_{\mathrm{d2}} \tag{5-17}$$

其中，

$$\begin{aligned}f_{\mathrm{d1}}&=-\frac{2(f_{\mathrm{c}}+f)}{c}\cdot\left(vt_n+\frac{1}{2}at_n^2\right)\\ f_{\mathrm{d2}}&=-\frac{2(f_{\mathrm{c}}+f)}{c}\cdot x_p\omega t_n\end{aligned} \tag{5-18}$$

其中，f_{d1} 为目标运动的平动分量所产生的信号回波多普勒变化，且其变化量与坐标无关，即目标的所有散射点平动产生相同的多普勒频移和相位变化，这对于多普勒信息的获取和各散射点的位置分辨无积极作用，但是导致图像的散焦和偏移，因此需要通过运动补偿技术来消除；f_{d2} 为目标运动的转动分量所产生的信号回波多普勒变化。

对式(5-18)进行分析可知，f_{d2} 与其位置有关，从而可以根据这些多普勒信息来判定散射点的坐标位置所在，因而这部分运动对回波的多普勒频率信息有贡献，其多普勒信息是实现目标横向高分辨所必需的。

经过运动补偿之后，式(5-15)变为

$$S_{\mathrm{ft}}\left(f,t_n\right)=\sum_p A_p\cdot\mathrm{rect}\left(\frac{f}{|k_{\mathrm{r}}|T_{\mathrm{r}}}\right)\cdot\exp\left[-\mathrm{j}\frac{4\pi\left(f_{\mathrm{c}}+f\right)}{c}\cdot\left(x_p\omega t_n+r_0+y_p\right)\right] \tag{5-19}$$

由式(5-19)可以看出，目标平动对于信号包络和相位的影响已被完全校正，这时只需要对式(5-19)在距离向进行傅里叶逆变换，然后在方位向进行傅里叶变换，就能够得到目标的高质量 ISAR 成像结果，即

$$S\left(\tilde{t},f_{\mathrm{d}}\right)=\sum_p A_p\mathrm{sinc}\left\{\pi B\left[\tilde{t}-\frac{2\left(x_p\omega t_n+r_0+y_p\right)}{c}\right]\right\}\mathrm{sinc}\left[\pi T\left(f_{\mathrm{d}}-\frac{2f_{\mathrm{c}}}{c}x_p\omega\right)\right] \tag{5-20}$$

其中，$\tilde{t}=t-t_n$ 为快时间变量；f_{d}、T 分别为方位向多普勒频率和总的成像相干积累时间。

以上就是距离-多普勒成像原理的回波处理过程。

5.1.2　平动补偿

由前面的成像原理和回波分析可知，运动补偿是 ISAR 成像技术中的一个关键环节。有效的运动补偿技术是获得运动目标高质量 ISAR 图像的前提条件。而在运动补偿过程中，对运动目标回波信号的调制包含包络和相位，因此通常将运动补偿分成两个部分来进行相关处理。首先是包络对齐，又称为粗补偿，其主要工作是消除各个脉冲间的时间延迟，将小转角目标上同一个散射点的各次回波对齐到同一个距离单元内；其次就是相位补偿，又称为精补偿，其主要工作是消除目标沿雷达视线平动所导致的散射点多普勒变化。

针对包络对齐，较早提出的是相邻相关法[14]，其基本原理是：相邻两次回波之间目标的旋转角度相差很小，因此相邻回波之间的距离向包络有着很强的相关性。但是相邻两次回波在对准时会形成一些小的偏差。对于单次包络补偿，这个

偏差可能很小，然而实际应用中的成像过程要处理数百次甚至更多的回波，此时一系列对齐偏差累积在一起将导致距离向排列的“漂移”。目标相邻的两次回波之间偶尔产生的相关性减弱也会引起对齐偏差，最终导致成像效果急剧降低。为了抑制上述误差，实现更好的包络对齐效果，国内外学者又提出了整体最优准则包络对齐法[15]、全局包络对齐法[16]、最小熵包络对齐法[17]等。事实上，包络对齐偏差是难以完全避免的。对于实测数据，其录取过程受到多方面因素的影响，因此难以实现理想的包络对齐，只要将偏差限制在容许的范围内使其对后续处理的影响降到最小即可。

对于舰船目标，由于受到海浪的影响，其运动形式比较复杂，特别是在海况较高的情况下，目标的回波信号复杂且变化剧烈。这就需要选择一种误差抑制能力良好且运算量相对较小的包络对齐算法，以此来对舰船目标的非平稳信号进行快速精准的包络对齐处理，从而为接下来得到高质量的舰船 ISAR 图像打下坚实的基础。对于散射点强度变化较为剧烈的目标回波信号，基于最小熵的全局距离对准算法处理效果相比互相关法较好，该算法无须对各次回波的距离偏移量进行搜索，只需要通过少量的迭代就能够计算出一个近似最优的结果，具有很高的运算效率和实际应用价值。

假设运动目标有径向速度 v 和加速度 a，则 ISAR 回波的相位可以表示为

$$\varPhi = -\frac{4\pi f}{c}\left(r_0 + vt + \frac{at^2}{2}\right) \tag{5-21}$$

因为 $4\pi f/c$ 在成像积累时间内是常数，所以可由相位与式(5-22)相乘来完成运动补偿，即

$$S' = \exp\left[\mathrm{j}\frac{4\pi f}{c}\left(vt + \frac{at^2}{2}\right)\right] \tag{5-22}$$

由此可知，要完成速度补偿，只需要完成对于速度和加速度的估计即可。设 ISAR 图像矩阵 $\boldsymbol{I}$ 为 N 行 M 列，则可以将图像的熵值定义为

$$\tilde{E}(I) = -\sum_{m=1}^{M}\sum_{n=1}^{N} I'(m,n)\cdot \lg I'(m,n) \tag{5-23}$$

其中，

$$I'(m,n) = \frac{I(m,n)}{\sum_{m=1}^{M}\sum_{n=1}^{N} I(m,n)} \tag{5-24}$$

最小熵法是一个具备反馈能力的闭环系统，其可以自适应地进行反复迭代，

从而使得系统的熵值达到最小极限，具有较高的鲁棒性。将其应用到 ISAR 成像中，通过执行对速度和加速度的二维搜索，同时对成像进行补偿处理，得到熵值最小的 ISAR 图像。

接下来通过仿真来展示使用最小熵法补偿 ISAR 图像中的运动效果。目标散射点模型如图 5.2(a)所示，使用由 22 个具有相同散射强度的理想散射点构成的目标模型，目标径向平动速度 $v = 5\text{m/s}$，径向加速度 $a = 0.1\text{m/s}^2$，角速度 $\omega = 0.03\text{rad/s}$。目标与雷达的初始径向距离 $r_0 = 5\text{km}$。雷达载波中心频率 $f_c = 8\text{GHz}$，脉冲宽度 $T_p = 10\mu\text{s}$，总带宽 $B = 384\text{MHz}$，脉冲重复频率(pulse repetition frequency, PRF)为14.5kHz。最小熵法包络对齐结果如图 5.2 所示。

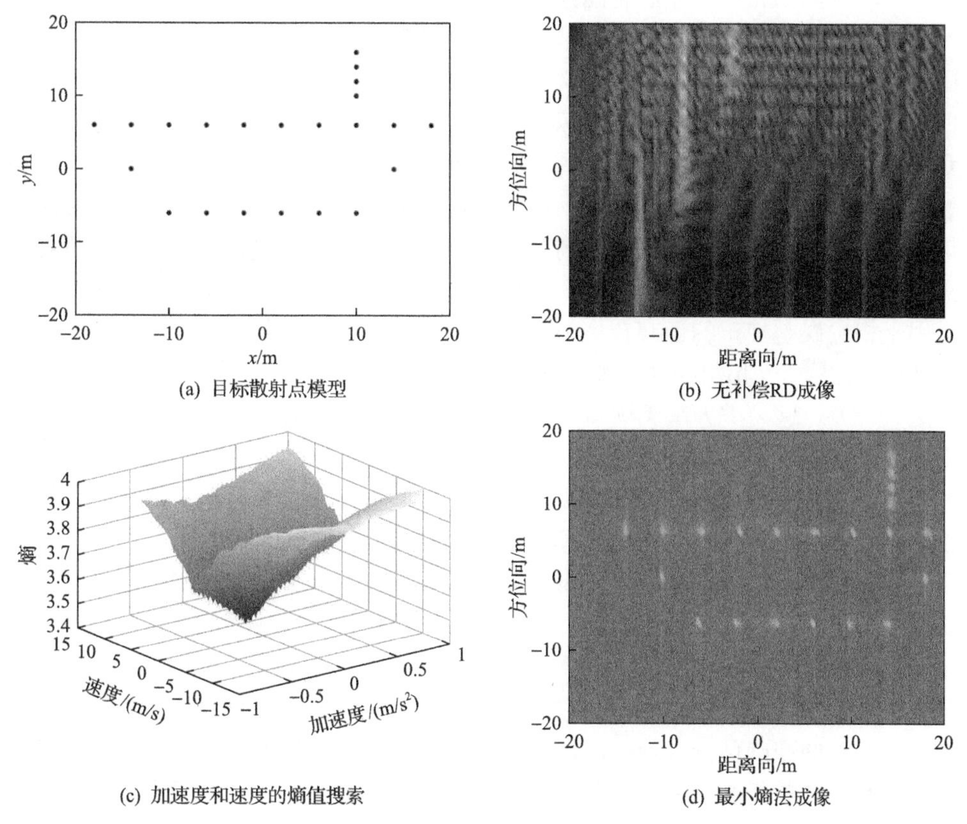

(a) 目标散射点模型　(b) 无补偿RD成像

(c) 加速度和速度的熵值搜索　(d) 最小熵法成像

图 5.2　最小熵法包络对齐结果

无补偿 RD 成像如图 5.2(b)所示，在不进行任何补偿的情况下，利用常规的 ISAR 成像技术得到相应的距离多普勒 ISAR 图像。从图像中能够明显看出，由于目标的平动和转动，未补偿的 ISAR 图像被严重扭曲和模糊。通过最小熵法进行运动补偿之后，由图 5.2(c)可知，当搜索的速度为 5m/s 且加速度约为 $a = 0.1\text{m/s}^2$

时，图像的熵值达到最小。经过补偿的 ISAR 图像如图 5.2(d)所示，结果表明，采用最小熵法消除了目标运动产生的不必要影响，提升了成像质量。

经过包络对齐之后，平动分量对雷达回波信号包络的调制得以消除，同一个散射点的各次回波变换至同一个距离单元内。如前所述，平动分量对雷达回波的影响还包括相位调制方面，因此还需要进行相位校正，即精补偿，以使目标相对于雷达的运动可看作转台模型。

针对相位校正方法，较早的校正方法为单特显点法[18]，其基本原理是：目标沿着雷达径向平动所导致的多普勒变化对于目标上的全部散射点而言都是一致的，因此该项多普勒变化对应的相位变化也与各散射点位置无关，目标上所有散射点有着共同的相位误差。若能找到某个存在孤立强散射点的距离单元，则可用该距离单元内的数据对相位进行精确校正，且该相位校正值对所有的距离单元均适用。然而，在实际中，真正意义上的唯一孤立强散射点几乎是不存在的。在这种情况下，利用多个特显点加权综合的多特显点法[19]应运而生。对多个特显点单元进行综合，以形成一个高质量的总和特显点，以此为基础进行进一步迭代，能够更加有效地去除相位误差。实际中的目标大都是分布式的，反映在成像层面则是由众多散射点构成的，要寻找高质量的特显点存在一定困难。针对这种情况，常见的处理方法有散射重心法[20]、散射质心法[21]等。除了上述特显点法之外，广泛用于相位误差校正的还有自聚焦方法和参数估计方法。典型的自聚焦方法有对比度最大法[22,23]、相位梯度自聚焦(phase gradient autofocus, PGA)方法[24,25]及最小熵法[26,27]等。这一类方法无须事先了解具体的成像模型以及目标的前行轨迹，可用于高阶或随机平动相位误差的估计，准确度高且鲁棒性良好。参数估计方法通过对回波相位进行曲线拟合来实现相位校正，这类方法处理目标平稳运动时效果较好，然而对于目标复杂机动问题，则无法得到十分满意的效果。

PGA 方法可用于估算出任意阶数的相位误差，弥补了早期聚焦方法忽视高阶误差的不足。其与多普勒中心跟踪法相结合，通过在图像域进行一系列的循环操作来完成相位补偿，该方法的精准度较高且拥有良好的鲁棒性，因此本章 ISAR 图像将采用 PGA 方法来进行相位补偿。PGA 方法的关键在于：其并非借助模型来实现误差的精确估计，而是巧妙地凭借相位误差的空间不变性来实现高精度估计，由此来实现任意阶相位误差的估计。PGA 方法包括以下四个重要步骤[24,25]。

1. 圆周移位

圆周移位是利用图像域数据来完成估计的，对复杂场景而言，如果对每一个距离单元都进行处理，势必会带来较大的计算量。因此，为控制计算量，可以从图像域中选取具有较多能量的部分距离单元进行处理，在此基础上，检索每一个选定单元中幅度最大的散射点并将其圆周移位至频域中的零频处，以实现这些单

元中的强散射点对准，方便后续的加窗处理。沿方位向把各距离单元内的数据相加在一起，可获得方位向能量分布函数，即

$$\mathrm{sum}(x)=\sum_{m}\left|f_m(x)\right|^2 \tag{5-25}$$

其中，$f_m(x)$ 为圆周移位之后的图像域数据。

2. 加窗处理

加窗处理的目的是舍弃信号中对于相位误差估计无意义的信息，保存距离单元内关键的数据信息，以提高信噪比。其中，窗宽的选取非常关键，窗宽太大，则会降低处理范围内的信噪比而干扰相位误差估计，窗宽太小，则又会丢失一部分的信息数据而影响到估计的精准度。针对不同种类的相位误差和场景，窗宽的选择也随之改变，PGA 方法有以下两种选取窗宽的途径：

(1) 自动估计窗宽，适合应用在成像场景内包含强散射点、信噪比较高的情形；

(2) 固定变化窗，适合应用在成像场景内缺乏鲜明的强散射点的情形。

3. 相位梯度估计

通过以上两步的操作处理以后，信号通过方位向 IFFT 转至距离向压缩相位历史域，此时信号可表示为

$$s(t)=A\exp\left[\mathrm{j}\left(f_{\mathrm{a}}t+\phi_{\varepsilon}(t)\right)\right]+n(t) \tag{5-26}$$

其中，A、f_{a} 分别为散射点信号的幅度和多普勒频率；$\phi_{\varepsilon}(t)$ 为相位误差。
则相位误差梯度的线性无偏最小方差估计为

$$\dot{\phi}_{\varepsilon}(t)=\frac{\sum_{n}\mathrm{Im}\left(s(t)s^{*}(t)\right)}{\sum_{n}\left|s(t)\right|^2} \tag{5-27}$$

其中，n 为信号样本数。

4. 迭代相位校正

相位误差估计值 $\hat{\phi}_{\varepsilon}(t)$ 需要利用对相位误差梯度的估计值 $\dot{\phi}_{\varepsilon}(t)$ 进行累加得到，即

$$\hat{\phi}_{\varepsilon}(t)=\sum_{i=0}^{t}\dot{\phi}_{\varepsilon}(i) \tag{5-28}$$

此时，信号 $s(t)$ 乘上指数项 $\exp\left[-\mathrm{j}\hat{\phi}_{\varepsilon}(t)\right]$，接着进行 FFT 处理即可获得新的图像，将此新图像当作下一次迭代的初值，只通过如此反复的迭代操作就能够获得聚焦良好的图像。

接下来，通过仿真来演示使用 PGA 方法补偿 ISAR 图像中的运动效果，从而说明运动补偿的意义。首先目标散射点模型如图 5.3(a)所示，所使用的目标模型是由 59 个飞机轮廓上具有单位散射强度的理想散射点构成的，目标平动速度

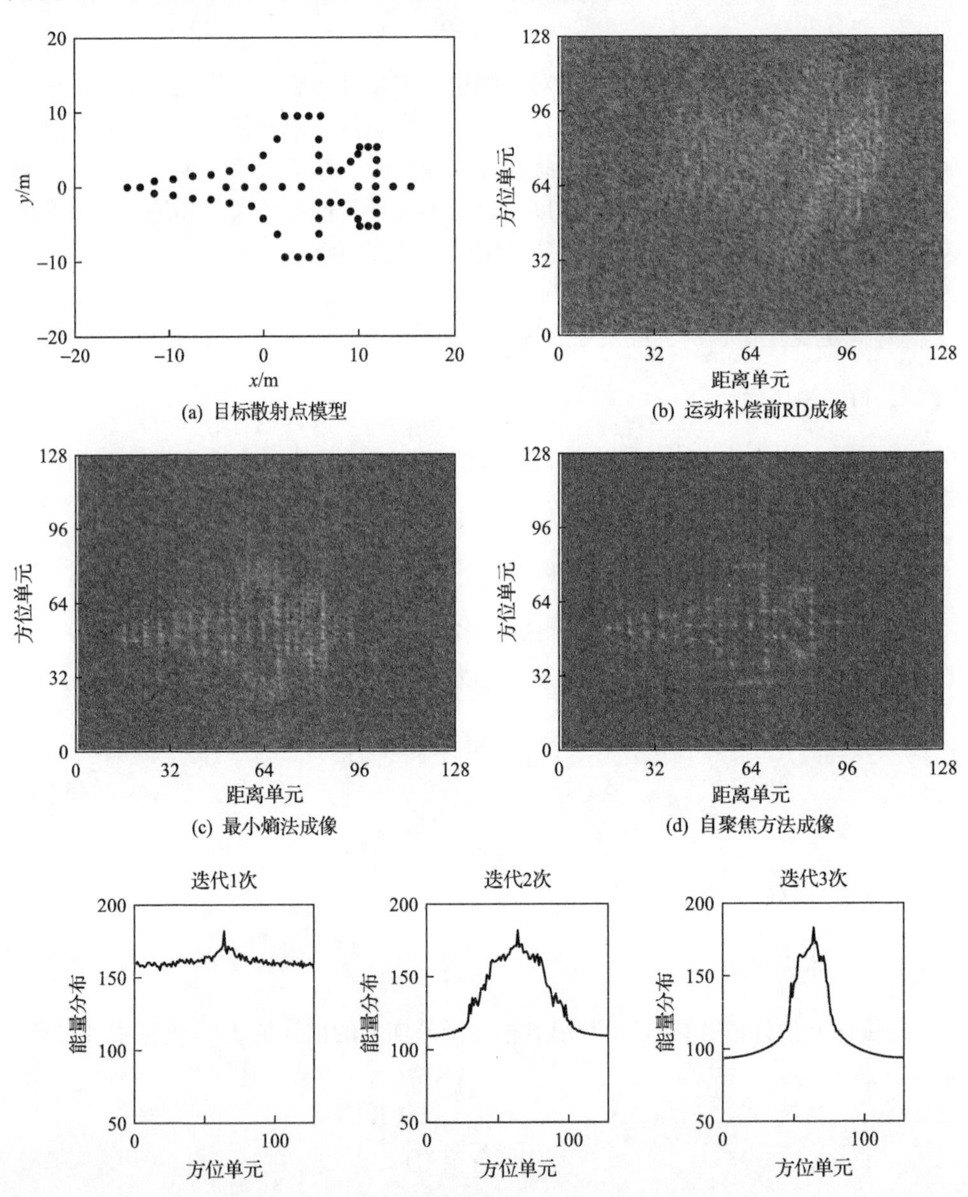

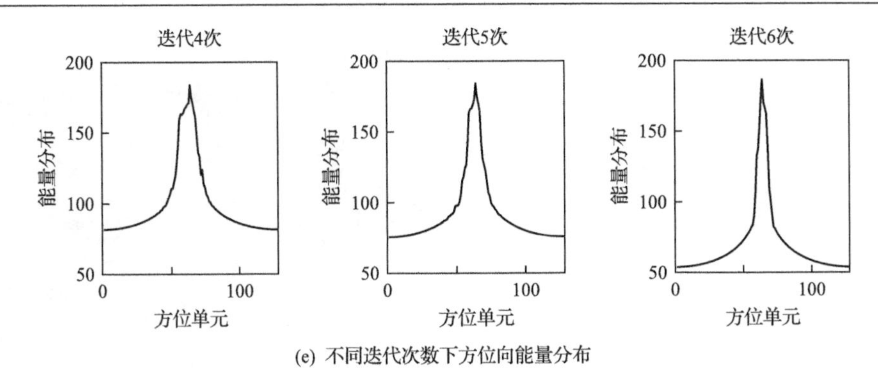

(e) 不同迭代次数下方位向能量分布

图 5.3　基于 PGA 方法的点目标运动补偿成像结果

$v = 4\text{m/s}$，加速度 $a = 0.6\text{m/s}^2$，角速度 $\omega = 0.06\text{rad/s}$，雷达到目标坐标系原点的初始距离 $r_0 = 5\text{km}$。仿真中雷达参数设置如下：雷达发射 LFM 脉冲信号，雷达载波中心频率 $f_c = 8\text{GHz}$，总带宽 $B = 384\text{MHz}$，脉冲宽度 $T_p = 10\mu\text{s}$，PRF 为 14.5kHz。在回波信号中加入 –5dB 的高斯白噪声，基于 PGA 方法的点目标运动补偿成像结果如图 5.3 所示。

相比图 5.3(b)而言，图 5.3(c)的目标成像已经相对清晰，这说明最小熵法对于回波数据的处理已经有不错的效果，可以证明包络对齐的有效性和准确性。然而目标转速增大且加入了噪声的影响，使得直接使用最小熵法不能达到聚焦的要求，而通过PGA 方法对初步聚焦的ISAR图像进行自聚焦处理之后，成像如图5.3(d)所示，由图 5.3(d)可以看到，进一步精确补偿之后得到了较好的成像效果。图 5.3(e)显示了不同迭代次数下方位向能量分布。可以看出，能量分布随着迭代次数的不断增加而愈发集中，方位向的聚焦效果越显著。

5.1.3　基于 RD 成像算法的 ISAR 成像

目标的回波数据经过运动补偿处理后可等效为转台目标的数据类型。基础 RD 成像算法的具体步骤可总结如下：

(1) 对各回波进行 IFFT 操作来获得目标的一维距离像；

(2) 对获得的一维距离像进行距离对准和相位校正处理；

(3) 对运动补偿之后相同距离单元上的信号在方位向进行进一步的 FFT 处理，来完成横向多普勒分辨并获得 ISAR 图像。

下面使用 RD 成像算法对某一舰船目标的散射点模型进行成像仿真，点目标散射强度都设置为单位强度，基于 RD 成像算法的舰船目标 ISAR 成像仿真如图 5.4 所示。仿真中的参数设置如下：目标平动速度 $v = 0\text{m/s}$，角速度 $\omega = 0.01\text{rad/s}$，初始距离 $r_0 = 15\text{km}$。雷达载波中心频率 $f_c = 9\text{GHz}$，带宽 $B = 125\text{MHz}$，PRF 为 400Hz，脉冲宽度 $T_p = 10\mu\text{s}$。

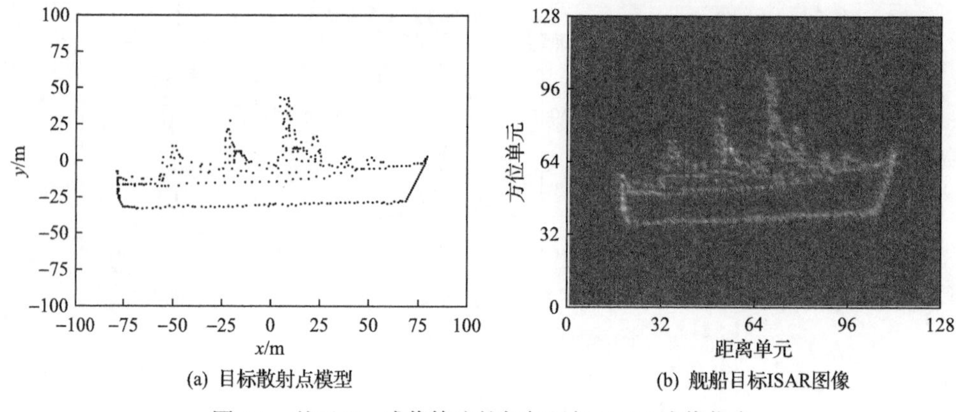

(a) 目标散射点模型　(b) 舰船目标ISAR图像

图 5.4　基于 RD 成像算法的舰船目标 ISAR 成像仿真

RD 成像算法的优点在于运算量小且便于实时处理，然而其成像的前提是目标的成像积累时间内转角较小且目标做平稳运动。然而对舰船运动来说，其不仅具有航行时的平动运动，还会在海浪等因素的作用下做六自由度运动，此时舰船目标的雷达回波为非平稳信号，其运动补偿后，相对于转台轴心通常存在三维转动，且转动是非均匀的。ISAR 成像主要是将三维目标物体在某一个平面上进行二维投影，然而三维转动的存在会使成像投影平面不断发生变化，从而使得式(5-18)中的ω成为随时间变化的量而不再是固定值，相应的多普勒频率也随时间发生变化。在整个成像积累时间内，回波的多普勒频谱相对较宽，导致无法准确地定位散射点所在位置，此时，若再使用传统的 RD 成像算法，则 ISAR 图像会发生模糊，不能获得高质量的图像。

下面，改变舰船运动速度、加速度和角速度分别为12.5m/s、0.4m/s^2、0.1rad/s，再次对此舰船目标的散射点模型进行成像仿真，基于两种算法的舰船目标 ISAR 成像结果如图 5.5 所示。目标的转动使得散射点出现跨单元走动现象，从而引起图像的散焦和模糊。对于此种情况，需要在运动补偿后得到目标回波的瞬时多普

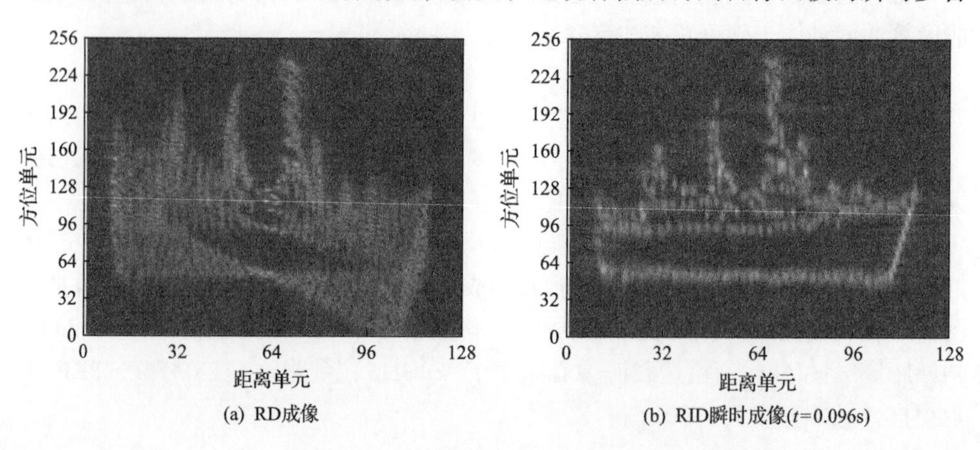

(a) RD成像　(b) RID瞬时成像(t=0.096s)

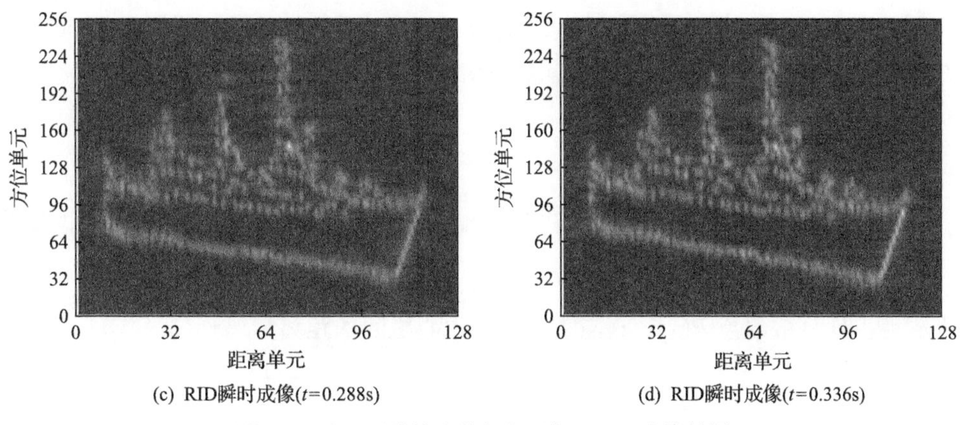

(c) RID瞬时成像(t=0.288s)　　(d) RID瞬时成像(t=0.336s)

图 5.5　基于两种算法的舰船目标 ISAR 成像结果

勒谱，来准确地定位散射点在该时刻的横向位置，从而得到清晰的 ISAR 图像。通过在运动补偿之后获得目标回波的瞬时多普勒信息来执行 ISAR 成像的算法就是 RID 成像算法。图 5.5(b)、图 5.5(c)、图 5.5(d)分别是目标在不同时间位置下的瞬时 ISAR 成像，从图中可以看到，不但消除了散焦现象，使得图像聚集性能提高，还可以显示出舰船在不同时间位置下的姿态，成像效果较好。后续将对基于 RID 成像算法的 ISAR 图像仿真进行介绍。

5.2　基于 STFT 的海上舰船 ISAR 图像仿真

与飞机等运动目标不同，海上舰船除了航行运动外，还存在六自由度运动，包括三个平动自由度(纵荡、横荡和垂荡)以及三个转动自由度(横摇、纵摇和艏摇)。其中，舰船在三个平动自由度上的偏移量通常对于成像的利用价值很小，可近似忽略。而三个转动自由度能够构成 ISAR 成像需要的转角改变，对于舰船 ISAR 成像有贡献价值，能够通过这三个转动自由度获得舰船在不同观察角度下的清晰图像(如俯视图、侧视图)。但是当三维转动较剧烈时，舰船姿态的不断变化导致目标的成像投影平面和对回波运动补偿后的多普勒谱也随时间不断变化。此时，采用常规 RD 成像算法无法实现高质量成像，需要采用 RID 成像算法来进行瞬时成像，从而获得聚焦较好的舰船目标瞬时 ISAR 图像。

5.2.1　舰船目标 ISAR 回波模型

第 3 章已经介绍过考虑舰船六自由度运动时舰船目标在雷达全局坐标系中的表示方式。将全局坐标系的原点设定为舰船中心，x 轴正方向朝向船头，定义 x 轴正方向与雷达波束在水平面投影之间的夹角为 φ_s，雷达天线中心在全局坐标系中的坐标为 (x_0, y_0, z_0)。由于在 ISAR 回波处理中可以较好地补偿目标平动带来的影响，所以本章主要分析舰船三维转动的影响，可将舰船航行速度设定为 0m/s，并忽略六自由度运动中的平动分量，可得舰船在固定坐标系中的坐标与全局坐标系中的坐标之间的关系为

$$\begin{bmatrix} x \\ y \\ z \end{bmatrix} = \begin{bmatrix} 1 & 0 & 0 \\ 0 & -1 & 0 \\ 0 & 0 & -1 \end{bmatrix} \left[\boldsymbol{A}_{\text{roll}} \boldsymbol{A}_{\text{pitch}} \boldsymbol{A}_{\text{yaw}} \right] \begin{bmatrix} x_{\text{b}} \\ y_{\text{b}} \\ z_{\text{b}} \end{bmatrix} \tag{5-29}$$

则舰船上任一散射点 $P(x,y,z)$ 与雷达天线中心之间的距离为

$$r(t) = \sqrt{\left(x - x_0\right)^2 + \left(y - y_0\right)^2 + \left(z - z_0\right)^2} \tag{5-30}$$

若脉冲多普勒雷达发射 LFM 信号，则来自舰船的基带回波信号可以表示为

$$S_{\text{tt}}\left(\tilde{t},t\right) = \sum_{p} A_p \text{rect}\left(\frac{\tilde{t} - 2\dfrac{r_p(t)}{c}}{T_{\text{r}}}\right) \exp\left(-\text{j}4\pi f_{\text{c}} \frac{r_p(t)}{c}\right) \cdot \exp\left[\text{j}\pi K \left(\tilde{t} - 2\frac{r_p(t)}{c}\right)^2\right] \tag{5-31}$$

其中，A_p 为目标上任一散射点 P 的散射振幅；f_{c} 为载波中心频率；$\tilde{t}$ 为快时间变量；t 为慢时间变量。

5.2.2　舰船目标三维转动对多普勒的影响

在舰船与雷达距离关系式的基础上，可分析舰船的转动对多普勒的影响。虽然舰船在实际海上运动时的转动包含横摇 u_4、纵摇 u_5、艏摇 u_6 三种状态，但是在不同海况下，舰船三维转动的幅度不同，即不同方向的转动对多普勒的影响不同。为此，本节首先分析单个维度的转动对多普勒的影响。

1. 舰船横摇转动对多普勒的影响

当舰船做横摇转动时，$u_5 = u_6 = 0$，令 $u_4 = \theta(t)$，则点 $P(x,y,z)$ 横摇转动 θ 后，坐标变为 $P\left(x, r_p\cos\theta, r_p\sin\theta\right)$，其中，$r_p$ 为初始时刻点 P 与舰船中心的距离。此时，点 P 与雷达天线中心的距离为

$$\begin{aligned} r(t) &= \sqrt{\left(x - x_0\right)^2 + \left(r_p\cos\theta - y_0\right)^2 + \left(H - r_p\sin\theta\right)^2} \\ &\approx R_0 - \frac{xx_0}{R_0} - \frac{y_0}{R_0} r_p\cos\theta - \frac{H}{R_0} r_p\sin\theta \end{aligned} \tag{5-32}$$

其中，R_0 为天线中心到坐标原点的距离。

相应的多普勒频率表示为

$$f_{\mathrm{d}}=-\frac{2}{\lambda}\cdot\frac{\mathrm{d}r}{\mathrm{d}t}=-\frac{2}{\lambda}\cdot\left(\frac{y_0}{R_0}z-\frac{H}{R_0}y\right)\cdot\frac{\mathrm{d}\theta}{\mathrm{d}t} \tag{5-33}$$

其中，$y=-z_{\mathrm{b}}\sin\theta+y_{\mathrm{b}}\cos\theta$；$z=z_{\mathrm{b}}\cos\theta+y_{\mathrm{b}}\sin\theta$，$y_{\mathrm{b}}$、$z_{\mathrm{b}}$ 为舰船上任一点在舰船固定坐标系中的坐标值。

从上述分析可知，当舰船做横摇转动时，在同一距离单元内，不同方位单元仅能反映出舰船 y_{b}、z_{b} 坐标的差异，即 ISAR 图像在方位单元上可体现出高度信息和宽度信息。但是，如果 $y_0=0$，则在方位单元上仅可体现出宽度信息。

2. 舰船纵摇转动对多普勒的影响

当舰船做纵摇转动时，$u_4=u_6=0$，令 $u_5=\theta(t)$，则点 $P(x,y,z)$ 纵摇转动 θ 后，坐标变为 $P\left(r_p\cos\theta,y,r_p\sin\theta\right)$，其中，$r_p$ 为初始时刻点 P 与舰船中心的距离。此时，点 P 与雷达天线中心的距离为

$$\begin{aligned}r(t)&=\sqrt{\left(r_p\cos\theta-x_0\right)^2+\left(y-y_0\right)^2+\left(H-r_p\sin\theta\right)^2}\\&\approx R_0-\frac{yy_0}{R_0}-\frac{x_0}{R_0}r_p\cos\theta-\frac{H}{R_0}r_p\sin\theta\end{aligned} \tag{5-34}$$

其中，R_0 为天线中心到坐标原点的距离。

相应的多普勒频率表示为

$$f_{\mathrm{d}}=-\frac{2}{\lambda}\cdot\frac{\mathrm{d}r}{\mathrm{d}t}=-\frac{2}{\lambda}\cdot\left(\frac{x_0}{R_0}z-\frac{H}{R_0}x\right)\cdot\frac{\mathrm{d}\theta}{\mathrm{d}t} \tag{5-35}$$

其中，$x=x_{\mathrm{b}}\cos\theta+z_{\mathrm{b}}\sin\theta$；$z=-x_{\mathrm{b}}\sin\theta+z_{\mathrm{b}}\cos\theta$，$x_{\mathrm{b}}$、$z_{\mathrm{b}}$ 为舰船上任一点在舰船固定坐标系中的坐标值。

从上述分析可知，当舰船做纵摇转动时，在同一距离单元内，不同方位单元仅能反映出舰船 x_{b}、z_{b} 坐标的差异，即 ISAR 图像在方位单元上可体现出长度信息和高度信息。但是如果 $x_0=0$，则在方位单元上仅可体现出长度信息。

3. 舰船艏摇转动对多普勒的影响

当舰船做艏摇转动时，$u_4=u_5=0$，令 $u_6=\theta(t)$，则点 $P(x,y,z)$ 艏摇转动 θ 后，坐标变为 $P\left(r_p\cos\theta,r_p\sin\theta,z\right)$，其中，$r_p$ 为初始时刻点 P 与舰船中心的距离。此

时，点 P 与雷达天线中心的距离为

$$\begin{aligned} r(t) &= \sqrt{\left(r_p \cos\theta - x_0\right)^2 + \left(r_p \sin\theta - y_0\right)^2 + (H - z)^2} \\ &\approx R_0 - \frac{Hz}{R_0} - \frac{x_0}{R_0} r_p \cos\theta - \frac{y_0}{R_0} r_p \sin\theta \end{aligned} \tag{5-36}$$

其中，R_0 为天线中心到坐标原点的距离。

相应的多普勒频率表示为

$$f_{\mathrm{d}} = -\frac{2}{\lambda} \cdot \frac{\mathrm{d}r}{\mathrm{d}t} = -\frac{2}{\lambda} \cdot \left(\frac{x_0}{R_0} y - \frac{y_0}{R_0} x \right) \cdot \frac{\mathrm{d}\theta}{\mathrm{d}t} \tag{5-37}$$

其中，$x = x_{\mathrm{b}}\cos\theta + y_{\mathrm{b}}\sin\theta$；$y = -x_{\mathrm{b}}\sin\theta + y_{\mathrm{b}}\cos\theta$，$x_{\mathrm{b}}$、$y_{\mathrm{b}}$ 为舰船上任一点在舰船固定坐标系中的坐标值。

从上述分析可知，当舰船做艏摇转动时，在同一距离单元内，不同方位单元仅能反映出舰船 x_{b}、y_{b} 坐标的差异，即 ISAR 图像在方位单元上可体现出长度信息和宽度信息，此时，高度信息仅能通过距离向高分辨率体现。

综合以上分析可知，当舰船单独存在任意一种转动时，方位单元仅能体现出垂直于相应转轴平面内的坐标差异，然而舰船随浪摇摆产生的转动非均匀变化，因此多普勒频率也在时刻发生变化。因此，需要利用基于时频变换的瞬时多普勒成像技术代替傅里叶变换对不同时刻的回波进行处理获得 ISAR 图像。

5.2.3　基于 STFT 的 ISAR 成像算法

对于平稳运动的目标，经过运动补偿后，其运动模型可视为转台成像模型，多普勒频率在成像时间内基本保持不变，因此使用 RD 成像算法对补偿后的回波信号进行处理即可重建目标的空间分布。然而对于海上舰船，运动补偿后其相对于转台轴心往往是非均匀转动的，此时各散射点的子回波多普勒频率是时变的，回波信号相位呈现出的高阶特性导致传统 RD 成像算法无法获取高质量的 ISAR 图像。然而，在某一特定时刻下，各散射点的子回波多普勒频率具有唯一性，因此可通过时频分析技术估计瞬时多普勒频率获取不同时刻下目标的 RID 图像，这便是时频成像技术。

时频成像技术的基本思想是：利用时频分析代替傅里叶变换来对回波信号进行处理，使原本二维的距离-多普勒矩阵转化成三维的时间-距离-多普勒矩阵[28]。这样，每个时刻都对应一幅瞬时图像，可得到目标随时间变化的 ISAR 图像。由于时频分布图可以更直观地体现出时间和频率的线性关系，通过对运动补偿后的回波信号进行时频分析，能够得到目标特定时刻的多普勒频率谱，揭示信号在不同时间和不同频率下的局部特性[29]，从而可以进一步获得目标在不同时刻的 ISAR 图像。

对于时频成像技术，其中的时频分析过程可采用不同的方法。本节采用 STFT 完成时频分析，图 5.6 给出了基于 STFT 的 ISAR 成像具体实现思路，首先对目标的雷达回波信号进行运动补偿处理，可得目标的一维距离像，利用 STFT[30]对每个距离单元的 IF 进行估计并对处理结果进行时间采样，进而将二维的距离-多普勒矩阵变换为三维的时间-距离-多普勒矩阵，从而得到目标每一时刻相对应的 ISAR 图像。

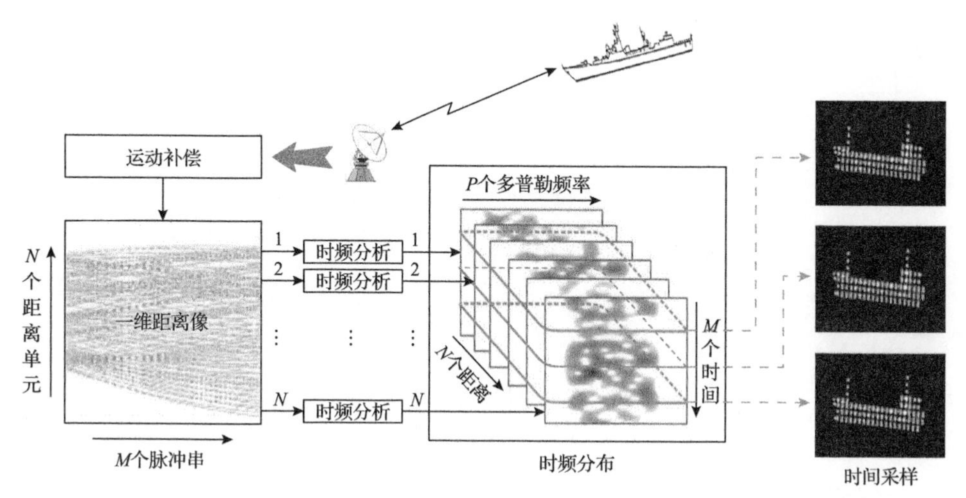

图 5.6　基于 STFT 的 ISAR 成像具体实现思路

5.2.4　目标三维转动 ISAR 成像分析

前面分析了舰船目标三维转动对多普勒的影响，本节结合 RID 成像算法对舰船点阵目标进行 ISAR 图像仿真，以此来具体研究舰船三维转动对其成像结果的影响。在海浪等因素的影响下，舰船的摆动较为复杂，第 3 章给出了具体的描述。为分析方便，本节将角速度设定为遵循余弦规律，即

$$\omega_i(t)=A_i\cos\left(\frac{2\pi}{T_i}t+\phi_i\right) \tag{5-38}$$

其中，下标 $i=1,2,3$ 分别表示横摇、纵摇、艏摇；A_i 为幅度；T_i 为变化周期；ϕ_i 为初始相位。

则舰船的摆动角度为

$$\theta_i(t)=\int_{t_0}^{t}\omega(\tau)\mathrm{d}\tau=-\frac{A_iT_i}{2\pi}\sin\left(\frac{2\pi}{T_i}t+\phi_i\right)\Bigg|_{t_0}^{t} \tag{5-39}$$

可知，$\theta_i(t)$ 变化符合正弦规律。在此基础上，结合式(5-29)～式(5-31)便可得到舰船回波数据，并结合 STFT 获得不同时刻的 ISAR 成像。

接下来开展舰船不同转动状态下的 ISAR 图像仿真，仿真模型是由一组散射强度均为 1 的理想散射点构成的舰船模型，其三维图和三视图如图 5.7 所示。雷达天线中心坐标为 $(-4000, 4000, 400)$，雷达载波中心频率 $f_c = 10\text{GHz}$，带度 $B = 400\text{MHz}$，脉冲宽度 $T_r = 8\mu\text{s}$，PRF 为 1000Hz，共发射 512 个脉冲。

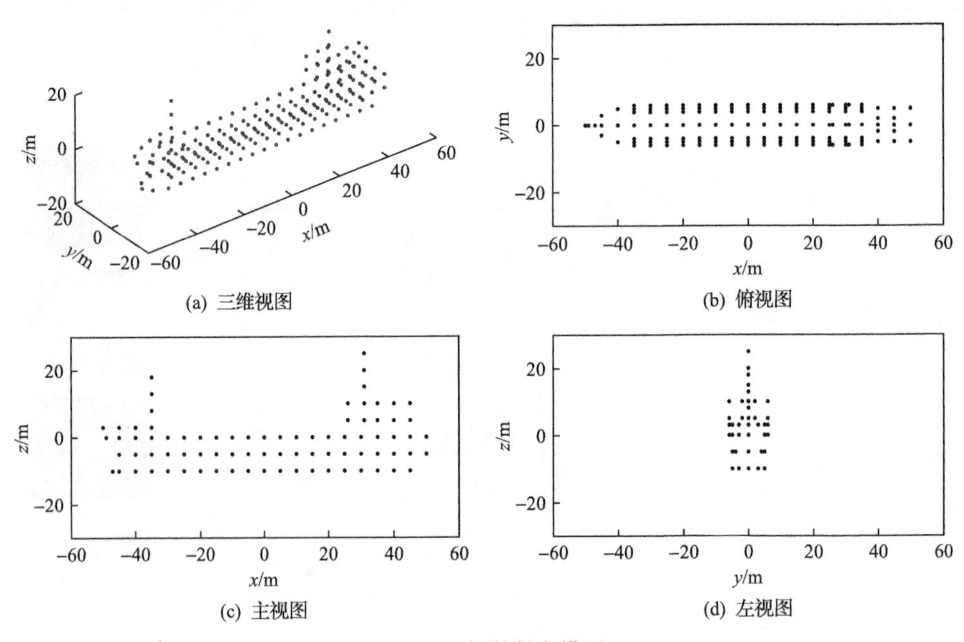

图 5.7 舰船散射点模型

1. 横摇成像分析

首先分析舰船横摇转动对于成像的影响，假设舰船在成像积累时间内仅有横摇转动，通过上述摆动角度的分析可知，横摇角度 $\theta_{\text{roll}}(t)$ 满足正弦规律，即

$$\theta_{\text{roll}}(t) = A_{\text{roll}} \sin\left(\frac{2\pi t}{T_{\text{roll}}} + \varphi_{\text{roll}}\right) \tag{5-40}$$

其中，最大转角 $A_{\text{roll}} = 0.5\text{rad}$；周期 $T_{\text{roll}} = 12.2\text{s}$。

图 5.8 给出了基于 RD 成像算法仿真的横摇转动下舰船 ISAR 图像。横摇转动得到的 ISAR 图像在方位单元上可体现出高度信息和宽度信息，然而回波信号的多普勒频移是时变的，致使 RD 成像算法得到的图像出现散焦现象。图 5.9 给出了基于 RID 成像算法仿真的横摇转动下舰船 ISAR 图像，对比可知，时频分析成

像效果优于 RD 成像算法，不但消除了散焦现象，而且可以显示出舰船在不同时刻的姿态。

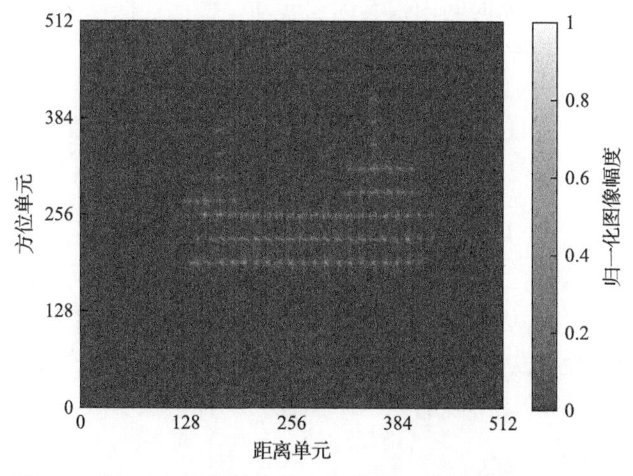

图 5.8　基于 RD 成像算法仿真的横摇转动下舰船 ISAR 图像

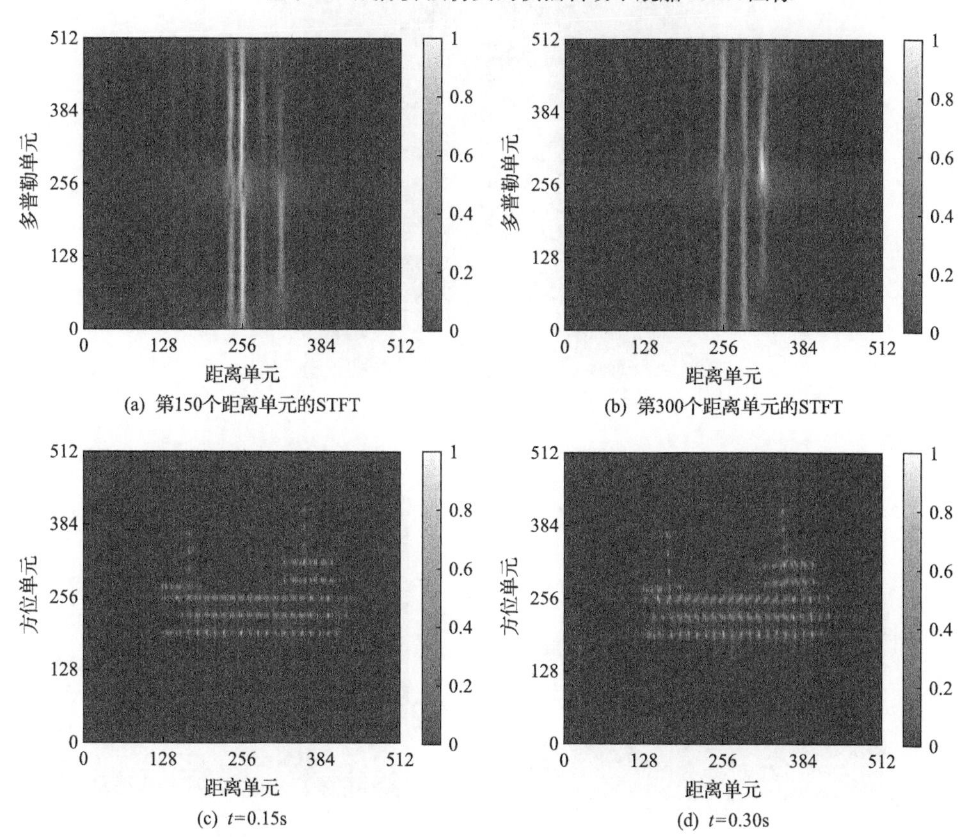

图 5.9　基于 RID 成像算法仿真的横摇转动下舰船 ISAR 图像(灰度标尺表示归一化图像幅度)

2. 纵摇成像分析

假设舰船在成像积累时间内仅有纵摇转动，由上述摆动角度的分析可知，纵摇角度 $\theta_{\text{pitch}}(t)$ 满足正弦规律，即

$$\theta_{\text{pitch}}(t)=A_{\text{pitch}}\sin\left(\frac{2\pi t}{T_{\text{pitch}}}+\varphi_{\text{pitch}}\right) \tag{5-41}$$

其中，最大转角 $A_{\text{pitch}}=0.17\text{rad}$；周期 $T_{\text{pitch}}=6.7\text{s}$。

图 5.10 给出了基于 RD 成像算法仿真的纵摇转动下舰船 ISAR 图像。纵摇转动得到的 ISAR 图像在方位单元上可体现出高度信息。同样回波信号的多普勒频移是时变的，导致 RD 成像算法得到的图像出现散焦现象。图 5.11 给出了基于 RID 成像算法仿真的纵摇转动下舰船 ISAR 图像，同样消除了散焦现象，同时显示出舰船在不同时刻的姿态。

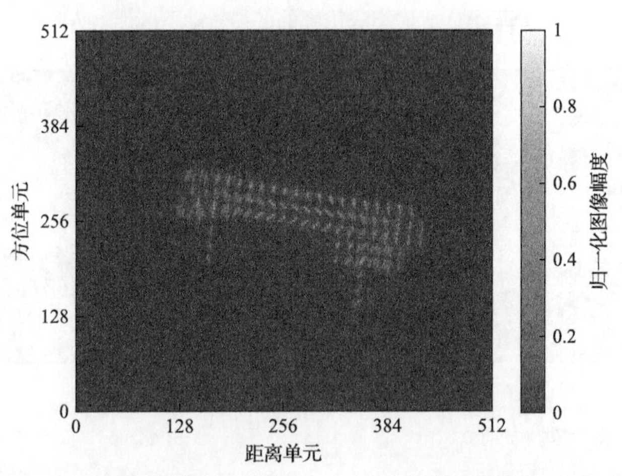

图 5.10　基于 RD 成像算法仿真的纵摇转动下舰船 ISAR 图像

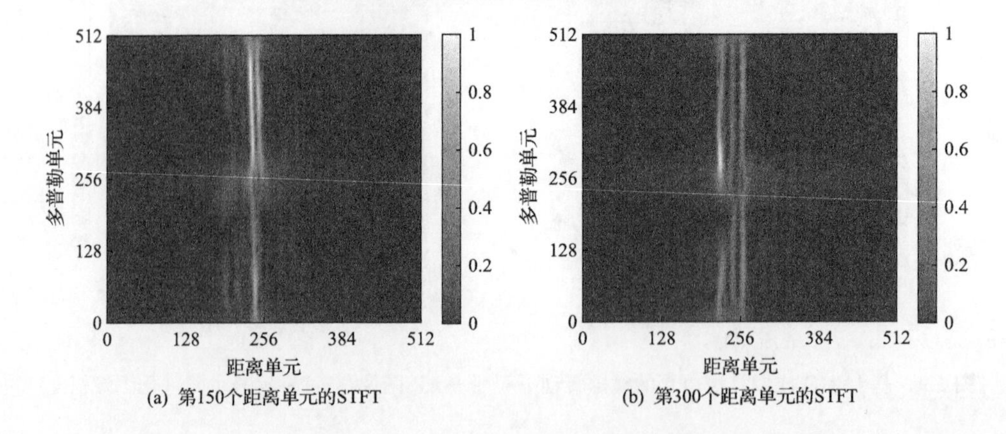

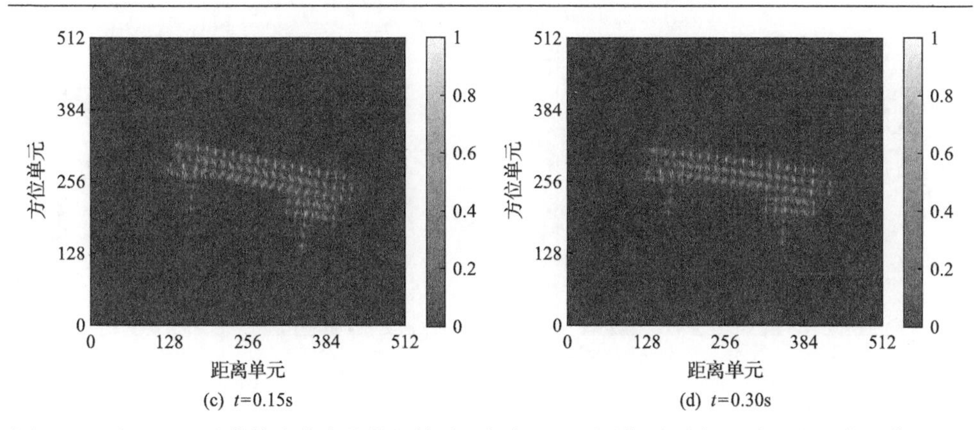

图 5.11　基于 RID 成像算法仿真的纵摇转动下舰船 ISAR 图像(灰度标尺表示归一化图像幅度)

3. 艏摇成像分析

若舰船在成像积累时间内只存在艏摇转动，则艏摇角度 $\theta_{\mathrm{yaw}}(t)$ 满足正弦规律，即

$$\theta_{\mathrm{yaw}}(t)=A_{\mathrm{yaw}}\sin\left(\frac{2\pi t}{T_{\mathrm{yaw}}}+\varphi_{\mathrm{yaw}}\right) \tag{5-42}$$

其中，最大转角 $A_{\mathrm{yaw}}=0.31\mathrm{rad}$；周期 $T_{\mathrm{yaw}}=14.2\mathrm{s}$。

在此情况下，基于 RD 成像算法仿真的艏摇转动下舰船 ISAR 图像如图 5.12 所示。此时，距离单元主要由舰船长度方向决定，方位单元与长度和宽度坐标有关，因此当仅存在艏摇转动时，舰船 ISAR 图像为其俯视图，仿真结果与 5.2.2 节分析一致。图 5.13 给出了基于 RID 成像算法仿真的艏摇转动下舰船 ISAR 图像，

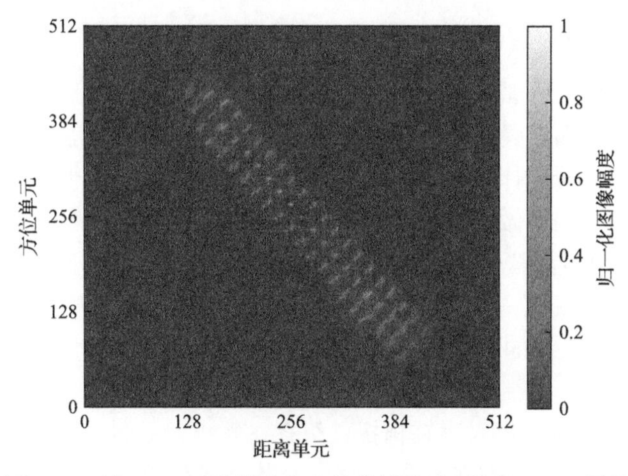

图 5.12　基于 RD 成像算法仿真的艏摇转动下舰船 ISAR 图像

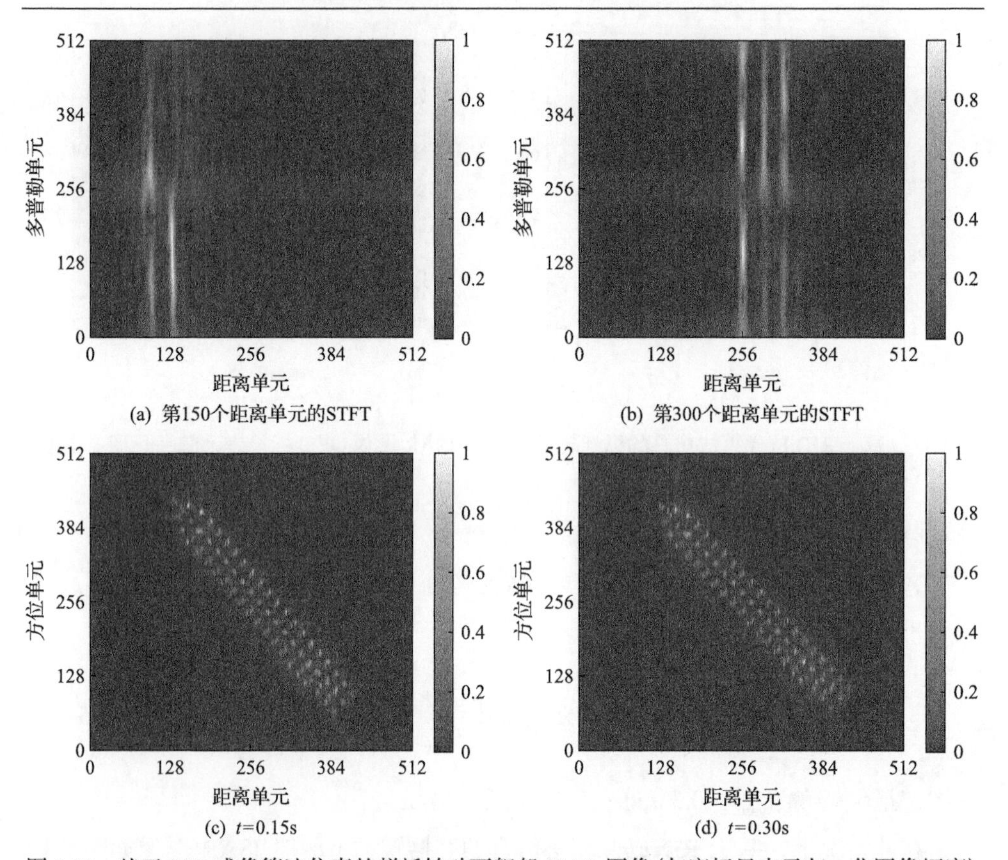

(a) 第150个距离单元的STFT　(b) 第300个距离单元的STFT

(c) t=0.15s　(d) t=0.30s

图 5.13　基于 RID 成像算法仿真的艏摇转动下舰船 ISAR 图像(灰度标尺表示归一化图像幅度)

与 RD 成像算法的结果进行对比，可以明显观察到图 5.12 中的散焦现象在图 5.13 中得到了较好的消除。

4. 多种运动同时存在时的成像分析

前面分别分析了舰船横摇、纵摇、艏摇单独存在时的舰船 ISAR 图像特征。由成像仿真结果可知，舰船艏摇转动时 ISAR 图像反映出舰船的俯视图特征。而横摇转动时可在方位向体现出舰船的高度信息和宽度信息，但在 $y_0 = 0$ 时无法体现出高度信息。当舰船做纵摇转动时，可在方位向体现出舰船的高度信息和长度信息，但在 $x_0 = 0$ 时无法体现出高度信息。然而，一般情况下雷达不会在舰船正上方，因此不会出现 $x_0 = y_0 = 0$ 的情形，如果舰船同时存在横摇、纵摇、艏摇转动，则在分辨率足够高的情况下，ISAR 图像理论上会体现出舰船三个维度坐标的差异。

图 5.14 给出了舰船同时存在横摇、纵摇、艏摇转动时 ISAR 图像，当舰船存在三维转动时，成像所得到的结果中每个离散点均在 ISAR 图像中显示。而且在

成像过程中舰船的成像平面不断发生改变，可以看到舰船在不同时刻的姿态，从而为观察舰船在不同视角下的形态结构奠定了基础。

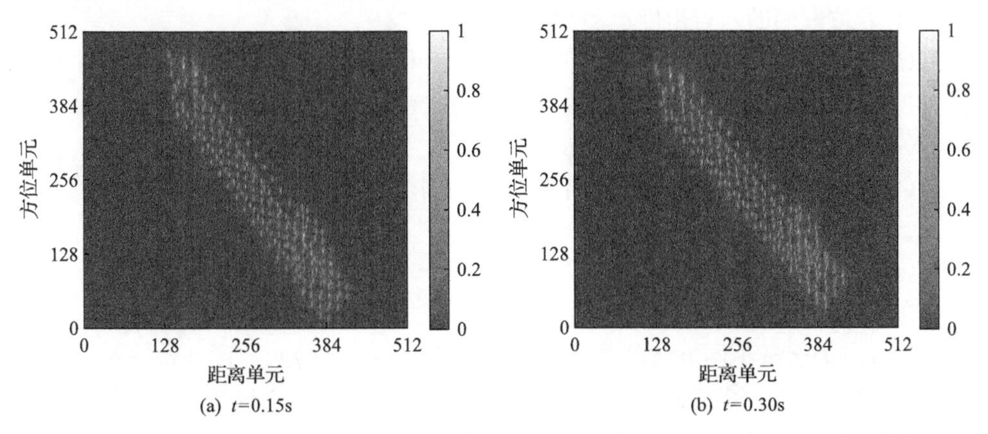

(a) t=0.15s　(b) t=0.30s

图 5.14　舰船同时存在横摇、纵摇、艏摇转动时 ISAR 图像(灰度标尺表示归一化图像幅度)

实际舰船在运动过程中，既包含舰船自身的三维转动，又存在沿航向速度引起的平动，即舰船运动是其航行平动和绕质心三维转动的合运动。设舰船目标的运动速度 $v=10\text{m/s}$ ，其余参数与以上仿真一样，则考虑三维转动与平动的舰船 ISAR 图像如图 5.15 所示，特征与图 5.14 基本一致。结果表明，舰船自身的三维转动是导致舰船 ISAR 图像高方位向分辨率的原因，即若舰船仅有平动，则无法得到其 ISAR 图像。此外，尽管舰船所做的运动很复杂，包含了摇摆和航行运动，然而基于时频分析的 RID 成像算法依然可以用来获得 ISAR 图像。

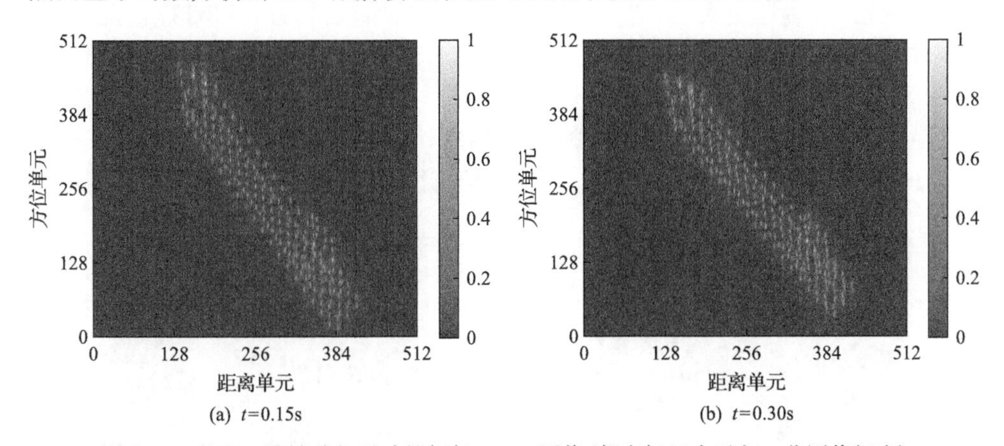

(a) t=0.15s　(b) t=0.30s

图 5.15　考虑三维转动与平动的舰船 ISAR 图像(灰度标尺表示归一化图像幅度)

5.2.5　海上真实舰船目标 ISAR 图像仿真

对于海上真实舰船目标，在雷达不同方位向采样时刻舰船姿态和海面几何均会发生变化，为准确体现舰船散射特性随时间的差异对回波的影响，本节结合 ISAR 成像原理，提出海上真实舰船目标 ISAR 图像仿真步骤如下：

(1) 获取舰船的六自由度运动特征；

(2) 在每个方位向时刻，动态更新海面几何和舰船姿态，并基于电磁散射模型获取各个面元的散射振幅；

(3) 获得该方位时刻的雷达回波；

(4) 重复步骤 (1) 和 (2)，获得不同方位向时刻的雷达回波；

(5) 对回波进行距离向脉冲压缩；

(6) 基于时频分析方法获得 ISAR 图像。

在上述基础上，本节分别利用 RD 成像算法和 RID 成像算法开展舰船 ISAR 图像仿真。为衡量不同方法的仿真结果的质量，利用图像对比度 (image contrast, IC) 进行定量对比，其定义为

$$\mathrm{IC} = \frac{\sqrt{E(I - E(I))^2}}{E(I)} \tag{5-43}$$

其中，I 为 ISAR 图像的强度值；$E(\cdot)$ 为均值算子。

图 5.16 给出了基于 RD 成像算法和 RID 成像算法仿真的海上不同舰船的 ISAR 图像，舰船 1 和舰船 2 分别为某民船和某驱逐舰，舰船几何示意图如图 5.17 所示。雷达工作在 Ku 波段，HH 极化，带宽为 150MHz。从图中可以看出，采用 RD 成像算法仿真的 ISAR 图像具有明显的散焦，且其 IC 值低于 RID 成像算法，尤其是对于高海况情形，差距更大。此外，在仿真过程中考虑了舰船的真实 RCS，因此 ISAR 图像中可以反映出舰船散射中心的强弱，不同的舰船散射中心差异较大，从而导致 ISAR 图像特征各异。此外，舰船的晃动角速度时变特性，使得 RD 成像算法获得的 ISAR 图像散焦明显，RID 成像算法相对较好。另外，在相同的积累时间下，低海况时 ISAR 图像中方位向分辨率低，因此舰船特征细节刻画程度低于高海况情形。

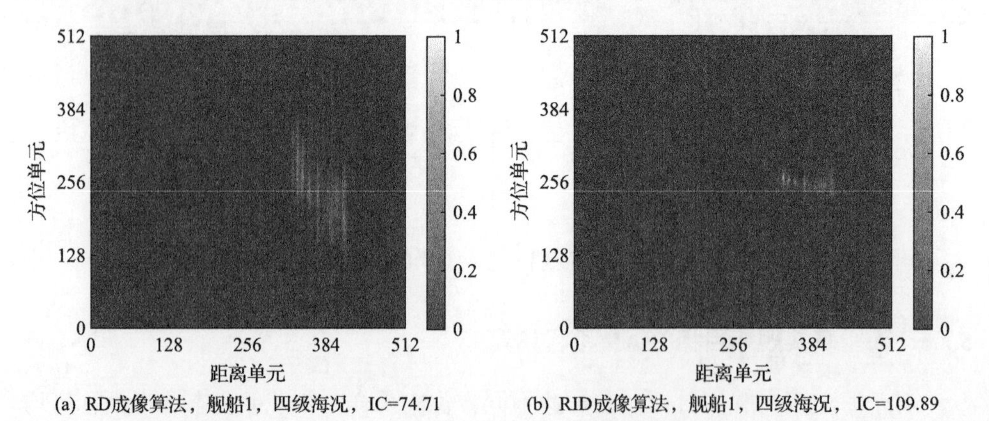

(a) RD成像算法，舰船1，四级海况，IC=74.71　　(b) RID成像算法，舰船1，四级海况，IC=109.89

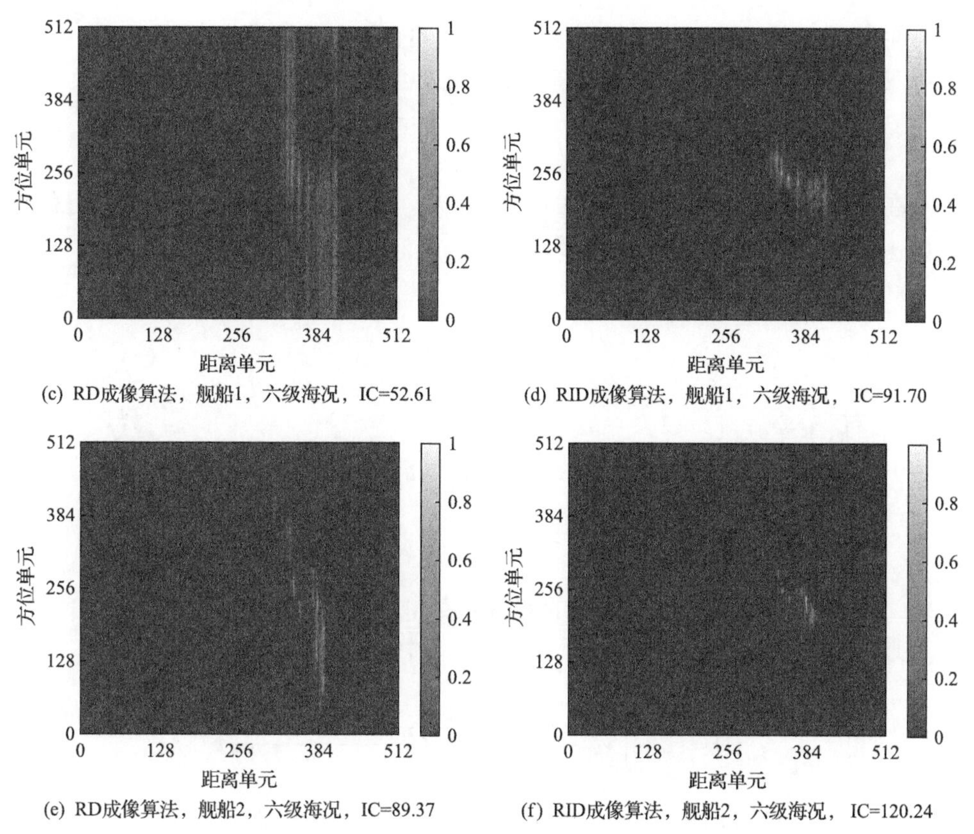

(c) RD成像算法，舰船1，六级海况，IC=52.61　　(d) RID成像算法，舰船1，六级海况， IC=91.70

(e) RD成像算法，舰船2，六级海况，IC=89.37　　(f) RID成像算法，舰船2，六级海况， IC=120.24

图 5.16　基于 RD 成像算法和 RID 成像算法仿真的海上不同舰船的 ISAR 图像(灰度标尺表示归一化图像幅度)

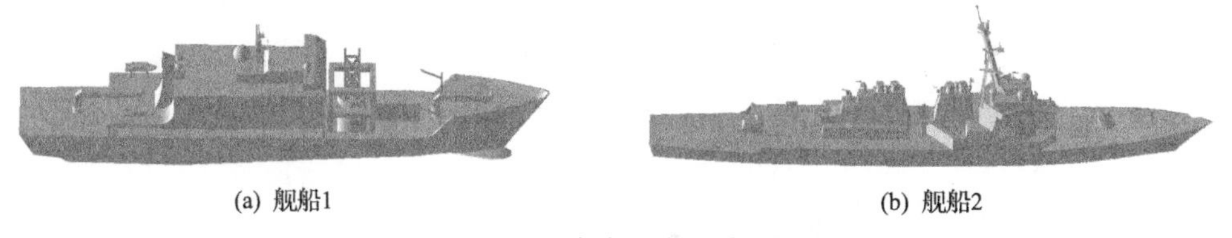

(a) 舰船1　　(b) 舰船2

图 5.17　舰船几何示意图

5.3　基于双线性时频变换方法的中低海况舰船目标 ISAR 成像

时频分析方法可以看作对信号的时间延迟项进行傅里叶变换得到的结果，能够准确地描述各频率分量随时间的变化情况。按照时间延迟项的差异进行分类，时频分析方法可以分为多种，而舰船在不同海况下运动导致的多普勒频移有一定差异，因此在不同海况下需要选取不同的时频分析方法。

在低海况下，经过运动补偿处理后的回波可以近似为多分量 LFM 信号。此时，采用双线性时频变换方法（二阶时频分析方法）可以获得较好的 ISAR 图像。

5.3.1 中低海况下舰船回波模型

在低海况下，舰船转动幅度和角速度较小，因此可将舰船转动自由度近似为匀加速转动，即舰船的转动角速度 $\boldsymbol{\omega}=\left(\omega_x,\omega_y,\omega_z\right)$ 可表示为

$$\boldsymbol{\omega}=\boldsymbol{\alpha}+\boldsymbol{\beta}t \tag{5-44}$$

其中，$\boldsymbol{\alpha}=\left(\alpha_x,\alpha_y,\alpha_z\right)$ 为沿三个轴旋转的初始角速度；$\boldsymbol{\beta}=\left(\beta_x,\beta_y,\beta_z\right)$ 为沿三个轴旋转的角加速度。

设舰船径向速度 v_{r} 接近匀加速直线运动，即

$$v_{\mathrm{r}}=v_{\mathrm{r}0}+a_{\mathrm{r}}t \tag{5-45}$$

其中，$v_{\mathrm{r}0}$ 和 a_{r} 分别为舰船沿径向的初始速度和加速度。

则 t 时刻舰船上任一散射点 P 与雷达天线中心间的距离为

$$r_p(t)=r_{p0}+\left[v_{\mathrm{r}0}+\left(\boldsymbol{\alpha}\times\boldsymbol{r}_p\right)\cdot\hat{\boldsymbol{r}}\right]t+\frac{a_{\mathrm{r}}+\left(\boldsymbol{\beta}\times\boldsymbol{r}_p\right)\cdot\hat{\boldsymbol{r}}}{2}t^2 \tag{5-46}$$

其中，r_{p0} 为初始时刻散射点 P 与雷达天线中心间的距离；$\boldsymbol{r}_p$ 为原点到 P 点的矢量；$\hat{\boldsymbol{r}}$ 为径向单位矢量。

经过平动补偿后的回波信号在慢时间域具有 LFM 信号的形式，其中心频率和线性调频率分别与 $\left(\boldsymbol{\alpha}\times\boldsymbol{r}_p\right)\cdot\hat{\boldsymbol{r}}$ 和 $\left(\boldsymbol{\beta}\times\boldsymbol{r}_p\right)\cdot\hat{\boldsymbol{r}}$ 有关。对于不同的散射点，$\boldsymbol{r}_p$ 的差异导致中心频率和线性调频率不同，因此低海况下的舰船回波可视作多分量 LFM 信号形式。

5.3.2 基于双线性时频变换的舰船瞬时 ISAR 成像

Wigner-Ville 分布（Wigner-Ville distribution, WVD）是一种基础的双线性时频变换，最先被 Wigner[31]应用在量子力学中，随后 Ville[32]将其引入到信号处理领域。信号 $x(t)$ 的 WVD 定义为

$$\mathrm{WVD}_x(t,\omega)=\int_{-\infty}^{\infty}x\left(t+\frac{\tau}{2}\right)x^*\left(t-\frac{\tau}{2}\right)\exp(-\mathrm{j}\omega\tau)\mathrm{d}\tau \tag{5-47}$$

其中，“*”表示复数共轭。

WVD 可以看成对相关函数 $R_{xx}(t,\tau)=x(t+\tau/2)x^*(t-\tau/2)$ 中的时延参数 τ 的傅

里叶变换，事先无须对信号引入窗函数进行截取，解决了线性时频方法所存在的时间分辨率和频率分辨率无法兼得的问题，因此其分辨性能明显优于线性时频方法。同时，WVD 具有恒实值性、时移和频移不变性以及良好的边缘支撑性能。但是 WVD 具有非线性的性质，虽然在处理单分量线性信号方面具有非常好的时间分辨率、频率分辨率和能量聚集性能，然而其在处理多分量线性信号时，会产生交叉项干扰。例如，对于形如 $x(t)=x_1(t)+x_2(t)$ 的多分量线性信号，其 WVD 可表示为

$$W_x(t,\omega)=W_{x_1}(t,\omega)+W_{x_2}(t,\omega)+2\,\mathrm{Re}\left[W_{x_1x_2}(t,\omega)\right] \tag{5-48}$$

其中，Re 为函数取实部操作符；$W_{x_1}(t,\omega)$ 和 $W_{x_2}(t,\omega)$ 为信号分量自身项的 WVD；$W_{x_1x_2}(t,\omega)$ 为信号交叉项的 WVD，表达式为

$$W_{x_1x_2}(t,\omega)=\int_{-\infty}^{\infty}x_1\left(t+\frac{\tau}{2}\right)x_2^*\left(t-\frac{\tau}{2}\right)\exp(-\mathrm{j}\omega\tau)\mathrm{d}\tau \tag{5-49}$$

由式(5-49)并结合卷积定理可知，对于多分量信号，信号各个分量之间的相互作用导致交叉项出现，即在时频平面产生虚假信号。事实上，对于多个信号分量，其 WVD 在每一对信号之间都会存在交叉项干扰，而且信号越复杂，其交叉项干扰程度越严重。因此，尽管 WVD 具有良好的时频分辨性能，但是交叉项干扰将会使信号中的有效时变特性遭受严重破坏，所以必须抑制 WVD 交叉项干扰。

为抑制 WVD 交叉项干扰，众多学者在 WVD 的基础上提出了平滑伪 WVD 时频分布、Choi-Williams 分布、Zhao-Atlas-Marks 分布等方法。Cohen[33]将相关方法统一表示成如下的 Cohen 类时频分布形式，即

$$C_x(\psi;t,\omega)=\frac{1}{4\pi^2}\int_{-\infty}^{\infty}\int_{-\infty}^{\infty}\mathrm{WVD}_x(t-u,\omega-\varOmega)\psi(u,\varOmega)\mathrm{d}u\mathrm{d}\varOmega \tag{5-50}$$

其中，$\psi(u,\varOmega)$ 为核函数。

由此可知，大部分的时频分布实际上都是基于 WVD 变形得到的。Cohen 类时频分布通过引入不同的核函数来实现对 WVD 的平滑作用，从而抑制 WVD 的交叉项干扰。虽然该类方法能够抑制 WVD 产生的各信号分量间的交叉项干扰，但是其实质是利用二维核函数在区域中心周围的某一邻域内对信号的 WVD 进行加权平均操作，是以降低时频分辨性能、破坏时频边缘特征以及降低一阶矩偏差估计准确度为代价的。为此，可以采取与修正平滑伪 WVD(modified smoothed pseudo WVD, MSPWVD)类似的方式，通过重排来提高其时频分辨性能[34]。重排后的 Cohen 类时频分布虽不再具备双线性特征，但依旧满足能量守恒和时频移不变等特性。

时频重排理论的主要思想就是将 (t,f) 处获得的时频分布值移动到其区域重

心 $(\hat{t},\hat{f})$ 处，表示为

$$\hat{t}=\frac{\int_{-\infty}^{\infty}\int_{-\infty}^{\infty}sW_k(t-s,f-\xi)W_x(s,\xi)\mathrm{d}s\mathrm{d}\xi}{\int_{-\infty}^{\infty}\int_{-\infty}^{\infty}W_k(t-s,f-\xi)W_x(s,\xi)\mathrm{d}s\mathrm{d}\xi} \tag{5-51}$$

$$\hat{f}=\frac{\int_{-\infty}^{\infty}\int_{-\infty}^{\infty}\xi W_k(t-s,f-\xi)W_x(s,\xi)\mathrm{d}s\mathrm{d}\xi}{\int_{-\infty}^{\infty}\int_{-\infty}^{\infty}W_k(t-s,f-\xi)W_x(s,\xi)\mathrm{d}s\mathrm{d}\xi} \tag{5-52}$$

其中，$W_x(t,f)$ 和 $W_k(t,f)$ 分别为信号和核函数的 WVD。

经过时频重排过程得到的 MSPWVD 中的值为所有重排到该点的平滑伪 WVD（smoothed pseudo WVD, SPWVD）值的和，可以写为

$$S_{\mathrm{MSPWVD}}(t',f')=\int_{-\infty}^{\infty}\int_{-\infty}^{\infty}C_x(t,f)\delta(t'-\hat{t})\delta(f'-\hat{f})\mathrm{d}t\mathrm{d}f \tag{5-53}$$

上述重排过程不仅利用了 SPWVD 的幅值信息，而且有效利用了其相位信息，并且未增加时频分布的计算复杂度。此外，MSPWVD 还能够很好地去除信号之间的交叉项。需要指出的是，MSPWVD 相比于 Cohen 类时频分布对于信号的时频聚集性能有着显著的改善效果。

5.3.3　中低海况下舰船 ISAR 图像仿真与结果分析

本节分别基于 STFT、WVD 和 MSPWVD 方法开展海上舰船 ISAR 图像仿真。仿真中采用的雷达参数与 5.2.5 节一致，海况为四级，舰船目标为 5.2.5 节中的舰船 1。不同时频分析方法仿真的中低海况舰船 ISAR 图像如图 5.18 所示。表 5.1 对比了不同时频分析方法获得的中低海况 ISAR 图像 IC 值。

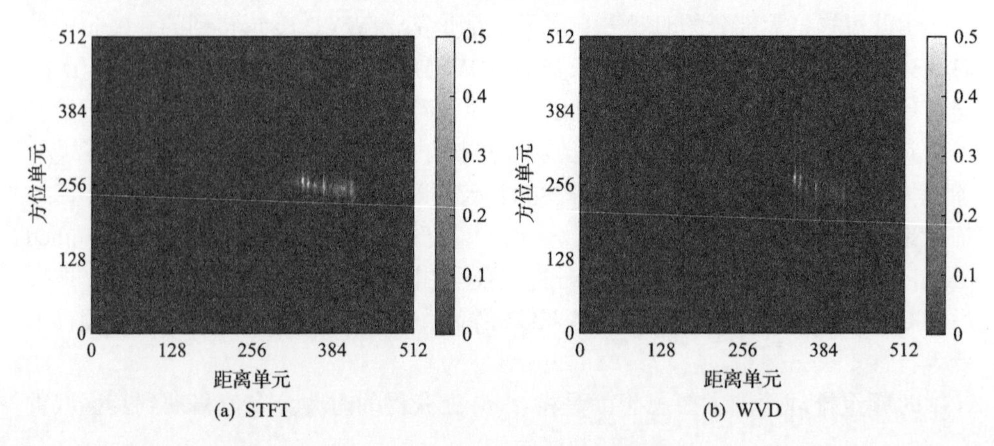

(a) STFT　　(b) WVD

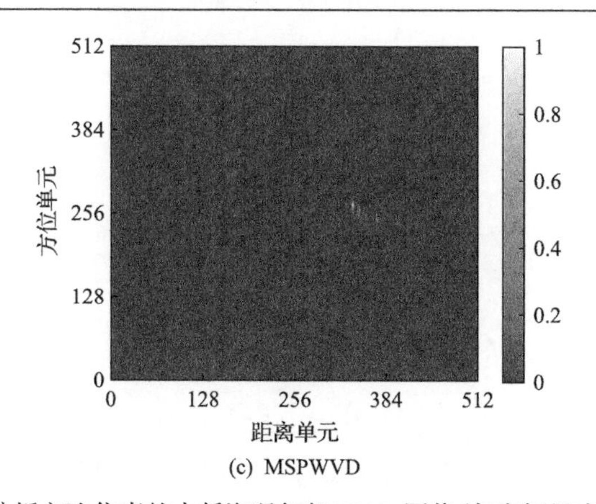

(c) MSPWVD

图 5.18　不同时频分析方法仿真的中低海况舰船 ISAR 图像(灰度标尺表示归一化图像幅度)

表 5.1　不同时频分析方法获得的中低海况 ISAR 图像 IC 值

时频分析方法	STFT	WVD	MSPWVD
图像对比度(IC)	109.89	134.70	145.88

从仿真结果和 IC 值可以看出,利用 WVD 和 MSPWVD 得到的 ISAR 图像相对于 STFT 具有较高的 IC 值，然而基于 WVD 所获得的 ISAR 图像较为模糊，这是由于舰船的回波信号形式是多分量信号，而 WVD 时频分析方法处理多分量信号的时候会生成交叉项干扰,从而形成假的散射点在 ISAR 图像上显示出来。而 MSPWVD 获得的 ISAR 图像不仅解决了时间分辨率和频率分辨率无法兼顾的问题，同时具有较高的图像对比度，因此在海上 ISAR 雷达回波处理中具有显著的优势。

5.4　基于 CPS 的高海况舰船目标 ISAR 成像

当海况较高时，海浪变化剧烈，舰船目标的六自由度运动变强，致使舰船回波信号的多普勒频率随着时间变化而呈现出非线性的特点，并且回波信号在多普勒维出现高阶项。此时，若采用基于多分量 LFM 信号模型的 RID 成像算法，则会产生虚假散射点，使得成像时频聚集性变差、分辨率下降。为此，针对舰船在高海况下的运动，其回波信号在经过运动补偿后需要采用高阶多项式相位信号来近似代替[10]，即将回波信号构造成 CPS 模型在参数化 RID 成像算法中更为合适、有效且准确，解决由舰船转动导致的多普勒频移而产生的方位散焦，从而获得聚焦的 ISAR 图像。

5.4.1　高海况下舰船回波模型

在高海况下，舰船的转动角速度可表示为

$$\boldsymbol{\omega}=\boldsymbol{\alpha}+\boldsymbol{\beta}t+\frac{\boldsymbol{\kappa}}{2}t^2 \tag{5-54}$$

其中，$\boldsymbol{\kappa}=\left(\kappa_x,\kappa_y,\kappa_z\right)$为$\boldsymbol{\omega}$对时间的二阶导数。

则t时刻舰船上任一散射点P与雷达天线中心间的距离为

$$r_p(t)=r_{p0}+\left[v_{\mathrm{r}0}+\left(\boldsymbol{\alpha}\times\boldsymbol{r}_p\right)\cdot\hat{\boldsymbol{r}}\right]t+\frac{a_{\mathrm{r}}+\left(\boldsymbol{\beta}\times\boldsymbol{r}_p\right)\cdot\hat{\boldsymbol{r}}}{2}t^2+\frac{(\boldsymbol{\kappa}\times\boldsymbol{r}_p)\cdot\hat{\boldsymbol{r}}}{6}t^3 \tag{5-55}$$

经过平动补偿后的回波信号在慢时间域包含时间的三阶项，即存在二次调频率，因此舰船目标在高海况下的回波信号经过平动补偿后可以构建成多分量 CPS 模型。此时，调频率和二次调频率的存在会造成多普勒频移，从而导致方位聚焦性能下降，进一步导致舰船在 ISAR 图像中出现散焦，为此需要对信号模型的调频率和二次调频率进行参数估计，通过特定的方法来估算每个分量的信号参数，从每个散射点的回波中提取 IF 和幅度，而后利用参数估计值结合 RID 成像算法得到聚焦的 ISAR 图像。

5.4.2 基于 CPS 参数估计的舰船瞬时 ISAR 成像

基于 CPS 参数估计的算法大致可分为两类：第一类为非相关算法，典型的有离散线性调频傅里叶变换算法[35]等，这一类算法的优点在于不会产生交叉项干扰且抗噪声性能较高，然而该类算法对于参数的估计是依靠对参数的搜索来实现的，因此面临计算量大且系统复杂度较高的问题；第二类为相关算法，包括立方相位函数[36]、变尺度傅里叶变换[37]、广义尺度傅里叶变换[38]、乘积型高阶相位函数(product high-order phase function, PHPF)[13]等。与非相关算法相比，这一类算法的优势在于计算量相对较小且系统的复杂度很低，而其缺点则在于存在一定的交叉项干扰，且抗噪声性能相对较差。即便如此，在实际应用中，第二类算法仍具有显著的工程应用价值。其中，鉴于 PHPF 算法在参数估计时均是通过搜寻峰值而得到的，具有较高的计算效率，本节基于 PHPF 开展高海况海上舰船 ISAR 图像仿真[13,39]。

PHPF 主要是通过构造出不同的 PHPF 来实现的，只需要对其得到的 PHPF 值进行一维搜索即可完成对 CPS 回波模型二次相位项和三次相位项的参数估计，因而具有较高的计算效率。

首先考虑 CPS 离散形式，可表示为

$$s(n)=A\exp\left\{\mathrm{j}\left[f_0nT_{\mathrm{s}}+\frac{1}{2}K\left(nT_{\mathrm{s}}\right)^2+\frac{1}{6}\gamma\left(nT_{\mathrm{s}}\right)^3\right]\right\} \tag{5-56}$$

其中，A 为振幅；n 为采样点序列；T_s 为采样间隔；f_0、K 和 γ 分别为载波频率、调频率和调频率变化率，是要预估的系数。

定义高阶相位函数为

$$\mathrm{HPF}\left(n,\sigma_3\right)=\int_0^{\infty} s(n+\tau)s(n-\tau)s^*(-n+\tau)s^*(-n-\tau)\exp\left(-\mathrm{j}\sigma_3\tau^3\right)\mathrm{d}\tau \tag{5-57}$$

将式(5-56)代入式(5-57)可知，$\mathrm{HPF}\left(n,\sigma_3\right)$ 在 $\gamma=\dfrac{\sigma_3}{2n}$ 处达到峰值，即可以通过寻找 HPF 的峰值来估计调频率的变化率。对于多分量 CPS 模型，HPF 的非线性特性使得信号出现交叉项干扰和虚假峰值，为此可以通过对 HPF 进行相乘积累，从而在一定程度上抑制交叉项干扰的影响。HPF 的累积形式即为 PHPF，其表达式为

$$\mathrm{PHPF}\left(n,\sigma_3\right)=\prod_p \mathrm{HPF}\left(n_p,\frac{n_p}{n_1}\sigma_3\right) \tag{5-58}$$

此时，便可通过搜索 $\mathrm{PHPF}\left(n,\sigma_3\right)$ 取峰值时 $\sigma_{3,\max}$ 的值得到 γ，二者之间的关系为 $\gamma=\dfrac{\sigma_{3,\max}}{2n_1}$。之后，通过对 $s(n)$ 进行解线调频，并进行补偿操作，可得

$$s'(n)=A\exp\left\{\mathrm{j}\left[f_0 nT_s+\frac{1}{2}K\left(nT_s\right)^2\right]\right\} \tag{5-59}$$

为估计 K 的值，可构造如下高阶相位函数，即

$$\mathrm{HPF}\left(n,\sigma_2\right)=\int_0^{\infty} s'\left(n+\tau\right)s'\left(n-\tau\right)\exp\left(-\mathrm{j}\sigma_2\tau^2\right)\mathrm{d}\tau \tag{5-60}$$

将式(5-59)代入式(5-60)可知，当 $K=\sigma_2$ 时，$\mathrm{HPF}\left(n,\sigma_2\right)$ 取得峰值。同样，为抑制 $\mathrm{HPF}\left(n,\sigma_2\right)$ 的非线性带来的交叉项干扰和虚假峰值，可以构造 $\mathrm{HPF}\left(n,\sigma_2\right)$ 的 $\mathrm{PHPF}\left(n,\sigma_2\right)$，通过搜索 $\mathrm{PHPF}\left(n,\sigma_2\right)$ 取峰值时 $\sigma_{2,\max}$ 的值即可得到调频率。最后，通过解线调频和 FFT 即可估计载波频率。

5.4.3　高海况下舰船 ISAR 图像仿真与结果分析

本节分别基于 STFT、MSPWVD、PHPF 方法开展海上舰船 ISAR 图像仿真。仿真中采用的雷达参数与 5.2.5 节一致，海况为六级，舰船目标为 5.2.5 节中的舰船 1。不同时频分析方法仿真的高海况舰船 ISAR 图像如图 5.19 所示。表 5.2 对比了不同时频分析方法获得的高海况 ISAR 图像 IC 值。

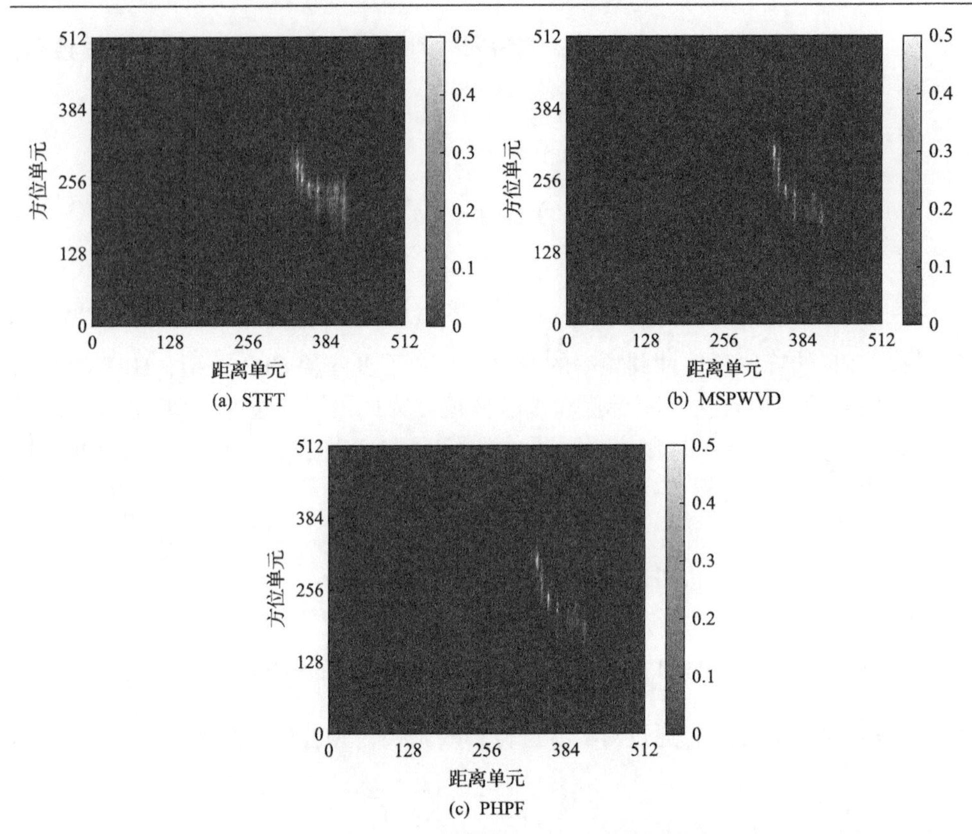

图 5.19　不同时频分析方法仿真的高海况舰船 ISAR 图像(灰度标尺表示归一化图像幅度)

表 5.2　不同时频分析方法获得的高海况 ISAR 图像 IC 值

时频分析方法	STFT	MSPWVD	PHPF
图像对比度(IC)	92.70	120.71	127.83

从仿真结果和 IC 值可以看出，利用 MSPWVD、PHPF 得到的 ISAR 图像相对于 STFT 均具有较高 IC 值，其中 PHPF 具有最好的图像对比度。此外，STFT 和 MSPWVD 方法无法对高阶相位进行准确补偿，使得 ISAR 图像上出现一定程度的虚假散射点。而基于 PHPF 算法获得的瞬时 ISAR 图像兼具了高 IC 值和聚焦效果，因此有着更广的适用范围。可以预测，若舰船吨位更小或者海况更高，舰船的转动更为剧烈，PHPF 方法的效果相比于双线性时频变换方法和线性时频变换方法将会有更好的对比效果。

5.5　本 章 小 结

对舰船目标进行精准探测、识别和跟踪对于海洋安全、船只监管、监测等都有着重要的应用价值，因而如何能够获得高分辨、高质量的舰船 ISAR 图像是当下的研究热点，也是一项有重要意义的任务。舰船受海况影响，导致复杂的运动特征。本章以海面上的舰船目标为研究对象，研究不同海况下舰船目标高分辨率 ISAR 图像仿真方法。

本章首先通过转台模型和回波模型详细分析了 RD 成像算法的成像原理，分析了目标平动对 ISAR 图像的贡献价值和干扰影响，并利用最小熵法、自聚焦方法和 PGA 方法实现了平动补偿，在一定程度上提升了成像质量。在此基础上，分析了舰船目标的 ISAR 回波模型，研究了舰船航行运动和自身三维转动对于舰船成像的影响，结果表明，当舰船同时具有航行运动和自身三维摇摆运动时，舰船自身的三维摇摆是舰船方位向高分辨率的主要来源。

然而，在真实环境中，舰船在不同海况下的运动导致的多普勒特征并非线性时频变换方法所能准确预估的，因此又介绍了不同海况下基于双线性时频变换方法和基于 CPS 的舰船目标 ISAR 成像算法。结果表明，低海况下双线性时频变换方法能够获得较高的 ISAR 成像质量，而高海况下尤其是对于小吨位舰船，则需要基于 CPS 参数估计方法准确地对多普勒特征进行预估，从而获得聚焦较好的 ISAR 图像。

参 考 文 献

[1] 保铮, 邢孟道, 王彤. 雷达成像技术[M]. 北京: 电子工业出版社, 2005.

[2] Chen V C, Ling H. Time-frequency Transforms for Radar Imaging and Signal Analysis[M]. Boston: Artech House, 2002.

[3] Pastina D, Montanari A, Aprile A. Motion estimation and optimum time selection for ship ISAR imaging[C]. Proceedings of the 2003 IEEE Radar Conference, Huntsville, 2003: 7-14.

[4] Walker J L. Range-Doppler imaging of rotating objects[J]. Transactions on Aerospace and Electronic Systems, 1980, AES-16(1): 23-52.

[5] Chen V C, Ling H. Joint time-frequency analysis for radar signal and image processing[J]. IEEE Signal Processing Magazine, 2015, 16(2): 81-93.

[6] Trintinalia L C, Ling H. Joint time-frequency ISAR using adaptive processing[J]. IEEE Transactions on Antennas and Propagation, 1997, 45(2): 221-227.

[7] Bao Z, Sun C Y, Xing M D. Time-frequency approaches to ISAR imaging of maneuvering targets and their limitations[J]. IEEE Transactions on Aerospace and Electronic Systems, 2001, 37(3): 1091-1099.

[8] Chen V C, Miceli W J. Time-varying spectral analysis for radar imaging of manoeuvring targets[J]. IEE Proceedings-Radar, Sonar and Navigation, 1998, 145(5): 262-268.

[9] 郑泽星. 舰船目标 ISAR 成像研究[D]. 哈尔滨: 哈尔滨工业大学, 2007.

[10] Li Y, Bao Z, Xing M, et al. Inverse synthetic aperture radar imaging of ship target with complex motion[J]. IET Radar, Sonar and Navigation, 2008, 2(6): 395-403.

[11] Gao Z Z, Li Y C, Xing M D, et al. ISAR imaging of manoeuvring targets with the range instantaneous chirp rate technique[J]. IET Radar, Sonar & Navigation, 2009, 3(5): 449-460.

[12] Wang Y, Jiang Y C. ISAR imaging of a ship target using product high-order matched-phase transform[J]. IEEE Geoscience and Remote Sensing Letters, 2009, 6(4): 658-661.

[13] Wang P, Djurovic I, Yang J Y. Generalized high-order phase function for parameter estimation of polynomial phase signal[J]. IEEE Transactions on Signal Processing, 2008, 56(7): 3023-3028.

[14] Chen C C, Andrews H C. Target-motion-induced radar imaging[J]. IEEE Transactions on Aerospace and Electronic Systems, 1980, AES-16(1): 2-14.

[15] 王琨, 罗琳. ISAR 成象中包络对齐的幅度相关全局最优法[J]. 电子与信息学报, 1998, 20(3): 369-373.

[16] Wang J F, Liu X Z. Improved global range alignment for ISAR[J]. IEEE Transactions on Aerospace and Electronic Systems, 2007, 43(3): 1070-1075.

[17] 王根原, 保铮. 逆合成孔径雷达运动补偿中包络对齐的新方法[J]. 电子学报, 1998, 26(6): 5-8.

[18] Steinberg B. Radar imaging from a distorted array: The radio camera algorithm and experiments[J]. IEEE Transactions on Antennas and Propagation, 1981, 29(5): 740-748.

[19] 保铮, 叶炜. ISAR 运动补偿聚焦方法的改进[J]. 电子学报, 1996, 24(9): 74-79.

[20] 保铮, 邓文彪, 杨军. ISAR 成像处理中的一种运动补偿方法[J]. 电子学报, 1992, 20(6): 1-6.

[21] 毛引芳, 吴一戎, 张永军, 等. 以散射质心为基准的 ISAR 成象的运动补偿[J]. 电子科学学刊, 1992, 14(5): 532-536.

[22] Martorella M, Berizzi F, Haywood B. Contrast maximisation based technique for 2-D ISAR autofocusing[J]. IEE Proceedings-Radar, Sonar and Navigation, 2005, 152(4): 253-262.

[23] Wahl D E, Eichel P H, Ghiglia D C, et al. Phase gradient autofocus-a robust tool for high resolution SAR phase correction[J]. IEEE Transactions on Aerospace and Electronic Systems, 1994, 30(3): 827-835.

[24] Huang D R, Feng C Q, Tong N N, et al. 2D spatial-variant phase errors compensation for ISAR imagery based on contrast maximisation[J]. Electronics Letters, 2016, 52(17): 1480-1482.

[25] Zhu D Y, Jiang R, Mao X H, et al. Multi-subaperture PGA for SAR autofocusing[J]. IEEE Transactions on Aerospace and Electronic Systems, 2013, 49(1): 468-488.

[26] Li X, Liu G, Ni J. Autofocusing of ISAR images based on entropy minimization[J]. IEEE Transactions on Aerospace and Electronic Systems, 1999, 35(4): 1240-1252.

[27] Zeng T, Wang R, Li F. SAR image autofocus utilizing minimum-entropy criterion[J]. IEEE Geoscience and Remote Sensing Letters, 2013, 10(6): 1552-1556.

[28] 姬红兵, 唐亮, 谢维信. 基于时间-距离-多普勒像的编队目标架次检测[J]. 系统工程与电子技术, 2001, 23(5): 62-64.

[29] 张贤达. 现代信号处理[M]. 3 版. 北京: 清华大学出版社, 2015.

[30] Xia X G, Wang G Y, Chen V C. Quantitative SNR analysis for ISAR imaging using joint time-frequency analysis-short time Fourier transform[J]. IEEE Transactions on Aerospace and Electronic Systems, 2002, 38(2): 649-659.

[31] Wigner E. On the quantum correction for thermodynamic equilibrium[J]. Physical. Review, 1932, 40(5): 749-759.

[32] Ville J. Theorie et applications de la notion de signal analytique[J]. Cables et Transmission, 1948, 2(1): 61-74.

[33] Cohen L. Time-frequency distributions-a review[J]. Proceedings of the IEEE, 1989, 77(7): 941-981.

[34] Auger F, Flandrin P. Improving the readability of time-frequency and time-scale representations by the reassignment method[J]. IEEE Transactions on Signal Processing, 1995, 43(5): 1068-1089.

[35] Abatzoglou T J. Fast maximum likelihood joint estimation of frequency and frequency rate[J]. IEEE Transactions on Aerospace and Electronic Systems, 1986, AES-22(6): 708-715.

[36] O'Shea P. A fast algorithm for estimating the parameters of a quadratic FM signal[J]. IEEE Transactions on Signal Processing, 2004, 52(2): 385-393.

[37] Bai X, Tao R, Wang Z J, et al. ISAR imaging of a ship target based on parameter estimation of multicomponent quadratic frequency-modulated signals[J]. IEEE Transactions on Geoscience and Remote Sensing, 2014, 52(2): 1418-1429.

[38] Zheng J B, Su T, Zhu W T, et al. ISAR imaging of nonuniformly rotating target based on a fast parameter estimation algorithm of cubic phase signal[J]. IEEE Transactions on Geoscience and Remote Sensing, 2015, 53(9): 4727-4740.

[39] 包敏, 周鹏, 李亚超, 等. 基于乘积型高阶相位函数的复杂运动目标 ISAR 成像[J]. 系统工程与电子技术, 2011, 33(5): 1018-1022.

第 6 章　海面舰船微多普勒特征的仿真分析

微多普勒效应最初并非在微波雷达中引入，而是在激光雷达系统中引入，以测量物体的运动性质[1]。在雷达中的微多普勒效应是指当物体存在除主体移动引起的多普勒效应外，物体或其部件还存在着摆动，这种摆动将会在雷达回波信号上引起附加的频率调制，从而在主体移动产生的信号多普勒频移附近产生附加的边频[1-3]。而舰船在海上的微动就会产生多普勒频移，并且舰船微动特征包含舰船运动参数、船体参数、海浪状态等诸多信息，因此充分开展海上舰船目标的微多普勒特征分析对于海上目标探测、识别、信息反演等具有重要的应用价值[4,5]。

本章首先介绍雷达中的微多普勒效应，进而结合电磁散射模型获得时变海面与舰船目标的雷达回波特征，为分析其微多普勒特征奠定基础。此后，开展海面及其上舰船目标的微多普勒特征仿真分析工作。在此基础上，开展基于微多普勒特征的舰船微动特征反演。最后分析考虑舰船六自由度及其上天线转动的舰船微多普勒特征分析，对比舰船微动导致的微多普勒特征和天线转动导致的微多普勒特征的差异。研究表明，舰船微多普勒特征可以用于反演舰船微动信息，进而可为海上舰船目标 ISAR 图像的校正提供先验信息。

6.1　舰船六自由度运动引起的微多普勒特征仿真分析

6.1.1　雷达中的微多普勒效应

尽管微多普勒效应中对物体运动的形式有所界定，但其本质仍是目标相对雷达运动产生的多普勒效应。对于单基地雷达，为更好地描述目标相对雷达的平动特征和转动特征，定义三个坐标系，分别为目标局部坐标系 $\{\boldsymbol{o};\boldsymbol{x},\boldsymbol{y},\boldsymbol{z}\}$ 、目标参考坐标系 $\{\boldsymbol{o}';\boldsymbol{x}',\boldsymbol{y}',\boldsymbol{z}'\}$ 和雷达坐标系 $\{\boldsymbol{O};\boldsymbol{X},\boldsymbol{Y},\boldsymbol{Z}\}$ 。其中，目标局部坐标系三个坐标轴的方向随目标运动而不断变化，即在该坐标系下，目标无论如何运动，各点的坐标均不发生变化；目标参考坐标系与目标局部坐标系的坐标原点相同，该坐标系仅随目标速度导致的平动发生变化，而不随其转动发生变化；雷达坐标系的原点选取为雷达中心。若目标相对于雷达平台以速度 $\boldsymbol{v}_{\mathrm{t}}$ 平动，同时在参考坐标系中以角速度 $\boldsymbol{\omega}=\left(\omega_x,\omega_y,\omega_z\right)$ 绕三个坐标轴旋转，则雷达坐标系原点与某一时刻 t 散射点间的距离矢量可以表示为[2]

$$\boldsymbol{r}(t)=\boldsymbol{R}_0+\boldsymbol{v}_\mathrm{t}t+\boldsymbol{\mathfrak{R}}_\mathrm{t}\boldsymbol{r}_0 \tag{6-1}$$

其中，$\boldsymbol{R}_0$ 为初始时刻雷达坐标系原点至目标参考坐标系原点的距离矢量；$\boldsymbol{r}_0$ 为目标局部坐标系中散射点的位置矢量；$\boldsymbol{\mathfrak{R}}_\mathrm{t}$ 为与目标旋转角度相关的旋转矩阵。

对于发射 LFM 信号的脉冲多普勒雷达，运动目标回波信号可以写为

$$s(t)=\sum_i A_i u\left(t-\frac{2R_i(t)}{\mathrm{c}}\right)\exp\left(-\mathrm{j}\frac{4\pi f_\mathrm{c}}{\mathrm{c}}R_i(t)\right) \tag{6-2}$$

其中，f_c 为雷达载波中心频率；A_i 为复杂目标上散射点的散射振幅；$u(t)$ 为发射的 LFM 信号，具体可写为

$$u(t)=\mathrm{rect}\left(\frac{t}{T_\mathrm{r}}\right)\exp\left(\mathrm{j}\pi Kt^2\right) \tag{6-3}$$

其中，T_r 为脉冲宽度；K 为调频率。

那么，上述运动引起的多普勒频率为[1]

$$\begin{aligned}f_\mathrm{d}&=\frac{2}{\lambda}\frac{\mathrm{d}}{\mathrm{d}t}\boldsymbol{r}(t)\\&=\frac{2}{\lambda}\frac{1}{2\boldsymbol{r}(t)}\frac{\mathrm{d}}{\mathrm{d}t}\left[\left(\boldsymbol{R}_0+\boldsymbol{v}_\mathrm{t}t+\boldsymbol{\mathfrak{R}}_\mathrm{t}\boldsymbol{r}_0\right)^\mathrm{T}\left(\boldsymbol{R}_0+\boldsymbol{v}_\mathrm{t}t+\boldsymbol{\mathfrak{R}}_\mathrm{t}\boldsymbol{r}_0\right)\right]\\&=\frac{2}{\lambda}\left[\boldsymbol{v}_\mathrm{t}+\frac{\mathrm{d}}{\mathrm{d}t}\left(\boldsymbol{\mathfrak{R}}_\mathrm{t}\boldsymbol{r}_0\right)\right]^\mathrm{T}\boldsymbol{n}\end{aligned} \tag{6-4}$$

其中，目标微动单位矢量 $\boldsymbol{n}$ 可表示为

$$\boldsymbol{n}=\frac{\boldsymbol{R}_0+\boldsymbol{v}_\mathrm{t}t+\boldsymbol{\mathfrak{R}}_\mathrm{t}\boldsymbol{r}_0}{\left\|\boldsymbol{R}_0+\boldsymbol{v}_\mathrm{t}t+\boldsymbol{\mathfrak{R}}_\mathrm{t}\boldsymbol{r}_0\right\|} \tag{6-5}$$

定义目标旋转角速度单位矢量 $\bar{\boldsymbol{\omega}}=\boldsymbol{\omega}/\|\boldsymbol{\omega}\|$ 以及标量角速度 $\tilde{\omega}=\|\boldsymbol{\omega}\|$，则有

$$\boldsymbol{\omega}(t)=\tilde{\omega}\bar{\boldsymbol{\omega}} \tag{6-6}$$

实际情况中，雷达 PRF 往往较高，而目标旋转角速度往往有限。因此，在每个脉冲间隔时间内目标的旋转可以近似看作无穷小，则有如下近似关系，即

$$\boldsymbol{\mathfrak{R}}_\mathrm{t}=\exp(\hat{\boldsymbol{\omega}}t) \tag{6-7}$$

其中，$\hat{\boldsymbol{\omega}}$ 为 $\boldsymbol{\omega}$ 的斜对称矩阵。

将式(6-7)代入式(6-4)，目标微动引起的多普勒频率可以表示为

$$
\begin{aligned}
f_{\mathrm{d}} &= \frac{2}{\lambda}\left\{\boldsymbol{v}_{\mathrm{t}} + \frac{\mathrm{d}}{\mathrm{d}t}\left[\exp(\hat{\boldsymbol{\omega}}t)\boldsymbol{r}_0\right]\right\}^{\mathrm{T}} \boldsymbol{n} \\
&= \frac{2}{\lambda}\left[\boldsymbol{v}_{\mathrm{t}} + \hat{\boldsymbol{\omega}}\exp(\hat{\boldsymbol{\omega}}t)\boldsymbol{r}_0\right]^{\mathrm{T}} \boldsymbol{n} \\
&= \frac{2}{\lambda}\left(\boldsymbol{v}_{\mathrm{t}} + \hat{\boldsymbol{\omega}}\boldsymbol{r}\right)^{\mathrm{T}} \boldsymbol{n} \\
&= \frac{2}{\lambda}\left(\boldsymbol{v}_{\mathrm{t}} + \hat{\boldsymbol{\omega}} \times \boldsymbol{r}\right)^{T} \boldsymbol{n}
\end{aligned} \tag{6-8}
$$

由于目标在远场，有$\|\boldsymbol{R}_0\| \gg \|\boldsymbol{v}_{\mathrm{t}}t + \boldsymbol{\mathfrak{R}}_{\mathrm{t}}\boldsymbol{r}_0\|$，所以目标微动单位矢量$\boldsymbol{n} \approx \boldsymbol{R}_0/\|\boldsymbol{R}_0\|$可近似看作 RLOS 方向，此时式(6-8)中的多普勒频率近似为

$$f_{\mathrm{d}} = f_{\mathrm{T}} + f_{\mathrm{m}} \tag{6-9}$$

其中，f_{T}为平动分量产生的多普勒频率，其表达式为

$$f_{\mathrm{T}} = \frac{2}{\lambda}\boldsymbol{v}_{\mathrm{t}} \cdot \boldsymbol{n} \tag{6-10}$$

f_{m}为目标转动分量对应的多普勒频率，即微多普勒频率，其表达式为

$$f_{\mathrm{m}} = \frac{2}{\lambda}(\boldsymbol{\omega} \times \boldsymbol{r}) \cdot \boldsymbol{n} \tag{6-11}$$

同时，式(6-6)目标的角速度可用多项式展开为

$$\boldsymbol{\omega}(t) = \left(\tilde{\omega}_0 + \tilde{\omega}_1 t + \tilde{\omega}_2 t^2 + \cdots\right)\bar{\boldsymbol{\omega}} \tag{6-12}$$

对式(6-12)进行二次项截断，微动目标的微多普勒频率为

$$f_{\mathrm{m}} = \frac{2}{\lambda}(\boldsymbol{\omega} \times \boldsymbol{r}) \cdot \boldsymbol{n} = \frac{2}{\lambda}\left[\tilde{\omega}_0 \bar{\boldsymbol{\omega}} \cdot (\boldsymbol{r} \times \boldsymbol{n}) + \tilde{\omega}_1 \bar{\boldsymbol{\omega}} \cdot (\boldsymbol{r} \times \boldsymbol{n})t + \tilde{\omega}_2 \bar{\boldsymbol{\omega}} \cdot (\boldsymbol{r} \times \boldsymbol{n})t^2\right] \tag{6-13}$$

需要说明的是，本书考虑的目标的运动属于低速运动范围，因此无须考虑相对论多普勒效应。

6.1.2 舰船六自由度运动引起的微多普勒特征仿真分析

当舰船在海上运动时，舰船除自身动力装置提供的沿航向的平动外，还存在由船体与海浪互相作用引起的六自由度运动[6,7]，第 3 章已对该运动进行了详细描述。本节主要在其六自由度运动特征的基础上分析舰船六自由度运动引起的微多普勒特征。

海上舰船目标的运动特征建模与回波仿真是分析其微多普勒特征的基础。对于六自由度运动的求解，基于切片理论[8,9]进行分析。具体地，将舰船水面以下的结构沿船长方向切割为一系列切片，从而将绕船体的三维扰动转化为沿各横截面的二维扰动。对于单个切片，其流体力学问题为二维问题，可进行单独求解。对于时变雷达回波，首先依据六自由度参数更新舰船坐标，进而采用 FBS-SSA 方法与 GO-PO 方法获得其散射场[10-12]，并结合时频分析方法开展舰船目标的微动特征研究。

图 6.1 给出了总采样点数为 N 的时变海面与舰船目标微多普勒特征仿真流程图。其准备操作则是获取舰船的几何模型、剖分信息、切片信息以及六自由度运动特征计算中需要的其他参数，并设定雷达参数信息、海况参数信息和舰船运动信息。此时，对于某时刻 i，生成二维海面模型，并计算舰船在此时刻的六自由度运动信息，进而更新舰船姿态，生成 i 时刻海面舰船复合场景的几何模型。在几何模型的基础上便可借助电磁散射模型计算各离散面元的散射截面，从而获得 $t=i\cdot\Delta T$ 时刻的雷达回波基带信号，即

$$s(t)=\sum_{m=1}^{M}\sum_{p=1}^{N}A_m\,\mathrm{rect}\left[t-p\Delta T-\frac{2R_m(t)}{c}\right]\exp\left[-\mathrm{j}2\pi f_\mathrm{c}\frac{2R_m(t)}{c}\right]\tag{6-14}$$

其中，M 为离散面元总数；N 为总的脉冲采样点数；A_m 为面元 m 的散射振幅；ΔT 为脉冲重复周期；$R_m(t)$ 为 t 时刻面元 m 与雷达之间的距离；c 为光速；f_c 为雷达载波中心频率。

至此便可重复上述步骤获取不同时刻的回波信号，进而采用时频分析方法获得其微多普勒特征。

在对雷达回波信号进行处理获得微多普勒特征时，传统的傅里叶变换无法提供时变的频谱，因此需要采用时频分析方法。典型的时频分析方法主要有 WVD 方法[13-15]、Cohen 类时频分布方法[16,17]、STFT 方法等[18-20]。本章主要采用 STFT 方法，其基本思想是：傅里叶分析是频域分析的基本工具，为了达到时域上的局部化，在信号傅里叶变换前乘上一个时间有限的窗函数，并假定非平稳信号在分析窗的短时间内是平稳的，通过窗在时间轴上的移动使信号逐段进入被分析状态，这样就可以得到信号的一组“局部”频谱，从不同时刻“局部”频谱的差异上便可以得到信号的时变特性。

STFT 给定一个时间宽度很窄的窗函数，使窗滑动，则信号 $s(t)$ 的短时傅里叶变换定义为[18,19]

$$\mathrm{STFT}(t,f)=\int_{-\infty}^{\infty}s(t')\eta^*(t'-t)\exp(-\mathrm{j}2\pi ft')\mathrm{d}t'\tag{6-15}$$

其中，“*”表示复共轭。

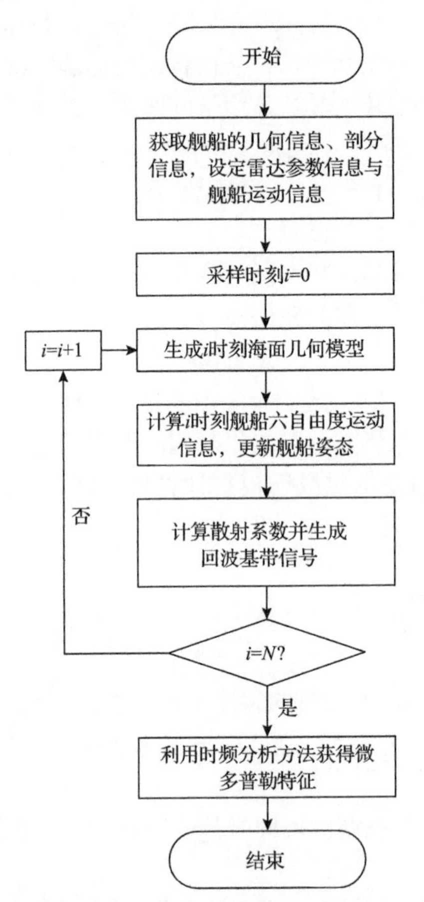

图 6.1　时变海面与舰船目标微多普勒特征仿真流程图

由式(6-15)可见，正是窗函数$\eta(t)$的存在，使得短时傅里叶变换具有局域特性，它既是时间的函数，也是频率的函数，对于给定的时刻t，$\text{STFT}(t,f)$可看作该时刻的频谱，特别地，当窗函数$\eta(t)$=1时，短时傅里叶变换退化为传统的傅里叶变换。

式(6-15)还表明，信号$s(t')$在时刻t处的STFT就是信号乘上一个以t为中心的“分析窗”$\eta(t'-t)$后所进行的傅里叶变换，信号$s(t')$乘以一个短窗函数$\eta(t'-t)$等价于取出信号在分析时刻t附近的一个切片，所以$\text{STFT}(t,f)$可以理解为信号$s(t')$在时间点t附近的傅里叶变换，即“局部”频谱。

显而易见，为了提高短时傅里叶变换的时间分辨率，需要选择的窗函数$\eta(t)$尽可能短。另外，短时傅里叶变换要得到高的频率分辨率，要求选择的窗函数时间宽度尽可能长，因此与时间分辨率的提高相矛盾。实际上，选择的窗函数的宽度应该与信号的局域平稳长度相适应。

6.1.3 舰船微多普勒特征仿真结果

本节基于图 6.1 中时变海面与舰船目标微多普勒特征仿真流程，开展不同舰船在海面上摇摆导致的微多普勒特征分析，其中，采用的时频分析方法是 STFT。仿真中雷达发射频率为 16GHz，HH 极化，入射角为 45°，海面的风速为 10m/s，风向沿 x 轴正方向。舰船的船长沿着 x 轴方向，船头指向 x 轴正方向，舰船平动速度为 0m/s，即只考虑舰船的随浪摆动，船长方向与风向相垂直。信号的 PRF 为 1800Hz，累计仿真 8192 个时间采样点，即雷达照射时间共 4.5s。

图 6.2 给出了海上某民船(舰船 1)和某巡洋舰(舰船 2)短时间照射下的微多普勒特征图，两艘船的几何参数分别如表 6.1 和表 6.2 所示。由图可以看出，舰船的微多普勒特征图可以较好地反映出舰船整体的运动情况，在舰船强散射点的运动描述更为清晰。从图 6.2(a)可以看出，舰船目标在低海况下主导运动的运动周期为 3.75s。从图 6.2(b)可以看到两条较为清晰的时频曲线，这两条曲线反映了舰船两个不同位置上强散射点微动造成的微多普勒变化。由图 6.2 可以清楚地看到 0.4～2.9s 是半个完整的运动周期，舰船在 10m/s 的运动周期约为 5s。从上述仿真结果可以看出，舰船目标微多普勒特征中包含了舰船运动的周期信息，此外其幅度也与舰船六自由度运动相关，这为后续从舰船微多普勒特征中提取舰船微动特征奠定了基础。

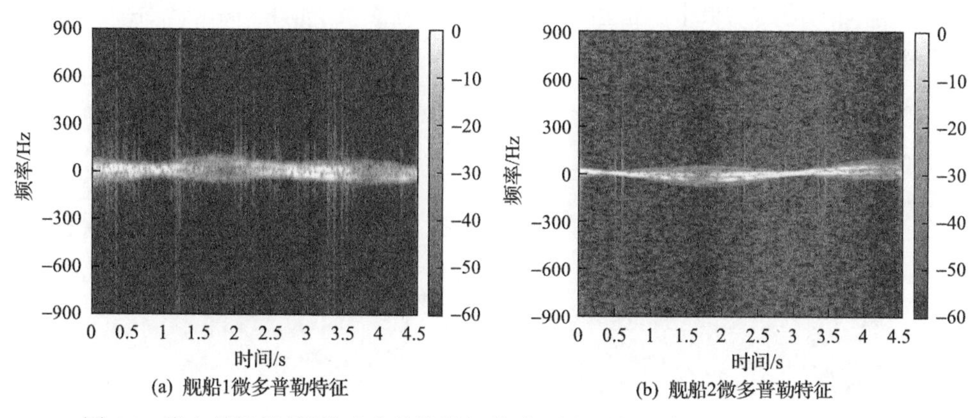

图 6.2　海上某民船(舰船 1)和某巡洋舰(舰船 2)短时间照射下的微多普勒特征图(灰度标尺表示归一化幅度，单位 dB)

表 6.1　某民船几何参数

参数	值	参数	值
船长/m	98.16	排水量/t	3000
船宽/m	16.50	水线长/m	88.56

续表

参数	值	参数	值
吃水/m	4.90	水线宽/m	15.29
型深/m	8.00	水线面面积/m^2	1060.63
重心高度/m	66.59	中剖面面积/m^2	38.63
菱形系数	0.86	水线面系数	0.78
方形系数	0.44	中剖面系数	0.52

表 6.2　某巡洋舰几何参数

参数	值	参数	值
船长/m	173.00	排水量/t	9800
船宽/m	17.00	水线长/m	162.328
吃水/m	10.2	水线宽/m	16.145
型深/m	12.42	水线面面积/m^2	2097.63
重心高度/m	9.81	中剖面面积/m^2	100.83
菱形系数	0.58	水线面系数	0.80
方形系数	0.36	中剖面系数	0.61

在前面的仿真结果中，雷达总照射时间约为 1 个周期。图 6.3 给出了改变 PRF=900Hz 后的微多普勒特征，雷达总照射时间为 9.1s，其他参数与图 6.2 相同。

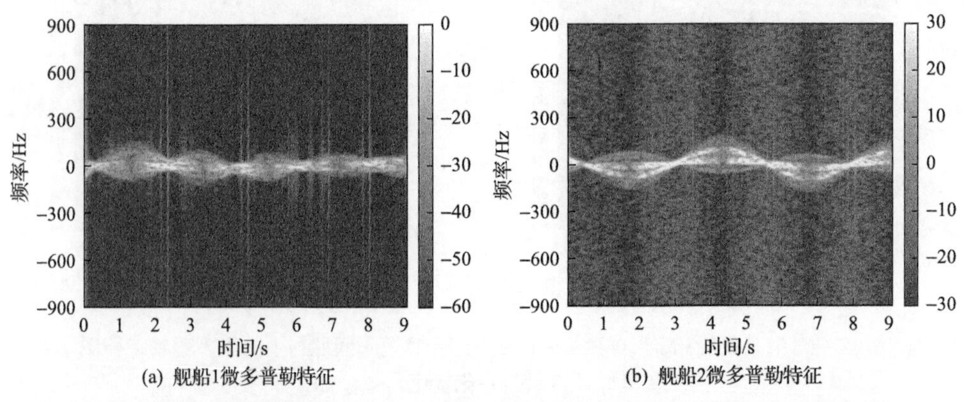

图 6.3　海上某民船(舰船 1)和某巡洋舰(舰船 2)长时间照射下的微多普勒特征图(灰度标尺表示归一化幅度，单位 dB)

从长时间照射的情况也可以预估舰船的运动周期情况，得到的周期结果与短时间照射情况下的结果是一致的。对于同样的采样点数但是照射时间长的情况，其成像的时间分辨率不如较高采样频率时的结果，而且可呈现的多普勒频率变化范围更小，所呈现的微多普勒特征图强散射点的时频脊线没有大采样频率情况下清晰。

6.2　基于舰船微多普勒特征的舰船微动特征反演

6.2.1　舰船目标的 IF 估计方法

IF 是表述非平稳信号特征的一个重要物理量。因此，如何确定 IF 变化的问题已成为当今信号处理领域众多研究者关注的重点。

简单从信号成分上来说，信号有单分量信号和多分量信号之分。针对不同的信号，IF 估计方法也不尽相同，单分量信号的 IF 估计方法主要有过零检测法、相位法、Teager 能量算子法、谱峰检测法以及求根估计法等；而多分量信号的 IF 估计方法主要有峰值估计法、能量泛函最小化法以及相位法等。本节采用谱峰检测法进行特征提取[21,22]，步骤如下。

(1) 根据微多普勒特征图上微多普勒曲线的强度，选择合适的阈值 τ_1 和 τ_2。根据式(6-16)把 $\mathrm{STFT}(t,f)$ 中的微多普勒曲线变换成二值图 $B(t,f)$，其强度仅包含 0 和 1 两个值，即

$$B(t,f)=\begin{cases}1, & \tau_1 \leqslant \mathrm{STFT}(t,f) \leqslant \tau_2 \\ 0, & \mathrm{STFT}(t,f)<\tau_1 \text{ 或 } \mathrm{STFT}(t,f)>\tau_2\end{cases} \tag{6-16}$$

(2) 用矩阵 $[-1,1]^{\mathrm{T}}$ 对 $B(t,f)$ 进行卷积，得到微多普勒曲线的边界 $E(t,f)$。$E(t,f)$ 在 $B(t,f)=1$ 处提取微多普勒曲线的上下边界。上边界 $E\left(t_{\mathrm{u}},f_{\mathrm{u}}\right)=1$，下边界 $E\left(t_{\mathrm{d}},f_{\mathrm{d}}\right)=-1$，在其他 $B(t,f)=1$ 位置处 $E(t,f)=0$。

(3) 在微多普勒曲线重叠不严重的情况下，当 $t_{\mathrm{u}}=t_{\mathrm{d}}$ 时，IF 脊线可以由 $f=f_{\mathrm{u}}+f_{\mathrm{d}}$ 得到。而当微多普勒曲线杂糅在一起时，如果直接取得上下边界的平均值当作此时的 IF 是不准确的，因为不同的微多普勒曲线会互相重叠干扰。因此，在这种情况下，上下边界的值都需要被保留，最后去除差异较大的点。

6.2.2　运动目标的 IF 估计结果

图 6.4 给出了海上不同舰船短时间观测下微多普勒特征和 IF 脊线的提取结果。从图中可以看出，对于散射点时频曲线清晰的微多普勒特征图，其瞬时时频脊线提取效果较好，运用这种方法且结合舰船目标的运动特征，可以较好地解决频率交叉点、重叠点造成的误差。

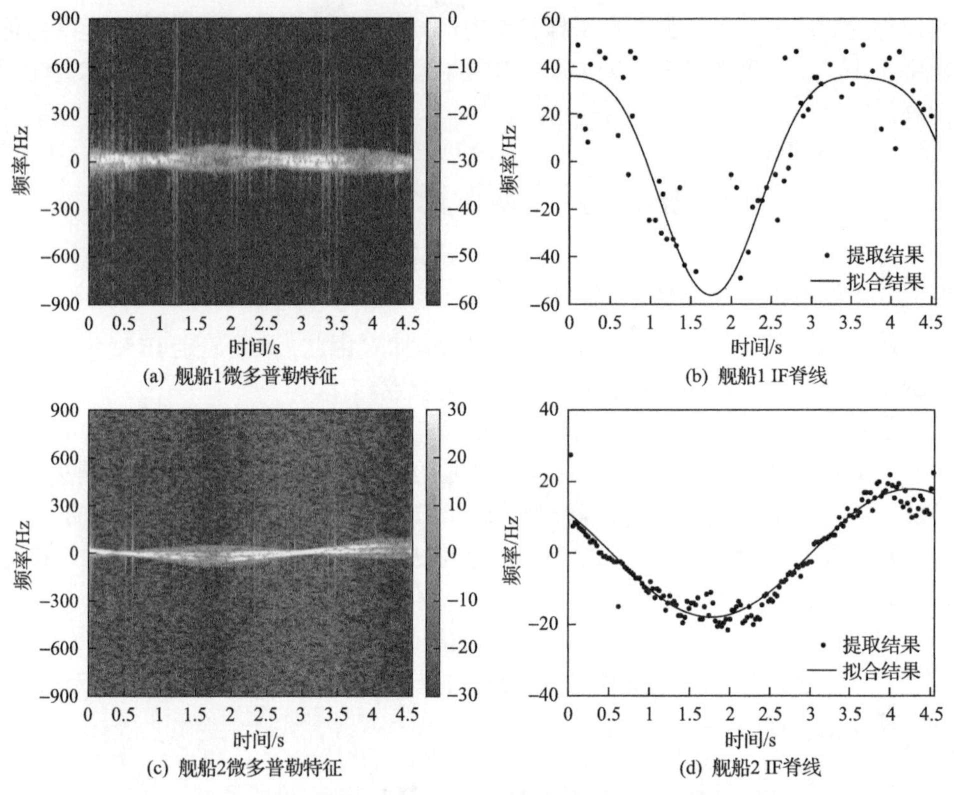

图 6.4　海上不同舰船短时间观测下微多普勒特征和 IF 脊线的提取结果
(灰色标尺表示归一化幅度，单位 dB)

图 6.5 给出了海上不同舰船长时间观测下微多普勒特征和 IF 脊线的提取结果。由于在 10m/s 风速下舰船 2 的运动周期较长，在雷达观测时间为 4.5s 时，不能完整地观测舰船一个周期内的微多普勒特征。因此，较长的观测时间更适合此海况下舰船微动的描述。此外，舰船的六自由度运动并非正弦函数的形式，而是符合多个正弦函数和的形式。因此，其运动周期的估计在较长时间内观测更为准

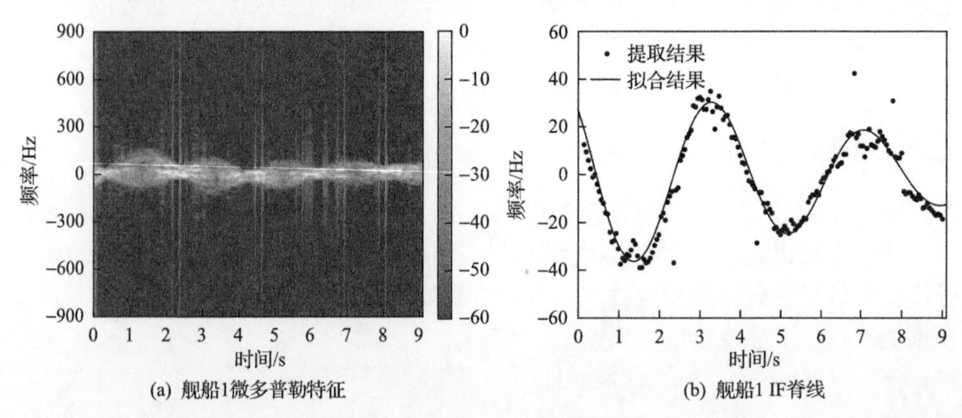

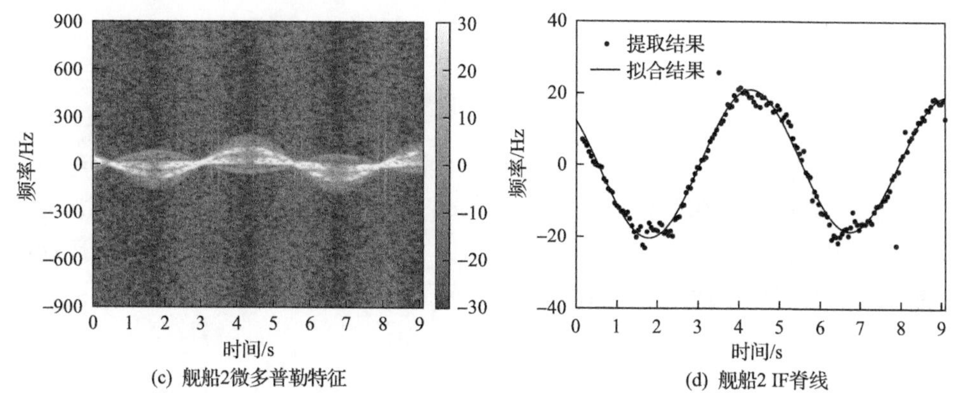

(c) 舰船2微多普勒特征　(d) 舰船2 IF脊线

图 6.5　海上不同舰船长时间观测下微多普勒特征和 IF 脊线的提取结果
(灰色标尺表示归一化幅度，单位 dB)

确。图 6.5(b)和图 6.5(d)分别为基于图 6.5(a)和图 6.5(c)的 IF 脊线。

6.2.3　舰船目标的微动特征反演

微多普勒是微动点目标非匀速运动分量对应的回波信号的 IF。微动目标回波信号的 IF 是时变的，因此微多普勒也是时变的，这为微动目标运动参数的提取奠定了基础。微多普勒现象的研究为雷达目标识别提供了一种新思路，并提供了一种新的微动目标运动参数提取方法。

6.2.2 节对目标的多普勒特征图进行了 IF 脊线的提取，在此基础上便可将得到的时频曲线进行处理，可以预估这段时间内舰船目标主导运动的情况。

根据目标的微多普勒频率公式：

$$f_{\mathrm{d}}=\frac{1}{2\pi}\frac{\mathrm{d}\varphi_{\mathrm{d}}(t)}{\mathrm{d}t}=\frac{2v_0}{\lambda} \tag{6-17}$$

可以得到目标的速度为

$$v(t)=\frac{\lambda f_{\mathrm{d}}(t)}{2} \tag{6-18}$$

其中，λ 为入射波波长。

目标的运动角速度就可以由强散射点相对于运动的转动半径确定，即

$$\omega(t)=\frac{v(t)}{r} \tag{6-19}$$

其中，$v(t)$ 为目标的速度；r 为强散射点的转动半径。

根据目标运动的角速度可以积分求得目标运动转过角度的情况，即

$$u = \int_0^{t_1} w(t')\mathrm{d}t' \tag{6-20}$$

其中，0～t_1为时频分析的时间区间。

图 6.6 给出了基于短时间微多普勒特征的不同舰船横摇运动特征反演结果。可以看出，基于 IF 脊线，估计的舰船横摇运动特征与理论设定值一致，即从微多普勒特征中可以很好地反演舰船运动参数。在舰船目标的横摇主导舰船运动的情况下，舰船目标的运动参数无论是从周期还是从幅度的估计上都可以得到较好的拟合结果。

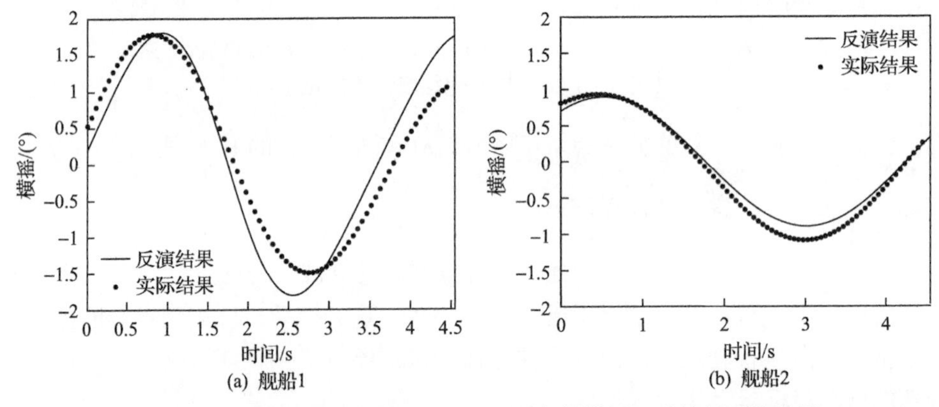

图 6.6　基于短时间微多普勒特征的不同舰船横摇运动特征反演结果

图 6.7 给出了基于长时间微多普勒特征的不同舰船横摇运动特征反演结果。可以看出，在长时间照射情况下，基于目标的 IF 脊线能够较好地反演舰船的运动周期性特征，而在幅度上由于其他一些自由度的运动会对舰船的微多普勒造成一定的影响，所以在运动的波峰值或波谷值上有一些偏差。

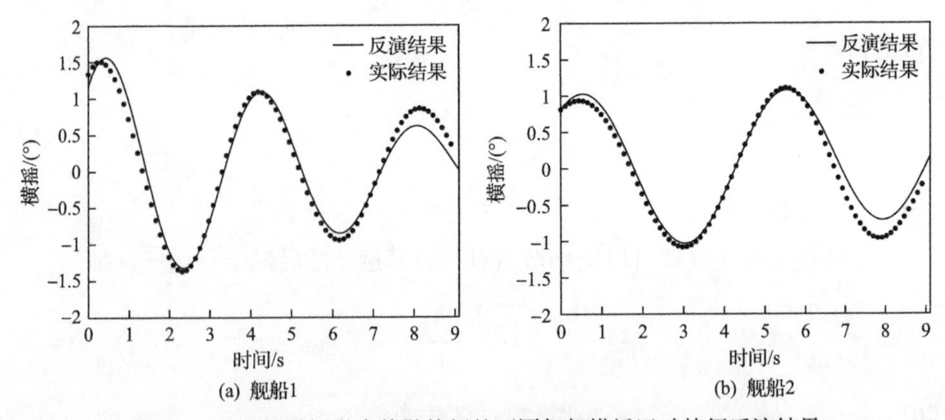

图 6.7　基于长时间微多普勒特征的不同舰船横摇运动特征反演结果

6.3　考虑天线转动的舰船微多普勒特征仿真分析

6.3.1　天线转动模型

本节开展机载雷达照射下考虑舰载雷达转动时的舰船微多普勒特征，舰载雷达上的旋转部件与机载雷达的几何关系示意图如图 6.8 所示。

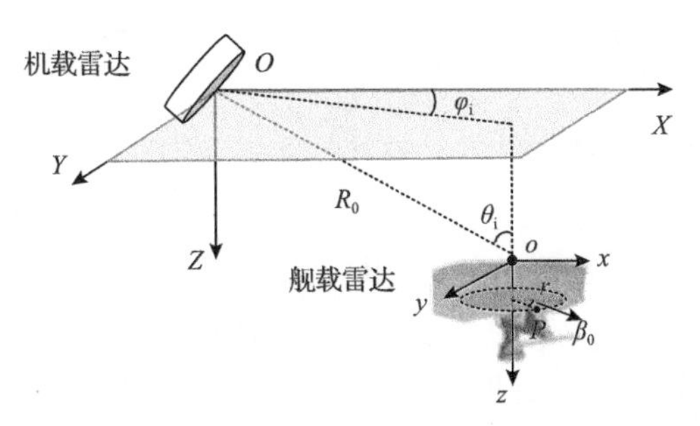

图 6.8　舰载雷达上的旋转部件与机载雷达的几何关系示意图

为了能够清楚地分析旋转的舰载雷达的微多普勒特征图，建立机载雷达坐标系$\{X, Y, Z\}$和舰载雷达坐标系$\{x, y, z\}$。机载雷达坐标系的原点固定在雷达发射器上，舰载雷达坐标系的原点固定在舰载雷达旋转轴的最高点，两个坐标系是平行的。舰船相对于机载雷达的入射角和方位角分别是θ_{i}和φ_{i}。在初始时刻$t=0$时，两个坐标系原点之间的距离为R_0。在舰载雷达上存在一个旋转散射点 P，它在舰载雷达坐标系上的坐标为$\left\{x_p, y_p, z_p\right\}$，假设它绕着 z 轴旋转的半径为 r，且它相对于 x 轴的初始旋转角为β_0。接下来，在$t=t'$时刻旋转散射点 P 运动至P'处，且舰船的平动使得两个坐标系原点的距离变为R'。根据以上对于位置和角度的定义，旋转散射点P'与机载雷达的距离R_p可以表示为

$$R_p(t) \approx R' + r\sin\theta_{\mathrm{i}}\cos\left(\beta' - \varphi_{\mathrm{i}}\right) + z_p\cos\theta_{\mathrm{i}} \tag{6-21}$$

其中，$R' = R_0 + vt$，v 为舰船移动的径向速度；$\beta' = \beta_0 + \omega_{\mathrm{r}} t$，$\omega_{\mathrm{r}}$为舰载雷达自转角速度。

由于舰船的运动速度相对较小，所以可以认为舰船相对于机载雷达的入射角和方位角是保持不变的。机载雷达发射常规的窄带信号$s(t)=\exp(\mathrm{j}2\pi f_{\mathrm{c}} t)$，其中$f_{\mathrm{c}}$为载波频率，由此旋转散射点 P 在时刻t'的基带回波信号为

$$s_{\mathrm{b}}(t) = \sqrt{\sigma}\exp\left\{-\mathrm{j}\frac{4\pi}{\lambda}\left[R_0 + vt + z_p\cos\theta_{\mathrm{i}} + r\sin\theta_{\mathrm{i}}\cos\left(\beta_0 + \omega_{\mathrm{r}} t - \varphi_{\mathrm{i}}\right)\right]\right\} \tag{6-22}$$

其中，σ 为旋转散射点 P 的雷达散射截面；λ 为入射波波长。

因此，其微多普勒频率 f_d 可以写为

$$f_d(t)=\frac{1}{2\pi}\frac{d\phi}{dt}=\frac{2}{\lambda}\left[v-r\omega_r\sin\theta_i\sin\left(\beta_0+\omega_r t-\varphi_i\right)\right] \tag{6-23}$$

旋转的舰载雷达产生的多普勒频率来源于两个方面：一是舰船的平动，二是舰载雷达的转动。由式(6-23)可以看出，舰载雷达的微多普勒频率呈正弦曲线变化。其频率的最大值由发射信号的波长、入射角、舰载雷达自转角速度及其旋转半径决定[23]。

舰船及其舰载雷达的微多普勒特征仿真流程图如图 6.1 所示，其中，采用 STFT 对雷达回波处理获取微多普勒特征。本节通过改变机载雷达入射的俯仰角来分析其对目标微多普勒特征图的影响。在相同的俯仰角下，把仿真分为如下三组：

(1)舰载雷达旋转(被照射的目标只有旋转的舰载雷达，不包含舰船船体)；

(2)舰载雷达旋转且随着舰船运动；

(3)舰载雷达只随着舰船运动，并不旋转。

在仿真中，机载雷达的中心频率为 16GHz，VV 极化，PRF 为 1800Hz。舰船在 10m/s 风速(方向随着方位角 0°的方向)下随着海浪进行六自由度运动。舰载雷达旋转的速度为 12r/min。舰载雷达旋转的初始方向如图 6.9 所示。舰船模型及舰载雷达的几何尺寸分别如图 6.10 和图 6.11 所示。

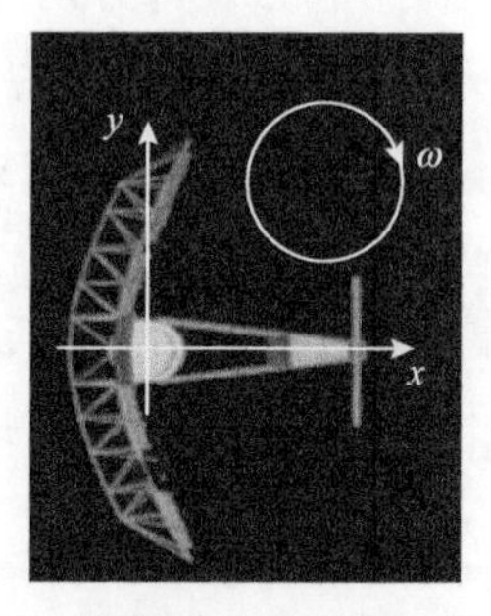

图 6.9　舰载雷达旋转的初始方向

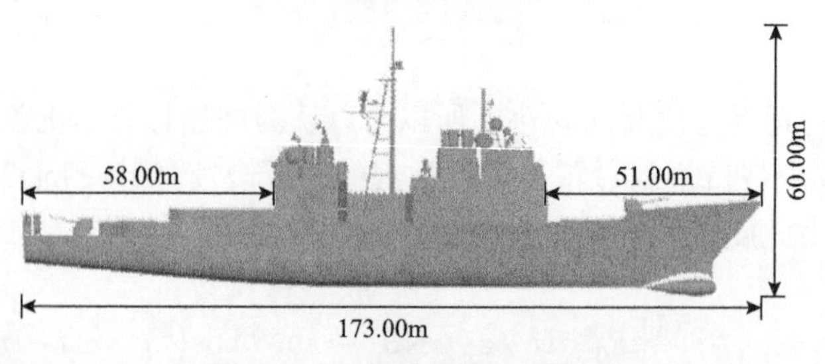

图 6.10　舰船模型的几何尺寸

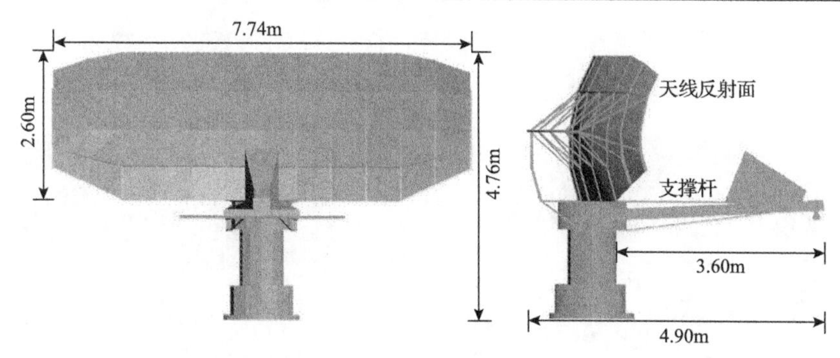

图 6.11　舰载雷达的几何尺寸

6.3.2　仿真结果及分析

本节首先分析不同俯仰角下装备舰载雷达和未装备舰载雷达对 RCS 的影响。在方位角 φ_i =90°时不同俯仰角下舰船装备舰载雷达和未装备舰载雷达的 RCS 变化如图 6.12 所示，在不同入射角下，将会导致舰载雷达的回波被舰船回波掩盖。由此可见，舰载雷达对舰船 RCS 的贡献是非常小的。因此，基于 RCS 的结果发现或观测舰载雷达的运动状态是不现实的。为了更好地捕捉舰船上关键部件的微动，使用微多普勒特征分析更为合适。

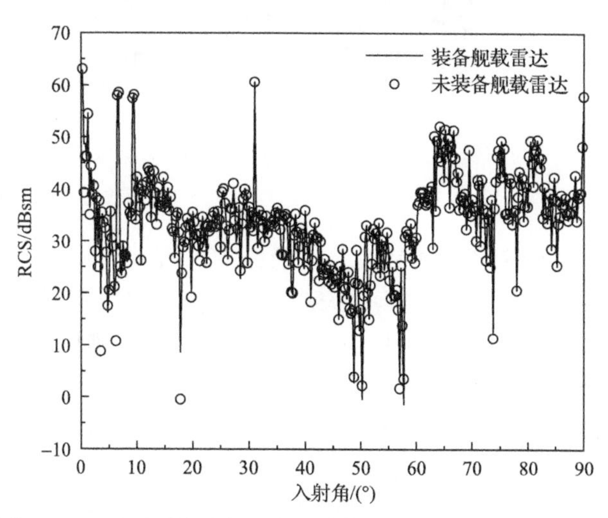

图 6.12　在方位角 φ_i =90°时不同俯仰角下舰船装备舰载雷达和未装备舰载雷达的 RCS 变化

接下来，本节讨论装备舰载雷达的舰船不同俯仰角下的微多普勒特征，并与仅有旋转雷达和带有不运动的舰载雷达的舰船进行比较分析。图 6.13～图 6.16 展示了不同观测角度下的微多普勒特征。图 6.13(a)～图 6.16(a)给出了旋转的舰载雷达本身的微多普勒特征图(即不考虑舰船船体)。图 6.13(b)～图 6.16(b)给出了使用旋转舰载雷达的舰船微多普勒特性图。图 6.13(c)～图 6.16(c)为无旋转静止的舰载雷达的舰船微多普勒特征图。

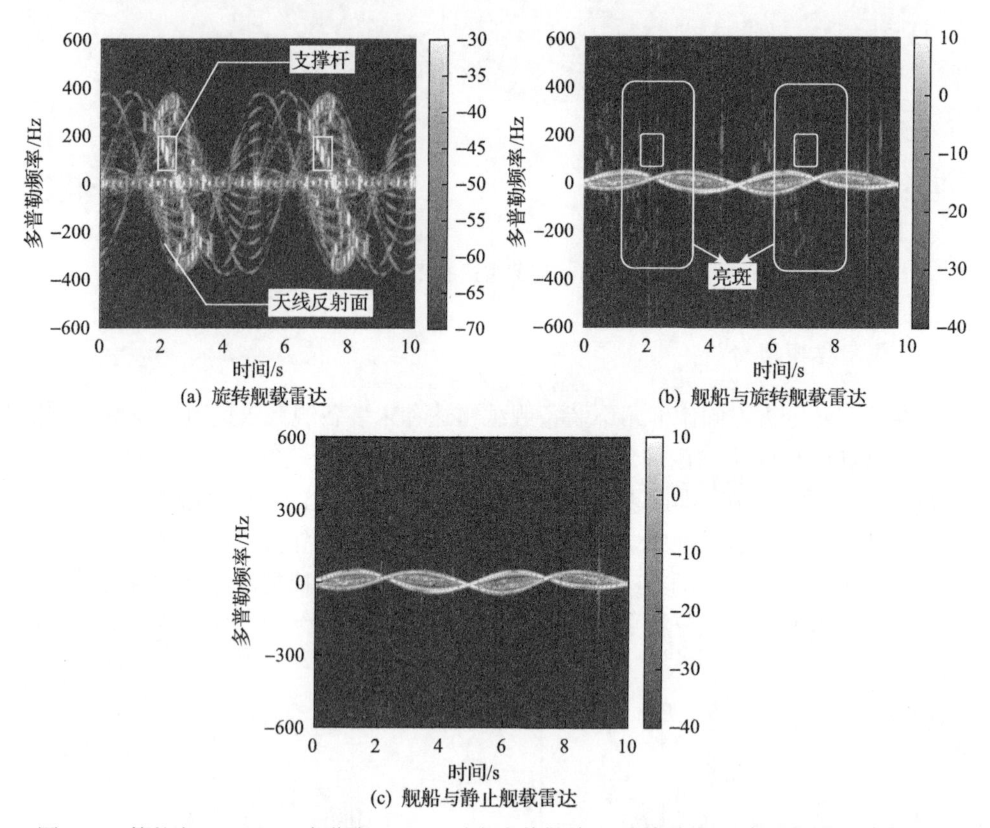

(a) 旋转舰载雷达

(b) 舰船与旋转舰载雷达

(c) 舰船与静止舰载雷达

图 6.13　俯仰角 $\theta_{\mathrm{i}}=45°$、方位角 $\varphi_{\mathrm{i}}=0°$ 时微多普勒特征图(灰色标尺表示幅度，单位 dB)

图 6.13(a)给出了俯仰角为 45°、方位角为 0°时旋转舰载雷达的微多普勒特征图。可以看出，由于舰载雷达结构的关系，其微多普勒特征图由两部分构成。如图 6.9 所示，舰载雷达的支撑杆和其反射面在旋转运动中角速度的方向是不同的。其支撑杆的初始运动方向是沿着 y 轴负方向的。因此，在方位角为 0°的情况下，其初始微多普勒频率为 0。舰载雷达的反射面上强散射点旋转产生的微多普勒曲线类似于正弦函数。其反射面在旋转运动的方向大致是左半边和右半边一半靠近机载雷达，一半远离机载雷达。因此，舰载雷达反射面左右两边产生的微多普勒频率的符号是相反的，其产生的微多普勒特征图形状近似为椭圆形。舰船微动产生三条微多普勒曲线，如图 6.13(c)所示，从中可得舰船运动的周期是 5.27s。比较图 6.13(b)和图 6.13(c)可以看出，除了舰船产生的三条微多普勒曲线外，图 6.13(b)中还存在一些有规律的亮斑。对比可知，该亮斑是由舰载雷达的旋转产生的。由图 6.13(b)中较小的矩形框圈出的亮斑可以看出，对应亮斑前后出现的时间间隔为

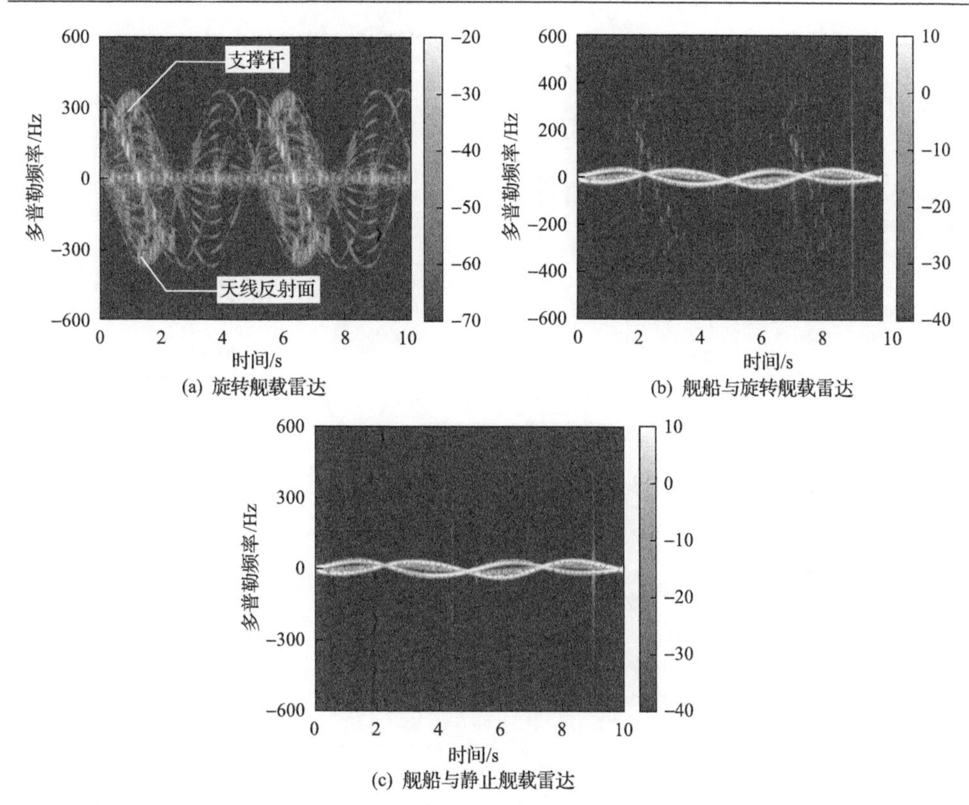

图 6.14　俯仰角 $\theta_{\mathrm{i}}=55°$ 、方位角 $\varphi_{\mathrm{i}}=90°$ 时微多普勒特征图(灰色标尺表示幅度，单位 dB)

5s，这也就是舰载雷达转动的周期，这与设定的舰载雷达转动速度是一致的。在两个转动周期内对应亮斑的多普勒频率上的差异是由船体随着海浪的六自由度运动造成的。舰船回波的强度要远大于其上微动部件回波的强度，因此微动部件在微多普勒特征图中并不明显。所以，为了观察感兴趣的微动部件，合适的观察角度显得尤为必要。

图 6.14 给出了俯仰角为 55°、方位角为 90°时旋转雷达的微多普勒特征图。对比图 6.14(a)和图 6.13(a)可知，它们之间存在 π/4 的相位差。此外，图 6.14(b)中存在较强的亮斑，这是由舰载雷达旋转产生的微多普勒分量，从中也可得到舰载雷达的旋转周期是 5s。

图 6.15 给出了俯仰角为 30°、方位角为 90°时舰载雷达和舰船的微多普勒特征图。图 6.15(a)中由支撑杆产生的微多普勒曲线仅在一定时间内出现，图 6.15(b)中仍然存在舰载雷达旋转产生的亮斑。此外，在图 6.15(b)中可以观察到舰载雷达旋转所产生的微多普勒曲线的轨迹。在此基础上，将俯仰角设定为 60°，舰船和舰载雷达的微多普勒特征图如图 6.16 所示。从图 6.16(b)中的亮斑仍然可以估计出舰载雷达的转动速度。然而与俯仰角为 55°和 45°时的微多普勒特征图相比，

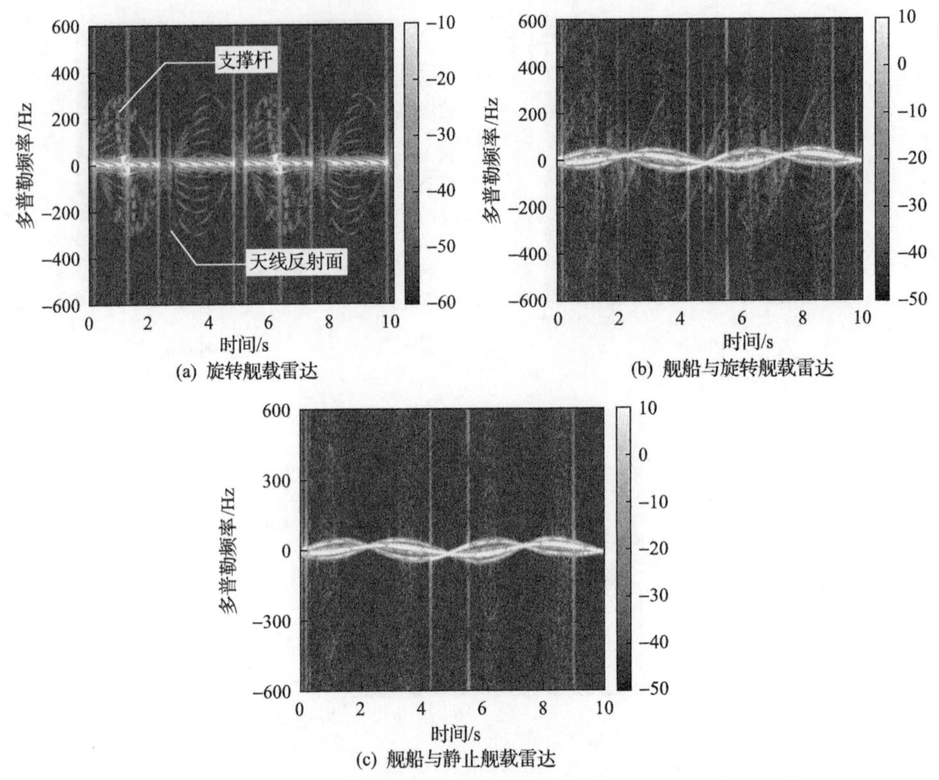

图 6.15　俯仰角 $\theta_i = 30°$ 、方位角 $\varphi_i = 90°$ 时微多普勒特征图(灰色标尺表示幅度，单位 dB)

图 6.16(b)中亮斑的强度较低，且周期性不明显。由此可知，较大的俯仰角并不适合获取舰载雷达的转动信息。另外，对比图 6.13(a)～图 6.16(a)可以发现，多普勒频率最大值发生了变化，这是由舰载雷达的微多普勒频率受俯仰角的影响导致的。此外，上述三个图中舰船的三条微多普勒曲线具有不同的强度，这是由于舰船上主要散射体的雷达回波的相对强度随俯仰角的变化而变化。

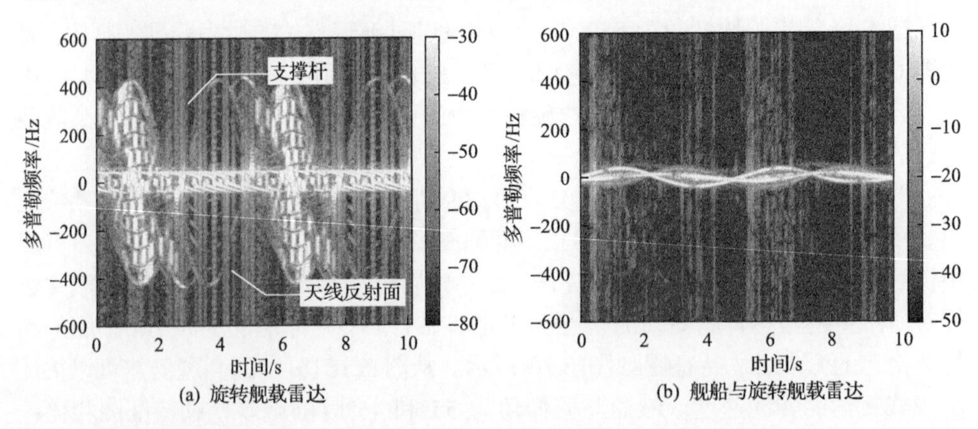

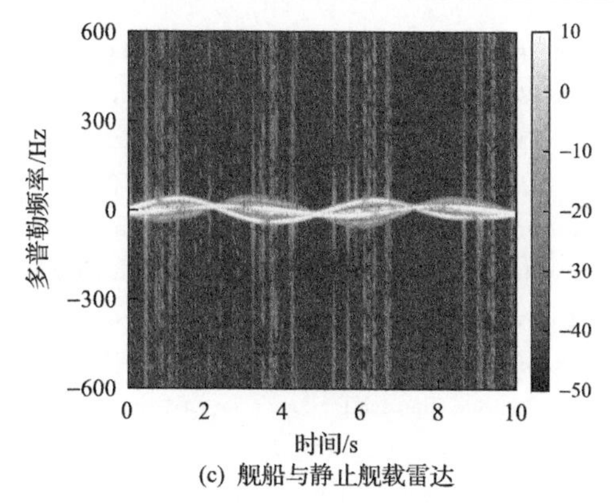

(c) 舰船与静止舰载雷达

图 6.16　俯仰角 $\theta_{\mathrm{i}}=60°$ 、方位角 $\varphi_{\mathrm{i}}=90°$ 时微多普勒特征图(灰色标尺表示幅度，单位 dB)

6.4　本章小结

本章开展了海上舰船微多普勒特征仿真分析。首先提出了基于电磁散射模型开展海上舰船微多普勒特征仿真的方案，并对比分析了不同舰船的微多普勒特征，在此基础上开展了舰船的微动特征反演，结果表明，基于目标的微多普勒特征能够较好地反演舰船的微动特征，这些信息可为海上舰船雷达图像校正提供支持。

其次，本章分析了装备舰载雷达的舰船的微多普勒特征图。舰船的 RCS 要远大于舰载雷达的 RCS，因此选择合适的观测角度是非常重要的。通过本章的研究发现，在小入射角下，舰载雷达的微多普勒特征更为明显，而在大入射角下，舰载雷达的微动信息就很难从微多普勒特征图中观察到。此外，还可以通过微多普勒特征图提取出舰船的运动周期和舰载雷达的扫描速度。结果表明，利用微多普勒信息获得的舰载雷达转动周期是准确可靠的。微多普勒特征可以用来描述旋转的舰载雷达的结构和运动特性。本章为研究舰船的探测提供了新的思路，对于舰船上关键部件的探测和跟踪能力提升大有裨益。

参考文献

[1] Chen V C, Li F, Ho S S, et al. Micro-Doppler effect in radar: Phenomenon, model, and simulation study[J]. IEEE Transactions on Aerospace and Electronic Systems, 2006, 42(1): 2-21.

[2] Chen V. The Micro-Doppler Effect in Radar[M]. Boston: Artech House, 2011.

[3] Chen V C, Ling H. Time-frequency Transforms for Radar Imaging and Signal Analysis[M]. Boston: Artech House, 2002.

[4] Chen V C, Tahmoush D. Micro-Doppler signatures of small boats[R]. Maryland: Radar Series 34, IET, 2014.

[5] Chen X L, Guan J, Liu N B, et al. Detection of a low observable sea-surface target with micromotion via the

radon-linear canonical transform[J]. IEEE Geoscience and Remote Sensing Letters, 2014, 11(7): 1225-1229.

[6] Korvin-Kroukovsky B V, Jacobs W R. Pitching and heaving motions of a ship in regular waves[J]. Transactions of the Society of Naval Architects and Marine Engineers, 1957, 65: 590-632.

[7] 李殿璞, 船舶运动与建模[M]. 2 版.北京：国防工业出版社, 2008.

[8] Söding H. Eine modifikation der streifenmethode[J]. Schiffstechnik, 1969, 16: 15-18.

[9] Hachmann D. Calculation of pressures on a ship's hull in waves[J]. Ship Technology Research, 1991, 38: 111-133.

[10] Li J X, Zhang M, Wei P B, et al. An improvement on SSA method for EM scattering from electrically large rough sea surface[J]. IEEE Geoscience and Remote Sensing Letters, 2016, 13(8): 1144-1148.

[11] Zhang M, Zhao Y, Li J X, et al. Reliable approach for composite scattering calculation from ship over a sea surface based on FBAM and GO-PO models[J]. IEEE Transactions on Antennas and Propagation, 2017, 65(2): 775-784.

[12] Zhao Y, Zhang M, Chen H, et al. Radar scattering from the composite ship-ocean scene: Doppler spectrum analysis based on the motion of six degrees of freedom[J]. IEEE Transactions on Antennas and Propagation, 2014, 62(8): 4341-4347.

[13] Ville J. Theorie et applications dela notion de signal analytique[J]. Cables et Transmission, 1948, 2(1): 61-74.

[14] Auger F, Flandrin P. Improving the readability of time-frequency and time-scale representations by the reassignment method[J]. IEEE Transactions on Signal Processing, 1995, 43(5): 1068-1089.

[15] 张曦, 杜兴民, 朱礼亚. 基于重排 SPWVD 的跳频信号参数提取方法[J]. 计算机工程与应用, 2007, 43(15): 144-147.

[16] Cohen L. Time-frequency distributions-a review[J]. Proceedings of the IEEE, 1989, 77(7): 941-981.

[17] Cohen L. Time-frequency Analysis[M]. Englewood Cliffs: PTR Prentice Hall, 1995.

[18] Gabor D. Theory of communication. Part 1: The analysis of information[J]. Journal of the Institution of Electrical Engineers-Part III: Radio and Communication Engineering, 1946, 93(26): 429-441.

[19] 保铮, 叶炜. ISAR 运动补偿聚焦方法的改进[J]. 电子学报, 1996, 24(9): 74-79.

[20] Pei S C, Huang S G. STFT with adaptive window width based on the chirp rate[J]. IEEE Transactions on Signal Processing, 2012, 60(8): 4065-4080.

[21] Zhou Y, Bi D, Shen A, et al. Hough transform-based large micro-motion target detection and estimation in synthetic aperture radar[J]. IET Radar, Sonar & Navigation, 2019, 13(4): 558-565.

[22] Shi F Y, Li J X, Liu G, et al. A strategy for evaluating micro-Doppler signature and motion parameter of ship over time-varying sea surface[J]. International Journal of Remote Sensing, 2022, 43(10): 3655-3670.

[23] Shi F Y, Li Z Q, Zhang M, et al. Analysis and simulation of the micro-Doppler signature of a ship with a rotating shipborne radar at different observation angles[J]. IEEE Geoscience and Remote Sensing Letters, 2022, 19: 1504405.

第 7 章　无源干扰背景下海场景的雷达图像仿真

现有的海上舰船目标分类识别和检测方法多是利用实测 SAR 图像来分析的，但是实测 SAR 图像的获取受到雷达探测环境、系统参数、舰船种类等的限制，尤其是对于非合作目标，缺乏对雷达图像中舰船特征的完备分析，存在可扩展性和数据灵活性差的问题。另外，现有的基于电磁散射模型的舰船与海面复合场景的雷达图像仿真，往往无法兼顾计算效率与计算精度两方面的要求，特别是面向高分辨雷达智能识别应用的(包括舰船目标、角反射器和箔条云团的无源干扰源[1-3]、时变海面等实际海场景)雷达散射成像问题。这些问题主要表现如下。首先，对舰船目标本身而言，它具有超电大尺寸和复杂精细的结构，使得船类目标电磁散射的计算效能和精度必须恰当把握。其次，海面的时变性以及时变海面与舰船目标之间的水动力相互作用，使得舰船在海面上的姿态随时间不断变化，加之舰船目标、角反射器干扰源与海面之间的电磁耦合作用，都会对舰船目标的散射信号和回波信号产生强烈的调制作用。另外，成像雷达的回波仿真中还需要考虑场景的频率特性，即针对雷达发射信号中的不同频率成分开展不同时刻场景散射特性的预估。此外，现有的舰船与海面复合场景 SAR 图像仿真、海面角反射器无源干扰、时变海杂波和运动舰船尾迹的 SAR 成像仿真三个领域的研究较为孤立，结合以上三个领域开展实际海场景的 SAR 回波模拟，特别是结合不同体制成像雷达在特定视角条件和不同积累时间下雷达图像仿真的研究相对较少，而且不够系统和深入。

为此，本章将以本书前述章节建立的考虑舰船六自由度运动、基于 CWMFSM 和 GO-PO 方法的海面舰船目标散射的优化面元散射模型为基础，结合海上充气式角反射器和箔条云团的电磁散射模型及干扰策略，通过优化海杂波模型、GO-PO 方法和计算统一设备体系结构(compute unified device architecture, CUDA)并行加速技术，建立高效率、高精度的角反射器和箔条云团无源干扰背景下海场景的电磁散射模型及雷达回波的频域宽带仿真模型，实现不同雷达体制下不同海场景的雷达图像仿真。

7.1　角反射器电磁散射特性分析

角反射器是电子战领域中针对雷达探测进行无源干扰对抗的一种非常有效的装置。角反射器的角反射效应，使得其可将接收到的雷达波束经过几次反射后形成很强的回波信号，在雷达图像中形成很亮的星状亮斑。此外，角反射器具有同时干扰多种体制、在全角域稳定的反射性能、与实际舰船相似的雷达散射特性、可覆盖全频段的优良反射性能、对制导雷达的极化不敏感等特点，因此其在舰船对抗雷达中有着广泛的应用。美国曾研制出一种带式雷达假目标，将角反射器安装在充气的汽车内胎上，并用绳子串联起来，形成一种重量轻、效费比高的假目标系统[4]。为了让角反射器有较好的方向适应性，后又研制出十二面体网式角反射器，可以反射各个方向的雷达波，广泛应用于模拟较强的雷达发射信号。英国在 1985 年的皇家海军装备展览会上首次展出 DLF-1 型橡皮鸭反导弹假目标，该假目标由可充气的八面体框架和嵌入框架内的八面体角反射器构成，前者主要作为浮体使用，在自由空间内频率为 9GHz 时测量的有效雷达散射截面为 2060m^2。近年来，为应对新型反舰导弹的威胁，以美、英为首的海军陆续装备了一种新型充气式海面漂浮二十面体角反射器无源干扰器材，经投放后快速成型，可有效增强电磁波反射能量，增大空间电磁反射覆盖范围[5]。二十面体角反射器相较于传统舰载箔条云团等干扰器材，具有干扰频段宽、持续时间长、回波特性与舰船特征相似等特点，可在较小尺度下形成较大的反射截面积，能有效对抗新型雷达，是舷外电子干扰系统的一种重要手段。

7.1.1　充气式二十面体角反射器几何建模

常见的人工角反射器形状主要有以下几种：二面体角反射器、三面体角反射器以及近年来针对反舰导弹防御的二十面体角反射器等。充气式二十面体角反射器是将 20 个三角形三面体角反射器单元镶嵌到正二十面体结构气囊中，具有很好的全向性。本书主要研究充气式二十面体角反射器的电磁散射特性。

针对充气式二十面体角反射器几何模型构建，本节基于线性弹性有限元应力模型[6]对充气式二十面体角反射器实现充气和泄气过程进行反演，通过考虑材料属性(密度、杨氏模量以及泊松系数)实现二十面体角反射器的内部壁面在不同受力模式下整体形变程度随气柱内外气体压强差的变化情况。

未受到负载作用的角反射器为各向同性的线性弹性体，且各个位置的密度相同，其质量方程为

$$M=\int_{V}\rho(t)\mathrm{d}V=\int_{V_0}\rho_0\mathrm{d}V=\text{常数} \tag{7-1}$$

当受到负载作用时，角反射器体积的受力发生变化，整体质量守恒导致局部密度发生变化。如果 M_0 是密度为 ρ_0 的体积 V_0 中包含的质量，则其质量守恒方程为

$$\rho(V,T)=\frac{M_0}{V(T)}=\frac{\int_{V_0}\rho_0\mathrm{d}V}{\int_{V(T)}\mathrm{d}V} \tag{7-2}$$

角反射器运动过程中遵循动量守恒定律。固体运动受表示连续体线性动量守恒的柯西平衡方程控制。在拉格朗日方法中，对流项消失，速度的时间导数减小到位移的二阶偏导数，则有

$$\rho \boldsymbol{u}-\nabla\cdot\boldsymbol{\sigma}-\boldsymbol{b}=0 \tag{7-3}$$

其中，$\boldsymbol{u}$ 为固体的位移；$\boldsymbol{b}$ 为单位体积的总体积力；$\boldsymbol{\sigma}$ 为柯西应力张量。

图 7.1 给出了仿真得到的气柱式二十面体角反射器几何结构示意图。

图 7.1　气柱式二十面体角反射器几何结构示意图

7.1.2　角反射器电磁散射特性仿真分析

在角反射器几何模型的基础上，基于本书前述章节介绍的 GO-PO 模型，通过考虑三次散射作用便可计算二十面体角反射器在不同入射角、不同方位角下的 RCS。另外，气柱式二十面体角反射器的形状会随着压强的变化而发生变化，从而导致 RCS 的变化，因此本节将讨论气柱内外气体压强差导致的角反射器形变引起的 RCS 变化。

图 7.2～图 7.6 分别给出了棱长为 2.5m 的充气和泄气时气柱式角反射器在不同压强差下的 RCS，充气时内外气体压强差为正，泄气时内外气体压强差为负。对比不同内外气体压强差可以看出，气柱充气和泄气时对角反射器几何形状有着

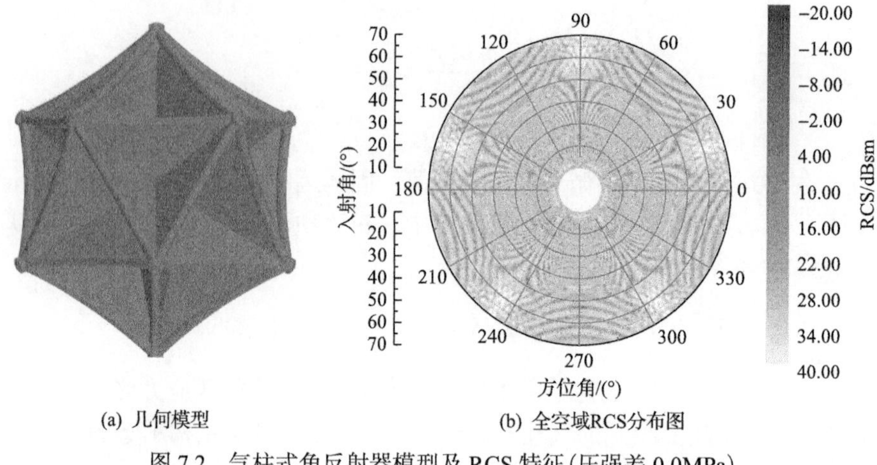

(a) 几何模型　　(b) 全空域RCS分布图

图 7.2　气柱式角反射器模型及 RCS 特征(压强差 0.0MPa)

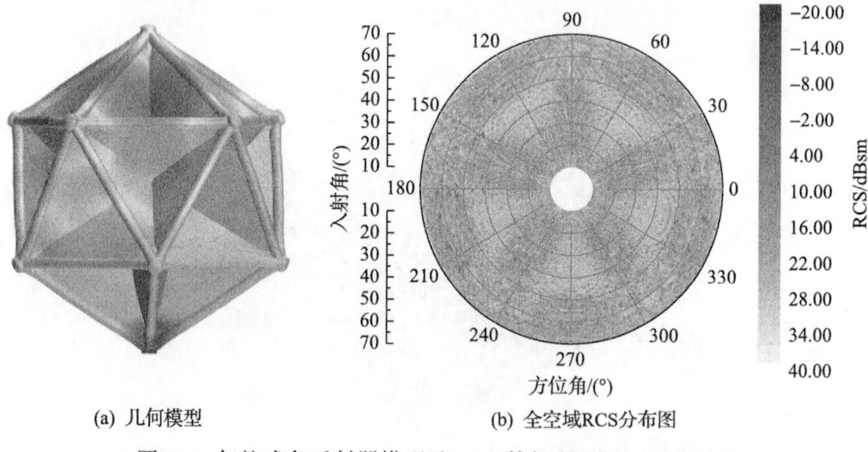

(a) 几何模型　　(b) 全空域RCS分布图

图 7.3　气柱式角反射器模型及 RCS 特征(压强差 0.05MPa)

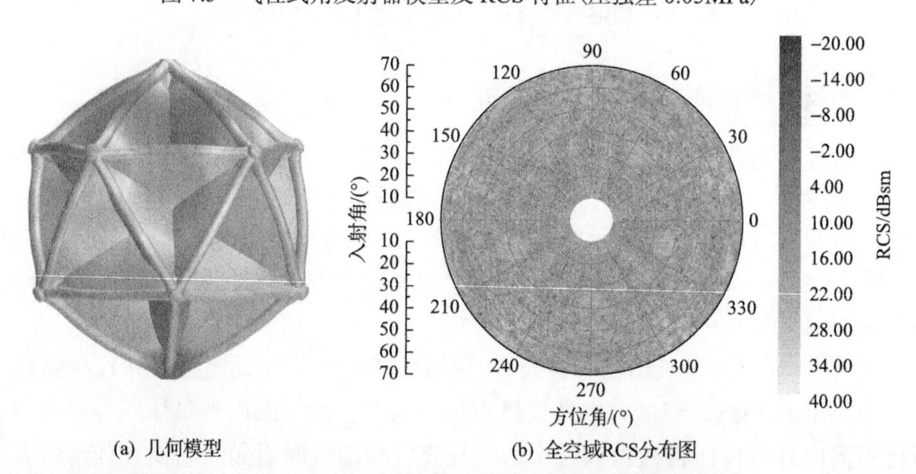

(a) 几何模型　　(b) 全空域RCS分布图

图 7.4　气柱式角反射器模型及 RCS 特征(压强差 0.1MPa)

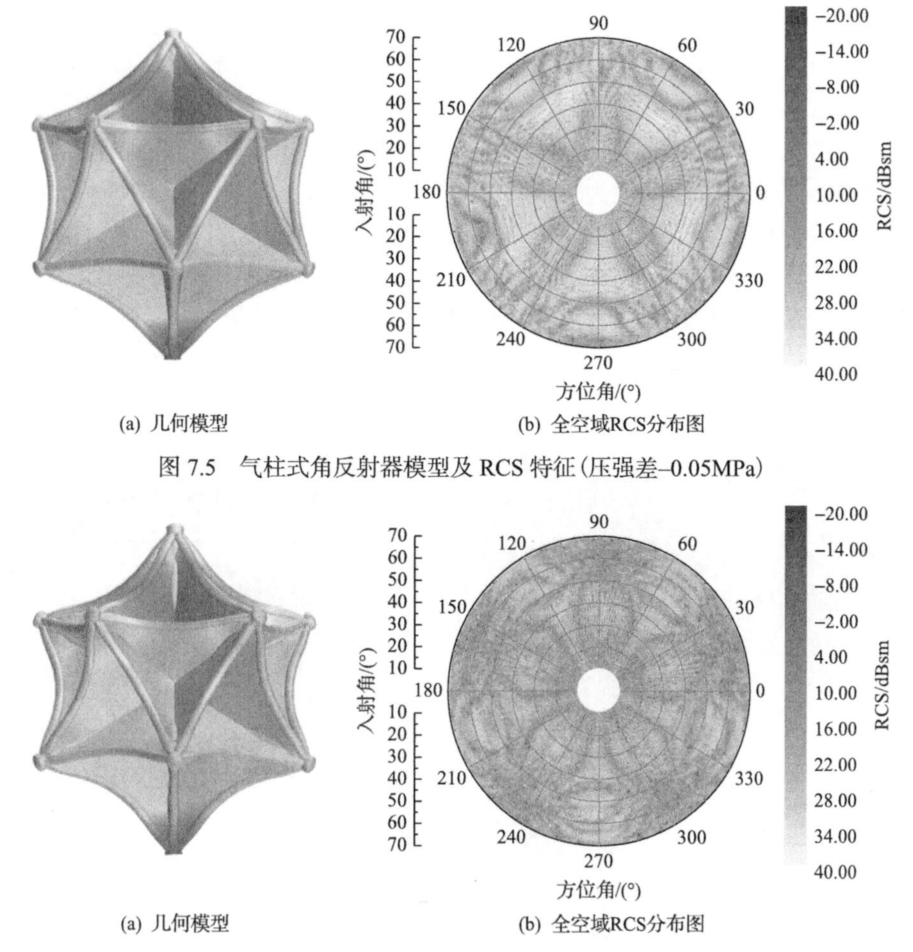

图 7.5　气柱式角反射器模型及 RCS 特征(压强差–0.05MPa)

图 7.6　气柱式角反射器模型及 RCS 特征(压强差–0.1MPa)

较大的影响，并且不同角度下角反射器的 RCS 随着充气或泄气过程而发生明显的变化。图 7.2～图 7.6 中角反射器在不同角度下的 RCS 均值分别为 29.7dBsm、21.5dBsm、17.3dBsm、26.4dBsm、20.3dBsm。可以看出，在充气过程中，向外压强增大，气柱式角反射器向外膨胀形变，多次散射作用减弱，RCS 下降明显。在泄气过程中，向内压强增大，气柱式角反射器向内收缩变形，也会导致 RCS 发生变化。

7.1.3　角反射器 SAR 图像仿真与特征分析

随着雷达分辨能力的提高，仅借助角反射器具有较大 RCS 这一特征已经难以实现干扰效果。在 SAR 图像上，舰船目标图像强散射点是在一定空间范围内分布的，而角反射器尺寸较小，在 SAR 图像上表现为一个或多个距离较近的强散射点，因此从高分辨率图像上很容易区分角反射器和舰船目标。为了提高角反射器的干扰效果，可以利用多个角反射器的组合，形成近似舰船强散射点的分布情况，以在高分辨率探测雷达体制下实现更优的干扰性能。

图 7.7 给出了气柱式二十面体角反射器在正常充气、过充气和泄气状态下的 SAR 图像，仿真中入射角设为 40°，距离向分辨率和方位向分辨率均为 1.0m，角反射器的棱边长为 2.5m。从图中可以发现，在正常充气状态，也就是内外压强差为 0.0MPa 时，标准的气柱式二十面体角反射器在 SAR 图像中呈现为点状，如图 7.7(a)所示。而当内外压强差发生变化时，会导致角反射器发生变形，使得 SAR 图像上的强散射点也发生变化，呈现为分散的强散射点，如图 7.7(b)和图 7.7(c)所示。

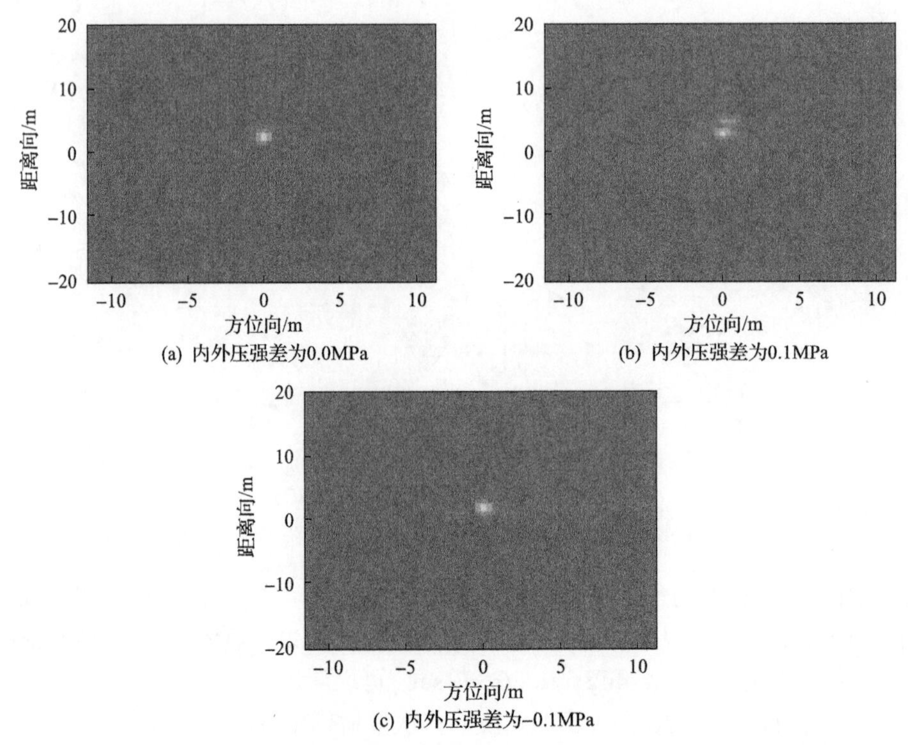

(a) 内外压强差为0.0MPa

(b) 内外压强差为0.1MPa

(c) 内外压强差为−0.1MPa

图 7.7　气柱式二十面体角反射器在正常充气、过充气和泄气状态下的 SAR 图像

7.2　箔条云团散射特性分析

箔条云团是一种使用时间长、应用广泛的无源干扰手段。早在 20 世纪 40 年代，雷达最初被用于探测飞机时，作为反制措施的箔条云团就已经投入使用。目前，箔条云团依旧作为一种低成本且有效的电子对抗工具得到广泛使用。箔条干

扰是一种典型的无源干扰，具有干扰范围广且动态变化、总雷达散射截面大的特点，能够在雷达回波中出现大面积的强回波区域。这种干扰回波一方面占用大量的雷达后处理计算资源，另一方面会降低雷达判断目标的准确率。

由于箔条在大气中散开后会随气流的变化而做复杂的运动，而箔条云团电磁散射特性与组成中每根箔条的空间姿态、位置和箔条云团整体的空间分布以及箔条元素密度分布有直接关系。因此，雷达箔条干扰仿真是一个系统性问题。按照箔条云团对雷达干扰的原理，本节首先从箔条本身的物理特性出发，随后对箔条在大气中的运动模型进行分析，最后使用 MoM 对箔条云团电磁散射特性进行研究和分析。

7.2.1　箔条云团几何特性

箔条的物理特性是指箔条的长度、直径、质量和密度。这些物理量一方面影响了箔条的下落姿态和速度，另一方面会对箔条的电磁散射特性造成影响。在对箔条运动状态和电磁散射特性进行分析之前，需要对箔条的各个物理特性进行分析。

1. 箔条的缩短长度和直径

箔条的工作原理是：在电磁波中处于谐振状态的金属细丝会产生强二次辐射。一般使用中，通常采用半波长箔条。箔条可以作为进行二次辐射的“小天线”，其输入阻抗为[7]

$$Z_{\text{in}} = R_{\text{in}} + \text{j}X_{\text{in}} = 73.14 + \text{j}42.54(\Omega) \tag{7-4}$$

为使箔条能工作在谐振状态，需要使其输入阻抗 Z_{in} 为纯阻抗 R_{in}。根据缩短效应，为使电抗 $X_{\text{in}} = 0$，需要箔条的长度 l 小于半波长 $\lambda/2$[8]。根据 van Vleck 等[9]的推导，对于长度为 l、半径为 R 的箔条，其谐振点可以按照式(7-5)进行计算，即

$$\begin{bmatrix} \cot(\beta l) \\ -\tan(\beta l) \end{bmatrix} = \frac{\pi}{4}\left[2\ln\left(\frac{\lambda}{\pi R}\right) + \frac{1}{2}\ln\left(\frac{2\pi l}{\lambda}\right) - 1.87\right]^{-1} \tag{7-5}$$

其中，$\beta = 2\pi/\lambda$；$\cot(\beta l)$ 对应奇数谐振点 $2n-1$，$-\tan(\beta l)$ 对应偶数谐振点 $2n$，n 为自然数。

设箔条直径 $d = 2R$，根据箔条第一谐振点，得到箔条一端的缩短长度为[10]

$$\Delta l = -\frac{0.0625}{\ln(\lambda/\pi d) - 0.1269}\lambda \tag{7-6}$$

根据式(7-6)，考虑缩短效应的箔条实际使用长度为

$$L = 0.5\lambda + 2\Delta l \approx \left[0.5 - \frac{0.125}{\ln(\lambda/\pi d)}\right]\lambda \tag{7-7}$$

现代箔条弹在生产过程和储存状态下，内部包含长箔丝，在使用前才根据需要干扰的频段进行切割，成为长度不同的箔条。这也意味着箔条的直径是固定的，不能随意更改，同时为了满足整个工作频段的使用要求，需要在合理范围内找到一个最优直径 d 。根据式(7-7)可以得到箔条长度-波长和长度-直径之间的对应关系，如图 7.8 所示。从图中可以看出，长径比 l/d 增大会使实际使用长度接近半波长的理论值，响应频带变窄。大量实验研究表明，长径比 l/d 在 $100 \sim 500$ 范围内可以综合保证箔条的机械性能、干扰效率等。后续使用中采用 $d = 2.5\times10^{-5}\,\mathrm{m}$ 这一典型值。

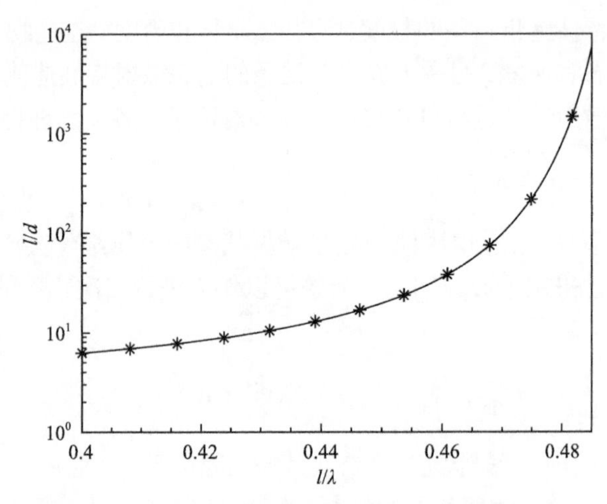

图 7.8 箔条长度-波长和长度-直径之间的对应关系

2. 箔条密度和质量

常用的箔条为玻璃纤维镀铝结构，如图 7.9 所示，外直径 $d = 25\mu\mathrm{m}$ ，玻璃纤

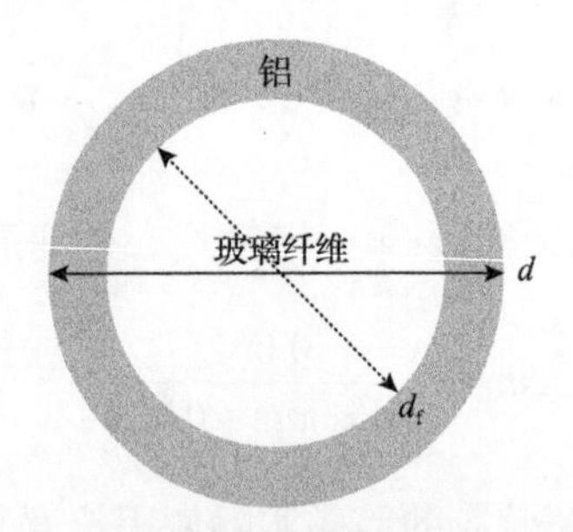

图 7.9 箔条结构

维直径 $d_{\mathrm{f}}=19.37\mu\mathrm{m}$。根据铝的密度 2.7g/cm^3 和玻璃密度 2.1g/cm^3 以及镀层厚度可以得到箔条密度为 ρ_{chaff}=2.34g/cm^3 [11]。下面在不考虑公差的条件下，均使用此密度代入箔条在空间中运动的计算中。

7.2.2　箔条空气动力学模型

1. 箔条受力分析

在海洋环境中使用的箔条的高度范围通常为几十米到几百米，而释放箔条时的末端速度为 40～50m/s。箔条被释放后在空气阻力作用下速度会衰减，最后会整体沿风速方向运动，每个个体稳定在风速附近[12]。由于箔条尺寸很小且具有高长径比，这些特性决定了箔条周围的空气属于低雷诺数流体运动。

在流体力学中，由非可压缩 Navier-Stokes 方程推导出的雷诺数表示为[13,14]

$$R=\frac{\rho U_{\mathrm{e}}L}{\mu} \tag{7-8}$$

其中，ρ 为流体密度；U_{e} 为特征速度；L 为特征长度；μ 为流体黏度系数。

对于标准大气，对流层高度范围内的空气黏度系数随高度的变化可近似表示为[15]

$$\mu(h)=-3.3\times10^{-10}h+1.78\times10^{-5} \tag{7-9}$$

箔条在空气中运动，由于存在垂直于空气流动方向的面积，所以其在流体运动方向上的正反两面出现压力差，这种压力差作用在箔条上形成阻力。空气阻力 F_{d} 的大小可以表示为

$$\left|F_{\mathrm{d}}\right|=\frac{1}{2}\rho v^2C_{\mathrm{d}}A \tag{7-10}$$

其中，ρ 为空气密度；v 为箔条相对于空气的流速；C_{d} 为阻力系数；A 为箔条特征区域的面积，即箔条在运动方向上的投影面积。

箔条在进入大气后由于重力和阻力作用快速进入平稳随机运动状态。运动状态有沿风速的平动和由自身转动造成的螺旋下落。在考虑大气密度、风速、风梯度、阻力系数和箔条自身参数对其受力的影响下，箔条的受力公式为[12]

$$m\frac{\mathrm{d}\boldsymbol{V}}{\mathrm{d}t}=\boldsymbol{F}_{\mathrm{d}}-mgz=\frac{1}{2}\rho AC_{\mathrm{d}}(\boldsymbol{U}-\boldsymbol{V})\left|\boldsymbol{U}-\boldsymbol{V}\right|-mgz \tag{7-11}$$

其中，$\boldsymbol{V}$ 为箔条运动速度；$\boldsymbol{U}$ 为风速；A 为箔条在垂直于空气的流速 $\boldsymbol{U}$-$\boldsymbol{V}$ 平面上的投影面积。

在低雷诺数条件下，箔条阻力系数 C_{d} 可以表示为[11]

$$C_{\mathrm{d}} = 10.5R^{-0.63}, \quad 0.5 \leqslant R \leqslant 10 \tag{7-12}$$

根据箔条的受力情况，箔条在全局坐标系中运动的加速度 $\boldsymbol{a} = \left[a_x, a_y, a_z\right]^{\mathrm{T}}$ 可以表示为

$$a_x = \frac{\mathrm{d}V_x}{\mathrm{d}t} = \varepsilon\left(U_x - V_x\right)^2 \tag{7-13}$$

$$a_y = \frac{\mathrm{d}V_y}{\mathrm{d}t} = \varepsilon\left(U_y - V_y\right)^2 \tag{7-14}$$

$$a_z = \frac{\mathrm{d}V_z}{\mathrm{d}t} = \varepsilon\left(U_z - V_z\right)^2 - g \tag{7-15}$$

其中，$\varepsilon = \pm\rho A C_{\mathrm{d}}/(2m)$；风速 $\boldsymbol{U} = \left(U_x, U_y, U_z\right)$；箔条运动速度 $\boldsymbol{V} = \left(V_x, V_y, V_z\right)$。根据本时刻的箔条运动速度和本时间间隔的加速度，可以求得下一时刻的速度。

假设箔条的抛洒高度为 200m，箔条直径 $d = 25\mu\mathrm{m}$。无风条件下不同姿态角 θ 不同长度箔条下落速度和下落高度随时间的变化如图 7.10 所示，箔条对应的工作频率为 10GHz。从图中可见，处于垂直的箔条下降速度最快，接近自由落体；而有倾角的箔条，越接近水平状态下落越慢，但是不同倾角的箔条下落状态没有显著的差别。因此，在空中散开的不同速度和姿态的箔条能形成一团具有形状的箔条云。对于不同长度的箔条，长度越长，整体下降速度越快。这是由于长度变长，箔条整体质量增加，箔条会在速度更高、垂直方向空气阻力更大的状态下达到受力平衡的匀速下落状态。

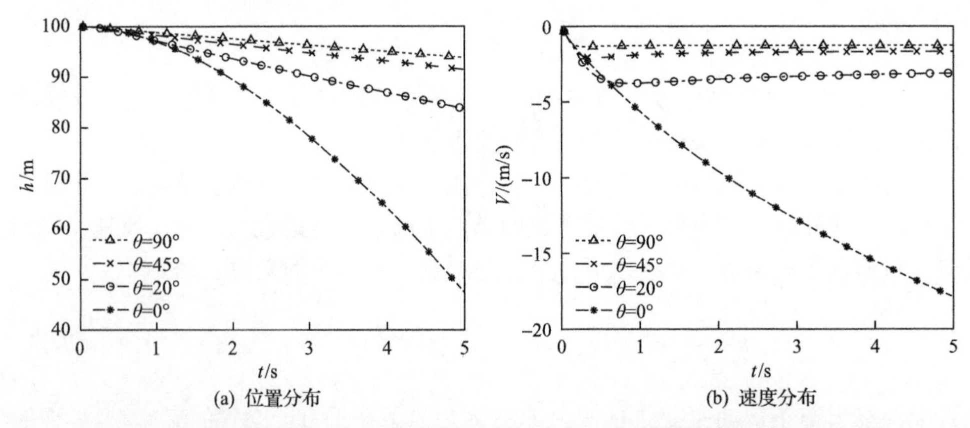

图 7.10　无风条件下不同姿态角不同长度箔条下落速度和下落高度随时间的变化

2. 箔条水平螺旋运动

实际的箔条为非刚体，存在弯曲现象，因此力矩不平衡导致箔条会在下落过程中发生螺旋运动。实验得到的结果表明，箔条在达到稳定状态后，俯仰角 θ 不变，而方位角 φ 会以一个稳定的角速度 ω_{r} 变化，这就是箔条的自转。在无风状态下，无初速度释放的箔条会以铅垂线方向为轴螺旋下落。箔条空间姿态角 $(\theta_{\mathrm{c}},\varphi_{\mathrm{c}})$ 变化为

$$\theta_{\mathrm{c}}(t)=\theta_{\mathrm{c0}} \tag{7-16}$$

$$\varphi_{\mathrm{c}}(t)=\varphi_{\mathrm{c0}}+\omega_{\mathrm{r}}t \tag{7-17}$$

箔条螺旋运动示意图如图 7.11 所示，由于箔条的自转运动，箔条在垂直于流体运动方向的投影面积不断变化。在风力作用下，箔条在水平方向做圆周运动，这种运动是引起箔条云团散开的原因之一。箔条圆周运动的角速度为 $\boldsymbol{\Omega}_{\mathrm{r}}$，速度 $\boldsymbol{V}$ 与水平面夹角为下滑角 γ，长轴方向 $\boldsymbol{l}$ 和相对气流速度方向 $\boldsymbol{V}$ 的夹角为攻角 α[16]。

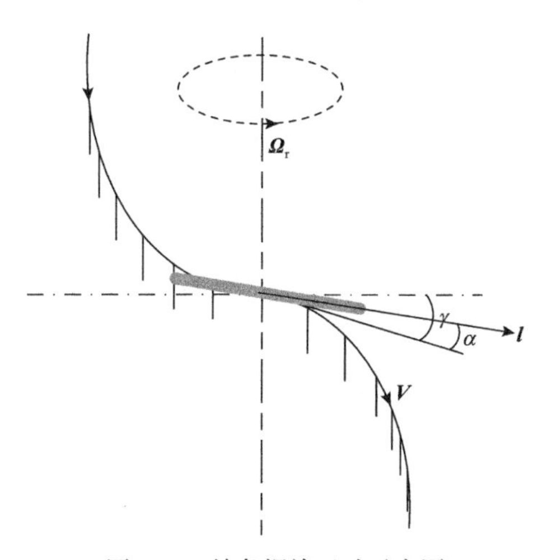

图 7.11　箔条螺旋运动示意图

箔条在气流中的攻角 α 不对称，引起侧力矩不为零，导致箔条在气流中绕一中心点 O 做圆周运动。箔条绕 O 点做圆周运动的向心力 $\boldsymbol{F}_{\mathrm{c}}$ 由箔条在运动轨迹法线方向受到的法向力 $\boldsymbol{F}_{\mathrm{n}}$ 提供。

3. 初始值概率分布

箔条空气动力学仿真是一种典型的蒙特卡罗模拟。箔条云团包含大量元素，释放到稳定状态时间短，影响运动状态的参数多，包含大量随机变量，因此需要

使用统计信息来确定初始变量。

箔条的姿态角(θ_c,φ_c)会直接影响下落速度和后续的电磁散射特性。表 7.1 给出目前常见的四种描述箔条姿态角分布的概率密度模型。本书选取模型 1 作为后续仿真使用的姿态角模型。根据现有研究得出的结论，箔条在空中释放后，大部分箔条会向接近水平姿态的状态偏移，然后达到稳定状态。但是，目前对于各种模型都没有研究确切地说明θ_c分布统计参数，因此需要根据实际情况进行微调。

表 7.1　描述箔条姿态角分布的概率密度模型

模型	概率密度模型
1	$F(\theta_c)=\frac{1}{\sqrt{2\pi\sigma^2}}\exp\left[\frac{(\theta_c-\theta_0)^2}{2\sigma^2}\right]$，$F(\varphi_c)=\frac{1}{2\pi}$
2	$F(\theta_c)=\frac{2}{\theta_0}\left(1-\frac{\theta_c}{\theta_0}\right)$，$F(\varphi_c)=\frac{1}{2\pi}$
3	$F(\theta_c)=\frac{1}{\pi I_0(k)}\cosh\left[k\cos(\theta_c-\theta_0)\right]$，$0\leqslant\theta_c\leqslant\pi$
4	$F(\theta_c)=\frac{1}{2}\sin\theta_c$，$F(\varphi_c)=\frac{1}{2\pi}$

海面使用箔条进行干扰通常采用发射器抛出，箔条弹在空中爆开释放箔条的方式。本节采用的方式为箔条初始在一个球内随机分布。

根据已有的实验结论，对于直径d小于 203μm 的高长径比箔条，无论所处环境中的风速大小以及是否存在湍流，都表现出准稳态螺旋运动的特性。根据这一结果，可以使用高斯分布随机数来描述自转角速度的分布情况。

对于水平螺旋运动，研究表明，转动角速度$\boldsymbol{\Omega}_r$可以使用高斯分布随机数来描述。

4. 基于六自由度的箔条角度变化模型

根据现有的实验结论和仿真结果，箔条云在爆开时方向随机、姿态角随机分布，在运动过程中箔条会趋于水平，同时会进行准稳态螺旋运动，即$\theta_c\to 90°$，φ_c以一角速度做周期性变化[17]。在现有的研究中，对箔条姿态角的处理通常采用生成满足一个 PDF 的随机姿态角，然后θ_c保持不变的方法。由箔条初始状态和稳定状态的姿态角可知，箔条的姿态角由随机指向向水平方向偏移[18]。本节根据刚体的六自由度运动原理对箔条运动模型中的姿态角变化部分进行优化。

讨论箔条六自由度运动，需要在箔条上定义六自由度坐标系$\{o;\boldsymbol{x},\boldsymbol{y},\boldsymbol{z}\}$，其中$x$轴为箔条长轴方向，$z$轴指向弯曲的圆心方向，$y$轴满足右手坐标系方向。在建立六自由度坐标系后，其在箔条上的位置固定，在全局坐标系$\{o_{\mathrm{G}};\boldsymbol{x}_{\mathrm{G}},\boldsymbol{y}_{\mathrm{G}},\boldsymbol{z}_{\mathrm{G}}\}$中方向随时间变化。全局坐标系中的六自由度坐标系可以使用坐标轴间的夹角来描述，统称为欧拉角。根据旋转关系规定六自由度坐标系 x 轴绕全局坐标系 x_{G} 轴旋转的角度为翻滚角 $\phi\in[-\pi,\pi]$；六自由度坐标系 y 轴绕全局坐标系 y_{G} 轴旋转的角度为俯仰角 $\theta\in[-\pi/2,\pi/2]$；六自由度坐标系 z 轴绕全局坐标系 z_{G} 轴旋转的角度为偏航角 $\psi\in[-\pi,\pi]$。欧拉角随时间变化的情况由角速度描述，在六自由度坐标系中，箔条的旋转角速度为 $\boldsymbol{\omega}=(p,q,r)\mathrm{rad/s}$。箔条绕轴转动的角加速度来源为力矩，其转动的惯性大小用惯性矩 $\boldsymbol{I}$ 描述[19]为

$$\boldsymbol{I}=\begin{bmatrix} I_{xx} & -I_{xy} & -I_{xz} \\ -I_{xy} & I_{yy} & -I_{yz} \\ -I_{xz} & -I_{yz} & I_{zz} \end{bmatrix} \tag{7-18}$$

由惯性矩 $\boldsymbol{I}$ 和箔条旋转角速度 $\boldsymbol{\omega}$ 及角加速度 $\dot{\boldsymbol{\omega}}$ 可得到箔条力矩 $\boldsymbol{M}_{\mathrm{c}}=(L,M,N)$ 为[20]

$$\boldsymbol{M}_{\mathrm{c}}=\boldsymbol{I}\cdot\dot{\boldsymbol{\omega}}+\boldsymbol{\omega}\times(\boldsymbol{I}\cdot\boldsymbol{\omega}) \tag{7-19}$$

在得到箔条力矩后，根据此时刻的角度和角加速度求解下一时刻的箔条姿态。箔条在扩散过程中，有一定概率出现俯仰角为 90°的情况，而这种特殊情况下欧拉角会出现万向节锁定的歧义现象，导致后续计算出现错误。为了规避这种特殊角带来的问题，可以使用四元数来代替欧拉角描述箔条方向变化[21]。

对于一个行向量，可以使用向量长度和三个方向的余弦值表示为

$$\boldsymbol{q}=[e_0,e_1,e_2,e_3]^{\mathrm{T}} \tag{7-20}$$

欧拉角和四元数之间的变换关系为

$$\begin{cases} e_0=\cos\left(\dfrac{\theta}{2}\right)\cos\left(\dfrac{\varphi}{2}\right)\cos\left(\dfrac{\psi}{2}\right)+\sin\left(\dfrac{\theta}{2}\right)\sin\left(\dfrac{\varphi}{2}\right)\sin\left(\dfrac{\psi}{2}\right) \\ e_1=\cos\left(\dfrac{\theta}{2}\right)\sin\left(\dfrac{\varphi}{2}\right)\cos\left(\dfrac{\psi}{2}\right)-\sin\left(\dfrac{\theta}{2}\right)\cos\left(\dfrac{\varphi}{2}\right)\sin\left(\dfrac{\psi}{2}\right) \\ e_2=\sin\left(\dfrac{\theta}{2}\right)\cos\left(\dfrac{\varphi}{2}\right)\cos\left(\dfrac{\psi}{2}\right)+\cos\left(\dfrac{\theta}{2}\right)\sin\left(\dfrac{\varphi}{2}\right)\sin\left(\dfrac{\psi}{2}\right) \\ e_3=\cos\left(\dfrac{\theta}{2}\right)\cos\left(\dfrac{\varphi}{2}\right)\sin\left(\dfrac{\psi}{2}\right)-\sin\left(\dfrac{\theta}{2}\right)\sin\left(\dfrac{\varphi}{2}\right)\cos\left(\dfrac{\psi}{2}\right) \end{cases} \tag{7-21}$$

$$\begin{cases}\theta=\arcsin\left[-2\left(e_3e_1-e_0e_2\right)\right]\\ \varphi=\arctan\left[\dfrac{2\left(e_2e_3-e_0e_1\right)}{1-2\left(e_1^2+e_2^2\right)}\right]\\ \psi=\arctan\left[\dfrac{2\left(e_1e_2-e_0e_3\right)}{1-2\left(e_2^2+e_3^2\right)}\right]\end{cases}\tag{7-22}$$

四元数角速度$\left[\dot{e}_0,\dot{e}_1,\dot{e}_2,\dot{e}_3\right]$和欧拉角角速度$\boldsymbol{\omega}=(p,q,r)$之间的关系为[22]

$$\begin{bmatrix}\dot{e}_0\\ \dot{e}_1\\ \dot{e}_2\\ \dot{e}_3\end{bmatrix}=\frac{1}{2}\begin{bmatrix}c & -p & -q & -r\\ p & c & r & -q\\ q & -r & c & p\\ r & q & -p & c\end{bmatrix}\begin{bmatrix}e_0\\ e_1\\ e_2\\ e_3\end{bmatrix}\tag{7-23}$$

由式(7-22)可知，从四元数变换回欧拉角时俯仰角θ的范围为$\left[-\pi/2,\pi/2\right]$，而在本节第一部分箔条受力分析中$\theta_{\rm c}$的范围是$\left[0,\pi\right]$，通过角度变换后箔条六自由度运动的角度变换可以用于大气中箔条运动的仿真。

5. 风梯度模型

海面环境包括海面波浪和上方气流。通常描述海风以海面上方10m高度处的值作为一个定值，由于海浪高度起伏有限，所以风速变化造成的影响可以忽略。箔条云团在使用中被释放在海面上方空间中，由于姿态角不同，箔条云团上下高度差可达几十米，所以风速随高度变化对箔条云团形状造成的影响不能忽略。本节使用组合风梯度模型对海面上方不同高度处的风速进行计算。组合风梯度模型包括基础梯度风$U_{\rm b}$、阵风$U_{\rm g}$、渐变风$U_{\rm c}$和随机风$U_{\rm n}$。最后通过矢量叠加可以得到指定高度处的风速U[23]。

基础梯度风$U_{\rm b}$是指风速会随高度变化的风[24]。从地表到上空，空气密度下降，导致空气阻力减小，同时随高度的升高空气温度降低，导致高处气流的流动更快。基础梯度风$U_{\rm b}$随高度和海况的变化可表示为[25]

$$U(h)=\frac{U_{10}}{k_z}\tag{7-24}$$

$$k_z=\ln\left(10/z_0\right)/\ln\left(z/z_0\right)\tag{7-25}$$

其中，U_{10}为海面上方10m高度处的风速；z_0为波浪系数，当$U_{10}\geqslant 7\text{m/s}$时，$z_0=0.022$，当$U_{10}<7\text{m/s}$时，$z_0=0.0023$。

图 7.12 给出了不同风速等级情况海面上方风速随高度变化图。由图可以看出，随着 U_{10} 增加，在 0～100m 高度范围内风速变化范围增大，风梯度变化将会影响箔条的运动状态。

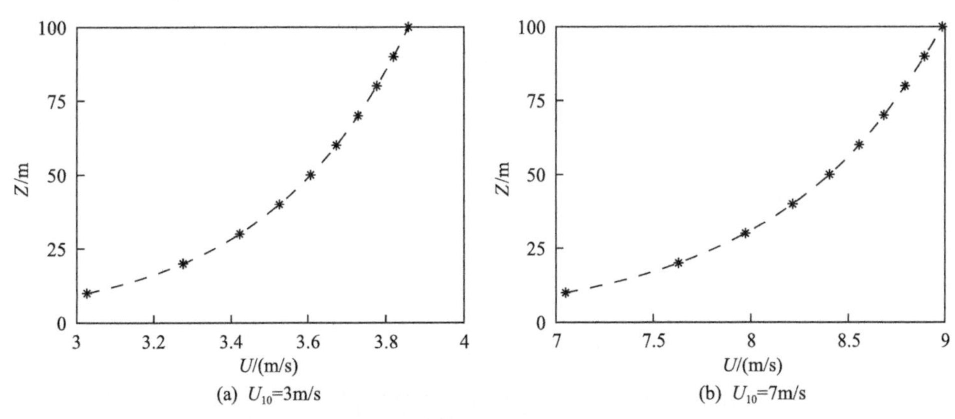

图 7.12　不同风速等级情况海面上方风速随高度变化图

阵风 U_g 主要描述风速在数秒到几分钟范围内发生大小突变的现象。根据阵风的开始时间 T_0、持续时间 T_g 和最大瞬时风速 $U_{g,\max}$，U_g 可以表示为

$$U_g = \begin{cases} \dfrac{U_{g,\max}}{2}\left\{1-\cos\left[2\pi\left(\dfrac{t-T_0}{T_g}\right)\right]\right\}, & T_1 < t < T_1 + T_g \\ 0, & \text{其他} \end{cases} \tag{7-26}$$

自然中还存在风速渐变的状态，渐变风 U_c 可以表示为

$$U_c = \begin{cases} 0, & t < T_{c1} \text{或} t > T_{c2} + T_c \\ U_{c,\max}\dfrac{t-T_{c1}}{T_{c2}-T_{c1}}, & T_{c1} \leqslant t < T_{c2} \\ U_{c,\max}, & T_{c2} \leqslant t \leqslant T_{c2} + T_c \end{cases} \tag{7-27}$$

其中，$U_{c,\max}$ 为渐变风最大瞬时风速；T_{c1} 为渐变风出现时刻；T_{c2} 为渐变风消失时刻；T_c 为渐变风持续时间。

随机风 U_n 用来描述风场的随机波动现象，这是海面上空时变风速仿真最重要的分量。根据风场阻力系数和风谱模型，U_n 可以表示为

$$U_n = 2\sum_{i=1}^{n}\left[S_U(\omega_i)\Delta\omega\right]^{0.5}\cos(\omega_i t + \varphi_i) \tag{7-28}$$

其中，$\omega_i=(i-0.5)\Delta\omega$ 为第 i 个随机量的角频率；$\Delta\omega$ 为角频率离散间隔，取值为 0.5～2rad/s；φ_i 为 $[0,2\pi]$ 均匀分布的随机相位。

随机风谱 $S_U(\omega_i)$ 可以表示为

$$S_U(\omega_i)=\frac{2K_N F^2|\omega_i|}{\pi^2\left[1+\left(\dfrac{F\omega_i}{\mu\pi}\right)^2\right]^{4/3}} \tag{7-29}$$

其中，K_N 为风场扩张系数；F 为风速扰动尺度因子；μ 为参考高度平均风速。

通过风速叠加，可得到不同高度处的风速 $U=U_\mathrm{b}+U_\mathrm{g}+U_\mathrm{c}+U_\mathrm{n}$。

6. 箔条云团扩散仿真

图 7.13 给出了不同风向条件下箔条云团处于成熟期的空间密度分布情况。初始条件为：箔条总根数 $N=15\times10^6$ 根，箔条长度 $l=0.0085\mathrm{m}$，箔条直径 $d=2.5\times10^{-5}\mathrm{m}$，箔条云团扩散下落的初始高度 $h_0=100\mathrm{m}$，运动仿真时间间隔 $\Delta t=0.02\mathrm{s}$，仿真时间 15s。从图中可以看出，1500 万根箔条在空间中释放，形成的云团直径约 150m，云团在垂直方向的落差范围在 50m 左右。在垂直方向，箔条姿态角不

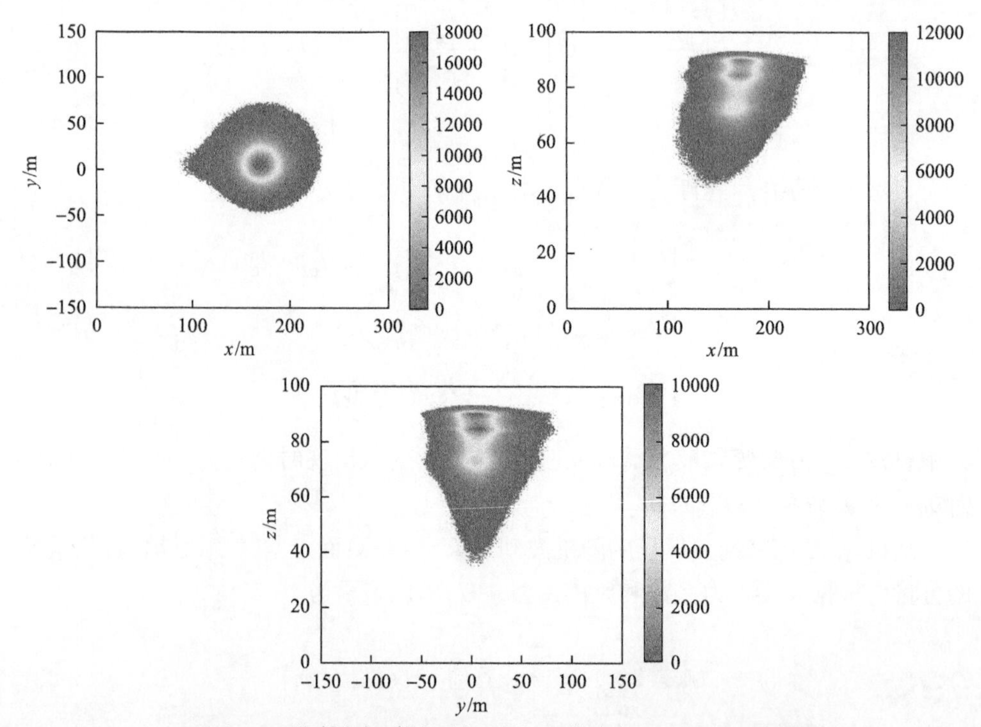

(a) 风速8m/s，沿x轴方向，从左至右、从上至下依次为xoy、xoz、yoz平面投影

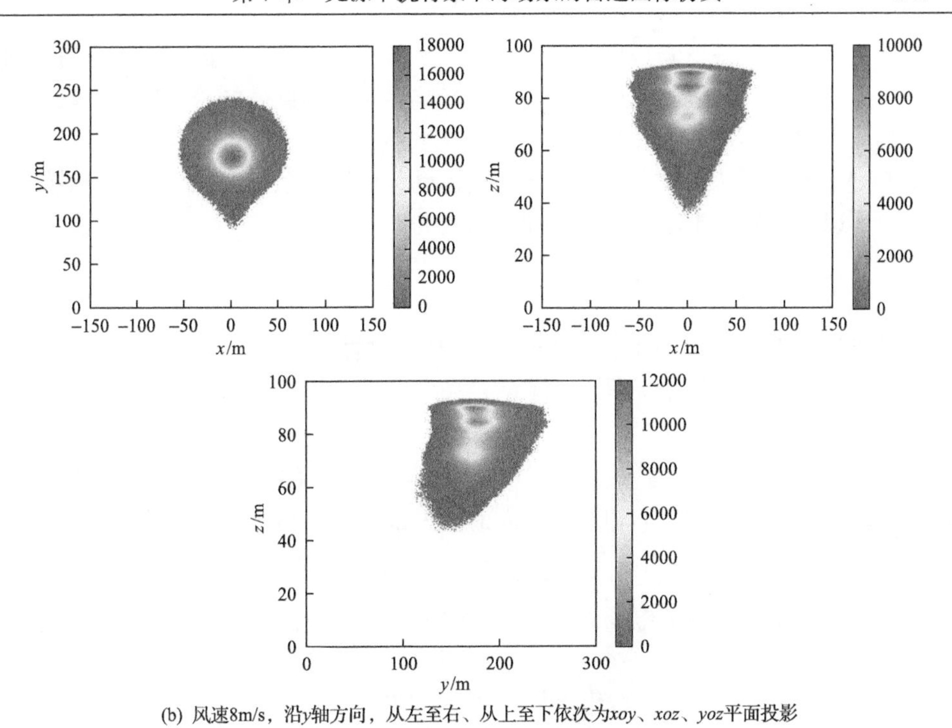

(b) 风速8m/s，沿y轴方向，从左至右、从上至下依次为xoy、xoz、yoz平面投影

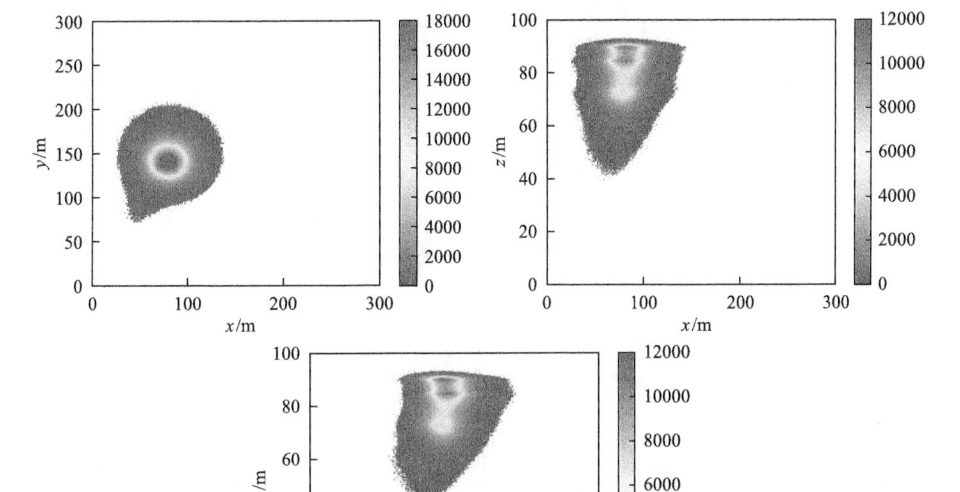

(c) 风速8m/s，与x轴夹角60°，从左至右、从上至下依次为xoy、xoz、yoz平面投影

图 7.13　不同风向条件下箔条云团处于成熟期的空间密度分布情况(灰度标尺表示密度，单位(根/m^3))

同，接近水平的箔条下降得慢，接近垂直的箔条下降得快，因此会形成垂直方向倒锥形分布区；受到风驱效应和风梯度的影响，不同高度处的箔条在风吹动方向受到的风力大小不同，会发生拖尾现象。在水平方向，由于箔条在稳定状态下的运动速度主要由风速提供，会在风向匀速运动；由于箔条还会在水平方向做螺旋运动，所以还会发生中心密度高、周围稀疏的聚集现象。

7.2.3 单根箔条电磁散射建模

箔条表面为金属且具有高长径比，其电磁散射特性可以使用 MoM 进行求解[26,27]。本节首先分析全极化条件下的箔条电磁散射模型，随后对仿真结果进行分析。

对于单根长度为l、直径为d的箔条，建立箔条本体$\{o_c;x_c,y_c,z_c\}$坐标系，其中以长轴$\boldsymbol{l}$方向为z_c轴，y_c轴垂直于入射波矢量$\boldsymbol{k}_i$和z_c轴所在的平面Υ[28]。入射波矢量$\boldsymbol{k}_i$与z_c轴夹角为θ_i^L。入射波电场矢量为$\boldsymbol{E}_i^L$，与平面Υ夹角为φ，则在箔条本体坐标系中，入射波电场矢量$\boldsymbol{E}_i^L$在箔条轴向$\boldsymbol{l}$上的投影为

$$E_i^C = \left|\boldsymbol{E}_i^L\right| \cos\varphi \sin\theta_i^L \exp\left(-j\boldsymbol{k}_i \cdot z_c\right) \tag{7-30}$$

根据电磁场中的导体边界条件，箔条长轴方向的合电场场强为0，箔条表面的感应电流可表示为

$$\frac{\partial^2 A_z}{\partial z^2} + k^2 A_z = -j\frac{k^2}{\omega} E_i^C \tag{7-31}$$

其中，$k = 2\pi/\lambda$，轴向方向的矢量磁位分量A_z的表达式为

$$A_z = \frac{\mu_0}{4\pi}\frac{1}{2\pi}\int_{-\frac{N}{2}}^{\frac{N}{2}}\int_0^{2\pi} I(z')\frac{\exp(-jkR)}{R}\mathrm{d}\varphi'\mathrm{d}z' \tag{7-32}$$

把箔条等分为N段，箔条上z'处的感应电流为$I(z')$。为消除奇异项，使用箔条中心到箔条表面的距离代替箔条上任意两点的间距。图 7.14 给出箔条分段计算的几何关系示意图。

对于$\theta_i^L \neq 0°$的情况，根据式(7-30)和式(7-31)可得[29]

$$A_z = C_1\cos(kz) + C_2\sin(kz) - j\frac{\left|\boldsymbol{E}_i^L\right|\cos\varphi\exp\left(-j\left|\boldsymbol{k}_i\right|\cos\theta_i^L\right)}{\omega\sin\theta_i^L} \tag{7-33}$$

代入式(7-32)可得

$$\frac{\mu_0}{4\pi}\frac{1}{2\pi}\int_0^N\int_0^{2\pi}I(z')\frac{\exp(-\mathrm{j}kz)}{R}\mathrm{d}\varphi_{z'}\mathrm{d}z' = C_1\cos(kz)+C_2\sin(kz) - \mathrm{j}\frac{\left|\boldsymbol{E}_\mathrm{i}^\mathrm{L}\right|\cos\varphi\exp\left(-\mathrm{j}\left|\boldsymbol{k}_\mathrm{i}\right|\cos\theta_\mathrm{i}^\mathrm{L}\right)}{\omega\sin\theta_\mathrm{i}^\mathrm{L}} \tag{7-34}$$

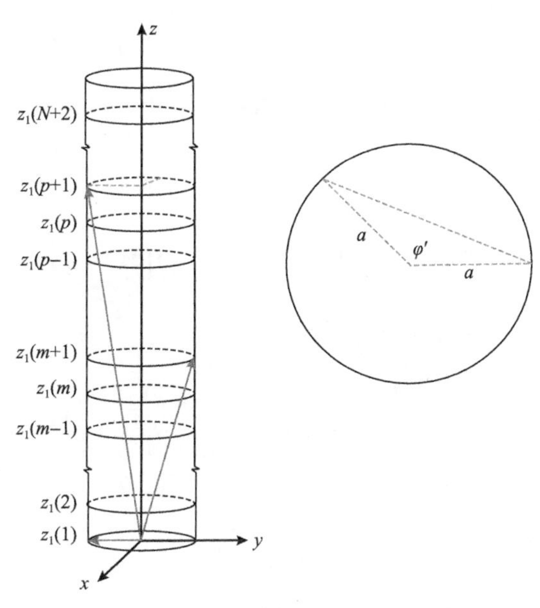

图 7.14　箔条分段计算的几何关系示意图

对于等式左边，当箔条表面两点重合时，$R=0$，出现奇异项。对 $\mathrm{d}\varphi_{z'}$ 积分项可以分离为 $F(\zeta)=F_1(\zeta)+F_2(\zeta)$。对于其中非奇异项 $F_1(\zeta)=\frac{1}{2\pi}\int_0^{2\pi}\left[\exp(-\mathrm{j}kR)-1\right]/R\mathrm{d}\varphi_{z'}$，可假设感应电流位于每段的中点，箔条表面两点距离近似表示为 $R\approx\left[(z-z')^2+(a)^2\right]^{1/2}$，则有

$$F_1(\zeta)\approx\frac{\exp\left(-\mathrm{j}k\sqrt{\zeta^2+a^2}\right)-1}{\sqrt{\zeta^2+a^2}} \tag{7-35}$$

对于奇异项 $F_2(\zeta)=\frac{2}{\pi}\int_0^{2\pi}\frac{1}{R}\mathrm{d}\varphi_{z'}$，为了消除 $R=0$ 会出现奇异值的问题，使用箔条表面点之间的斜距代替两段间距，可得

$$R=\left[(z-z')^2+4a^2\sin^2\left(\frac{\varphi_z-\varphi_{z'}}{2}\right)\right]^{1/2} \tag{7-36}$$

对于奇异项 $F_2(\zeta)$，其可以表示为

$$F_2(\zeta)=\frac{2}{\pi}\int_0^{2\pi}\frac{1}{\sqrt{\zeta^2+4a^2\cos^2\varphi}}\mathrm{d}\varphi \tag{7-37}$$

在解决奇异项问题后，可以使用 MoM 对电流积分方程进行求解。对于箔条的每一小段，可认为电流恒定，使用矩形脉冲基函数 $\Pi(z)$ 和狄拉克-δ 函数 $\delta(z)$ 对箔条表面感应电流分段 $I(z')=\sum_{n=1}^{N}\Pi\left[z'-z''(n)\right]$。其中，$z''(n)$ 表示每段的中点位置。对式(7-34)按照分段数进行离散，可得

$$\begin{aligned}&\sum_{m=1}^{N+2}\left\{C_1\cos\left[kz''(m)\right]+\sum_{n=2}^{N+1}I_n\left[F_3(\zeta)+F_4(\zeta)\right]\Delta l+C_2\sin\left[kz''(m)\right]\right\}\Delta l\\&=\sum_{m=1}^{N+2}-\mathrm{j}\frac{E_\mathrm{i}\cos\varphi\exp\left[-\mathrm{j}kz''(m)\cos\theta_\mathrm{i}^\mathrm{L}\right]}{30k\sin\theta_\mathrm{i}^\mathrm{L}}\Delta l\end{aligned} \tag{7-38}$$

对于分段编号为 p 、q 的两段，$F_3(\zeta)$ 可以表示为

$$\begin{aligned}F_3(p,q)&=\frac{2}{\pi}\int_0^{\pi/2}\frac{1}{\sqrt{Z(p,q)^2+4a^2\cos^2\varphi}}\mathrm{d}\varphi\\&=\frac{2}{\pi Z(p,q)}\mathrm{EllipticK}\left[\mathrm{j}\frac{2a}{Z(p,q)}\right]\end{aligned} \tag{7-39}$$

其中，$Z(p,q)=z'(p)-z'(q)$ ； $\mathrm{EllipticK}(\cdot)$ 为第一类完全椭圆积分。

$F_4(\zeta)$ 可以表示为

$$F_4(\zeta)=\frac{1}{\Delta l}\frac{2}{\pi}\int_0^{\pi/2}\left[\lg\left(\Delta l+\sqrt{\Delta l^2+16a^2\cos^2\varphi}\right)-\lg\left(-\Delta l+\sqrt{\Delta l^2+16a^2\cos^2\varphi}\right)\right]\mathrm{d}\varphi \tag{7-40}$$

在考虑 $p=q$ 的奇异值情况下，可近似表示为

$$F_4(p,q)\approx\frac{1}{\Delta l}\lg\left(\frac{\Delta l}{\sqrt{2}a}\right) \tag{7-41}$$

根据上述推导，结合 MoM 的矩阵形式可以解得每段的感应电流分布情况。每一段感应电流在 $\left(\theta_\mathrm{s}^\mathrm{L},\varphi_\mathrm{s}^\mathrm{L}\right)$ 方向的远场辐射电场 E_s^L 可以表示为

$$E_\mathrm{s}^\mathrm{L}=\mathrm{j}\frac{60\pi\exp(-\mathrm{j}kr)}{\lambda r}\sin\theta_\mathrm{s}^\mathrm{L}\sum_{n=1}^{N}I\left(\frac{nl}{N}\right)\exp\left(\mathrm{j}kz\cos\theta_\mathrm{s}^\mathrm{L}\right)\frac{l}{N} \tag{7-42}$$

至此便可根据 RCS 的定义计算箔条的 RCS。

上述分析都是在箔条本体坐标系中进行的。在箔条云团电磁散射计算中，箔条云团运动仿真和雷达参数设置都在全局坐标系中进行，因此需要分析两种坐标系的变换关系。图 7.15 给出电磁波从全局坐标系到箔条本体坐标系的变换关系[30]。

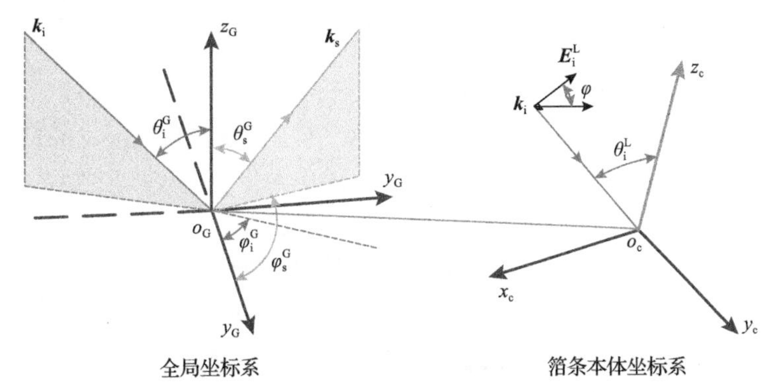

图 7.15　电磁波从全局坐标系到箔条本体坐标系的变换关系

在全局坐标系中，箔条姿态角为$\left(\theta_{\mathrm{c}}^{\mathrm{G}},\varphi_{\mathrm{c}}^{\mathrm{G}}\right)$，其中，$\theta_{\mathrm{c}}^{\mathrm{G}}$为箔条长度方向与$z_{\mathrm{G}}$轴的夹角，$\varphi_{\mathrm{c}}^{\mathrm{G}}$为箔条在水平面内的投影与$y_{\mathrm{G}}$轴之间的夹角，则箔条长轴方向矢量$\boldsymbol{l}$可以表示为

$$\boldsymbol{l}=\left(\cos\varphi_{\mathrm{c}}^{\mathrm{G}}\sin\theta_{\mathrm{c}}^{\mathrm{G}},\sin\varphi_{\mathrm{c}}^{\mathrm{G}}\sin\theta_{\mathrm{c}}^{\mathrm{G}},\cos\theta_{\mathrm{c}}^{\mathrm{G}}\right) \tag{7-43}$$

入射波方向矢量为$\boldsymbol{k}_{\mathrm{i}}$，在全局坐标系中的入射角和方位角分别为$\theta_{\mathrm{i}}^{\mathrm{G}}$、$\varphi_{\mathrm{i}}^{\mathrm{G}}$，则有

$$\boldsymbol{k}_{\mathrm{i}}=\left(\sin\theta_{\mathrm{i}}^{\mathrm{G}}\cos\phi_{\mathrm{i}}^{\mathrm{G}},\sin\theta_{\mathrm{i}}^{\mathrm{G}}\sin\phi_{\mathrm{i}}^{\mathrm{G}},-\cos\theta_{\mathrm{i}}^{\mathrm{G}}\right) \tag{7-44}$$

入射波电场极化矢量水平极化$\boldsymbol{H}_{\mathrm{i}}$和垂直极化$\boldsymbol{V}_{\mathrm{i}}$可分别表示为

$$\boldsymbol{H}_{\mathrm{i}}=\left(-\sin\phi_{\mathrm{i}}^{\mathrm{G}},\cos\phi_{\mathrm{i}}^{\mathrm{G}},0\right) \tag{7-45}$$

$$\boldsymbol{V}_{\mathrm{i}}=\left(-\cos\theta_{\mathrm{i}}^{\mathrm{G}}\cos\phi_{\mathrm{i}}^{\mathrm{G}},-\cos\theta_{\mathrm{i}}^{\mathrm{G}}\sin\phi_{\mathrm{i}}^{\mathrm{G}},\sin\theta_{\mathrm{i}}^{\mathrm{G}}\right) \tag{7-46}$$

箔条本体坐标系沿三个坐标轴的单位矢量在全局坐标系中可以表示为

$$\boldsymbol{z}_{\mathrm{c}}=\boldsymbol{l} \tag{7-47}$$

$$\boldsymbol{y}_{\mathrm{c}}=\boldsymbol{z}_{\mathrm{c}}\times\boldsymbol{k}_{\mathrm{i}}/\left|\boldsymbol{z}_{\mathrm{c}}\times\boldsymbol{k}_{\mathrm{i}}\right| \tag{7-48}$$

$$\boldsymbol{x}_{\mathrm{c}}=\boldsymbol{y}_{\mathrm{c}}\times\boldsymbol{z}_{\mathrm{c}} \tag{7-49}$$

电场极化矢量在箔条本体坐标系中表示为

$$\boldsymbol{h}_{\mathrm{i}}=\boldsymbol{y}_{\mathrm{c}} \tag{7-50}$$

$$\boldsymbol{v}_{\mathrm{i}}=\boldsymbol{h}_{\mathrm{i}}\times\boldsymbol{k}_{\mathrm{i}} \tag{7-51}$$

在箔条本体坐标系中，极化角$\varPhi$的余弦值为$\cos\varPhi=\left[\boldsymbol{H}_{\mathrm{i}}\cdot\boldsymbol{v}_{\mathrm{i}}\quad \boldsymbol{V}_{\mathrm{i}}\cdot\boldsymbol{v}_{\mathrm{i}}\right]$。根据电场矢量在箔条长轴方向上的投影和MoM可计算不同线极化情况下的箔条RCS。

在上述方法的基础上，可计算单根箔条的单站雷达电磁散射特性。通过分析箔条散射特性随入射角的变化以及箔条的频率响应，可以对箔条散射特性进行多角度分析，为箔条干扰使用策略、抗干扰以及箔条弹配方设计提供理论基础。

对于长度$l=14.475\text{mm}$、半径$a=12.5\mu\text{m}$、响应频率为10GHz的典型长度箔条，图7.16给出全局坐标系中倾斜放置的箔条$\left(\theta_{\mathrm{c}}^{\mathrm{G}}=30°,\varphi_{\mathrm{c}}^{\mathrm{G}}=60°\right)$的散射特性与

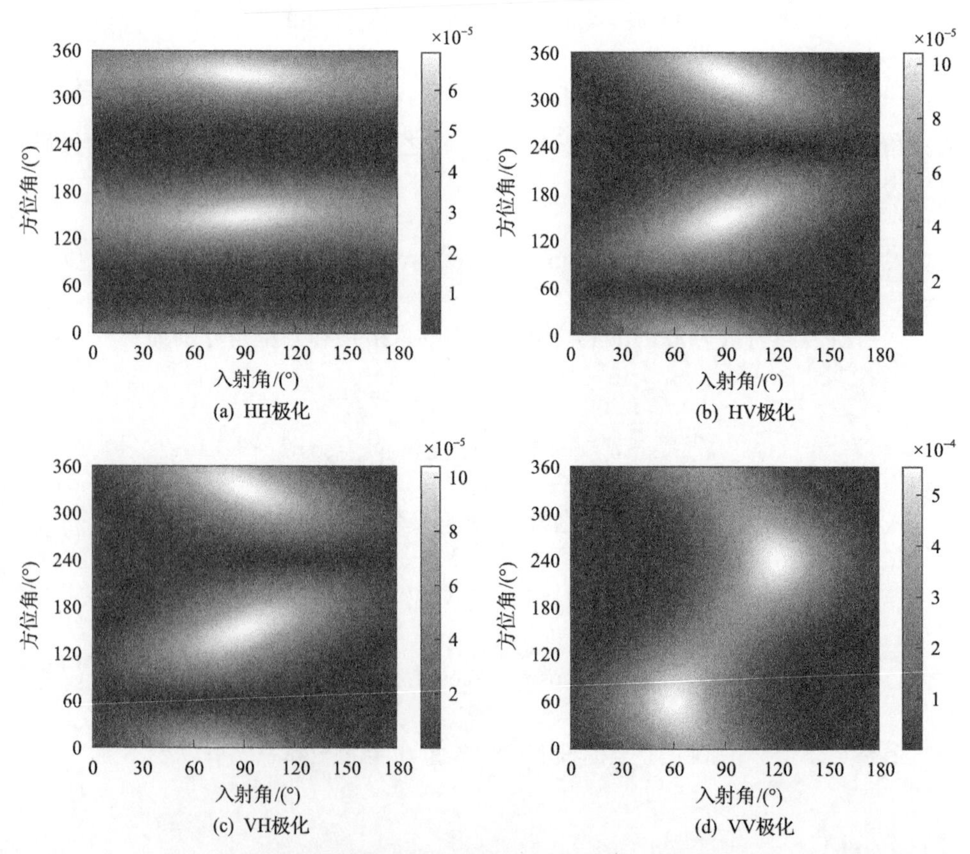

图7.16　全局坐标系中倾斜放置的箔条的散射特性与极化、入射角和方位角之间的关系（灰度标尺表示RCS，单位m^2）

极化、入射角和方位角之间的关系。从图中可知，箔条在 HH 极化情况下，对于特定 $\varphi_{\mathrm{i}}^{\mathrm{G}}$ 范围内 RCS 较大。箔条在 VV 极化情况下，对于特定 $\varphi_{\mathrm{i}}^{\mathrm{G}}$ 和 $\theta_{\mathrm{i}}^{\mathrm{G}}$ 区域才有强散射，而在其他角度下 RCS 较弱。下面将根据这一现象进行定性分析。

箔条散射特性强弱主要取决于表面感应电流大小，而根据导体边界条件，感应电流取决于外加电场在箔条表面的切向分量大小。电场矢量 $\boldsymbol{E}_{\mathrm{i}}$ 在箔条长轴方向上的投影 $E_{\mathrm{c}}=\boldsymbol{E}_{\mathrm{i}}\cdot\boldsymbol{l}$。对于不同极化，散射电场和入射电场之间的关系为

$$\begin{bmatrix}E_{\mathrm{h}}^{\mathrm{s}}\\E_{\mathrm{v}}^{\mathrm{s}}\end{bmatrix}\propto\begin{bmatrix}(\boldsymbol{H}_{\mathrm{i}}\cdot\boldsymbol{l})^2 & (\boldsymbol{H}_{\mathrm{i}}\cdot\boldsymbol{l})(\boldsymbol{V}_{\mathrm{i}}\cdot\boldsymbol{l})\\(\boldsymbol{V}_{\mathrm{i}}\cdot\boldsymbol{l})(\boldsymbol{H}_{\mathrm{i}}\cdot\boldsymbol{l}) & (\boldsymbol{V}_{\mathrm{i}}\cdot\boldsymbol{l})^2\end{bmatrix}\begin{bmatrix}E_{\mathrm{h}}^{\mathrm{i}}\\E_{\mathrm{v}}^{\mathrm{i}}\end{bmatrix}\tag{7-52}$$

由 RCS 计算公式和式(7-52)可知,不同极化条件下的 RCS 变化可以定性表示为与箔条轴向上电场投影的 4 次方成正比。由此计算可以得到类似的幅值分布图，证明了结果有效。

图 7.17 给出了均匀随机分布箔条云团散射特性随角度变化情况,在半径为 2m 的球体区域内随机分布的 500 根箔条的散射系数随入射波角度的变化情况。为减小误差，一共计算了 10 次，每次改变随机数种子重新生成新的箔条云团，最后对结果取平均。箔条姿态角 $\theta_{\mathrm{c}}^{\mathrm{G}}$ 在 $[0,\pi]$ 范围内均匀分布，$\varphi_{\mathrm{c}}^{\mathrm{G}}$ 在 $[0,2\pi]$ 范围内均匀分布，箔条长度 $l=14.475\mathrm{mm}$，半径 $a=12.5\mu\mathrm{m}$。图 7.17(a)为入射波 $\phi_{\mathrm{i}}=0°$，θ_{i} 在 0°～180° 范围内变化的条件下，箔条云团极化 RCS 变化情况。在箔条云团均匀分布的条件下，VV 极化 RCS 远大于 HH 极化 RCS。这是由于箔条只在特定 ϕ_{i} 出现 HH 极化强散射值。图 7.17(b)为入射波 $\theta_{\mathrm{i}}=0°$，φ_i 在 0°～180° 范围内变化的条件下，箔条云团极化 RCS 变化情况。入射波的天顶角对垂直极化和交叉极化 RCS 有很大影响，但水平极化 RCS 的变化与入射波天顶角的关系很小。

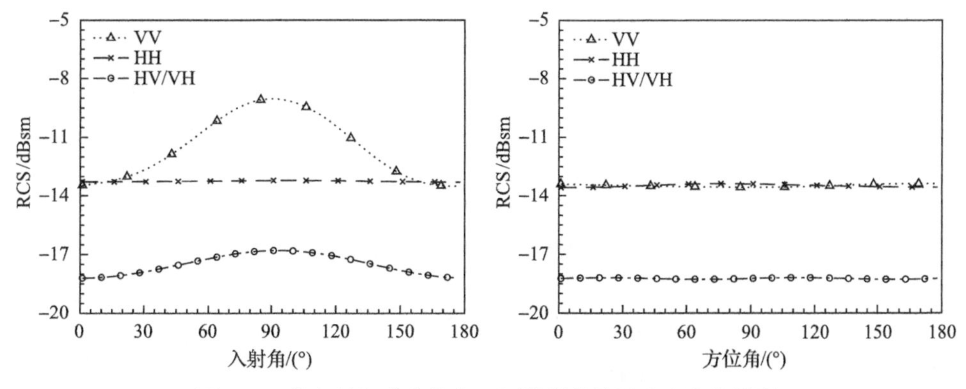

图 7.17　均匀随机分布箔条云团散射特性随角度变化情况

在此基础上还可分析箔条包的频率带宽及箔条包混装方案。Butters[31]给出了

一个典型的箔条混装方案，单发箔条弹中包含三种不同长度的箔条，类型和数目在表 7.2 给出。图 7.18 给出入射波角度为 $\theta_i = 45°$，$\varphi_i = 0°$，VV 极化，三种类型的箔条姿态角均匀分布情况下，混装箔条 RCS 随频率变化。可见与文献[31]中使用统计值估计的理论响应曲线结果趋势相符。大小差异是由于本仿真中指定了入射波角度，而文献[31]中使用理论估计值，不考虑入射波角度。根据频率响应趋势可证明本节使用方法有效。

表 7.2　三种箔条混装方案

箔条长度/mm	类型编号	工作频率/GHz	箔条数量/根
24.1	1	6	767000
18	2	8	1534000
14.4	3	10	2301000

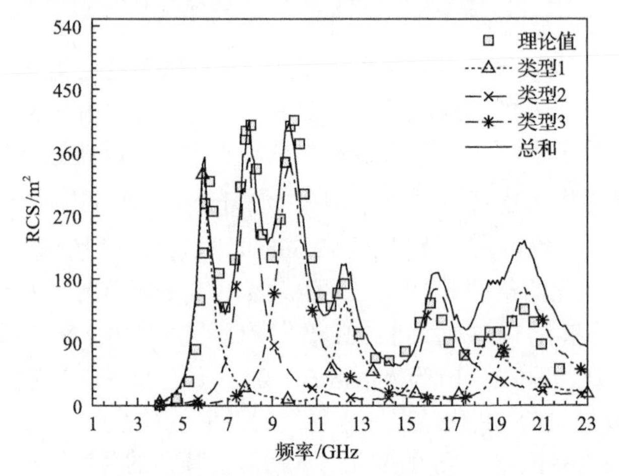

图 7.18　三种混装箔条 RCS 随频率变化

各国用于电子对抗的箔条弹配比以及干扰频段在公开资料中很难找到，表 7.3 中只给出了公开报告中列出的箔条弹型号及配比。其中，包括单频干扰箔条弹以及混装的宽频干扰箔条弹。本节选取其中的混装弹，使用 MoM 对其频率响应和散射强度进行仿真与分析。

表 7.3　不同型号箔条包的组成配比

储存形式	型号	类型编号	长度/m	箔条数量/百万根
盒式(Cartridge)	RR-129T/AL	1	0.0508	0.75
	RR-144/AL	1	0.016764	5.25
箔条包(Package)	RR-125/AL	1	0.01905	0.36
		2	0.016002	0.72

续表

储存形式	型号	类型编号	长度/m	箔条数量/百万根
箔条包(Package)	RR-125/AL	3	0.014986	0.13
		4	0.014224	0.72
		5	0.009906	0.36
		6	0.009144	0.72
		7	0.007874	0.18
	RR-146/AL	1	0.01778	2.25
		2	0.01524	3.00
		3	0.012954	1.50
		4	0.01143	2.25
		5	0.009906	3.75
	RR-147/AL	1	0.01778	1.5
		2	0.016256	3.0
		3	0.015748	4.5
		4	0.014986	1.5
	RR-153/AL	1	0.046736	1.50
		2	0.040894	0.75
		3	0.027178	0.75
		4	0.016002	1.50
		5	0.01397	2.25
	RR-178	1	0.04064	0.375
		2	0.034036	0.375
		3	0.024638	0.75
		4	0.016256	0.75
		5	0.013716	1.25
		6	0.008636	1.5

图 7.19 给出了使用 MoM 计算得到的五种不同型号混装箔条包的极化频率响应仿真结果。入射波角度为 $\theta_{\mathrm{i}}=45°$、$\varphi_{\mathrm{i}}=0°$，极化方式为 HH 极化。每种长度的箔条姿态随机，$\theta_{\mathrm{c}}^{\mathrm{G}}$ 在 $[0,\pi]$ 范围内均匀分布，$\varphi_{\mathrm{c}}^{\mathrm{G}}$ 在 $[0,2\pi]$ 范围内均匀分布。由于箔条的直径 d 不为零，每种箔条在谐振峰值附近存在频率展宽，通过设定每种箔条的混装比例，可以保证整个箔条包的总 RCS 在整个干扰频带上保持一个稳定的数值。从图 7.19 中可以看出，并不是混装的箔条种类越多，对不同频率的信号干扰越稳定。在找到一个优秀的混装方案后，即使箔条种类较少，也可以得到随频率波动很小的理论干扰曲线。

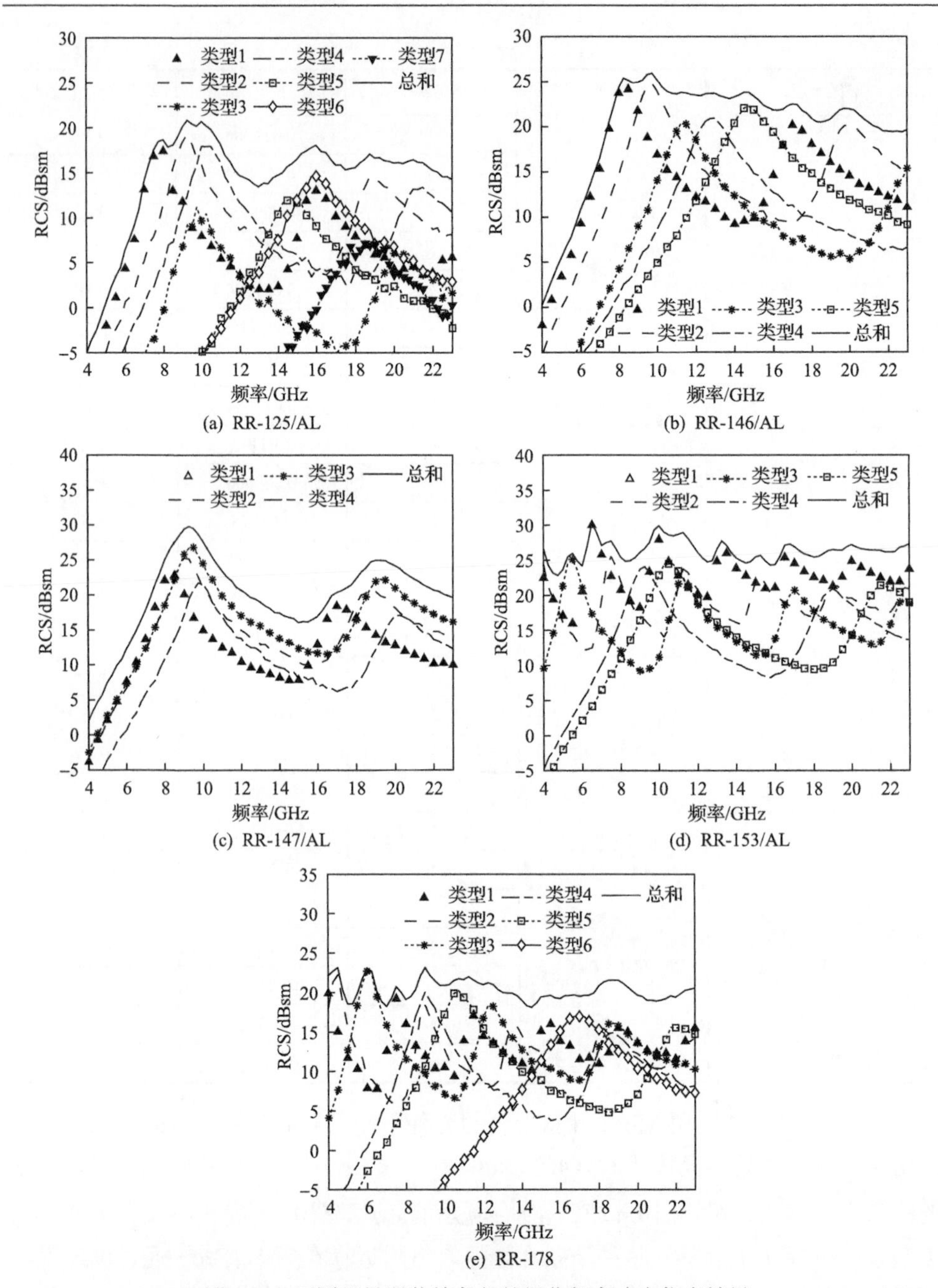

图 7.19　不同型号混装箔条包的极化频率响应仿真结果

7.2.4　基于体素分割的箔条云团分区方法

高密度箔条云团内部的互耦效应是由于邻近的箔条间二次散射场相互影响，

箔条不能发挥理论值的作用。按照造成的影响，互耦效应可分为两类：屏蔽效应和衰减效应。屏蔽效应是指大量箔条分散在有限空间中，箔条云团中一部分箔条被另一部分箔条挡住，不能发挥散射电磁波的功能。这种箔条云团高密度区域整体 RCS 小于每根箔条 RCS 线性叠加的理论值。当雷达进行探测时，入射波穿过箔条云团，信号能量会因为箔条的散射而得到衰减。高密度箔条云团的衰减效应是箔条互耦效应的另一种类型。

箔条云团屏蔽模型可以用吸收理论来研究。对于在 RLOS 投影面积为 A_c 的箔条云团体积单元，其考虑屏蔽的总雷达散射截面可以表示为

$$\sigma = A_c\left[1-\exp\left(-\rho_{\text{sum}}\right)\right] \tag{7-53}$$

其中，ρ_{sum} 为单元中所有箔条的 RCS 密度。

屏蔽效应主要出现在箔条被释放的初期，箔条云团未充分散开，箔条之间的间隔小于 2λ。在箔条云团充分扩散进入成熟期后，屏蔽效应的影响几乎可以忽略。图 7.20 给出 6GHz 频率条件下箔条屏蔽效应随箔条数量变化情况，可以看出箔条数量 N 增大到一定程度时，屏蔽效应影响显著。箔条在 1m^3 的单位体积空间内，使用统计值计算箔条 RCS 密度 $\rho_{\text{sum}} = 0.153\lambda^2 N$。

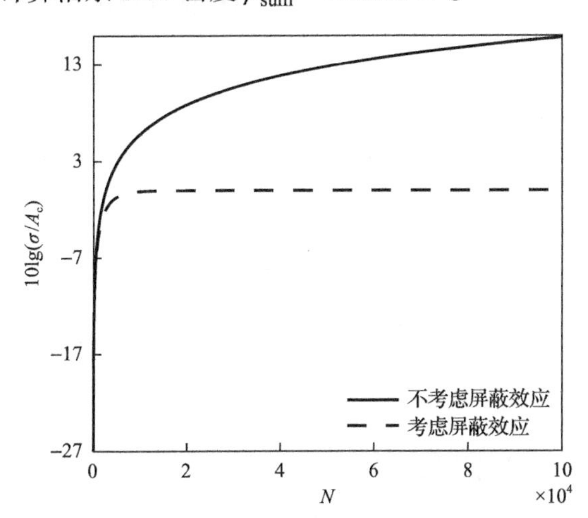

图 7.20　6GHz 频率条件下箔条屏蔽效应随箔条数量变化情况

衰减效应主要是由箔条的多次散射造成的，导致入射波方向上的信号能量减少。假设箔条云团体素单元与入射波矢量 $\boldsymbol{k}_{\text{i}}$ 垂直的面积为 1m^2，厚度为 $\text{d}z$。P_{in} 为入射功率，单位体积中箔条 RCS 密度为 $\bar{\sigma}_{\text{ev}}$。由箔条云团散射的信号能量可以写为

$$\text{d}P = -P_{\text{in}}\bar{\sigma}_{\text{ev}}\text{d}z \tag{7-54}$$

根据 MoM 计算得到第 i 根箔条的散射面积为 σ_i，单位体积 V 内箔条 RCS 密度 $\bar{\sigma}_{\mathrm{ev}}$ 可以写为

$$\bar{\sigma}_{\mathrm{ev}} = \sum_{i=1}^{N} \sigma_i / V \tag{7-55}$$

当已知边界条件 $z=0$ 时，$P=P_{\mathrm{in}}$，对式(7-54)积分可得到信号通过厚度为 z 的均匀箔条云团，经过衰减后剩余的信号功率为

$$P = P_{\mathrm{in}} \exp\left[\left(-\sum_{i=1}^{N} \sigma_i / V\right) z\right] \tag{7-56}$$

由衰减效应公式可知，衰减效应对信号的影响大小一方面取决于箔条和信号的工作频率；另一方面取决于箔条云团的厚度。根据随机取向箔条有效散射截面统计值可得 $p = p_{\mathrm{in}} 10^{-0.1\beta z}$，其中 $\beta = 0.73\lambda^2 \bar{n}$。图 7.21 给出了不同密度的单位体积箔条云团对不同频率电磁波的衰减效应曲线。可见，由于工作在较低频率上的箔条较长，单根平均散射面积比高频箔条更大，所以达到相同的压制效果所需的箔条数量更少。另外，箔条云团厚度增加会大幅削弱入射波能量。因此，在实际使用中，通常采用多发箔条弹同时发射的策略，这样可以达到更好的对雷达干扰的效果。

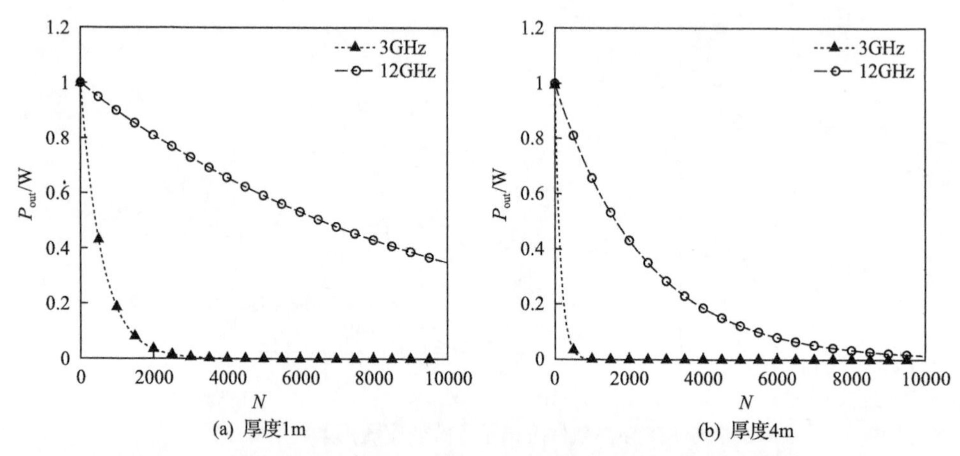

图 7.21 不同密度的单位体积箔条云团对不同频率电磁波的衰减效应曲线

为了更好地描述箔条云团中箔条各区域间的相互作用，通过区域分割的方法将箔条云团分割为多个区域。箔条空气动力学仿真中，以箔条中心坐标来确定箔条的位置，大量箔条分散在空间中，可以视为具有一定形状的点云。三维点云就是海量具有不同坐标的点的集合，每个点之间相互离散，没有相关性和拓扑关系。

对箔条云团进行体素分割可以借鉴点云分割点的思路。

目前，在计算箔条互耦效应的研究中，比较常用的方法是八叉树(Octree)方法。八叉树是一种具有多层节点的树根状结构，于 1980 年首次被提出，用于三维图形显示与操作。八叉树方法采用由上至下对三维空间逐级细分的空间索引结构，由此对三维空间进行体素分割。由算法名称可知，八叉树的上一级节点代表对应的正方体，如果本空间内具有点云，则根据方位把本级正方体剖分为 8 份，同时在本级节点下增加 8 个子节点。可见，子节点只有 0 或 8 两种，且一旦上级节点为 0，这一分支将终止，不会出现子节点。

八叉树方法是一种经典的点云体素分割方法，通过设置子块的最大边长与最小边长相等来保证整个三维区域被分割成大小相等的正方体块。由于点云与三维图像处理应用中需要处理的模型尺寸较小，三维区域的边长在几米范围，可以保证计算效率。而在箔条云团扩散过程中，受影响的区域边长在几十米到上百米范围，同时为保证精度，子块边长在 0.5m 到几米不等。图 7.22 给出了对边长不同的正方体区域使用八叉树方法进行子单元格边长为 1m 的体素分割的时间消耗情况，以及固定边长为 50m 的区域包含不同数量元素，使用不同长度的子单元格剖分的耗时情况。为减小误差，每组实验重复 5 次，取平均耗时作为最后结果。可见，在精度要求固定的情况下，随着剖分区域变大，完成一次分区的耗时急剧增加。对于固定区域，随着剖分精度的增加，耗时也会迅速增加。因此，为了保证仿真效率，需要开发更加高效的体素分割方法。

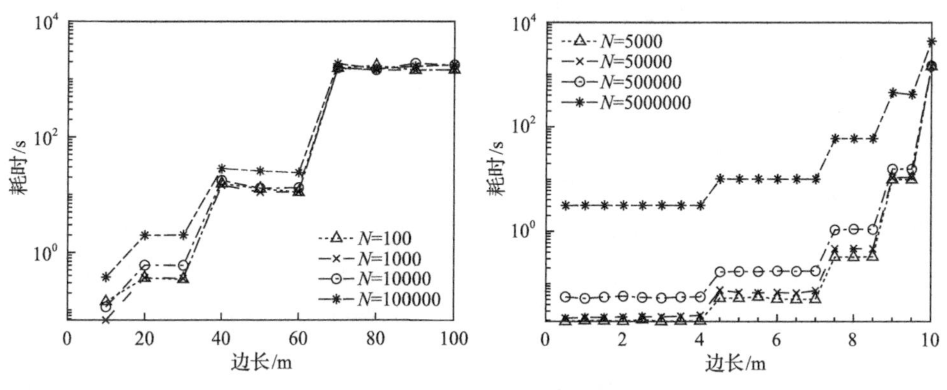

图 7.22　八叉树方法计算效率图

目前使用的箔条云团体素分割方法都是在全局坐标系中进行的，而在计算互耦效应时需要考虑体素单元与入射波矢量方向垂直的截面积以及入射波穿过的距离。图 7.23 给出了电磁波通过箔条云团体素单元示意图。图 7.23(a)为全局坐标系体素分割示意图。可见，对于斜入射电磁波，从体素单元不同位置穿过，经过的距离各不相同。此外，由于箔条云团有一定的厚度，需要计算首尾相连的体素单元的相互影响，在此模型中受影响的区域有交错，为后续计算带来了困难。根据现有的方法，结合需要解决的问题，提出基于坐标旋转的快速体素分割方法，如图 7.23(b)所示。通过沿入射波矢量方向进行分割，可有效避免单元交错、信号穿过距离不同的问题。

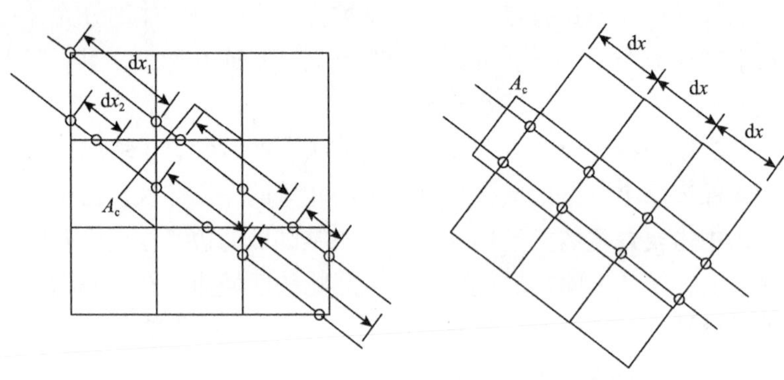

(a) 全局坐标系体素分割示意图　　(b) 基于坐标旋转的快速体素分割方法

图 7.23　电磁波通过箔条云团体素单元示意图

基于坐标旋转的快速体素分割方法，根据需要解决的问题不同，可分为两部分：体素整齐和分割快速。从图 7.23(b)可知，体素整齐是相对于入射波而言的，但是箔条坐标是在全局坐标系中确定的。为了保证相对于入射波所有坐标划分整齐，可以建立新的旋转坐标系，坐标系 z 轴方向与入射波矢量 $\boldsymbol{k}_{\mathrm{i}}$ 方向一致。图 7.24 给出整体旋转示意图，根据旋转方向不同，箔条坐标可旋转到坐标系与 $\boldsymbol{k}_{\mathrm{i}}$ 同向或反向的方向。假设在全局坐标系中，箔条坐标为 $(x_{\mathrm{c}}, y_{\mathrm{c}}, z_{\mathrm{c}})$，入射波矢量方向为 $(\theta_{\mathrm{i}}, \varphi_{\mathrm{i}})$，箔条在旋转坐标系中的坐标为 $(x_{\mathrm{c}}', y_{\mathrm{c}}', z_{\mathrm{c}}')$。按照 z - y - x 顺序旋转的旋转矩阵为 $\boldsymbol{R}(\rho,\theta,\varphi)$，则旋转坐标可根据 $[x_{\mathrm{c}}', y_{\mathrm{c}}', z_{\mathrm{c}}'] = [x_{\mathrm{c}}, y_{\mathrm{c}}, z_{\mathrm{c}}] \cdot \boldsymbol{R}(0,\theta,\varphi)$ 得到。这样就解决了全局坐标系中分割出现单元交错的问题。值得注意的是，在旋转坐标系中只对箔条云团进行分割和统计每个单元内箔条的数目、RCS 之和，后续计算仍然在全局坐标系中进行。从旋转坐标系回到全局坐标系可表示为

$$[x_{\mathrm{c}}, y_{\mathrm{c}}, z_{\mathrm{c}}] = \boldsymbol{R}(0,\theta_{\mathrm{i}},\varphi_{\mathrm{i}}) \cdot [x_{\mathrm{c}}', y_{\mathrm{c}}', z_{\mathrm{c}}']^{\mathrm{T}} \tag{7-57}$$

如图 7.24 所示，在把箔条坐标旋转到旋转坐标系后，对箔条云团进行体素分割的工作就变成了根据离散间隔和 $(x_{\mathrm{c}}', y_{\mathrm{c}}', z_{\mathrm{c}}')$ 坐标，按照在坐标轴三个方向上的位置进行排序，具体步骤如下。

(1) 根据 $(x_{\mathrm{c}}', y_{\mathrm{c}}', z_{\mathrm{c}}')$ 的大小范围确定箔条云团的坐标上下限，由此确定一个能

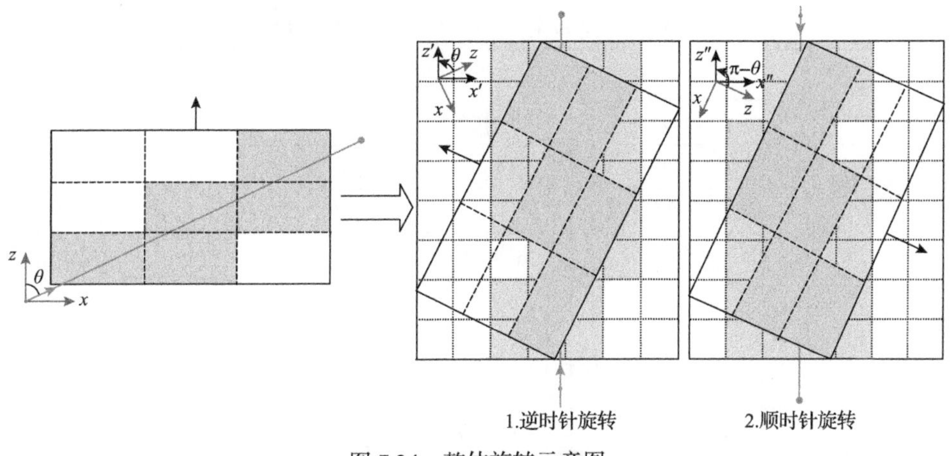

图 7.24　整体旋转示意图

把箔条云团完全覆盖的三维轴对齐边界框，为保证边界为整数，边界下限向负无穷方向取整，边界上限向正无穷方向取整。

(2) 由于点云间不存在相关性，改变点云的坐标顺序不影响整体的形状和每个点的位置；为了保证后续计算中，读写大量箔条坐标时能够在内存中顺序读写而不是随机寻址，首先需要对箔条坐标进行排序预处理；先按照 x_{c}' 大小排序，再按照 y_{c}' 的顺序进行重排，最后按照 z_{c}' 的顺序进行重排，保证最后的坐标为从小到大顺序。

(3) 根据需要的体素单元边长 l_x 、 l_y 和 l_z ，以及边界框所在位置 $\left[\min\left(x_{\mathrm{c}}'\right),\min\left(y_{\mathrm{c}}'\right),\min\left(z_{\mathrm{c}}'\right)\right]$ 、 $\left[\max\left(x_{\mathrm{c}}'\right),\max\left(y_{\mathrm{c}}'\right),\max\left(z_{\mathrm{c}}'\right)\right]$ ，可以确定沿坐标轴三个方向需要划分出的网格数。

(4) 在生成坐标网格后，可根据每根箔条的坐标确定各自所属的网格序号。

根据上述步骤，就完成了箔条云的快速体素分割。由于整体操作简单，且保证变量使用过程中能够在内存中成段的顺序读写，本节提出的方法对于散布区域大、元素数量多、体素边长不相等的箔条云分割问题具有很好的适用性。表 7.4 给出了本节提出的基于坐标旋转的快速体素分割方法和全局坐标系中使用八叉树方法在不同条件下的计算耗时。其中，正方体区域边长为 L，包含的点云数目为 n，正方体子单元格边长为 1m。运行平台配置如下：电脑 CPU 为 Intel Xeon W-2245，内存大小和规格为 16GB DDR4。从表中可见，本节提出的方法在点云数目增加、散布区域加大的情况下，耗时增加可以维持在一个可接受的范围内，可以保证计算的高效性。

表 7.4 不同体素分割方法计算耗时对比

L/m	n	快速体素分割方法	八叉树方法	加速比
10	10000	0.037s	0.11s	2.9
10	50000	0.071s	0.13s	1.83
10	100000	0.12s	0.19s	1.58
10	500000	0.74s	0.71s	0.95
20	10000	0.06s	0.48s	8.0
20	50000	0.09s	0.81s	9.0
20	100000	0.14s	1.15s	8.2
20	500000	0.66s	4.05s	6.13
40	10000	0.086s	12.6s	146.5
40	50000	0.15s	14.8s	98.7
40	100000	0.23s	17.5s	76.1
40	500000	0.75s	44.1s	58.8
60	10000	0.18s	12.97s	72.1
60	50000	0.28s	15.48s	55.3
60	100000	0.38s	18.79s	49.4
60	500000	1.01s	44.77s	44.32
80	10000	0.33s	1433.1s	4342.7
80	50000	0.43s	1432.0s	3330.2
80	100000	0.55s	1454.0s	2643.6
80	500000	1.27s	1638.5s	1290.2
100	10000	0.62s	1415.2s	2282.5
100	50000	0.78s	1449.2s	1857.9
100	100000	0.91s	1523.8s	1674.5
100	500000	1.76s	1616.9s	918.7

7.2.5 箔条云团电磁散射特性分析

本节将结合箔条电磁模型、箔条空气动力学模型、箔条云团快速体素分割方法和箔条的互耦效应，对运动的箔条云团电磁散射特性进行计算，随后根据箔条云团散射系数和互耦效应对箔条云团雷达回波进行仿真和分析。

由于实际使用中的箔条为非刚体，工艺导致整体密度不均匀、爆开时受到冲击和重力影响，在下落过程中会发生弯曲。箔条的物理特性改变会使其空间取向不是理想的均匀随机分布。由已有的实验结论和仿真结果可知，箔条的 θ_c^G 在下落过程中会趋于 90°，即随着箔条云团下落，大部分箔条会趋于水平。从单根箔条极化散射计算方法可知，θ_c^G 变化将对散射特性造成直接影响，同时入射波方向也会影响总体散射特性的大小。在实际使用中，为确保箔条云团能对一个频段都有良好的干扰效果，通常采用不同波段箔条混装的策略。本小节将从入射波方向和箔条云团体素分割方法两方面来对箔条云团整体的 RCS 空间分布进行计算和分析。

图 7.25 和图 7.26 中的单发箔条云团的运动参数为：箔条云团采用 RR-146/AL 的混装比例，包含箔条总数 10^8 根，初始位置为坐标原点，50m 高度处释放，大气风速为 8m/s，方向为 x 轴正方向，运动时间为 10s。雷达参数为：载波频率 f_0 = 10GHz，分辨单元大小为 1.875m，雷达距全局坐标系原点 1000m。根据计算 θ_i = 0°～70°，间隔10°，φ_i =10°～60°，间隔10°，整组数据统计平均得到结果，对于单一入射角、单一极化情形的箔条散射特性计算耗时为：计算 RCS 耗时 13780s，体素分割以及互耦效应计算耗时 3989s。可以看出，本节提出的快速体素分割方法在计算超大总数箔条云团电磁散射仿真数据时，具有很高的效率。

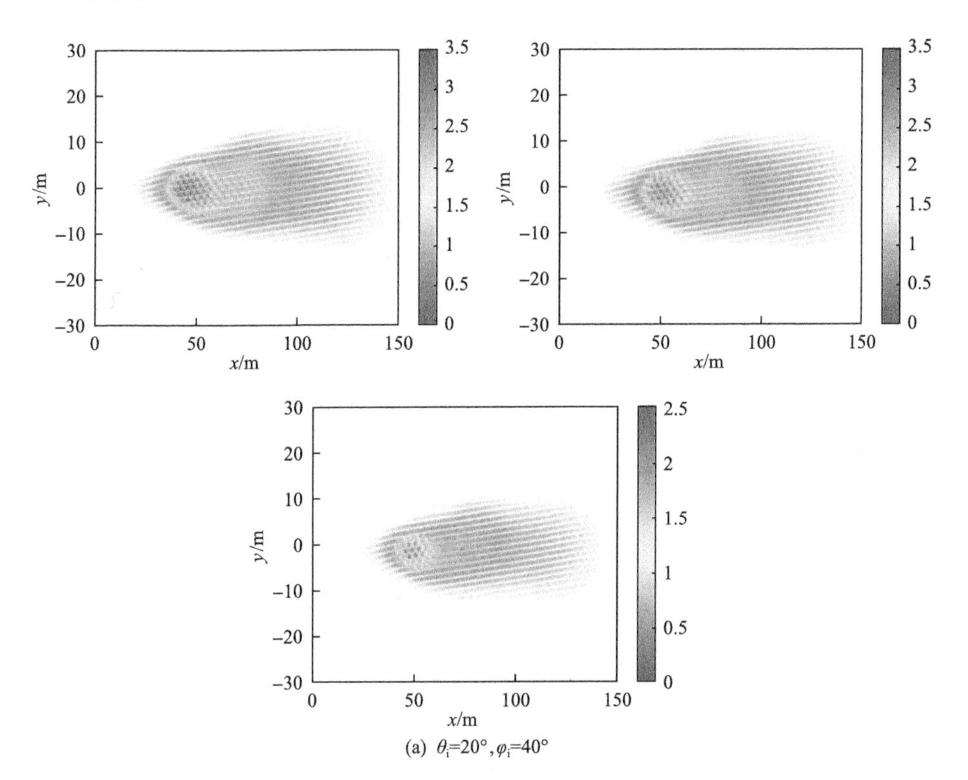

(a) θ_i=20°, φ_i=40°

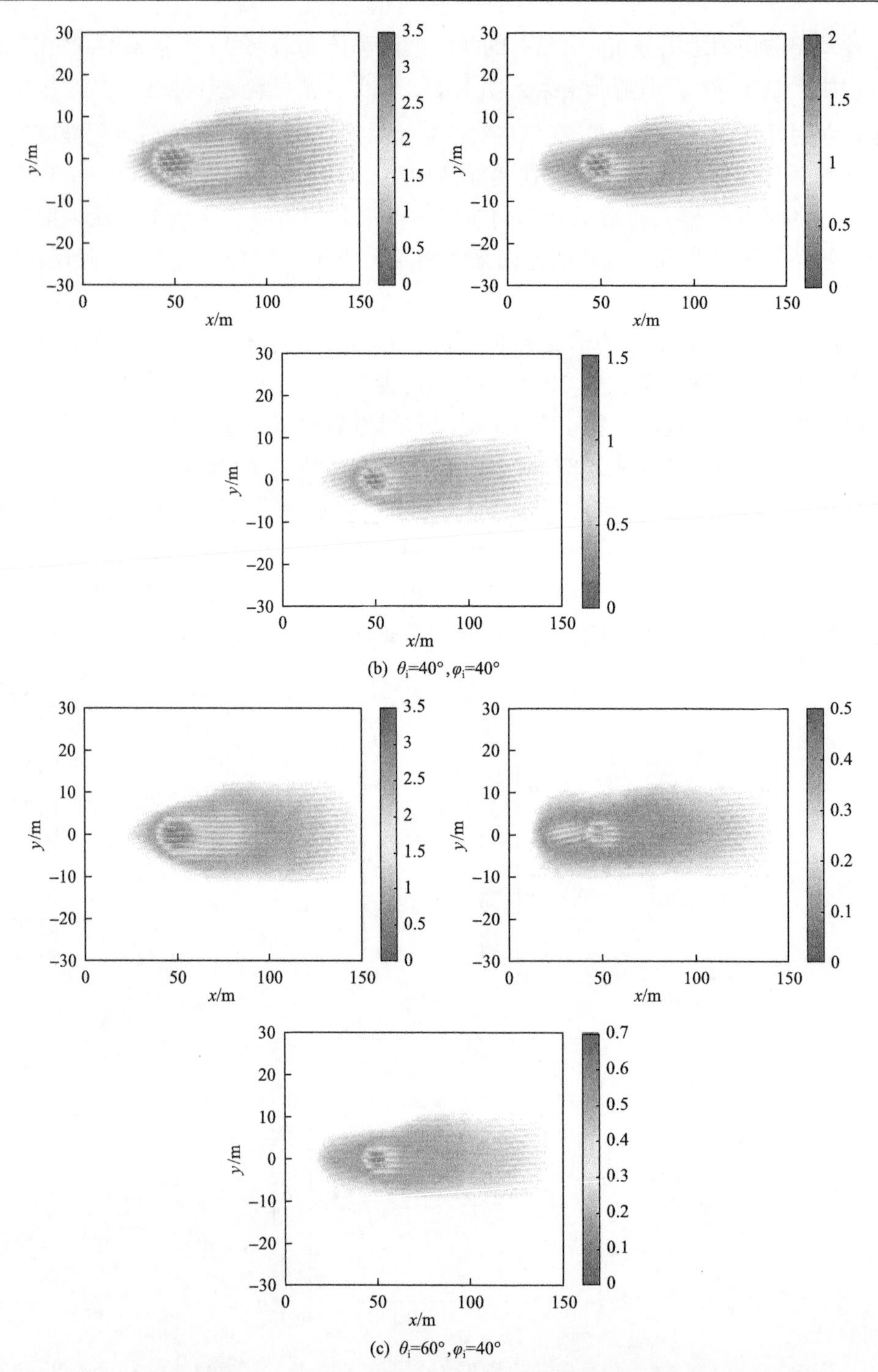

(b) θ_i=40°, φ_i=40°

(c) θ_i=60°, φ_i=40°

图 7.25　箔条云团散射特性随入射角变化，依次为 HH 极化、VV 极化和 HV 极化（灰度标尺表示 RCS，单位 m^2）

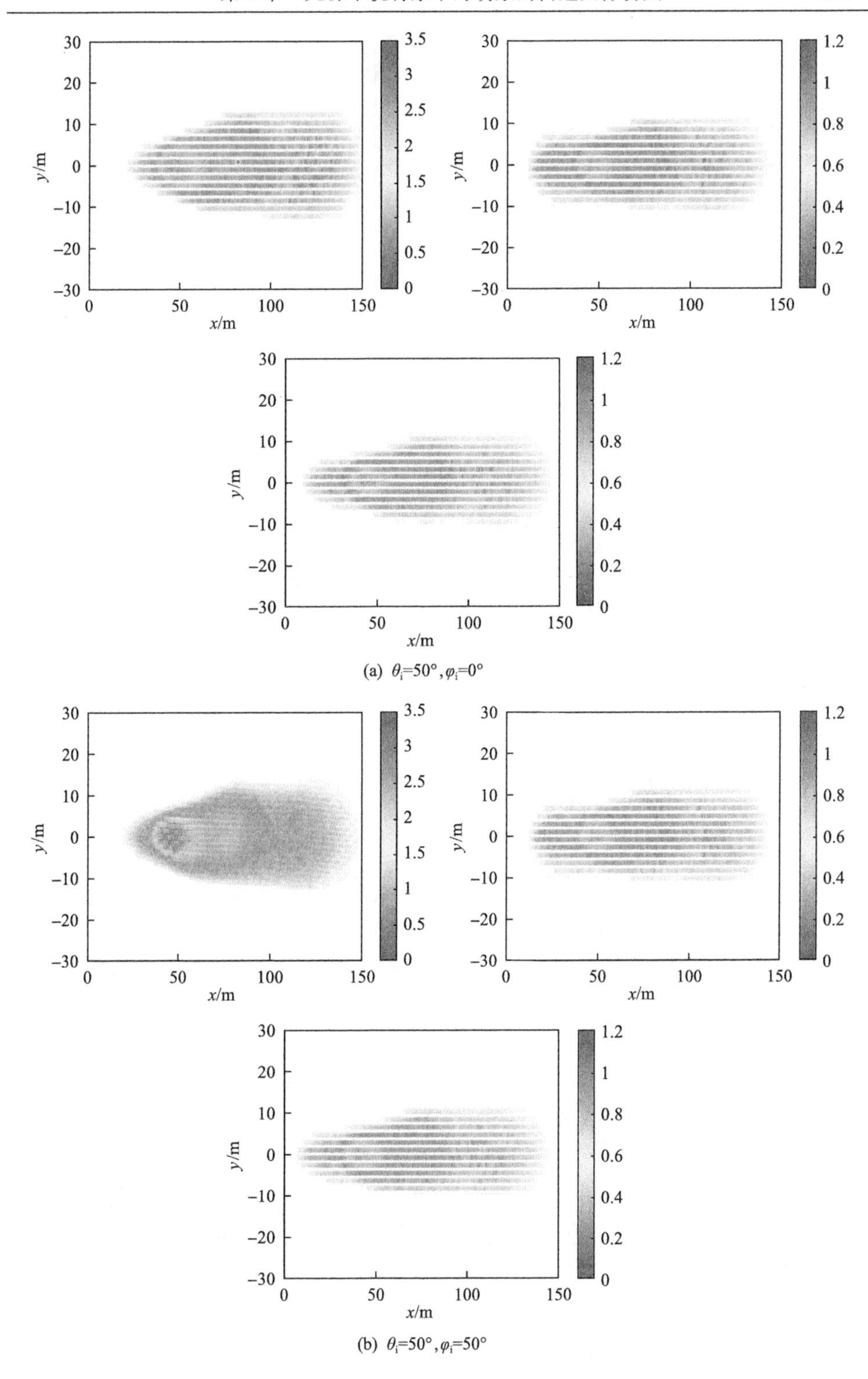

(a) θ_i=50°, φ_i=0°

(b) θ_i=50°, φ_i=50°

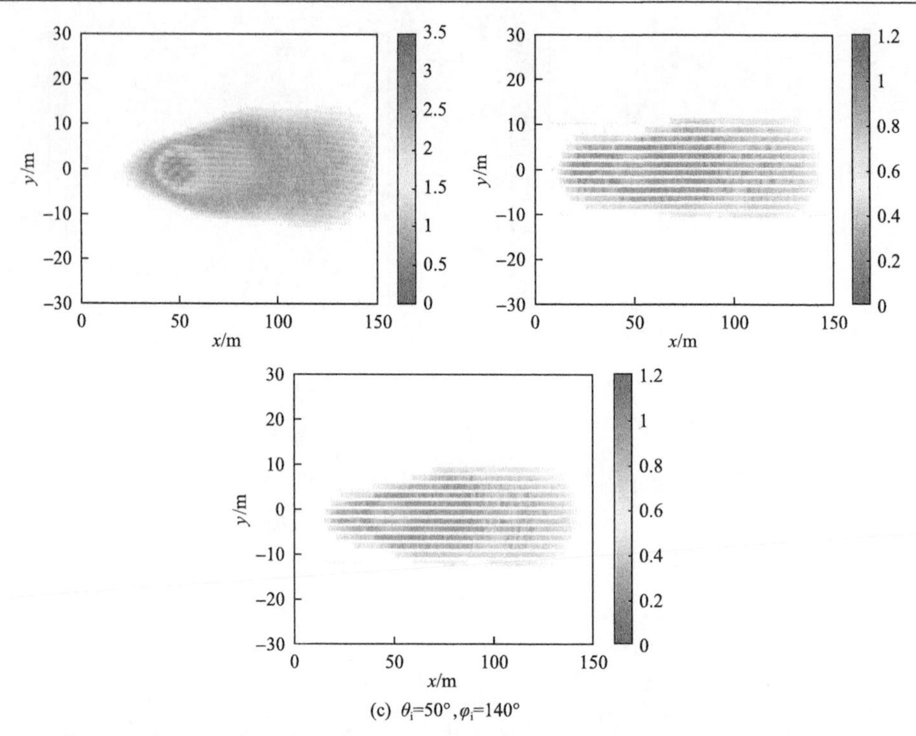

(c) θ_i=50°, φ_i=140°

图 7.26　箔条云团散射特性随方位角变化，依次为 HH 极化、VV 极化和 HV 极化（灰度标尺表示 RCS，单位 m^2）

图 7.25 给出了箔条云团散射特性随入射角变化。为了更加直观地看到箔条云团中心高密度区 RCS 分布情况，图中根据 RCS 幅值设置了每个单元的透明度，最大值单元透明度为 0，即不透明，最小值单元透明度为 1，即全透明，中间值透明度按 RCS 大小线性变化。从空间分布可以看出，由于箔条云团整体在风速方向呈现出更大的扩散范围，而在垂直于风速的方向扩散范围较小。从 RCS 幅值分布情况可以看出，由于螺旋运动，箔条云团整体呈现出中间密度高、外围分布广但是密度低的特点，所以 RCS 幅值强点主要在箔条云团中心区域，逐渐向边缘减小。对于不同极化，总体 RCS 大小受入射天顶角 θ_i 的影响较大，由于在运动的成熟阶段箔条趋于水平，箔条云团 HH 极化 RCS 幅值始终保持在较高数值，而随着 θ_i 增大，VV 极化和 HV 极化 RCS 逐渐减小。

图 7.26 给出了入射天顶角 $\theta_i = 50°$，入射方位角 φ_i 变化，箔条云团极化 RCS 空间分布在 *xoy* 面的投影。可见，由于箔条姿态方位角为均匀分布且随时间周期变化，入射波方位角变化对箔条云团 RCS 影响较小。对于不同极化情况，箔条整体趋于水平，因此 HH 极化 RCS 要高于 HV 极化和 VV 极化，且强散射区的范围要比 HV 极化、VV 极化更大。

图 7.27 给出了单次 4 发箔条弹释放不同时刻极化 RCS 空间分布。采用 RR-146/

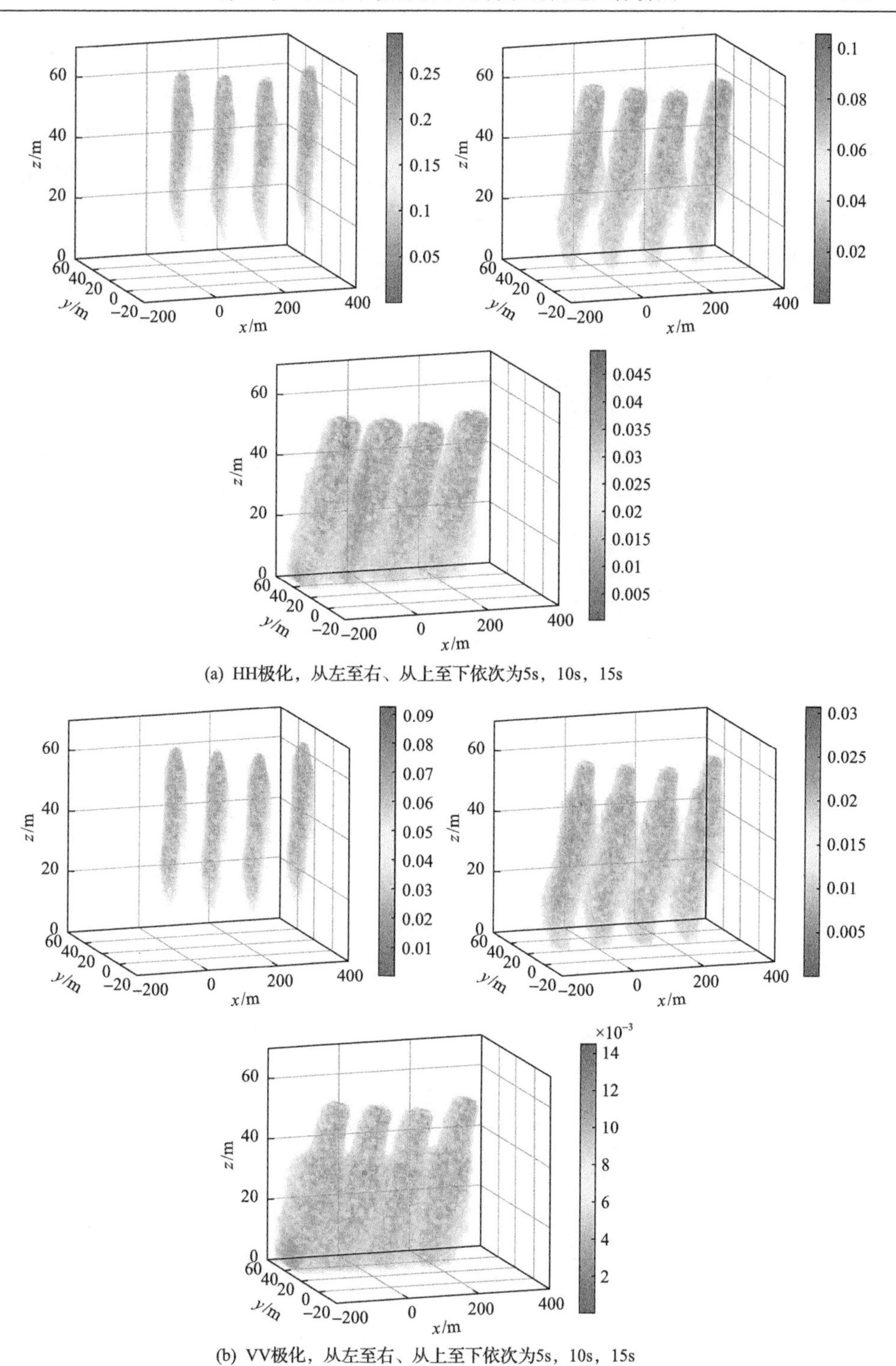

(a) HH极化，从左至右、从上至下依次为5s，10s，15s

(b) VV极化，从左至右、从上至下依次为5s，10s，15s

图 7.27　单次 4 发箔条弹释放不同时刻极化 RCS 空间分布(灰度标尺表示 RCS，单位 m^2)

AL 的混装比例，单发箔条总数为 255 万根，每发间隔 120m，大气风速 8m/s，方向 $\varphi_{\mathrm{w}}=170°$ 。雷达参数为：$\theta_{\mathrm{i}}=45°$ 、$\varphi_{\mathrm{i}}=0°$ 、$f_0=17\mathrm{GHz}$ ，分辨单元为 1m。随着箔条云团扩散，单个单元格的 RCS 密度下降，同时整体影响区域变大。由不同极化对比可见，箔条的姿态分布对 RCS 极化分布有直接影响，趋于水平取向的箔条下降较慢，在上层形成高密度区域，因此 HH 极化的强散射区域主要集中在箔条云团的中上部分，而开始的姿态接近垂直的箔条下降较快，即使在后期也向水平方向变化，但还是会向中下部分聚集，导致 VV 极化的强散射区域出现在箔条云团的中下部。

图 7.28 给出了 4 发箔条云团释放不同时刻 RCS 与 PDF，单发的参数设置与图 7.27 一致。从图中可以看出，随着箔条云团扩散，体素单元迅速增加，单个体素单元的 RCS 最大值减小，RCS 随单元序号变换整体表现为 4 个峰，HH 极化 RCS 在不同时刻整体大于 VV 极化 RCS。箔条云团的概率密度分别表现为指数分布，符合理论推导[32]的统计结果。

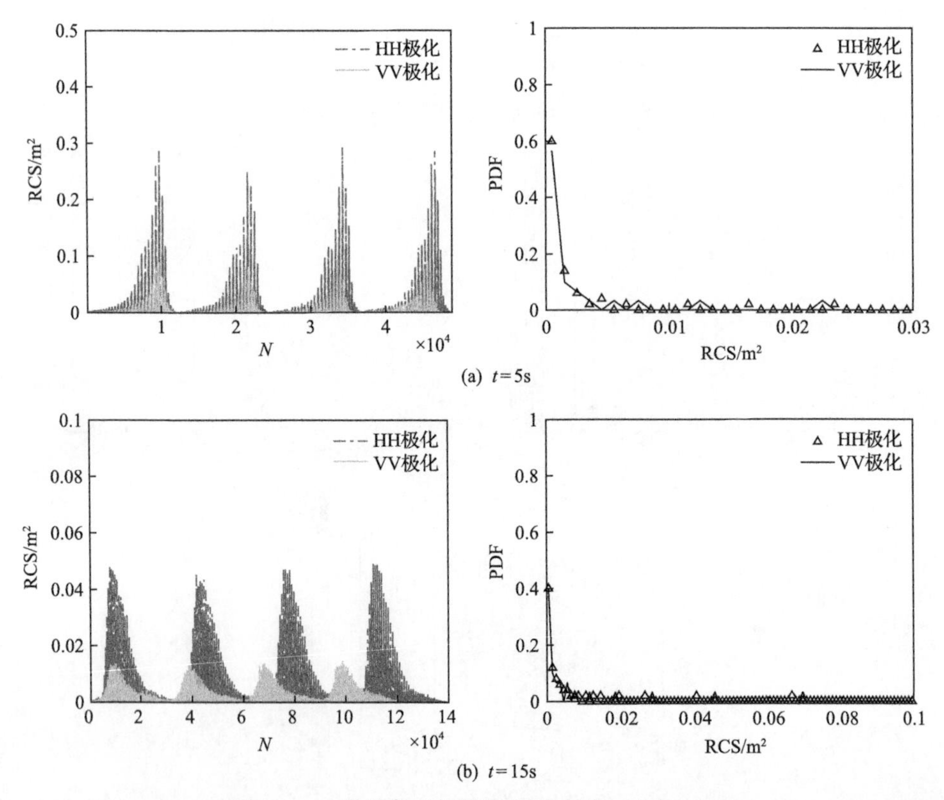

(a) $t=5\mathrm{s}$

(b) $t=15\mathrm{s}$

图 7.28　4 发箔条云团释放不同时刻 RCS 与 PDF

图 7.29 给出了不同雷达入射角下箔条云团 RCS 随时间变化情况，间隔为 1m，在前 2s 每隔 0.2s 计算一次 RCS，在 2～20s 每隔 1s 计算一次 RCS。箔条弹采用 RR-146/AL 的混装比例，单发包含箔条总数 255 万根，每发间隔 100m，初始高度 60m，大气风速 8m/s，方向为 $\varphi_{\mathrm{w}}=170°$。雷达载波频率为 $f_0=17\mathrm{GHz}$。从图中可以看出，遮挡效应导致的总 RCS 减小主要发生在释放初期，随后进入成熟期，随着少量箔条落地，箔条云团整体 RCS 在后期略有减小。箔条的姿态角变化对于 VV 极化、雷达入射波天顶角变大的情况影响较大，表现为前 0.8s 内，以遮挡效应逐渐减弱为主，随着箔条快速散开，总 RCS 快速增大；随后以箔条姿态角变化为主，随着箔条趋于水平，总 RCS 下降，趋于垂直的箔条最先落地，同样导致后期箔条云团 RCS 减小，这种情况在 θ_{i} 增大时更为明显。对于 HH 极化的情况，RCS 随时间变化总体表现为在释放初期不断增大，成熟期在一个稳定的数值附近小幅振荡，在衰落期，随着落入水面的箔条增加，RCS 逐渐减小。

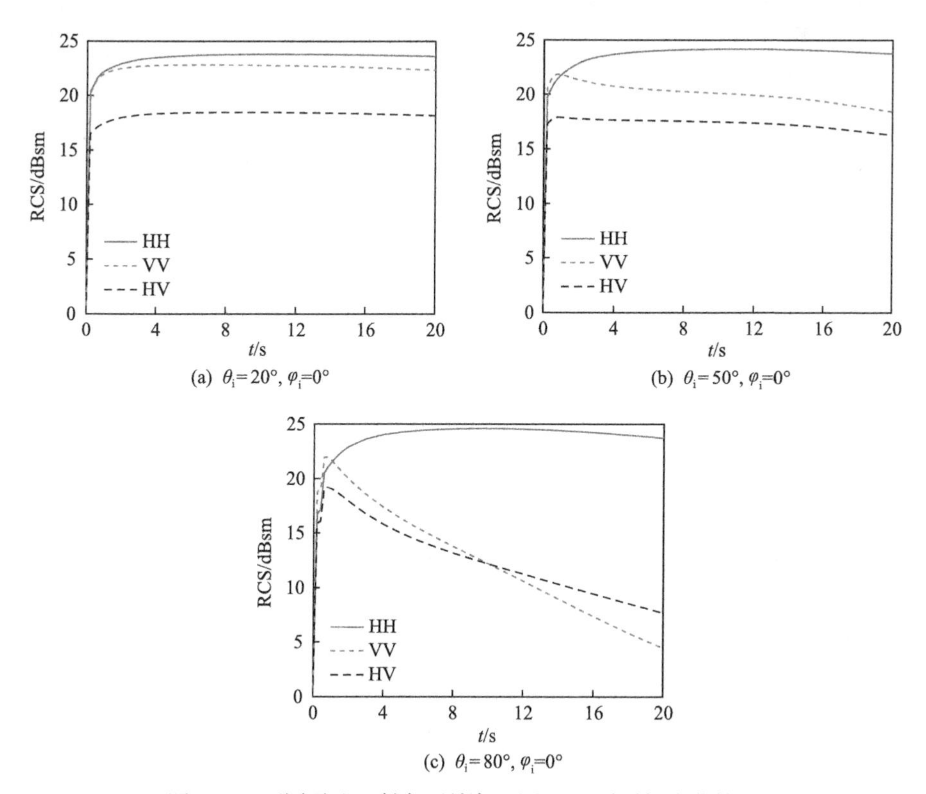

图 7.29　不同雷达入射角下箔条云团 RCS 随时间变化情况

图 7.30 给出了不同雷达入射角下箔条云团 RCS 随时间变化情况，单次释放 4 发箔条弹，在 0.5s 时释放第二组 4 发箔条弹，箔条云团离散间隔为 1m。箔条弹

采用RR-146/AL的混装比例,单发包含箔条总数127.5万根,一组内每发间隔75m,两组前后间隔 40m,初始高度 60m,大气风速 8m/s,方向为$\varphi_w = 170°$,雷达载波频率为$f_0 = 17\text{GHz}$。从图中可以看出,从箔条云团总体RCS来看,多次多发的释放策略在释放初期会使RCS迅速增大,但是在成熟期的RCS主要与箔条根数、长度、姿态角以及雷达参数有关,对于箔条云团的干扰分析,需要与散射场的空间分布综合考虑。

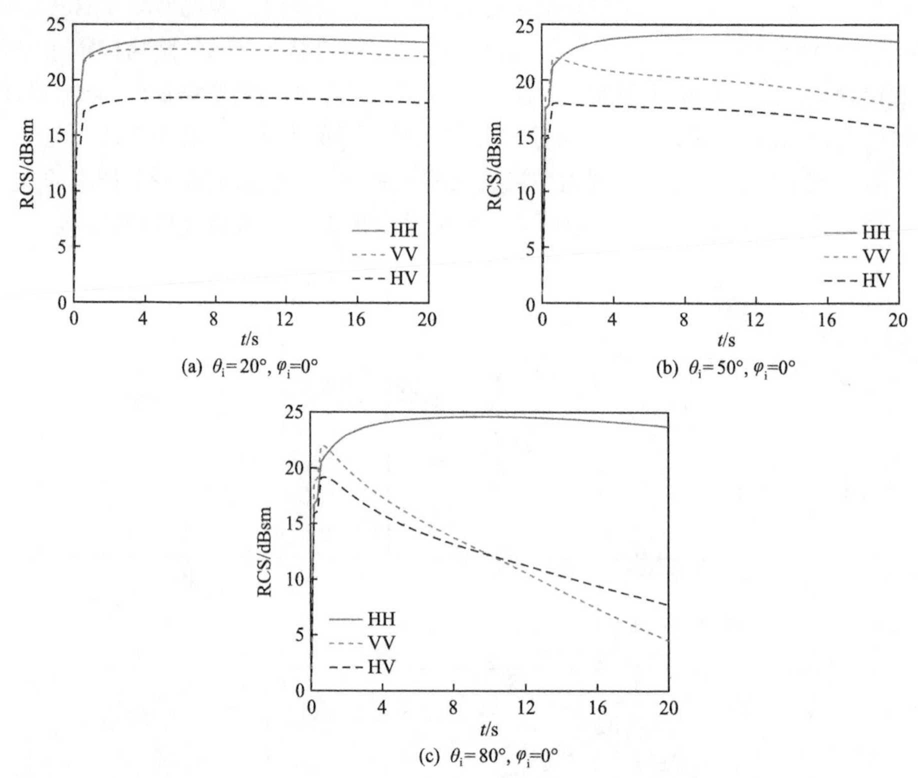

图 7.30　4 发两组箔条云团在不同雷达入射角下 RCS 随时间变化情况

7.2.6　箔条 HRRP 仿真

当利用宽带雷达照射场景时,通过脉冲压缩技术可获得能够反映探测场景沿距离向不同位置处散射特性强弱分布的 HRRP。HRRP 包含了探测场景丰富的散射特性信息,并且容易获取,因此通过分析海场景背景、无源干扰、目标的 HRRP特征,可为更好地开展雷达对海目标探测识别提供先验知识。本节基于箔条云团的几何模型和电磁散射模型开展 HRRP 仿真,后续将开展角反射器干扰环境下海上舰船复合场景 HRRP 仿真。

图 7.31 和图 7.32 分别给出了箔条云团在不同扩散时刻、不同入射角度和极化情形下的 HRRP，距离向为斜距方向。可以从 HRRP 中明显看出箔条云团在 10s 时刻相对 5s 时刻的进一步扩散，使得空间范围变大。HRRP 幅度沿距离向呈现下降的趋势，一方面是由于遮挡效应，远离雷达的方向受到遮挡而降低；另一方面是由于风的影响，箔条不同位置密度差异较大。此外，HRRP 中对应的距离范围与实际箔条空间范围不完全相同，主要是由于分辨单元内散射强度与箔条密度有关，而有些空间位置处虽然存在箔条，但由于密度非常小，所以 HRRP 中的幅度较弱，即 HRRP 中位置反映的是箔条密度相对较大的空间范围。从不同入射角和极化的 HRRP 中可以看出，当入射角较小时，HH 极化和 VV 极化差异不大，但略大于 VH 极化；而当入射角较大时，三个极化 HRRP 幅度之间均有一定的差异。

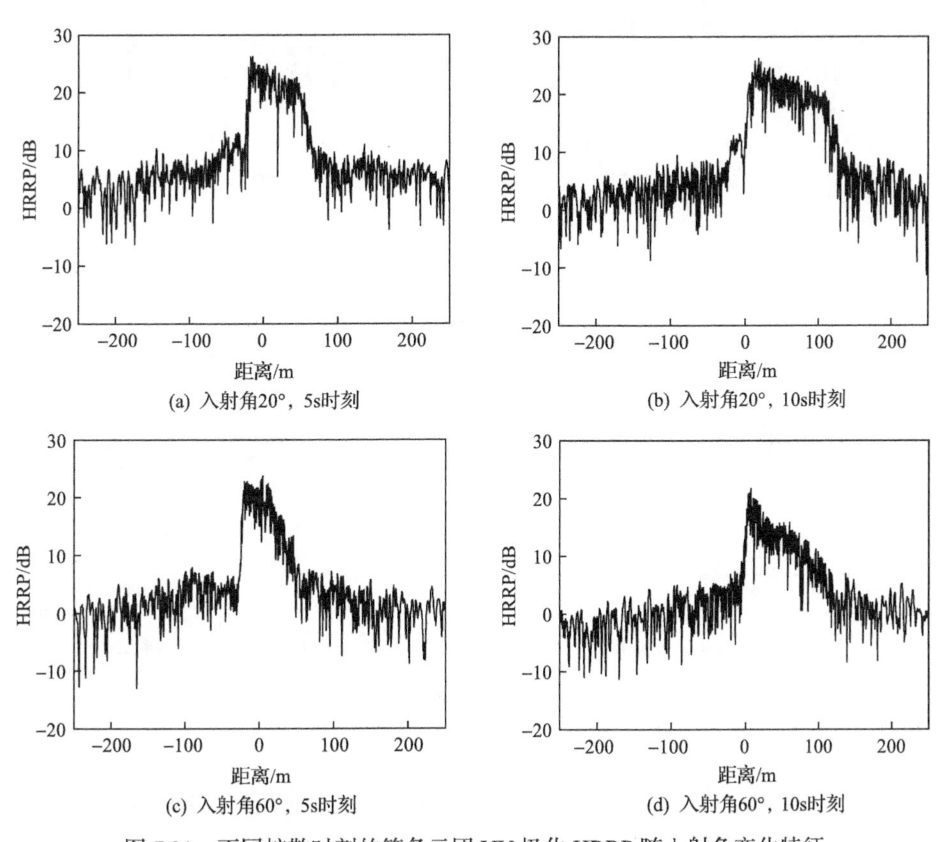

(a) 入射角20°，5s时刻　(b) 入射角20°，10s时刻

(c) 入射角60°，5s时刻　(d) 入射角60°，10s时刻

图 7.31　不同扩散时刻的箔条云团 VV 极化 HRRP 随入射角变化特征

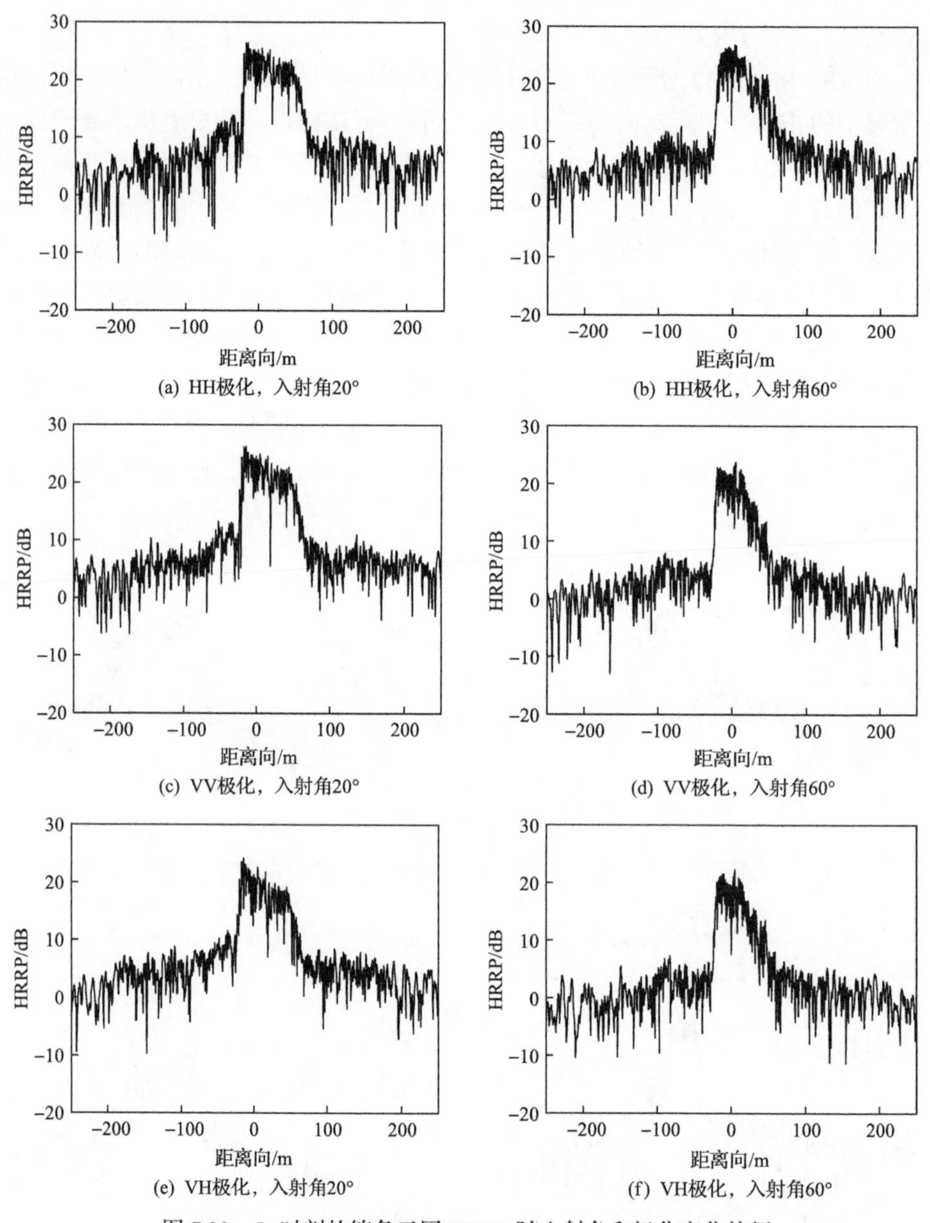

(a) HH极化，入射角20°

(b) HH极化，入射角60°

(c) VV极化，入射角20°

(d) VV极化，入射角60°

(e) VH极化，入射角20°

(f) VH极化，入射角60°

图 7.32 5s 时刻的箔条云团 HRRP 随入射角和极化变化特征

7.3 角反射器干扰下海场景的 HRRP 和 RD 图像仿真

图 7.33 给出了角反射器干扰背景下海上舰船场景几何示意图与不同照射方式下的 HRRP。仿真中，雷达沿$-x$ 轴方向飞行，飞行过程中发射连续脉冲。对应于

图 7.33(b)～图 7.33(d)，波束照射斜视角度分别是 0°(正侧视)、45°(斜视)和 89°(大前斜视)。从图中可以看到，从正侧视到斜视 89°的变化过程中，HRRP 中的散射强度在距离向上分布范围变大。这些强散射点的主要贡献来自船和角反射器，在这个变化过程中，船在照射方向上的投影范围变大，强散射点在距离向上的分布范围也变大。

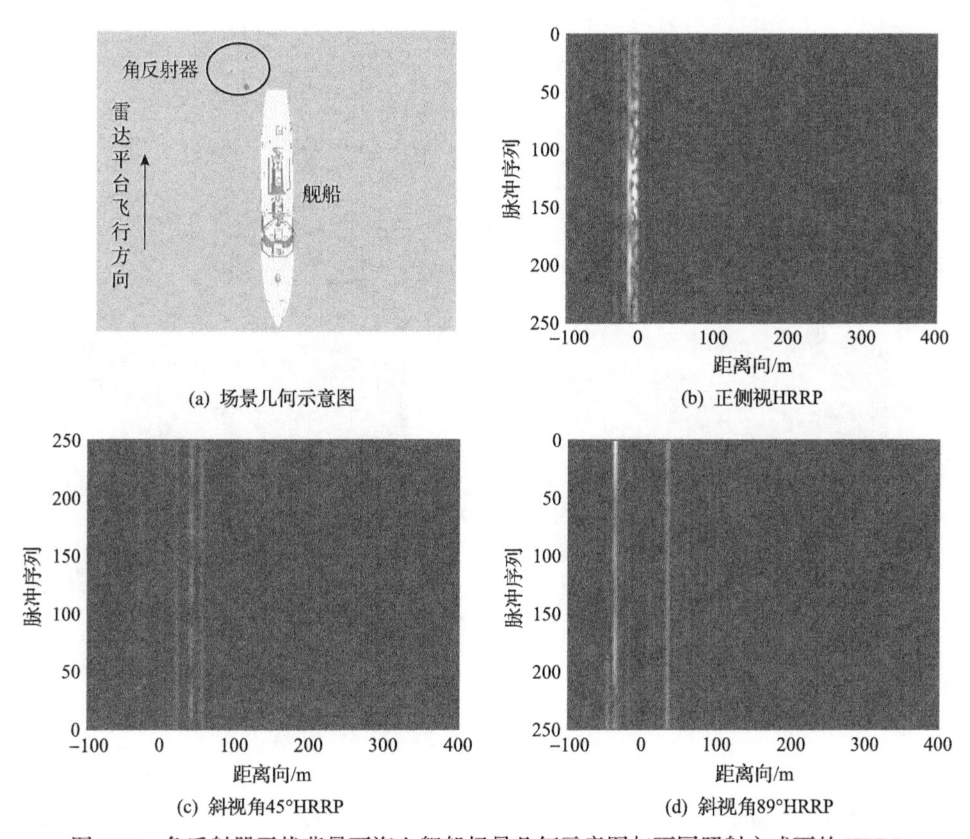

(a) 场景几何示意图　(b) 正侧视HRRP

(c) 斜视角45°HRRP　(d) 斜视角89°HRRP

图 7.33　角反射器干扰背景下海上舰船场景几何示意图与不同照射方式下的 HRRP

此外，在雷达回波的获取中，往往存在着背景噪声，在海场景中，还会存在海杂波，因此可以通过相参积累的方法提高信噪比，从而更好地提取目标信号。相参积累可以采用傅里叶变换实现，假设雷达连续发射 N 个连续脉冲，对每个脉冲不同距离单元的信号进行脉冲压缩，之后对脉冲压缩后的信号沿慢时间方向进行 FFT 实现相参积累，得到场景的 RD 图像。

图 7.34 给出了角反射器干扰环境下海面舰船的复合场景，雷达沿 $-x$ 轴方向飞行，正侧视照射场景。图 7.35～图 7.37 为不同雷达参数下的 RD 图像。在雷达平台的运动过程中，雷达与目标的相对位置会发生变化，不同时刻照射的角度不同，

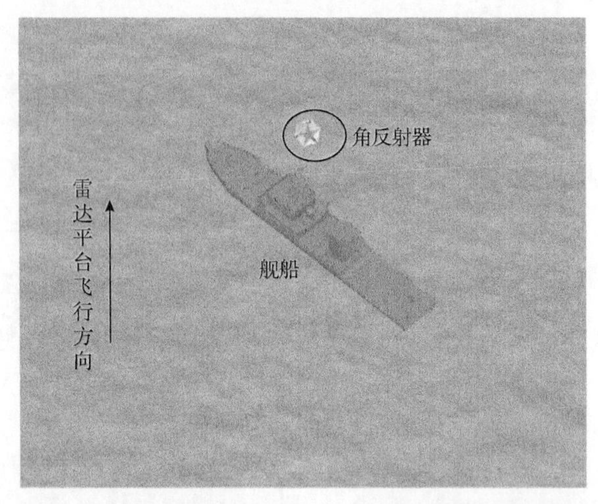

图 7.34　角反射器干扰环境下海面舰船的复合场景

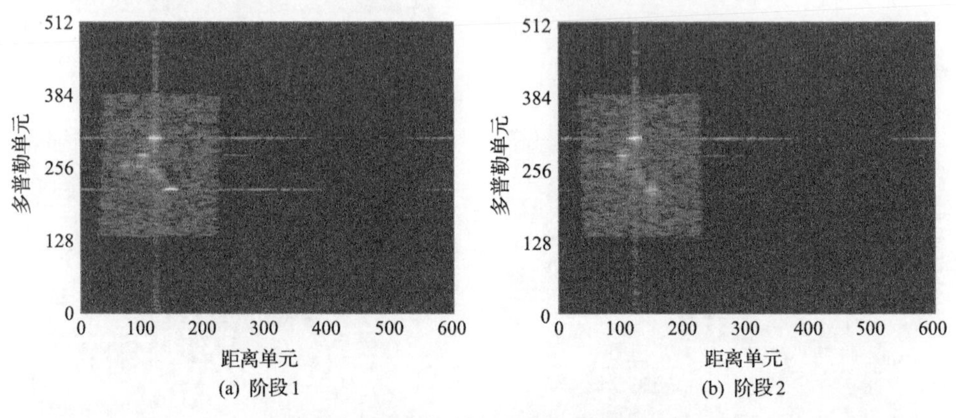

(a) 阶段 1　(b) 阶段 2

图 7.35　不同时间段脉冲积累的 RD 图像

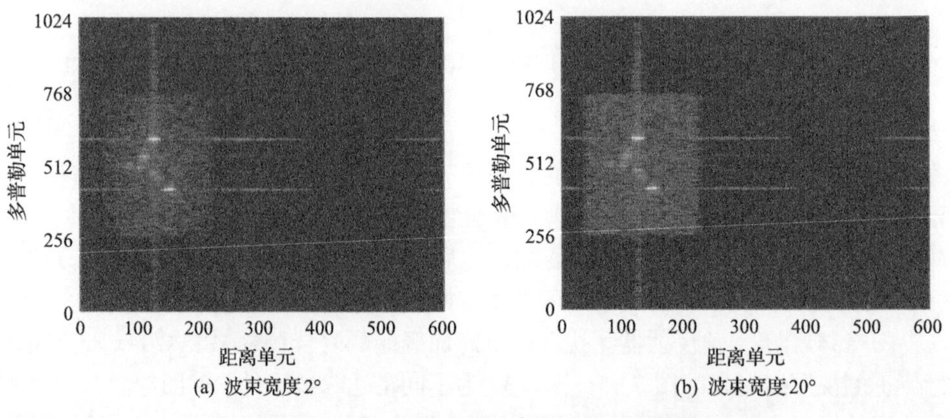

(a) 波束宽度 2°　(b) 波束宽度 20°

图 7.36　同一场景不同波束宽度的 RD 图像

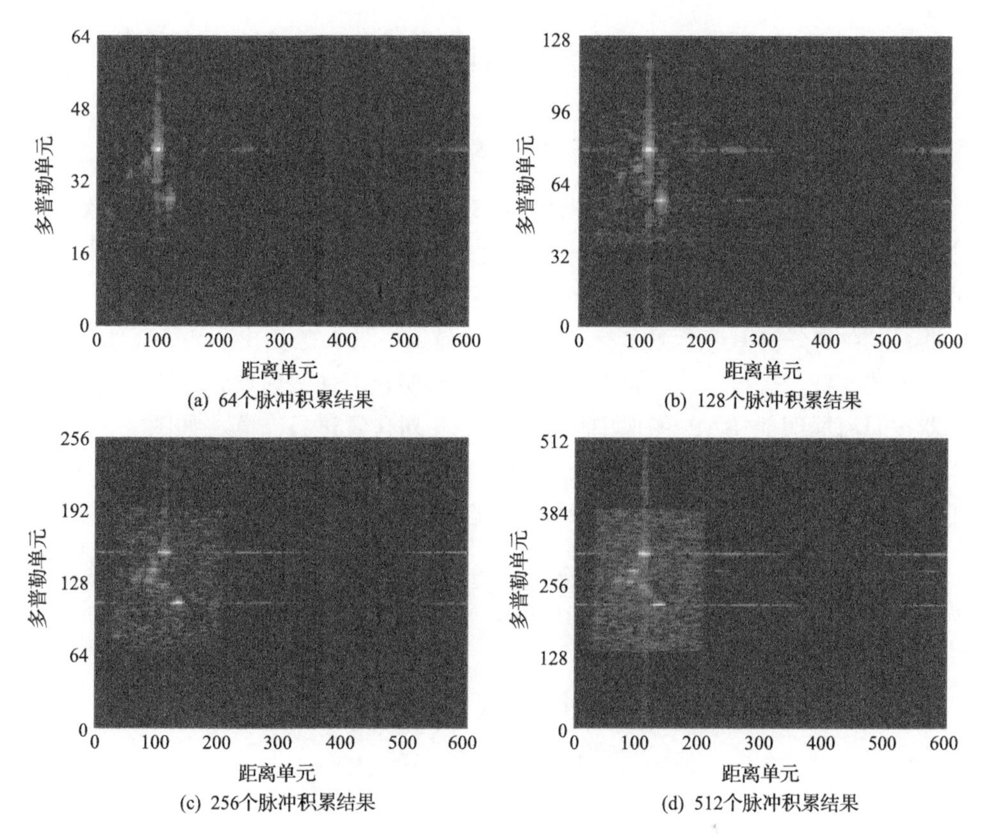

(a) 64个脉冲积累结果

(b) 128个脉冲积累结果

(c) 256个脉冲积累结果

(d) 512个脉冲积累结果

图 7.37　不同数量脉冲积累的 RD 图像

目标的回波也会发生相应变化。此外，随着雷达平台的运动，照射区域也会发生变化，同一目标的散射强度也会发生变化。

图 7.35 给出了不同时间段由 512 个脉冲积累得到的海面上目标的 RD 图像。从图中可以看到，对于同一场景，不同时间的 RD 图像有所区别，目标的强散射点分布虽然变化不大,但是各强散射点的强度由于照射角度的变化而变化。图 7.36 给出了同一场景不同波束宽度的 RD 图像，从图中可以看到，场景的散射强度分布规律基本相同，但是强度有明显的差别。

图 7.37 给出了同一场景由不同数量的脉冲积累得到的 RD 图像，从图中可以看到，随着积累的脉冲数量增多，目标信杂比显著提升，因此可以通过多脉冲积累对目标进行更好地探测。此外，从图 7.35～图 7.37 可以看出，影响 RD 图像中散射特性分布的因素很多，因此为更好地开展目标分类识别，需要结合雷达平台的实际工作过程仿真分析不同情况下的目标强散射点的变化规律。

7.4　典型无源干扰下海场景的 SAR 图像仿真

7.4.1　角反射器干扰下海场景的 SAR 图像仿真

从 7.1.3 节角反射器的 SAR 图像可以看出，二十面体角反射器在 SAR 图像基本集中在一处，在图像中呈现为一个点。根据这个特点，在进行角反射器布阵时，可以根据舰船目标的强散射点分布位置，按照一一对应的方式放置二十面体角反射器，以在高分辨率情形下实现较好的干扰效果。图 7.38 给出了海面舰船不同分辨率下的 SAR 图像，从图中可以看到，舰船有明显的强散射点分布特征，将角反射器按照海面舰船 SAR 图像中强散射点的相对位置进行布阵，如图 7.39(a)所示。在相同的成像条件下，得到海面角反射器阵列的 SAR 图像，如图 7.39(b)和图 7.39(c)所示，与舰船 SAR 图像特征相近。

(a) 海上舰船几何示意图

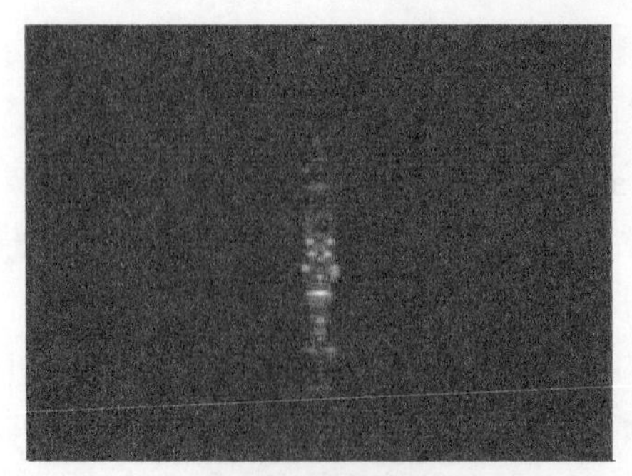

(b) SAR图像(分辨率1m×1m)

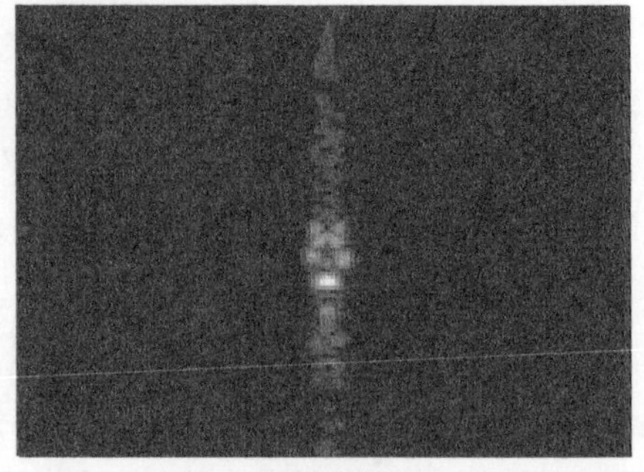

(c) SAR图像(分辨率2m×2m)

图 7.38　舰船与海面复合场景几何示意图与 SAR 图像

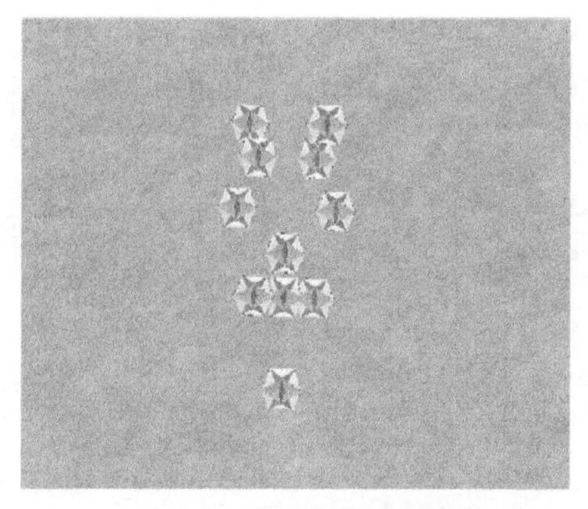

(a) 海上角反射器阵列几何示意图

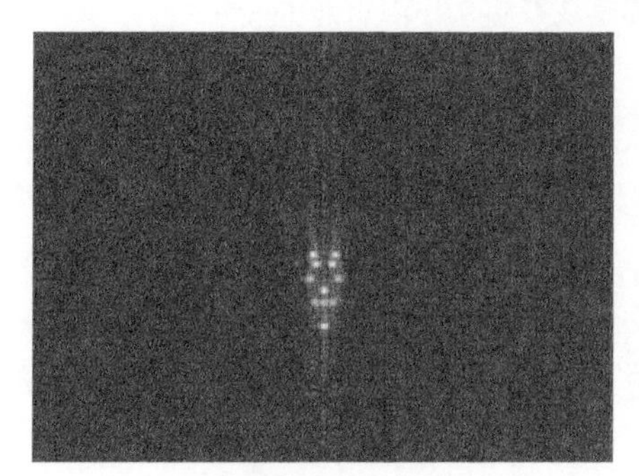

(b) SAR图像(分辨率1m×1m)

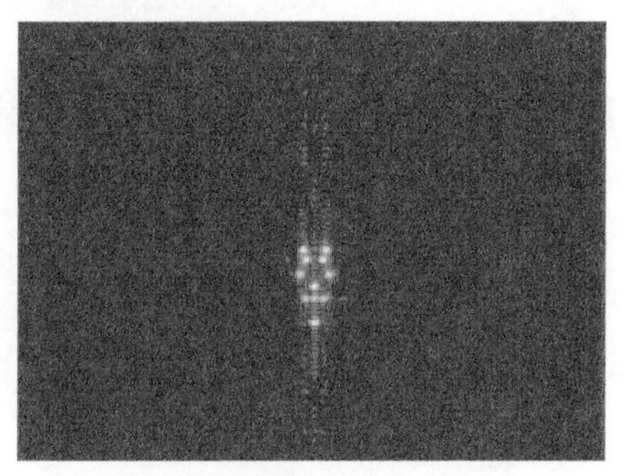

(c) SAR图像(分辨率2m×2m)

图 7.39　角反射器阵列与海面复合场景的几何示意图与 SAR 图像

图 7.40 仿真了在舰船附近布置多个角反场景的 SAR 图像，从图中可以看到，在不同分辨率下，虽然舰船和角反射器的 SAR 图像强度有一些差异，但是角反射器阵列的强散射点空间分布与舰船的分布规律相似，表明将角反射器利用合适的方式进行布阵，可以较好地在高分辨雷达体制下达到干扰舰船目标识别的效果。

(a) 海上舰船与角反射器阵列复合场景几何示意图

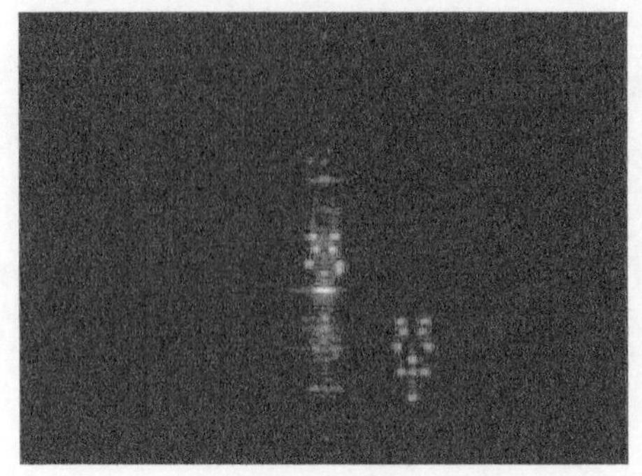

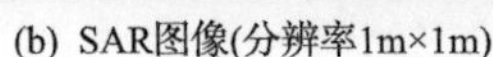

(b) SAR图像(分辨率1m×1m)

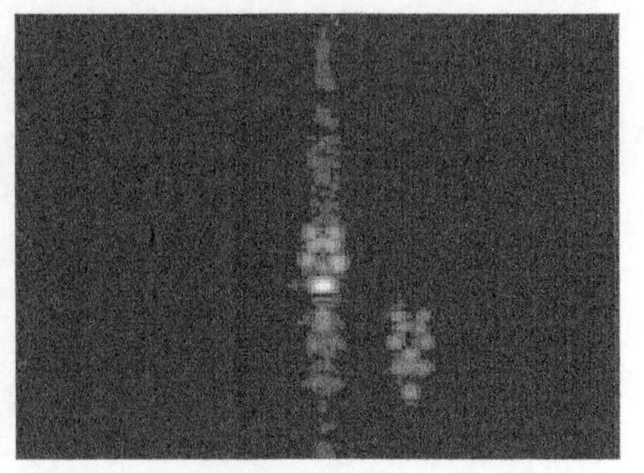

(c) SAR图像(分辨率2m×2m)

图 7.40　舰船、角反射器与海面复合场景几何示意图与 SAR 图像

7.4.2　角反射器和箔条云团干扰下海场景的 SAR 图像仿真

当海上箔条云团和角反射器同时存在时，一方面可以利用角反射器阵列形成假目标，同时可以利用箔条云团形成质心式或者冲淡式干扰欺骗雷达，从而取得较好的干扰效果。在低分辨率模式下，箔条云团持续时间较长，且具有很强的 RCS，因此可以对舰船目标起到很好的干扰作用。而在高分辨率模式下，为了探究角反射器、箔条云团同时存在时的干扰效果，本节重点分析考虑角反射器、箔条云团干扰背景下海面舰船目标复合场景的 SAR 图像特征。

海面舰船目标、箔条云团与角反射器阵列复合场景几何示意图如图 7.41 所示，其中海面尺寸为 1200m×1200m，舰船置于海面中心位置，场景中包含三组角反射器阵列和三发箔条云团，每组角反射器阵列由三个二十面体角反射器组成。角反射器阵列和箔条云团与舰船中心相对位置如图 7.41 所示，舰船船头朝向与水平方向夹角为 30°。仿真中雷达工作在 Ku 波段，入射角为 60°，分辨率为 1.5m×1.5m，HH 极化，三发箔条云团除位置外均相同。图 7.42 给出了仿真的海面舰船、角反射器阵列与箔条云团复合场景 SAR 图像。可以看出，在高分辨率模式下，当雷达

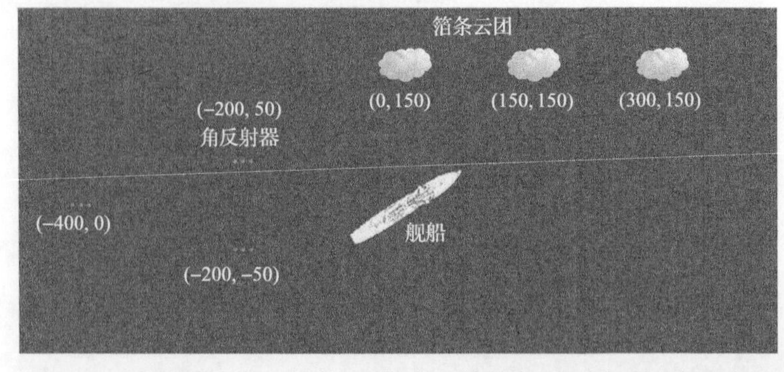

图 7.41　海面舰船目标、箔条云团与角反射器阵列复合场景几何示意图

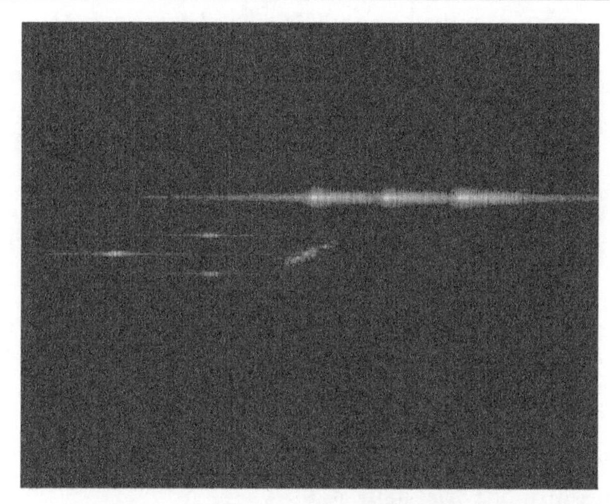

图 7.42　海面舰船、角反射器阵列与箔条云团复合场景 SAR 图像

入射角较大时，箔条云团、角反射器阵列和舰船在图像中强度相近，而海背景强度相对较弱。此外，舰船上的强散射中心分布与结构有关，而箔条云团的形态与舰船有着一定的差异。

7.5　本 章 小 结

在面向智能识别应用时，现有的海面舰船目标复合场景的雷达图像仿真方法和软件往往表现出不同程度的局限性，主要体现在对舰船目标和海面复合散射中心的准确描述和超电大尺寸时变海场景成像雷达回波模拟的效能方面，特别是包含舰船目标、角反射器无源干扰、不同海况的时变海场景 SAR 回波模拟和成像仿真的研究相对较少。本章则充分结合有效的电磁散射模型和雷达回波模拟的频域宽带仿真模型，通过构建包括舰船目标、角反射器和箔条云团无源干扰、时变海面的复杂海场景，获得了特定体制的成像雷达在特定轨道条件下海场景的高分辨雷达回波数据，实现了在特定雷达轨道条件下的无源干扰背景下海场景的高分辨 HRRP、RD 和 SAR 图像仿真，完善了不同海况海面、不同无源干扰、不同舰船和不同雷达动态参数下的 SAR 图像样本。在高分辨率模式下，当雷达入射角较大时，箔条云团、角反射器阵列和舰船在图像中强度相近，海背景强度相对较弱。而当雷达入射角较小时，海背景会体现在雷达图像中。此外，同一海场景不同体制的雷达图像特征还与脉冲积累时间、脉冲宽度、分辨率等参数相关，需要结合雷达平台的实际工作过程仿真得到不同情况下图像中的目标强散射点的变化规律。本章的模型可以对海面动态变化的角反射器阵列和箔条云团元素总数在千万量级、海面尺寸在数公里量级的场景雷达回波进行计算，同时可以包含混装多发箔条云团，更加贴合实际电磁对抗场景，为后续雷达干扰与抗干扰研究提供可靠的海面复合场景仿真数据。

参 考 文 献

[1] 张志远, 张介秋, 屈绍波, 等. 雷达角反射器的研究进展及展望[J]. 飞航导弹, 2014, (4): 64-70.

[2] 张志远, 赵原源. 新型二十面体三角形角反射器的电磁散射特性分析[J]. 指挥控制与仿真, 2018, 40(4): 133-137.

[3] 侯振宁. 舰载雷达无源干扰的发展历程及其战术应用[J]. 舰船电子对抗, 2002, 25(5): 19-22.

[4] 张波, 葛强胜. 桥梁的雷达隐身和模拟方法探讨[J]. 国防交通工程与技术, 2005, 3(4): 21-23.

[5] 张林, 胡生亮, 胡海. 舰载充气式角反射体装备现状与战术运用研究现状[J]. 兵器装备工程学报, 2018, 39(6): 48-51.

[6] Simcenter STAR-CCM+用户指南[EB/OL]. http://www.siemens.com/mdx[2024-7-5].

[7] 黄宏嘉. 微波原理(卷I)[M]. 北京: 科学出版社, 1965.

[8] 谢处方. 电波与天线(下册)[M]. 2版. 北京: 人民邮电出版社, 1966.

[9] van Vleck J H, Bloch F, Hamermesh M. Theory of radar reflection from wires or thin metallic strips[J]. Journal of Applied Physics, 1947, 18(3): 274-294.

[10] 陈静. 毫米波箔条长度及其误差分布[J]. 红外与毫米波学报, 1996, 15(5): 353-357.

[11] Arnott W P, Huggins A, Gilles J, et al. Determination of radar chaff diameter distribution function, fall speed, and concentration in the atmosphere by use of the NEXRAD radar[R]. Reno: Desert Research Institute, 2004.

[12] Knott E F, Lewinski D, Hunt S D. Chaff theoretical/analytical characterization and validation program[R]. Georgia: Georgia Inst of Tech Atlanta Engineering Experiment Station, 1981.

[13] Dwivedi P N, Upadhyay S N. Particle-fluid mass transfer in fixed and fluidized beds[J]. Industrial & Engineering Chemistry Process Design and Development, 1977, 16(2): 157-165.

[14] 徐敏. 空气与气体动力学基础[M]. 西安: 西北工业大学出版社, 2015.

[15] 美国国家海洋和大气局、国家航宇局和美国空军部. 标准大气(美国, 1976)[M]. 任现, 钱志民, 译. 北京: 科学出版社, 1982.

[16] Brunk J, Mihora D, Jaffe P. Chaff aerodynamics[R]. Alpha Research Inc.: Santa Barbara, 1975.

[17] Wilkin J H. The measurement of dipole angle distribution[R].London: European Research office of the US Army, 1982.

[18] Garbacz R, Cable V, Wickliff R, et al. Advanced radar reflector studies[R]. Columbus: Ohio State University Electroscience Laboratory, 1975.

[19] 贾书惠. 刚体动力学[M]. 北京: 高等教育出版社, 1987.

[20] Dreier M E. Introduction to Helicopter and Tiltrotor Flight Simulation[M]. Washington: American Institute of Aeronautics and Astronautics, 2018.

[21] 史凯, 刘马宝. 捷联惯导四元数的四阶龙格库塔姿态算法[J]. 探测与控制学报, 2019, 41(3): 61-65.

[22] 夏喜旺, 杜涵, 刘汉兵. 关于大角度范围内四元数与欧拉角变换的思考[J]. 导弹与航天运载技术, 2012, (5): 47-53.

[23] 谭婕, 汪学锋. 海洋风速动态仿真及其在平台模拟系统中的应用[J]. 中国造船, 2014, 55(1): 149-157.

[24] 王文龙. 大气风场模型研究及应用[D]. 长沙: 国防科学技术大学, 2009.

[25] Sachs G. Minimum shear wind strength required for dynamic soaring of albatrosses[J]. Ibis, 2005, 147(1): 1-10.

[26] 曲长文，蒋波，王洋，等. 单根任意长度箔条双站散射截面积研究[J]. 海军航空工程学院学报，2010，25(3)：276-280.

[27] Gibson W C. The Method of Moments in Electromagnetics[M]. Boca Raton: CRC Press, 2021.

[28] Attaei Y M. Current distribution on linear thin wire antenna application of MOM and FMM[D]. Gazimagusa: Eastern Mediterranean University, 2012.

[29] Dalkiran R. Radar cross section (RCS) of perfectly conducting (PEC) thin wires and its application to radar countermeasure: Chaff[D]. Ankara: Bilkent University, 2015.

[30] Zhang S H, Zhang M, Li J X, et al. Investigation of the shielding and attenuation effects of a dynamical high-density chaff cloud on the signal based on voxel splitting[J]. Remote Sensing, 2022, 14(10): 2415.

[31] Butters B C F. Chaff[J]. IEE Proceedings FCommunications, Radar and Signal Processing, 1982, 129(3): 197-201.

[32] 刘艳平. 箔条在电子战中的战术运用研究[J]. 舰船电子对抗, 2017, 40(2): 28-31.

第 8 章　基于 SAR 图像的舰船目标智能识别

深度学习作为机器智能学习一个重要的分支，可以采用“End-to-End”的学习方式，只需要进行很少的归一化，就可以将数据交给模型去训练，在检测效率提升的情况下，获得更高的准确率。随着深度学习技术的发展[1-3]，其在计算机视觉、数据挖掘，机器翻译等领域大放异彩，解决了很多复杂的模式识别难题。目前，深度学习已经拥有诸多框架：Tensorflow、Caffe、Theano、Keras、Torch、Pytorch 等，尤其是卷积神经网络（convolutional neural network, CNN）在图像分类识别领域取得了显著成效[4-6]，此外，基于 CNN 的改进算法，如区域卷积神经网络（regions with CNN, RCNN）、Fast RCNN、Faster RCNN，是一个不断优化的过程，在学习效率、识别准确率方面不断提高，逐渐被应用到各种目标的检测应用中。因此，借助人工智能技术，结合 SAR 的全天时、全天候信息获取能力，开展海场景 SAR 图像中舰船目标的检测和识别，能够为海上舰船监测、检测和识别提供强有力的支持，在领海安全、渔业资源管理和海上运输与救援等方面具有重要意义。

然而，基于深度学习技术开展海上舰船目标探测识别是以丰富的 SAR 图像数据集为基础的。尽管机载和星载 SAR 系统的数据获取技术已经日臻完善，为目标识别提供了有力的数据支撑。然而，在利用实际 SAR 图像开展舰船的智能识别与检测时，仍然受探测环境、系统参数、舰船种类等的限制，使得实测数据的获取面临代价大、缺乏对 SAR 图像中舰船特征的完备分析、可扩展性和数据灵活性差等问题，尤其是对于非合作目标，SAR 图像的获取尤为困难，严重制约着复杂海洋环境中舰船目标智能探测识别技术的研究和发展。舰船的船体结构、运动参数和 SAR 系统参数以及环境参数等均会影响 SAR 图像的特征，进而影响对目标的智能识别能力。因此，借助理论仿真手段，突破探测环境、系统参数等对实测数据获取的限制，结合含舰船目标海场景的电磁散射机理和模型，开展实际干扰背景下海场景的 SAR 图像仿真和特征分析，形成有效的舰船目标的智能检测和识别系统，更好地指导实测 SAR 开展海上舰船检测工作。

为此，本章在介绍海场景舰船目标 CNN 构建的基础上，详细分析基于实测和仿真 SAR 图像数据的深度学习网络，并实现舰船目标的智能检测与识别。而基于仿真 SAR 图像数据的深度学习网络，在实测数据匮乏的海面舰船场景的目标智能识别中具有显著的应用价值。

8.1　深度学习简介

深度神经网络是由输入层、隐藏层和输出层构成的。在训练过程中，利用上一层的神经元乘以相应的权重进行加权求和，再加上一个偏置值，计算得到的结果再进行激活，最终可以得到该层某一个神经元的值，以此类推，最终得到输出层的值。网络的优化训练权重调整一般使用反向传播算法[7-9]，训练之前定义一个损失函数来衡量网络误差程度，然后采用反向传播算法不断优化这个误差函数，使网络的误差程度达到所设定的要求。网络模型常常应用于图像目标的分类识别中，在网络的最后输出层接一个 Softmax 函数来实现目标分类[8,9]，该函数将最后多个神经元输出值变换为 0～1，可以将其看作概率来理解，概率最大的一个就是分类判定的对象。

当前，在图像处理时，经常使用到 CNN[10-12]，其是由生物视觉神经系统的启发产生的。生物视觉神经系统中的视觉皮层神经元只对其周边区域范围内特定信号的刺激进行响应，也就是说感受局部区域的刺激，由此在设计 CNN 时，也使某个神经元只感受整幅输入图像或者上一层输出特征映射图的局部区域，这里与传统的神经网络大不相同，传统的神经网络是将整幅输入图像或者上一层输出特征映射图全部进行感知。CNN 有两个显著的特点：局部连接和权重共享。局部连接是指每个神经元没有必要感知整幅图像或者上一层输出特征映射图的每个像素，只需要对部分像素进行感知，进而一层一层地将前一层感知得到的局部信息汇总，最终能够得到接近于全局的信息。这对于网络的优化训练具有重要的作用，从而显著减少了训练时间。

CNN 常见的组成部分包含输入层、卷积层、激活层、池化层和输出层。每个卷积层一般会包含多个卷积核，卷积核具有一定的尺寸且包含相应的权重参数，按照设定的步长在前一层输出的特征映射图或者输入图像上进行滑动并进行内积操作，遍历完可得到相应的输出特征映射图，再采用激活函数对该图上每个元素值进行计算求解。池化层的功能在于特征的降维，主要采用某几个区域的值来进行整体区域结果的替代。常见的池化操作有平均池化和最大池化等，池化操作能够减少数据量与参数的个数，还可以抑制过拟合。

目前，有许多成熟的 CNN，如 RCNN[13]以及在其基础上发展来的 Fast RCNN[14-16]等。RCNN 主要包含三个步骤：首先是在输入的图片上随机生成大小不同的候选区域；之后将这些候选区域的尺寸归一化为同一大小，并将其输入到卷积层中，进行图像特征的提取，得到特征集合；最后将这些特征集合通过支持向量机进行分类，根据预先标定的候选区域的位置进行训练回归。相对于传统的检测方法，RCNN 算法取得了较好的检测效果，但 RCNN 算法面临训练中磁盘的空间消耗巨大、检测效率低等问题，对于深层网络结构尤为显著。

由于 RCNN 存在的问题，Fast RCNN 算法应运而生[14]。该算法引入了多任务损失函数，把分类和边界框的回归训练结合在一起，可以做到同时训练，而且不再需要磁盘空间存储提取的候选区域特征，因此显著降低了硬件要求，并且相对于 RCNN 算法具有更高的检测精度。

虽然 Fast RCNN 算法引入的多任务损失函数减少了大量的时间开销，但是在生成候选区域的过程中还需要单独进行，而且生成候选区域的时间和检测网络消耗的时间相当，同时面临检测的所有操作并非集中在一个网络中的问题，使用时可能会带来不便。此外，该算法在生成候选区域时只能在 CPU 上进行，并不能应用如今具有高性能计算的 GPU。在此基础上，学者提出了 Faster RCNN 算法[15,16]，它第一次引入了区域建议网络(region proposal network, RPN)，该网络能够进行 GPU 加速，真正地把生成候选框和目标检测这两个步骤集成到一个网络中。

鉴于 Faster RCNN 在目标识别中的较高精度，本章采用该网络开展海场景 SAR 图像中舰船目标的检测和分类工作。

8.2　海场景舰船目标检测识别的 Faster RCNN 构建

Faster RCNN 由两个模块组成，一个是生成候选区域的 RPN 模块，另一个是基于 Fast RCNN 框架的检测网络,用于处理来自 RPN 模块生成的候选区域。Faster RCNN 网络结构模型示意图如图 8.1 所示。当整幅图像输入 Faster RCNN 中时，第一步共享卷积层提取特征图，进而将特征图传送到 RPN 产生候选区域，同时 RPN 后面也连接了分类层和定位层，此处的分类层其实也就是二分类，用于区分背景和目标。

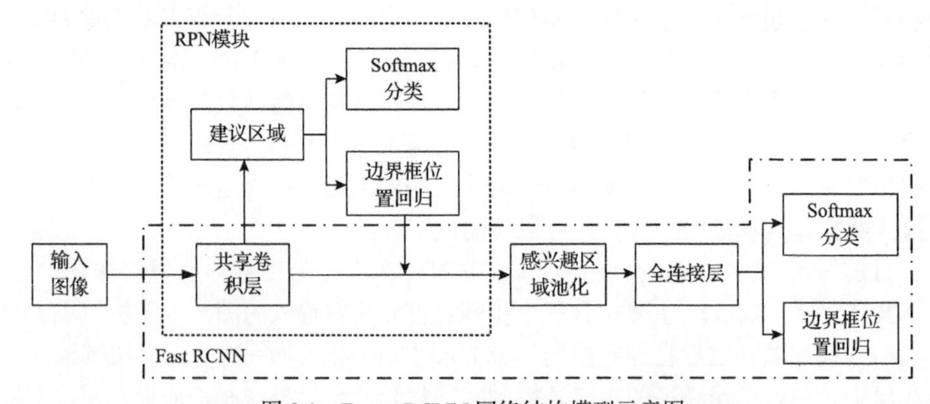

图 8.1　Faster RCNN 网络结构模型示意图

RPN 的输入尺寸可以是任意的,输出的是一系列候选区域并带有分类的得分。

为了生成候选区域，在最后一层共享卷积网络输出的特征映射上采用一个小网络(即 RPN)进行滑动，这个小网络采用$n \times n$的小窗口在输入的卷积特征图上进行滑动，每个滑动窗口映射到一个低维的特征向量，这个特征向量又被输入到两个同级的全连接层中进行背景目标的分类和边界框的位置回归。这里在每个滑动窗口的位置同时给出多个建议区域，设每个位置的最大建议区域数为k，则分类层输出$2k$个结果，代表着k个建议区域的背景和目标的概率值，边界框位置回归层输出$4k$个结果，分别代表着k个建议区域的检测框坐标位置。不同的建议区域称为锚点(anchor)，锚点位于所讨论的滑动窗口的中心位置，这些锚点是可能的候选区域。在进行锚点的选取时，一般与人为设定的长宽比和尺度有关，通常采用 3 种尺度和长宽比，即$k=9$，本章采用 3 种尺度$\left\{128^2,256^2,512^2\right\}$与 3 种长宽比$\{1:1,1:2,2:1\}$进行了检测实验。

为了训练 RPN，引入正负样本。正样本是指与实际标定框具有最高重叠率的锚点，或者是重叠率超过 0.7 的锚点，其余为负样本，所以一个真实的标定框可能对应多个正样本。同时，与 Fast RCNN 一样采用多任务损失函数来进行网络的优化训练，其公式为[15]

$$L=\frac{1}{N_{\text{cls}}}\sum_i L_{\text{cls2}}\left(p_i,p_i^*\right)+\lambda_2\frac{1}{N_{\text{reg}}}\sum_i p_i^* L_{\text{reg2}}\left(t_i,t_i^*\right) \tag{8-1}$$

其中，i为小批量数据对应锚点的索引；p_i为预测第i个锚点为目标的概率；若锚点是正样本，则真实标签p_i^*值是 1，反之，则为 0；t_i为预测的检测边界框位置，包含 4 个参数的坐标向量；t_i^*为真实边界框坐标向量；L_{cls2}为对数损失函数，代表目标背景的分类误差；$L_{\text{reg2}}=B\left(t_i-t_i^*\right)$为边界框回归损失，其中$B$是指损失函数；$N_{\text{cls}}$为批训练数据量；$N_{\text{reg}}$为锚点位置的数量；$\lambda_2$为平衡参数。

在实际训练整个 Faster RCNN 时，经历了两个阶段。第一个阶段首先只对 RPN 进行训练，接着把 RPN 的输出结果(也就是候选区域)输入到检测网络中，然后只对 Fast RCNN 进行训练。第二个阶段是再对 RPN 进行训练，这次训练公共卷积网络部分的参数不变，只对 RPN 独有的网络参数进行更新，最后再根据其输出结果对 Fast RCNN 进行微调，同样公共网络部分参数不变，只对 Fast RCNN 独有的参数进行更新。

Faster RCNN 算法并不像 RCNN 算法需要在外部磁盘上进行存储而消耗大量的存储空间，此外 RPN 的应用使得其候选区域的生成能够充分利用 GPU 的性能进行加速计算，因此其在计算机硬件的消耗、计算效率上都得到了巨大的改善，同时还具有较高的检测精度。

8.3 基于实测 SAR 图像数据集的舰船目标检测

8.3.1 实测样本数据集的构建

本节基于 Faster RCNN 算法对实测 SAR 图像上的舰船目标进行检测实验，并且分析不同训练批次及舍弃(dropout)对检测结果的影响。在使用 Faster RCNN 算法进行 SAR 图像上舰船目标检测之前，首先需要训练和测试舰船目标 SAR 图像样本数据集，而这类相关的公开数据集很少，因此本节先创建一个舰船目标 SAR 图像样本数据集，基于该数据集进行 Faster RCNN 算法的检测研究。

本节创建的数据集中的样本都是取自 Sentinel-1A 卫星上的 SAR 图像舰船目标样本，一共有 1100 幅 SAR 图像样本，每一幅样本图像的尺寸至少为 500×400，大多数的样本尺寸都大于该值，并且样本尺寸的大小都不相同，每一幅样本图像中的舰船目标数至少为 9 个，因此整个样本数据集有 9900 个以上的舰船目标，这样的样本数据集对于针对舰船目标的 Faster RCNN 算法的训练和测试是足够的。在样本数据集的制作过程中，选取了不同尺寸、不同情况下的舰船目标样本，尽可能地考虑到各种大小、各种航向和各种场景下的舰船目标，使该样本数据集具有更好的代表性。Faster RCNN 模型在训练时，不仅需要样本图像，还要记录 SAR 图像样本中舰船目标真实边界框的左下角坐标和右上角坐标，图像中有多少个舰船目标，就记录相应个数的坐标，并将这些信息一同制作成 XML 文件，便于网络的数据读入。每幅 SAR 图像样本对应一个 XML 文件，同时该 XML 文件包含该 SAR 图像样本中所有的舰船目标信息。

图 8.2 是制作的 SAR 图像样本示意图，所创建的数据集中实际的 SAR 图像样本切片中的舰船目标数要更多。图 8.2(a)是原始 SAR 图像，需要记录的左下角坐标和右上角坐标的相应真实边界框如图 8.2(b)所示，图 8.2(c)是制作成对应的 XML 文件，图中的<size>区域记录了样本的尺寸大小，<object>区域代表目标

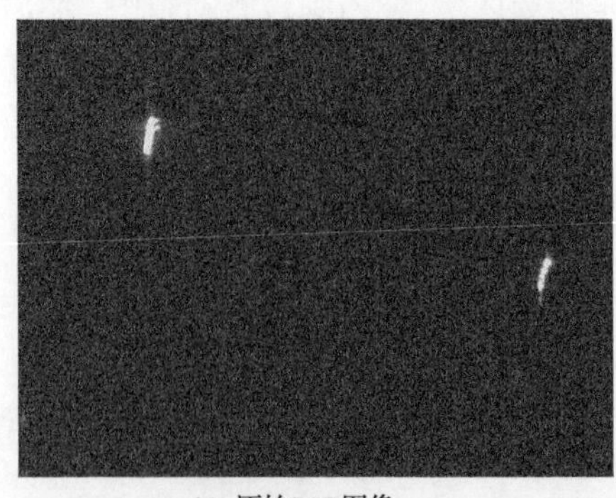

(a) 原始SAR图像

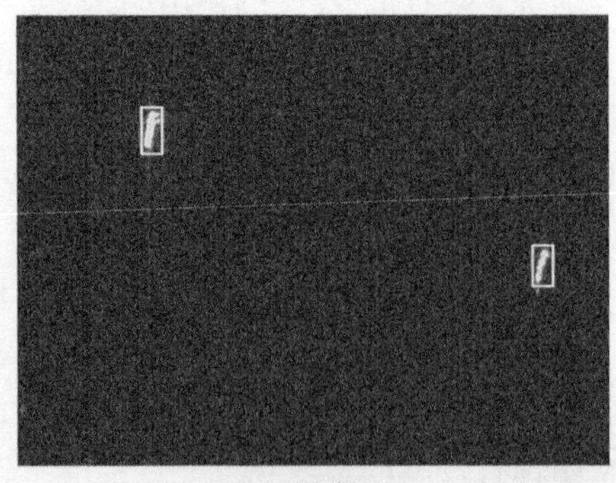

(b) 对应标注

```
<size>
        <width>543</width>
        <height>402</height>
        <depth>3</depth>
</sise>
<segmented>0</segmented>
<object>
        <name>ship</name>
        <pose>Unspecified</pose>
        <truncated>0</truncated>
        <difficult>0</difficult>
        <bndbox>
                <xmin>110</xmin>
                <ymin>76</ymin>
                <xmax>135</xmax>
                <ymax>124</ymax>
        </bndbox>
</object>
<object>
        <name>ship</name>
        <pose>Unspecified</pose>
        <truncated>0</truncated>
        <difficult>0</difficult>
        <bndbox>
                <xmin>470</xmin>
                <ymin>202</ymin>
                <xmax>493</xmax>
                <ymax>249</ymax>
        </bndbox>
</object>
```


(c) 对应的XML文件

图 8.2　SAR 图像样本示意图

对象，＜name＞区域代表相应对象的类别，＜bndbox＞区域是边界框的真实标签，＜xmin＞与＜ymin＞分别指框的左下角横坐标与左下角纵坐标，＜xmax＞和＜ymax＞则分别指其右上角横坐标和右上角纵坐标，图中有两个目标，所以 XML 文件记录了对应两组坐标。

8.3.2　实测 SAR 图像中舰船目标检测

基于所创建的数据集，选取 550 幅 SAR 图像样本作为训练集用于网络的训练优化，其余的 550 幅 SAR 图像样本作为测试集进行 Faster RCNN 算法的检测性能测试，本次实验利用了查准率和查全率来计算平均正确率，以进行结果的评价。查准率和查全率的表达式分别为

$$P_{\text{pre}} = \frac{\text{TP}}{\text{TP} + \text{FP}} \tag{8-2}$$

$$P_{\text{rec}} = \frac{\text{TP}}{\text{TP} + \text{FN}} \tag{8-3}$$

$$\text{AP} = \int_0^1 P_{\text{pre}} P_{\text{rec}} \text{d} P_{\text{rec}} \tag{8-4}$$

其中，P_{pre}是指查准率；TP 是指正确的正例；FP 是指错误的正例；P_{rec}是指查全率；FN 是指错误的反例；AP 是指平均正确率。

在 Faster RCNN 检测测试过程中，若预测的检测框与标定的真实框的重叠面积超过 90%，即认为该检测结果正确。

设置 Faster RCNN 训练时 RPN 的训练迭代次数为 80000 次，Fast RCNN 检测网络部分的迭代次数为 40000 次，dropout 值为 50%，学习率为 0.001，在网络的训练优化过程中，选用不同的训练批次大小进行训练测试。

表 8.1 是不同训练批次大小下检测平均正确率，由该表可以发现，当批次大小从 64 增加到 128 时，平均正确率从 79.547%提高到 88.624%，检测效果有了明显提高，当训练批次大小再增加到 256 时，平均正确率从 88.624%提高到 89.106%，检测效果也有一定的提升，而当训练批次大小从 256 增加到 400 时，平均正确率从 89.106%提高到 89.249%，检测效果提升有限。但是，当训练批次大小从 400 增加到 512 时，平均正确率却由 89.249%下降到了 89.239%。训练批次大小的选取在训练时很重要，合适的训练批次大小对检测效果至关重要，过大或者过小都会影响最终的检测效果，训练批次太小会导致学习到样本数据中的一些噪声，增大了网络收敛的难度，训练批次太大有很大概率陷入局部最优点。

表 8.1　不同训练批次大小下检测平均正确率

训练批次大小	平均正确率/%
64	79.547
128	88.624
256	89.106
400	89.249
512	89.239

图 8.3 是对应表 8.1 采用不同训练批次大小得到的模型进行实际检测的效果图，针对同一幅图像，列举了训练批次大小分别为 128、256、400 和 512 得到的模型进行舰船目标检测的结果。从图中可以很明显地看出，平均正确率越高的模型，正确检测出的舰船目标越多，漏检数目越少，平均正确率最高的模型也就是训练批次大小为 400 得到的模型漏检了一个目标。图中检测方框上方的标签“ship”代表着所检测出的目标对象是舰船，“ship”后面的数字是指该检测网络判断所检测目标为舰船的 Softmax 值，实际上采用 Faster RCNN 算法只检测单一舰船目标的情况相当于二分类问题，只需要区别是背景还是目标。

设置训练批次大小为 400，保持其他参数不变，选用不同大小的 dropout 来进行网络的训练，训练得到的模型对应的检测效果如表 8.2 所示。从表中可以看出，在 dropout 值取 10%时，平均正确率达到了 90.246%，是最高的，当 dropout 取 30%

时，平均正确率下降到了 90.090%，检测性能有所下降。而当 dropout 取 50%时，平均正确率下降到了 90%以下，下降得比较明显，随着 dropout 值增加到 70%，平均正确率又进一步下降，但此时的平均正确率依然在 89%以上，而当不采用 dropout，即 dropout 的值取 0%时，平均正确率仅有 80.651%，与这里最高平均正确率的数值差为 9.595%，检测性能的差距比较明显。dropout 值的设置用来减小整体网络的过拟合，增加网络的泛化性，使部分神经元失效，不再训练更新，在训练的 Fast RCNN 中的最后两层全连接层后面分别连接了一个 dropout 层，若不采用 dropout 层，网络容易存在过拟合现象，导致平均正确率较低，不同数据集的最佳 dropout 设定值是不一样的，需要不断地训练调试来选择相对最优的一个设定值，以达到一个相对最佳的检测效果。

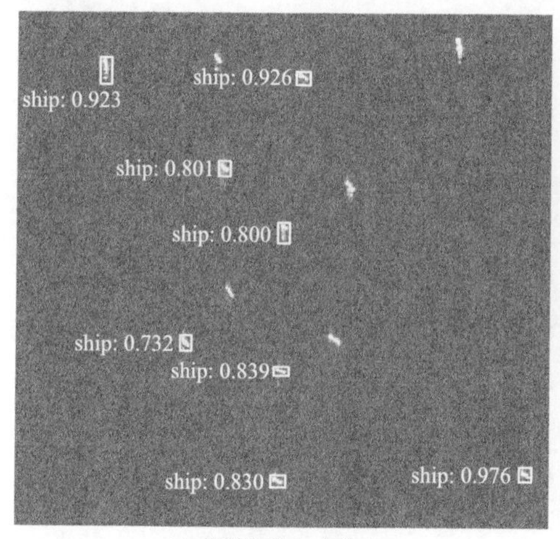

(a) 训练批次大小为128

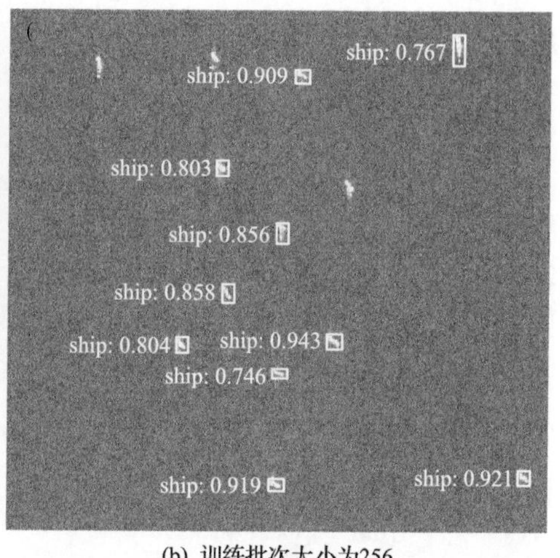

(b) 训练批次大小为256

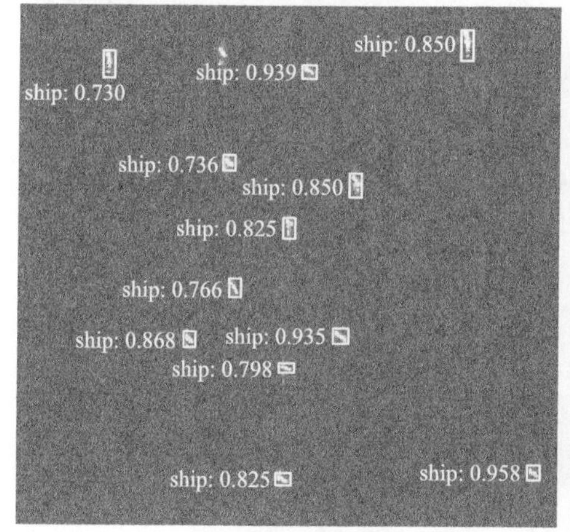

(c) 训练批次大小为400

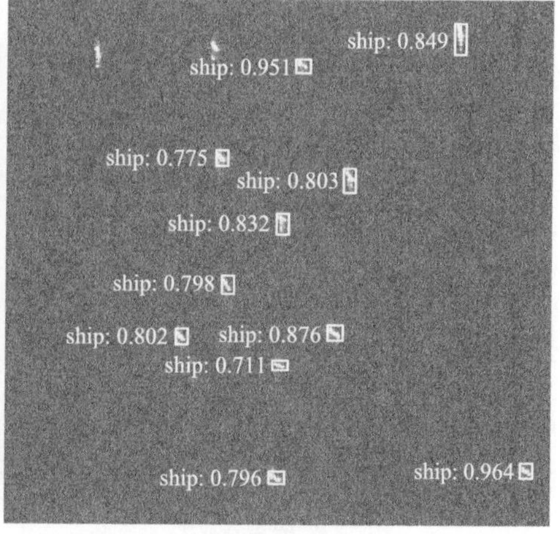

(d) 训练批次大小为512

图 8.3　不同训练批次大小得到的检测样例

表 8.2　不同 dropout 下的检测平均正确率

dropout 值/%	平均正确率/%
0	80.651
10	90.246
30	90.090
50	89.249
70	89.007

图 8.4 是对应表 8.2 采用不同 dropout 训练得到的模型进行实际检测的效果图，和图 8.3 一样针对的是同一幅图像，列举了 dropout 值为 0%、10%、50%和 70%

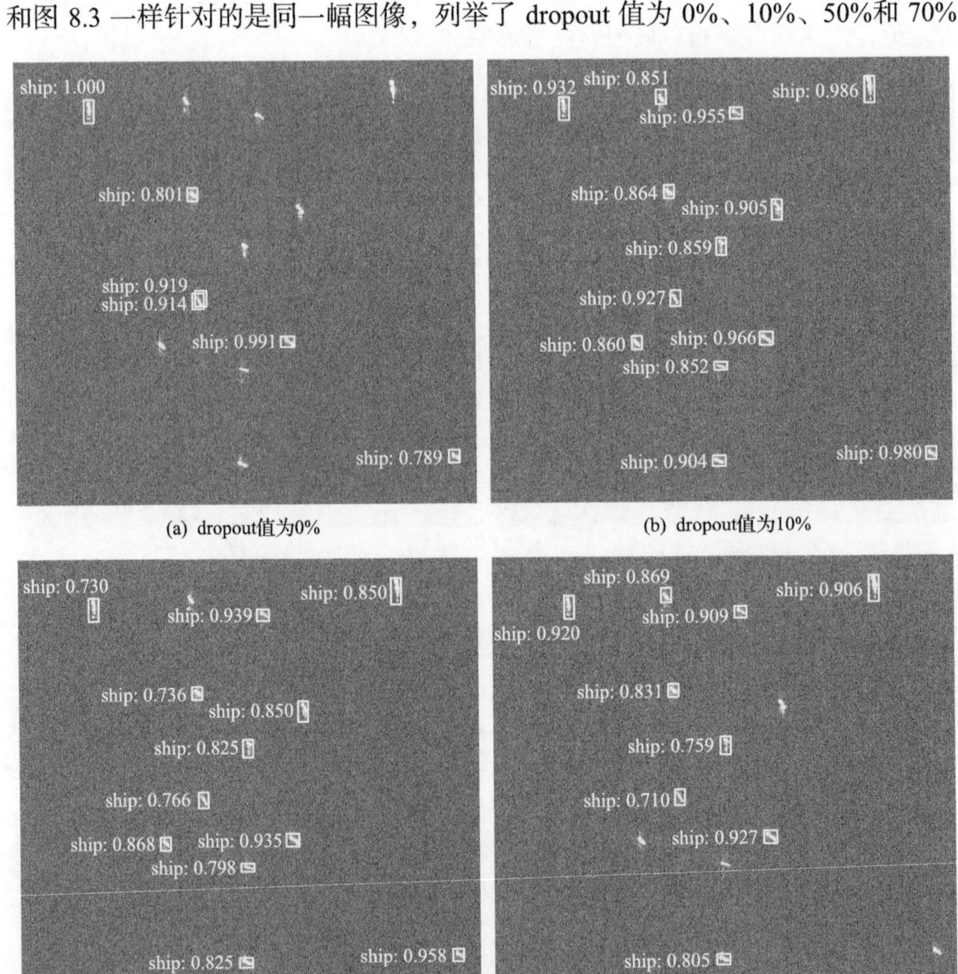

(a) dropout值为0%　　(b) dropout值为10%

(c) dropout值为50%　　(d) dropout值为70%

图 8.4　不同 dropout 训练得到的检测样例

训练得到的模型进行舰船目标检测的结果，从图中可以很明显地看出，平均正确率越高的模型，正确检测出的舰船目标也更多，漏检数目更少，当 dropout 的值取 10%时全部正确检测出了舰船目标，此时的平均正确率也是最大的。对比图 8.4，可以很明显发现平均正确率越大的模型，检测效果越好，正确检测出的舰船数目越多，都没有虚警目标，80.651%的平均正确率漏检了 9 个目标，88.624%的平均正确率漏检了 5 个目标，89.007%的平均正确率漏检了 4 个目标，89.106%的平均正确率漏检了 3 个目标，89.239%的平均正确率漏检了 2 个目标，89.249%的平均正确率漏检了 1 个目标，90.246%的平均正确率全部正确检测出目标。

图 8.5 给出了 Faster RCNN 实际训练时各个部分的训练损失变化，图 8.5(a)是 RPN 两个阶段的训练损失随迭代次数增加的变化曲线，可以很明显看出，刚开始随着迭代次数的增加，其损失值快速下降，然后逐渐趋于平稳，同时也可以发现第二阶段的 RPN 训练损失是普遍大于第一阶段的，这是由于第一阶段是训练整个 RPN，更新其整个网络的权重，而第二阶段只更新 RPN 独有部分的参数，同时第一阶段也训练了 Fast RCNN 部分，共享卷积部分的参数发生了改变，所以第二阶段 RPN 训练时的误差更大一点。图 8.5(b)是 Fast RCNN 两个阶段的训练损失随迭代次数增加的变化曲线，同样刚开始随迭代次数增加损失下降很快，后来也趋于平稳，并且 Fast RCNN 的第一阶段训练损失要小于第二阶段，这也是因为第二阶段只训练了 Fast RCNN 独有的参数，误差下降相对较慢。

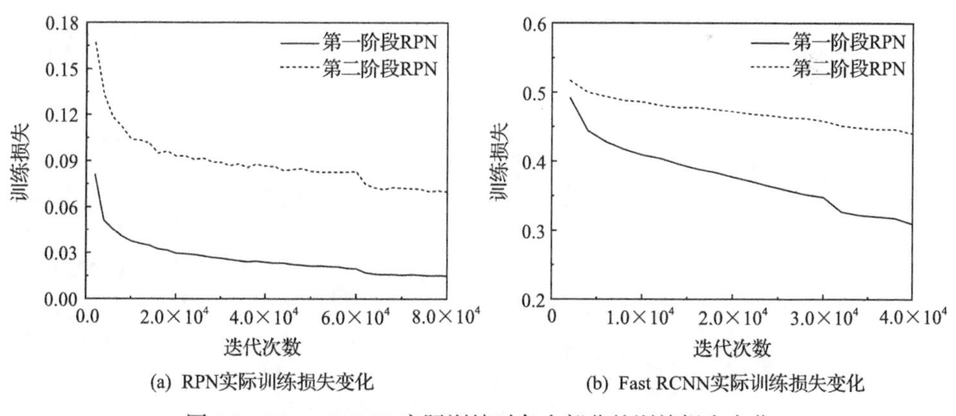

(a) RPN实际训练损失变化　(b) Fast RCNN实际训练损失变化

图 8.5　Faster RCNN 实际训练时各个部分的训练损失变化

图 8.6 是训练得到的 Faster RCNN 模型进行实测 SAR 图像舰船检测的样例图，图中包含着大量集中的舰船目标，从图上可以看出，图 8.6(e)漏检了 2 个目标，图 8.6(f)漏检了 1 个目标，其他图中都完整、准确检测出了舰船目标，且具有较高的检测效率，平均检测完一幅 SAR 图像耗时 0.064s。

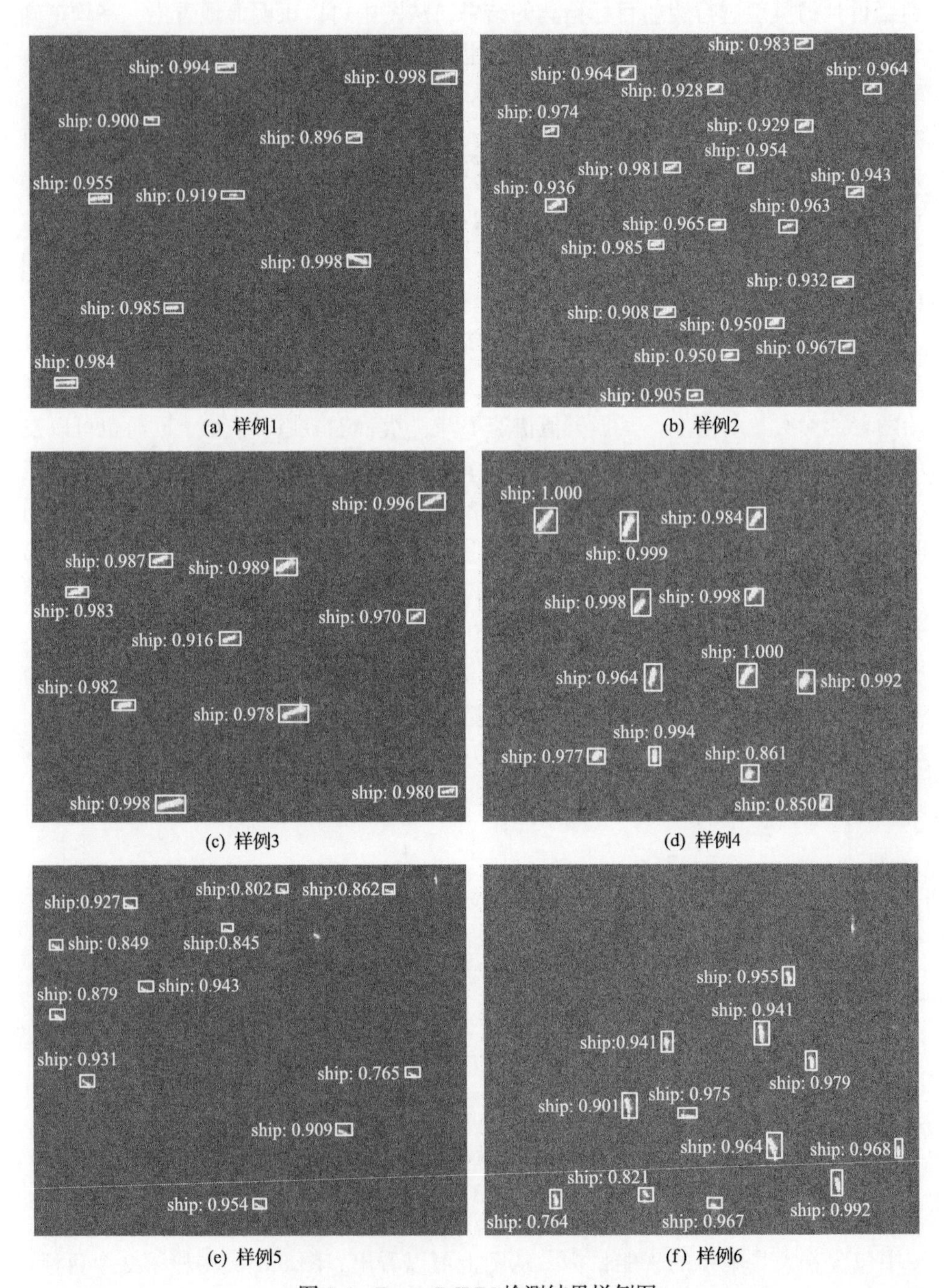

(a) 样例1　(b) 样例2

(c) 样例3　(d) 样例4

(e) 样例5　(f) 样例6

图 8.6　Faster RCNN 检测结果样例图

8.4　基于仿真 SAR 图像数据集的舰船目标检测

8.4.1　仿真样本数据集的构建

为构建仿真 SAR 图像样本，本节首先基于频域宽带信号模型和 RD 成像算法[17]仿真海上不同舰船目标不同方位角度下的 SAR 图像，仿真中海面尺寸为 300m×300m，风速为 5m/s，雷达工作在 HH 极化模式下，中心频率为 10.0GHz，入射角为 45°，SAR 方位向分辨率和距离向分辨率均为 1m。舰船目标共三艘，尺寸如表 8.3 所示，舰船航向范围为 0°～360°，仿真样本共计 1080 个，每幅图像的像素为 200×200。每幅图像中的舰船数量均为 1。在样本数据集的制作过程中，三艘舰船类型不同、尺寸相近、航向各异，因此样本数据集具有很好的代表性。

表 8.3　三艘舰船尺寸

编号	舰船几何	船长/m	船宽/m	船高/m
舰船 1		123.0	17.0	22.0
舰船 2		103.0	10.8	25.7
舰船 3		112.0	12.5	29.8

图 8.7 给出了舰船目标仿真图像数据库，图 8.8 给出了舰船 SAR 图像样本标注示例。图 8.9 给出了舰船 SAR 图像制作的 XML 文件示例，该文件中记录了对应 SAR 图像中目标边界框的坐标信息。

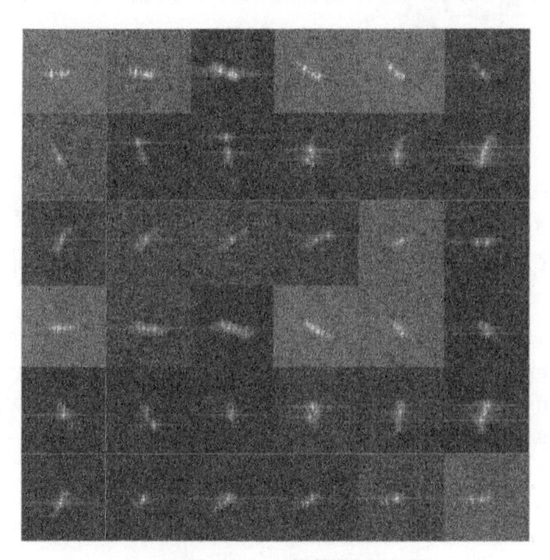

(a) 舰船1的SAR图像样本示例

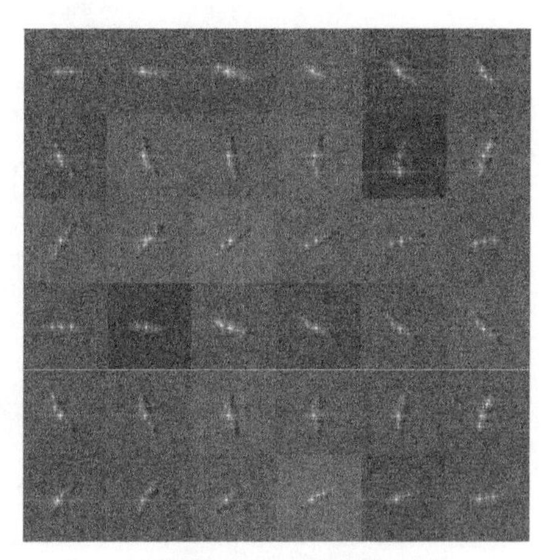

(b) 舰船2的SAR图像样本示例

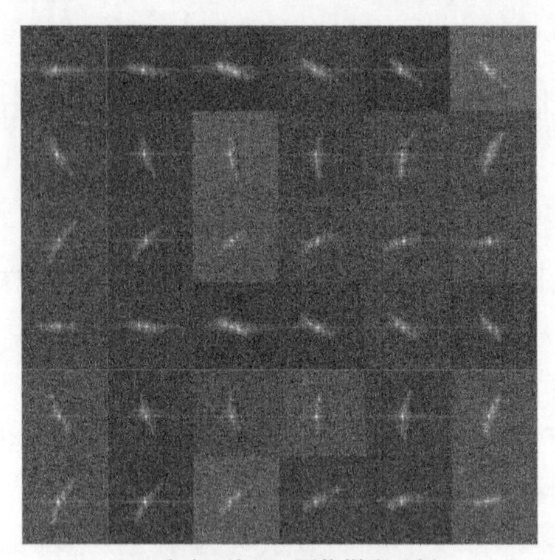

(c) 舰船3的SAR图像样本示例

图 8.7　舰船目标仿真图像数据集

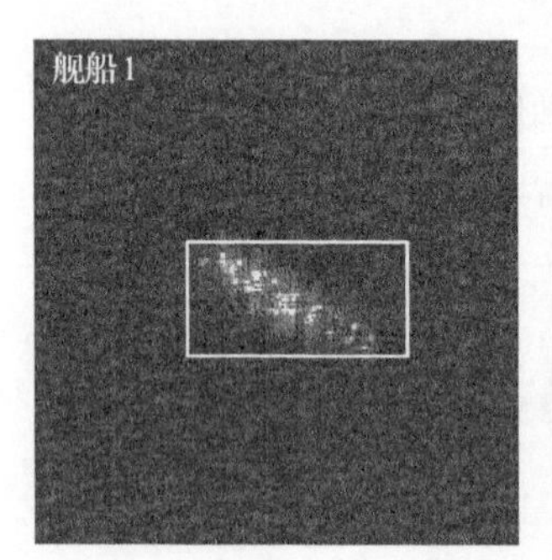

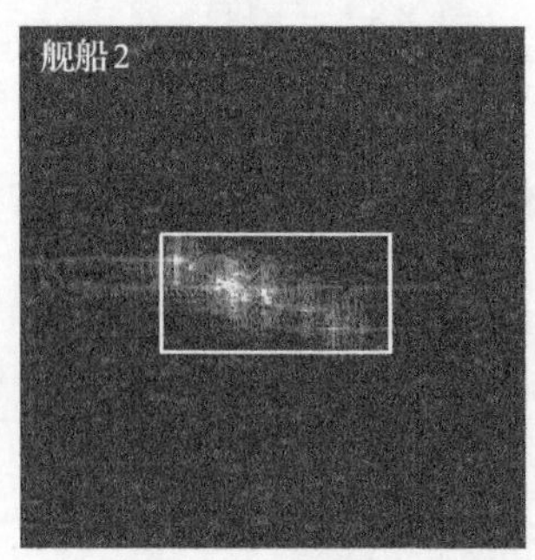

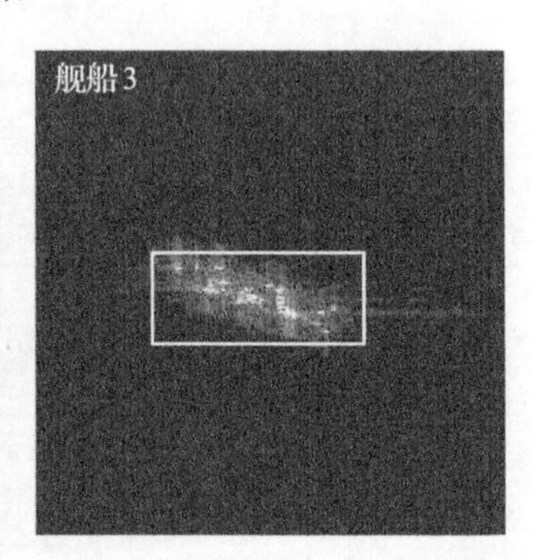

图 8.8　舰船 SAR 图像样本标注示例


```
<size>
        <width>201</width>
        <height>201</height>
        <depth>3</depth>
</size>
<segmented>θ</segmented>
<object>
        <name>ship1</name>
        <pose>Unspecified</pose>
        <truncated>θ</truncated>
        <difficult>θ</difficult>
        <bndbox>
                <xmin>48</xmin>
                <ymin>86</ymin>
                <xmin>117</xmin>
                <ymin>120</ymin>
        </bndbox>
</object>
```


图 8.9　舰船 SAR 图像制作的 XML 文件示例

8.4.2　仿真 SAR 图像中舰船目标检测

基于所构建的仿真数据集，对每种目标随机选取其中 180 幅，共计 540 幅 SAR 图像样本作为训练集用于网络的训练，其余的 540 幅 SAR 图像样本作为测试集。在训练中，设置 Faster RCNN 训练时的 RPN 训练迭代次数为 80000 次，Fast RCNN 检测网络部分迭代次数为 40000 次，RPN 训练批次大小设置为 20，检测网络训练批次大小设置为 80，dropout 值取为 10%。舰船类型共三类，分别标记为舰船 1、舰船 2、舰船 3，表 8.4 给出了三艘舰船的识别正确率，识别正确率在 90%左右，表明该网络在舰船尺寸相近的情况下，依旧可以很好地区分各自的图像特征，取得较好的识别效果。图 8.10～图 8.12 分别给出三艘舰船的识别结果示例，图中标注了识别结果及对应的概率，绝大多数图中均正确识别出了舰船类型。

表 8.4　不同舰船识别正确率

编号	平均正确率/%
舰船 1	89.42
舰船 2	96.33
舰船 3	90.91

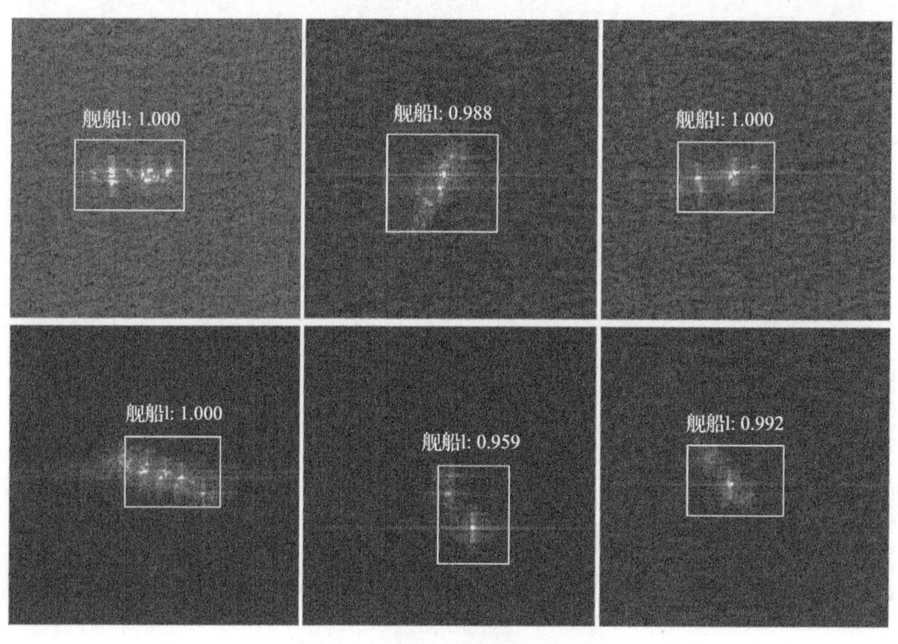

图 8.10　舰船 1 识别结果示例

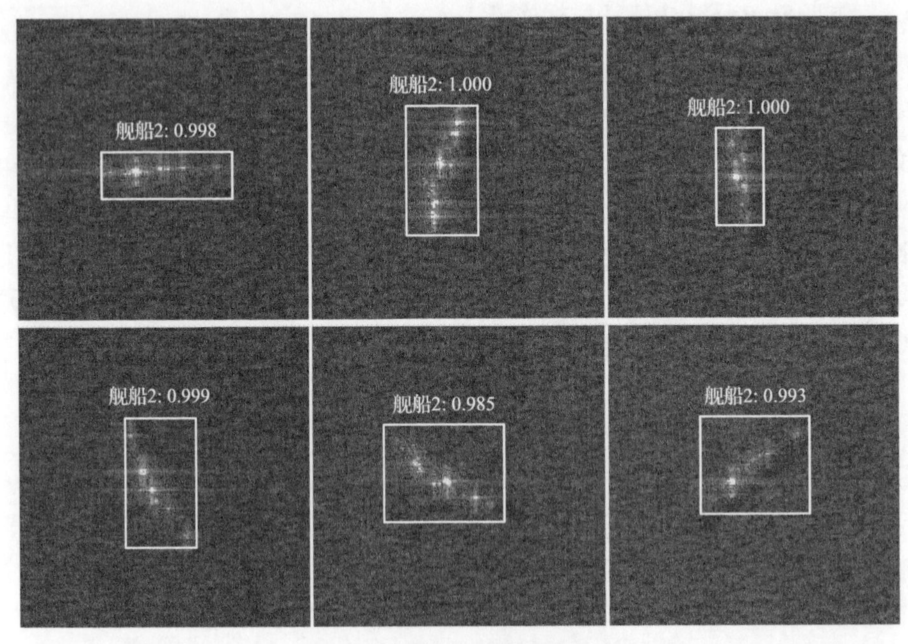

图 8.11　舰船 2 识别结果示例

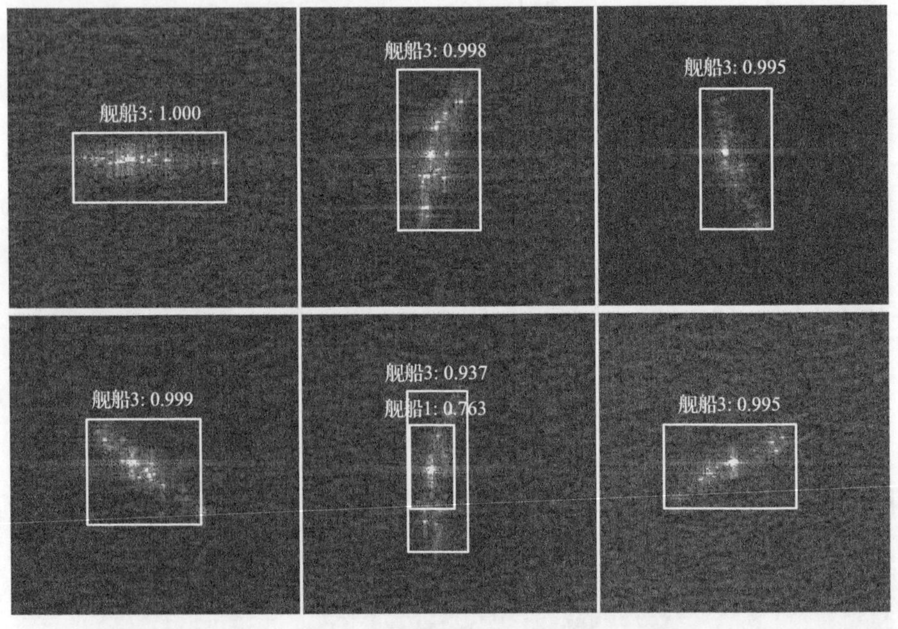

图 8.12　舰船 3 识别结果示例

8.5　本 章 小 结

本章介绍了基于深度学习的 SAR 图像的海上舰船目标探测识别，分别利用实测数据和仿真数据开展了舰船目标的探测识别。首先，介绍用于目标探测识别的 Faster RCNN 的基本结构，其次利用该网络开展了实测 SAR 图像中舰船目标的检测，结果表明，Faster RCNN 具有较高的检测精度和检测效率。在此基础上，给出了针对三艘尺寸相近的舰船制作的 SAR 仿真图像样本库示例，并用于开展目标识别。结果表明，仿真数据可以有效地提供扩展海场景中的不同海况、不同舰船和不同雷达动态参数下的 SAR 图像样本，为后续智能分类识别提供足够的训练和分析样本。需要指出的是，前期研究只针对海面舰船目标，而对于含有角反射器等无源干扰的扩展海场景中的舰船目标智能识别研究，仍然需要更多的针对分类识别网络的相关研究。该工作对于舰船目标的探测、分类识别和指导真实星载 SAR 对海上舰船开展智能检测有着重要的指导价值。

参 考 文 献

[1] LeCun Y, Bengio Y, Hinton G. Deep learning[J]. Nature, 2015, 521: 436-444.

[2] Goodfellow I, Bengio Y, Courville A. Deep Learning[M]. Boston: MIT Press, 2016.

[3] 焦李成, 赵进, 杨淑媛, 等. 深度学习、优化与识别[M]. 北京: 清华大学出版社, 2017.

[4] 姜东民. 基于深度学习的 SAR 图像舰船目标检测[D]. 沈阳: 沈阳航空航天大学, 2018.

[5] Simonyan K, Zisserman A. Very deep convolutional networks for large-scale image recognition[D]. Oxford: University of Oxford, 2014.

[6] Zeiler M D, Fergus R. Visualizing and understanding convolutional networks[D]. New York: New York University, 2014.

[7] Rumelhart D E, Hinton G E, Williams R J. Learning representations by back-propagating errors[J]. Nature, 1986, 323: 533-536.

[8] Zhang J S, Xing M D, Xie Y Y. FEC: A feature fusion framework for SAR target recognition based on electromagnetic scattering features and deep CNN features[J]. IEEE Transactions on Geoscience and Remote Sensing, 2020, 59(3): 2174-2187.

[9] 田壮壮, 占荣辉, 胡杰民, 等. 基于卷积神经网络的 SAR 图像目标识别研究[J]. 雷达学报, 2016, 5(3): 320-325.

[10] Fu X M, Qu H M. Research on semantic segmentation of high-resolution remote sensing image based on full convolutional neural network[C]. International Symposium on Antennas, Propagation and EM Theory (ISAPE), Hangzhou, 2018: 1-4.

[11] Sermanet P, Eigen D, Zhang X, et al. OverFeat: Integrated recognition, localization and detection using convolutional networks[C]. International Conference on Learning Representations, Banff, 2014: 1-16.

[12] Seo Y, Shin K S. Image classification of fine-grained fashion image based on style using pre-trained convolutional neural network[C]. IEEE 3rd International Conference on Big Data Analysis, Shanghai, 2018: 387-390.

[13] Uijlings J R R, van de Sande K E A, Gevers T, et al. Selective search for object recognition[J]. International Journal

of Computer Vision, 2013, 104(2): 154-171.

[14] Girshick R. Fast R-CNN[C]. IEEE International Conference on Computer Vision, Santiago, 2015: 1440-1448.

[15] Ren S Q, He K M, Girshick R, et al. Faster R-CNN: Towards real-time object detection with region proposal networks[J]. IEEE Transactions on Pattern Analysis and Machine Intelligence, 2017, 39(6): 1137-1149.

[16] Girshick R, Donahue J, Darrell T, et al. Rich feature hierarchies for accurate object detection and semantic segmentation[C]. IEEE Conference on Computer Vision and Pattern Recognition, Columbus, 2014: 580-587.

[17] Cumming I G, Wong F H C. Digital Processing of Synthetic Aperture Radar Data: Algorithms and Implementation[M]. Boston: Artech House, 2005.